개정판

POWER UP　　[공학과 기술 시리즈 IV]

CAD/CAM 개론

저자　황종대

감수　이상태
　　　조영태
　　　추원철

光文閣
www.kwangmoonkag.co.kr

머리말

필자는 우리 기계 공학도와 현장 기술자들이 4차 산업혁명 시대에 기계 산업을 주도적으로 이끌어가기 위한 4CM 통합 기술을 제안한 바 있다. 즉 CAD(설계 해석), CAM(코드 생성), CNC(기계 구동), CAT(측정검사, 품질관리) 및 Maintenance(유지보수, 생산관리)의 4CM 기술을 통합적으로 운용하여 기계 산업의 효율성을 강화할 필요가 있다는 것이다. 여기에 더하여 자동화(Automation) 및 인공지능(AI) 기술을 융합한 4CM2A(CAD, CAM, CNC, CAT, Maintenance, Automation, AI) 스마트 융합 제조 기술로 발전함으로써 K-제조 강국을 주도해야 할 것이다.

공학(머리)과 기술(손)은 창의적 설계에 기반한 숙련 기술의 접목이라는 점에서 스마트 융합 제조를 구현하기 위한 핵심 가치이다. 공학적 이론은 기술적 실무 역량을 강화하고 기술적 실무 역량은 다시 공학적 이론을 공고히 한다. 어느 하나도 치우침이 없이 이론과 실무를 병행하여 통찰력과 실무 능력을 키워야 할 것이다.

지난 《공학과 기술》 시리즈인 《5축가공 기술》, 《CAD/CAM 기술》, 《기계설계 기술》에 이어 이번 《CAD/CAM 개론》은 CAD/CAM 엔지니어가 실무 기술을 이해하고 역량을 강화하기 위한 이론적 도구이다.

1편에서는 CAD/CAM 기술을 구현하기 위한 공학 기초 수학을 다룬다. CAD/CAM 분야에서 주로 사용되는 기초 수식, 피타고라스 정리, 삼각함수와 함께 물리량과 단위 체계를 다루었다.

2편에서는 CAD/CAM 시스템, 좌표계와 벡터, 행렬과 좌표 변환, CAD(컴퓨터 응용 설계), CAM(컴퓨터 응용 가공) 등 CAD/CAM 핵심 이론을 다룬다. 각 세부 이론마다 CAD/CAM 실무에서 어떻게 적용되는지 이해하도록 하였으며, 실용적인 예제와 최근 10년간 기출 문제를 중심으로 응용학습을 수행함으로써 이해도를 높여 나가고 관련 국가기술시험도 대비할 수 있도록 하였다.

3편에서는 1편과 2편의 주요 이론에 대한 검증 과정을 소개한다. 수학적인 검증은 가시적이지 않다는 점에서 직관적으로 이해할 수 있는 3D CAD 검증을 제시하였다. 이러한 검증 과정을 통하여 CAD/CAM 이론이 상상 속의 미지수가 아니라 충분히 검증 가능하고 흥미로우며 실무 능력을 파워업하기 위한 유용한 도구임을 체득해 나간다.

공학 기초 수업의 경우 [I. 공학 기초 수학]편에 이어 [II. CAD/CAM 개론]편의 [2. 좌표계와 벡터] [3. 행렬과 좌표 변환]까지 추가로 진행하는 것도 추천한다.

독자 제현께서 이론적 통찰력을 가지고 CAD/CAM 기술 역량을 키워 가시는 데 본서가 작으나마 이바지하기를 바라며, 늘《공학과 기술》시리즈에 관심을 가지고 응원해 주신 여러분께 감사의 말씀을 전한다. 도서출판 광문각의 박정태 대표님과 관계자분들께도 감사의 인사를 전하며 기계 기술을 펼침에 있어 늘 즐거움과 보람이 함께 하시길 기원합니다.

2023년 2월 저자 올림

목차

I. 공학 기초 수학   9

III. CAD/CAM 검증　　311

I

공학 기초 수학

학습 목표

본 편에서는 CAD/CAM 이론을 학습하기 위한 공학 기초 수학을 학습한다. 기초 수식 연산과 피타고라스 정리, 그리고 삼각함수는 CAD/CAM 분야뿐만 아니라 공학에서는 공통의 기초 학습 단원이다. 1. 기초 수식 연산, 2. 피타고라스 정리, 3. 삼각함수를 복습하면서 공학 계산기 사용에 익숙해지기 바란다.

4장에서는 물리량과 단위를 학습한다. 물리량과 단위 체계를 이해하고 속도와 가속도, 질량과 힘, 응력과 변형률 학습을 통해 공학적 설계(CAD: Computer Aided Design)와 해석(CAE: Computer Aided Engineering)을 위한 기초 지식을 배양한다. 밀도와 비중량, 일과 열, 일률과 동력 학습을 통해 능률적인 CAM 프로그램과 가공 효율 증진을 위한 기초 지식을 함양한다.

기초 수식 연산

1.1 사칙연산

(1) 결합 법칙

① 덧셈(+)과 곱셈(×)은 계산 순서를 바꾸어도 된다. 즉 계산 순서를 결정하는 괄호 ( ) 결합을 자유롭게 할 수 있다.

$$a+b+c = (a+b)+c = a+(b+c)$$
$$a\times b\times c = (a\times b)\times c = a\times(b\times c)$$

Q1) $8\times 4\times 25$
$= (8\times 4)\times 25 = 32\times 25 = 800 \qquad (1)$
$= 8\times(4\times 25) = 8\times 100 = 800 \qquad (2)$

∴ 결합 법칙을 이용하여 계산을 단순화한 식(2)가 유용하다.

Q2) $100+10+5 = (100+10)+5 = 115$
$100+10+5 = 100+(10+5) = 115$

Q3) $100\times 10\times 5 = (100\times 10)\times 5 = 5000$
$100\times 10\times 5 = 100\times(10\times 5) = 5000$

② 뺄셈(−)과 나눗셈(÷)은 결합 법칙이 성립하지 않는다.

$$a-b-c = (a-b)-c \neq a-(b-c)$$
$$a\div b\div c = (a\div b)\div c \neq a\div(b\div c)$$

Q4) $100-10-5 = (100-10)-5 = 85$
$100-10-5 \neq 100-(10-5) = 95$

Q5) $100 \div 10 \div 5 = (100 \div 10) \div 5 = 2$
$100 \div 10 \div 5 \ne 100 \div (10 \div 5) = 50$

Q6) $6 \div 2 \times 3 = (6 \div 2) \times 3 = 9$
$6 \div 2 \times 3 \ne 6 \div (2 \times 3) = 1$

③ 뺄셈(−)과 나눗셈(÷)도 덧셈과 곱셈의 형태로 변환하면 결합 법칙이 성립한다.

$$a - b - c = a + (-b) + (-c)$$
$$= [a + (-b)] + (-c) = a + [(-b) + (-c)]$$

$$a \div b \div c = a \times \frac{1}{b} \times \frac{1}{c}$$
$$= [a \times \frac{1}{b}] \times \frac{1}{c} = a \times [\frac{1}{b} \times \frac{1}{c}]$$

Q7) $100 - 10 - 5 = 100 + (-10) + (-5) = [100 + (-10)] + (-5) = 85$
$100 - 10 - 5 = 100 + (-10) + (-5) = 100 + [(-10) + (-5)] = 85$

Q8) $100 \div 10 \div 5 = 100 \times \frac{1}{10} \times \frac{1}{5} = [100 \times \frac{1}{10}] \times \frac{1}{5} = 2$
$100 \div 10 \div 5 = 100 \times \frac{1}{10} \times \frac{1}{5} = 100 \times [\frac{1}{10} \times \frac{1}{5}] = 2$

Q9) $6 \div 2 \times 3 = 6 \times \frac{1}{2} \times 3$
$= [6 \times \frac{1}{2}] \times 3 = 9$
$= 6 \times [\frac{1}{2} \times 3] = 9$

(2) 교환 법칙

① 덧셈(+)과 곱셈(×)은 앞뒤 순서를 바꾸어도 된다. 즉 서로 교환 가능하다.

$$a + b = b + a$$
$$a \times b = b \times a$$

Q10) $100 + 10 = 10 + 100 = 110$

Q11) $100 \times 10 = 10 \times 100 = 1000$

② 뺄셈(−)과 나눗셈(÷)은 교환 법칙이 성립하지 않는다.

$$a - b \neq b - a$$
$$a \div b \neq b \div a$$

Q12) $100 - 10 \neq 10 - 100$
$\quad\quad 100 - 10 = 90$
$\quad\quad 10 - 100 = -90$

Q13) $100 \div 10 \neq 10 \div 100$
$\quad\quad 100 \div 10 = 10$
$\quad\quad 10 \div 100 = 0.1$

③ 뺄셈(−)과 나눗셈(÷)도 덧셈과 곱셈의 형태로 변환하면 교환 법칙이 성립한다.

$$a - b = a + (-b) = (-b) + a$$
$$a \div b = a \times \frac{1}{b} = \frac{1}{b} \times a$$

Q14) $100 - 10 = 100 + (-10) = (-10) + 100 = 90$

Q15) $100 \div 10 = 100 \times \dfrac{1}{10} = \dfrac{1}{10} \times 100 = 10$

(3) 분배 법칙

: 곱셈에 의한 괄호 속 덧셈과 뺄셈의 분배가 가능하다.

$$a \times (b + c) = ab + bc, \quad (a - d) \times c = ac - bc$$

Q16) $2 \times (3 + 1) = (2 \times 3) + (2 \times 1) = 8$

Q17) $(1 - 2) \times 3 = (1 \times 3) - (2 \times 3) = 3 - 6 = -3$

Q18) $100 \times (10 - 5) = (100 \times 10) - (100 \times 5) = 1000 - 500 = 500$

Q19) $(-10 + 5) \times 100 = [(-10) \times 100] + (5 \times 100) = -1000 + 500 = -500$

1.2 분수식

(1) 분수의 덧셈, 뺄셈

① 분모가 같으면 분자끼리 더하거나 뺀다.

$$\frac{a}{d} + \frac{b}{d} + \frac{c}{d} = \frac{a+b+c}{d}$$

Q1) $\frac{3}{5} + \frac{4}{5} = \frac{7}{5}$

Q2) $\frac{3}{5} + \frac{2}{5} + \frac{4}{5} = \frac{9}{5}$

Q3) $\frac{2}{5} + \frac{4}{5} + \frac{1}{5} = \frac{7}{5}$

② 분모가 다르면 최소공배수로 통분한 뒤 분자 계산

Q4) $\frac{1}{3} + \frac{1}{4} = \frac{4}{12} + \frac{3}{12} = \frac{7}{12}$

Q5) $\frac{1}{2} + \frac{1}{4} = \frac{2}{4} + \frac{1}{4} = \frac{3}{4}$

Q6) $\frac{1}{25} + \frac{3}{20} = \frac{4}{100} + \frac{15}{100} = \frac{19}{100}$

③ 대분수는 가분수로 변환 후 계산

Q7) $1\frac{1}{2} - \frac{1}{3} = \frac{3}{2} - \frac{1}{3} = \frac{9}{6} - \frac{2}{6} = \frac{7}{6}$

Q8) $1\frac{3}{11} - \frac{2}{3} = \frac{14}{11} - \frac{2}{3} = \frac{42}{33} - \frac{22}{33} = \frac{20}{33}$

(2) 분수의 곱셈, 나눗셈

① 분수의 곱셈 시 분모는 분모끼리 분자는 분자끼리 곱한다.

$$\frac{a}{b} \times \frac{d}{c} = \frac{a \times d}{b \times c}$$

Q9) $\dfrac{1}{2} \times \dfrac{3}{4} = \dfrac{3}{8}$

Q10) $\dfrac{1}{7} \times \dfrac{5}{2} = \dfrac{5}{14}$

② 약분이 가능하면 미리 약분한다.

Q11) $\dfrac{2}{4} \times \dfrac{2}{10} = \dfrac{1}{2} \times \dfrac{1}{5} = \dfrac{1}{10}$

Q12) $\dfrac{7}{9} \times \dfrac{6}{49} = \dfrac{1}{3} \times \dfrac{2}{7} = \dfrac{2}{21}$

③ 분수의 나눗셈은 곱하기 역수로 한다.

$$\frac{a}{b} \div \frac{c}{d} = \frac{a}{b} \times \frac{d}{d}$$

Q13) 피자 1판을 6명이 나누어 먹기 위해서 1명당 몇 쪽씩 나누면 될까?

A13) $1 \div 6 = 1 \times \dfrac{1}{6} = \dfrac{1}{6}$, $\quad \therefore \dfrac{1}{6}$ 쪽씩 나눔.

④ 이중 분수는 내항끼리 Cross로 곱하여 분모로 하고 외항끼리 Cross로 곱하여 분자로 한다.

$$\left[\dfrac{\dfrac{a}{b}}{\dfrac{c}{d}}\right] = \dfrac{a \times d}{b \times c} \qquad \left[\dfrac{\dfrac{1}{2}}{\dfrac{1}{3}}\right] = \dfrac{1 \times 3}{2 \times 1} = \dfrac{3}{2}$$

Q14) $\dfrac{2}{\dfrac{1}{2}} = \dfrac{\dfrac{2}{1}}{\dfrac{1}{2}} = 4$

Q15) $\dfrac{\dfrac{2}{3}}{2} = \dfrac{\dfrac{2}{3}}{\dfrac{2}{1}} = \dfrac{2}{6} = \dfrac{1}{3}$

⑤ 분수의 등식은 대각선 Cross로 곱하여 좌변과 우변에 놓을 수 있다.

$$\dfrac{a}{b} = \dfrac{c}{d} \text{ 는 } a \times d = b \times c \text{ 와 같다.}$$

$$\dfrac{a}{b} \times \dfrac{c}{d} \text{ 는 } a \times d = b \times c \text{ 와 같다.}$$

Q16) $\dfrac{3}{2} = \dfrac{x}{5}, \ 3 \times 5 = 2 \times x, \ x = \dfrac{3 \times 5}{2} = \dfrac{15}{2} = 7.5$

● 분수의 등식에서 미지수 x를 좌변에 놓고 미지수 x와 Cross로 곱해지는 항들을 우변의 분모에, 나머지 항들은 우변의 분자로 놓으면 간편하다.

$$\dfrac{3}{\boxed{2}} \times \dfrac{\textcircled{x}}{5}, \ x = \dfrac{3 \times 5}{\boxed{2}} = \dfrac{15}{2} = 7.5$$

Q17) $\dfrac{3}{2} = \dfrac{x}{5}$, $x = \dfrac{3 \times 5}{2} = \dfrac{15}{2} = 7.5$

Q18) $\dfrac{3}{2} = \dfrac{3x}{5}$, $x = \dfrac{3 \times 5}{2 \times 3} = \dfrac{5}{2} = 2.5$

Q19) $\dfrac{3 \times 3}{x} = \dfrac{3 \times 5}{5}$, $x = \dfrac{3 \times 3 \times 5}{3 \times 5} = 3$

(3) 가감승제의 혼합

● 계산 순서 : 괄호( ) → 곱셈($\times$) or 나눗셈($\div$) → 덧셈($+$) or 뺄셈($-$)

Q20) $\dfrac{1}{2} + \dfrac{4}{8} \times \dfrac{4}{5}$

$= \dfrac{1}{2} + \left(\dfrac{4}{8} \times \dfrac{4}{5} \right)$

$= \dfrac{1}{2} + \dfrac{4}{10} = \dfrac{5+4}{10} = \dfrac{9}{10}$

Q21) $\left(\dfrac{1}{2} + \dfrac{4}{8} \right) \times \dfrac{4}{5}$

$= \dfrac{4+4}{8} \times \dfrac{4}{5}$

$= \dfrac{8}{8} \times \dfrac{4}{5} = \dfrac{4}{5}$

Q22) $\dfrac{1}{2} - \dfrac{5}{4} \div \dfrac{3}{2} \times \dfrac{1}{7}$

$= \dfrac{1}{2} - \left(\dfrac{5}{4} \times \dfrac{2}{3} \times \dfrac{1}{7} \right)$

$= \dfrac{1}{2} - \dfrac{5}{42} = \dfrac{21-5}{42} = \dfrac{16}{42} = \dfrac{8}{21}$

Q23) $\dfrac{1}{2} \times \dfrac{1}{3} + \dfrac{2}{4} - \dfrac{1}{2} \div \dfrac{1}{4}$

$= \dfrac{1}{6} + \dfrac{2}{4} - \dfrac{1}{2} \times \dfrac{4}{1}$

$= \dfrac{1}{6} + \dfrac{2}{4} - 2 = \dfrac{2}{12} + \dfrac{6}{12} - \dfrac{24}{12}$

$= -\dfrac{16}{12} = -\dfrac{4}{3}$

1.3 비례식

: 비례식은 분수의 등식으로 변환할 수 있다.

A : B = C : D 는 분수의 등식, $\dfrac{A}{B} = \dfrac{C}{D}$ 와 같고 $A \times D = B \times C$ 와 같다.

Q1) $3 : 2 = x : 5$

A1) $\dfrac{3}{2} = \dfrac{x}{5}$, $x = \dfrac{3 \times 5}{2} = \dfrac{15}{2} = 7.5$

● 비례식에서 미지수 x를 좌변에 놓고 미지수 x와 Cross로 곱해지는 항들을 우변의 분모에, 나머지 항들은 우변의 분자로 놓으면 간편하다.

$$3 : \boxed{2} = \enclose{circle}{x} : 5 \qquad \enclose{circle}{x} = \frac{3 \times 5}{\boxed{2}} = \frac{15}{2} = 7.5$$

Q2) $5 : 1 = 3 : y$, $\quad y = \dfrac{3 \times 1}{5} = \dfrac{3}{5}$

Q3) $5 : 1 = x : 2$, $\quad x = \dfrac{2 \times 5}{1} = 10$

Q4) $1 : x = 3 : 4$, $\quad x = \dfrac{4}{3}$

Q5) $z : 3 = 5 : 2$, $\quad z = \dfrac{3 \times 5}{2} = \dfrac{15}{2} = 7.5$

Q6) 나무 높이 측정하기

: 나무와 1m 봉의 그림자가 만나는 점 O와 봉까지의 거리 l이 2m이고, 점 O와 나무까지 거리 $l^{'}$ = 10m일 때 나무의 높이는 얼마인가?

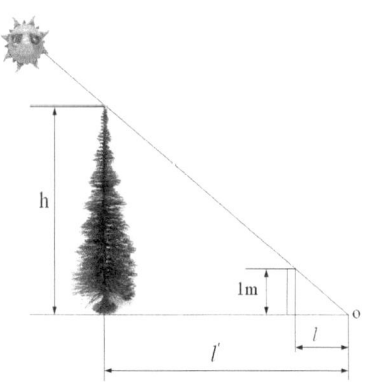

A6) $l : l^{'} = 1 : h$,

$$h = \frac{l^{'}}{l} = \frac{10}{2} = 5$$

∴ 나무의 높이는 5m이다.

Q7) 기본 부하 용량이 33000N이고, 베어링 하중이 4kN인 볼베어링이 900rpm으로 회전할 때, 베어링의 수명 시간은 약 몇 시간인가?

문제 정의	문제 해결
A7) $C = 33000N$ $P = 4kN = 4000N$ $N = 900rpm$ $Lh = ?h$	● 볼베어링 수명 시간 공식, $Lh = 500 \times \left(\frac{C}{P}\right)^3 \times \frac{33.3}{N}$ Lh : 베어링의 수명(h), N: 회전수(RPM) P : 베어링이 받고 있는 하중(N), C : 베어링의 부하 용량(N) $Lh = 500\left(\frac{C}{P}\right)^3 \times \frac{33.3}{N}$ $= 500\left(\frac{33000}{4000}\right)^3 \times \frac{33.3}{900} = 10388$

● 일러두기 : 위 예제와 같이 공학적 계산(단위 환산 및 통일 등)이 필요한 문제의 경우 문제 정의와 문제 풀이의 순서를 지킨다.
● 문제 정의 과정 : 기호, 숫자, 단위의 순으로 문제를 정의한다. → 응력이나 압력과 같이 분수 항의 단위는 그대로 두고 나머지 항을 분수 항의 단위로 통일한다.
● 문제 풀이 과정 : 기본 공식을 적고 문제에서 요구하는 미지수에 대해 식을 정리한 뒤 문제 정의에서 단위 통일을 수행한 숫자를 공식에 대입하여 계산한다.

Q8) 위 문제에서 수명 시간이 12000(h)라면 최대 회전수는?

A8) $N = \dfrac{500 \times \left(\dfrac{C}{P}\right)^3 \times 33.3}{L_h}$

$= \dfrac{500 \times \left(\dfrac{33000}{4000}\right)^3 \times 33.3}{12000} = 779 rpm$

Q9) 위 문제에서 수명 시간이 12000(h)이고 회전수가 779rpm일 때 베어링에 작용하는 최대 하중을 얼마까지 할 수 있는가?

A9) $\left(\dfrac{C}{P}\right)^3 = \dfrac{L(h) \times N}{500 \times 33.3}$,

$P^3 = \dfrac{500 \times 33.3 \times C^3}{L_h \times N}$

$P = \sqrt[3]{\dfrac{500 \times 33.3 \times C^3}{L_h \times N}} = \sqrt[3]{\dfrac{500 \times 33.3 \times 33000^3}{12000 \times 779}} = 4000 N$

REST
AREA

Martin Newell(1975)이 개발한 상징적인 유타 찻주전자 모델을 현대적으로 렌더링한 것이다. 유타 찻주전자는 3D 그래픽 교육에 사용되는 가장 일반적인 모델 중 하나이다.

CHAPTER 02

피타고라스 정리

2.1 피타고라스 정리

: 직각삼각형의 빗변의 제곱은 밑변의 제곱과 높이의 제곱을 합한 값과 같다.

$$a^2 + b^2 = c^2$$

● 증명

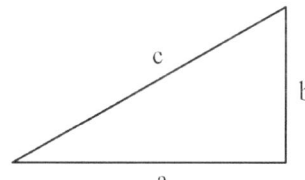

$$a^2 + b^2 = (a+b)^2 - 2ab$$

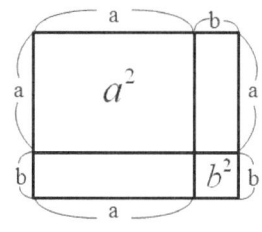

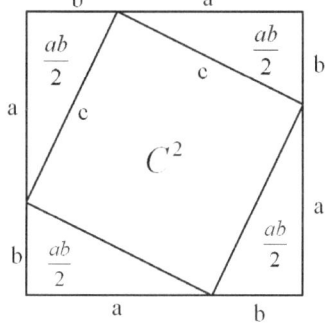

$$c^2 = (a+b)^2 - 4 \times \frac{a \times b}{2}$$
$$= (a+b)^2 - 2ab$$

$$\therefore \text{①식에서 } c^2 = a^2 + b^2$$

Q1) 밑변이 3, 높이가 4인 직각삼각형의 빗변은?

A1) $a^2 + b^2 = c^2$, $3^2 + 4^2 = c^2$, $c = \pm\sqrt{9 + 16} = 5$

Q2) 지구 반경은 6,370km이다. 높이 1,950m인 한라산 정상에서 가시거리는 몇 km인가?

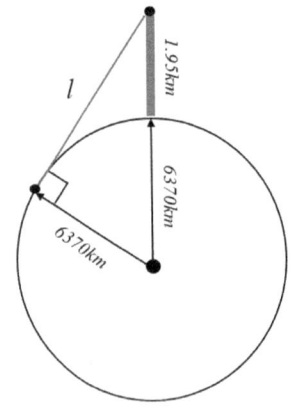

A2) $l^2 + 6370^2 = (1.95 + 6370)^2$

$l^2 = (1.95 + 6370)^2 - 6370^2$

$l = \sqrt{(1.95 + 6370)^2 - 6370^2}$

$= 157.6km$

Q3) 높이 8,850m인 에베레스트 정상에서 가시거리는 몇 km인가?

Q4) 아래 그림의 MCT 프로그램 작성 시 A와 B점의 x_1 길이가 필요하다. 길이 값을 구하시오

Q5) 아래 그림의 MCT 프로그램 작성 시 C와 D점의 x_2 길이가 필요하다. 길이 값을 구하시오

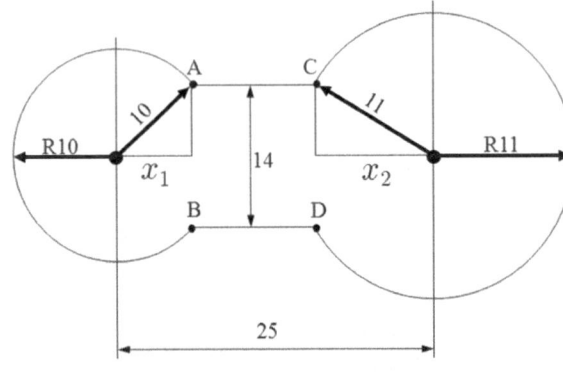

A4) $x_1 = \sqrt{10^2 - 7^2} = 7.14$

A5) $x_2 = \sqrt{11^2 + 7^2} = 8.49$

Q6) 아래 그림의 MCT 프로그램 작성 시 포켓부 원(ϕ24)과 폭(14mm)이 만나는 점들의 좌표, ①과 ②를 구하시오. 단 가공 원점은 좌측 하단이다.

A6) (39.747, 24), (39.747, 38)

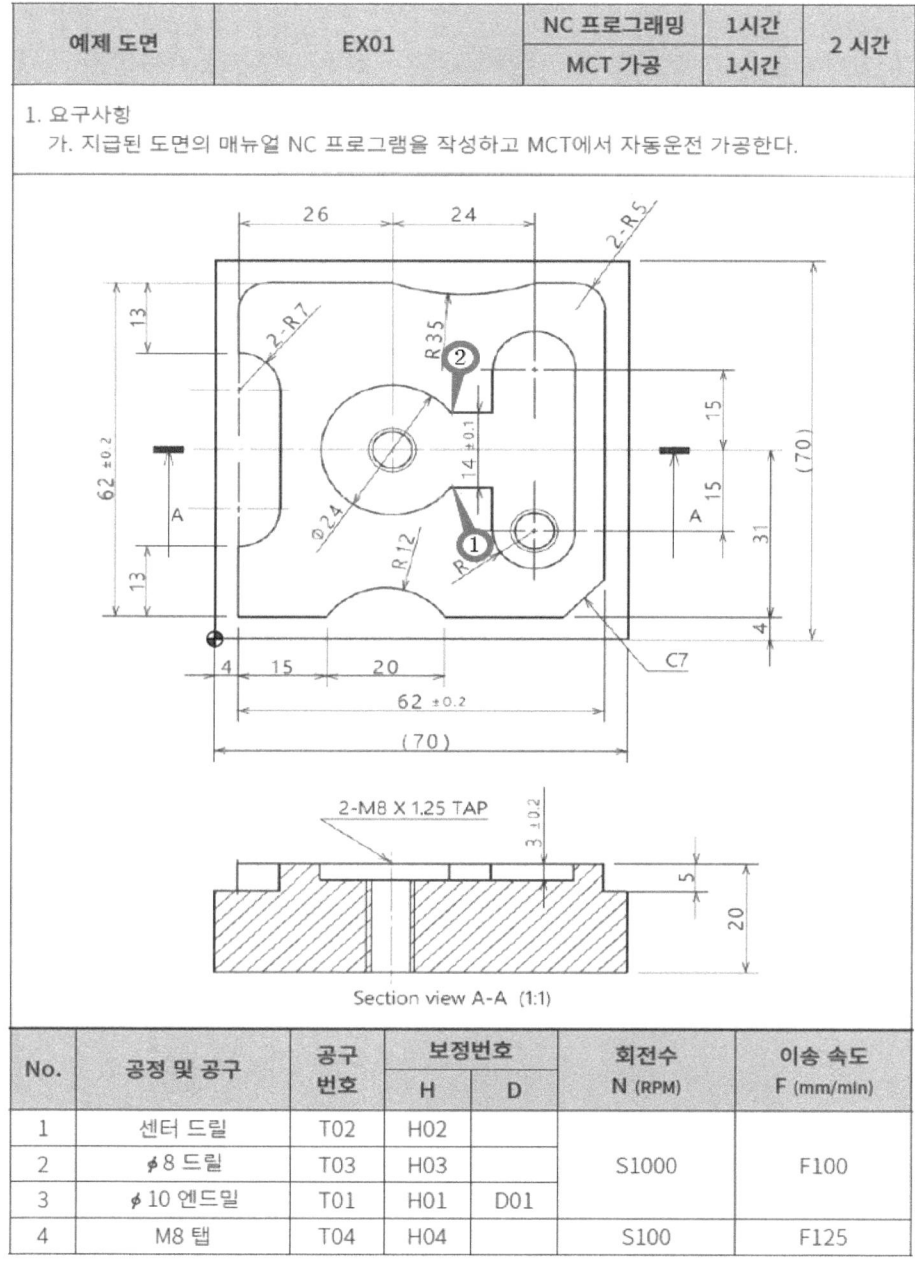

No.	공정 및 공구	공구 번호	보정번호		회전수 N (RPM)	이송 속도 F (mm/min)
			H	D		
1	센터 드릴	T02	H02		S1000	F100
2	ϕ8 드릴	T03	H03			
3	ϕ10 엔드밀	T01	H01	D01		
4	M8 탭	T04	H04		S100	F125

2.2 데카르트 직교 좌표계

: 프랑스의 철학자이자 수학자인 르네 데카르트가 천장을 날아다니며 옮겨 붙는 파리를 통해 영감을 얻어 아래와 같은 직교 좌표계(Orthogonal coordinate system)를 발명하였으며 그의 이름을 따 Cartesian coordinate system으로 불린다.

아래 그림과 같이 파리가 오른쪽으로 한 블록, 위쪽으로 한 블록 위치에 앉아 있다면 $x = 1$, $y = 1$, 즉 $(1,1)$로 정의할 수 있다.

따라서 원점, o에서 파리까지의 최단 거리는 피타고라스 정리를 사용하여 아래와 같이 구할 수 있다.

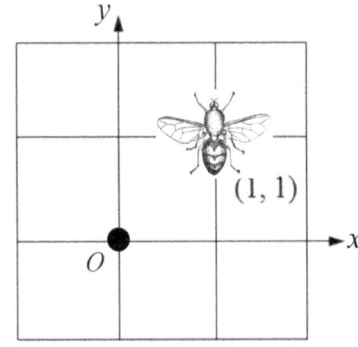

$$l = \sqrt{1^2 + 1^2} = \sqrt{2}$$

$\therefore$ 최단 거리는 $\sqrt{2}$ 이다.

Q1) 원점에서 (3, 1)로 엔드밀 가공 시 가공 길이는?

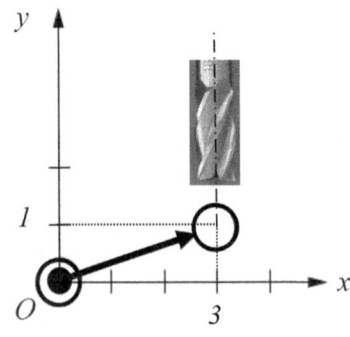

A1) $l = \sqrt{3^2 + 1^2} = \sqrt{10}$

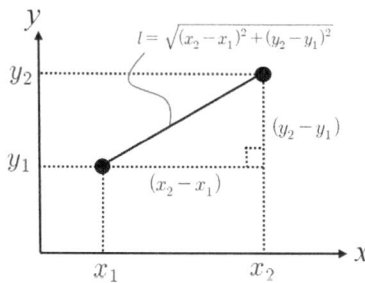

● 평면에서 두 점 사이의 거리,

$$l = \sqrt{(x_2 - x_1)^2 + (y_2 - y_1)^2}$$

Q2) (1, 1)에서 (3, 2)로 엔드밀 가공 시 가공 길이는 ?

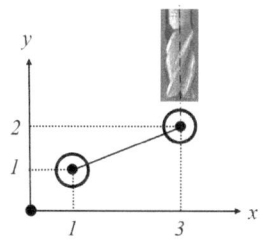

A2) $l = \sqrt{(3-1)^2 + (2-1)^2} = \sqrt{5}$

Q3) (5, 2)에서(3, -2)로 이동 시 거리는? [CATIA 검증] → 이 캡션이 있으면 [Ⅲ. CAD/CAM 검증]에서 확인한다.

A3) $l = \sqrt{(x_2 - x_1)^2 + (y_2 - y_1)^2} = \sqrt{(3-5)^2 + (-2-2)^2}$

$= \sqrt{(-2)^2 + (-4)^2} = \sqrt{4+16} = \sqrt{20}$

Q4) $(2, 1) \rightarrow (-5, -1)$ 일 때 두 점 사이의 거리, l은? $\sqrt{53} = 7.28$

Q5) $(2, 1) \rightarrow (3, 2)$로 엔드밀 가공 시 가공 길이는 ? $\sqrt{2} = 1.41$

Q6) $(5, -5) \rightarrow (1, -10)$로 엔드밀 가공 시 가공 길이는 ? $\sqrt{41} = 6.4$

Q7) $(2, 1, 1) \rightarrow (4, 2, -1)$ 일 때 이동 거리는? [CATIA 검증]

A7) $l = \sqrt{(x_2 - x_1) + (y_2 - y_1) + (z_2 - z_1)}$

$= \sqrt{(4-2)^2 + (2-1)^2 + (-1-1)^2}$

$= \sqrt{2^2 + 1^2 + (-2)^2}$

$= 3$

Q8) 아래와 같이 좌표가 이동할 때 거리를 구하시오.

A8) $(2, 0, -1) \rightarrow (0, 3, -5)$: 5.39

$(1, 2, -3) \rightarrow (-1, 2, 0)$: 3.61

$(\sqrt{2}, 0, 2^{\frac{1}{2}}) \rightarrow (2^{-2}, 1, 5)$: 3.9

Q9) (1, 1)에서 (4, 5)로 엔드밀 가공 시 가공시 간은 몇 초인가? 공구의 이송 속도 F는 50 mm/min이다.

A9) $F = \dfrac{l}{T},\ \ T = \dfrac{l}{F}$,

$l = \sqrt{(4-1)^2 + (5-1)^2} = 5$

$T = \dfrac{l}{F} = \dfrac{5\,mm}{50\,mm/\min} = \dfrac{5\,mm}{50\,mm/60\,s} = \dfrac{5\,mm}{\dfrac{50\,mm}{60\,s}} = \dfrac{5\,mm \times 60\,s}{50\,mm} = 6s$

Q10) (2, 1)에서 (20, -50)으로 엔드밀 가공 시 가공 시간은 몇 초인가? 공구의 이송 속도 F는 100(mm/min)이다.

A10) 54.08s

Q11) (10, 0)에서 (100, -300)으로 선삭 가공 시 가공 시간은 몇 초인가? 단 공구의 이송 속도 F는 200(mm/min)이다.

A11) 93.96s

Q12) 아래 그림의 ①에서 ②로 선삭 가공 시 가공 시간은 몇 초인가? 공구의 이송 속도 F는 50 (mm/min)이다.

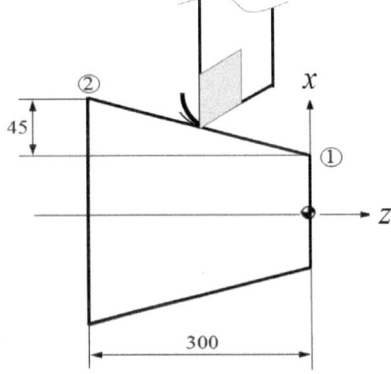

A12) $l = \sqrt{300^2 + 45^2} = 303.4$

$T = \dfrac{l}{F} = \dfrac{303.4}{50}$
$= 6.07\,\min$
$= 364\,\sec$

CHAPTER
03

삼각함수

3.1 삼각함수의 정의와 특수각

(1) 삼각함수의 정의

: 직각삼각형에서 사잇각과 각 변의 길이 비 관계를 정의한 함수

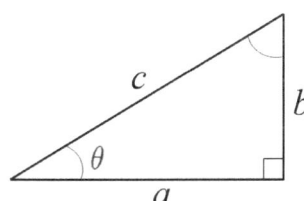

① $\sin\theta = \dfrac{\text{높이}}{\text{빗변}} = \dfrac{b}{c}$

② $\cos\theta = \dfrac{\text{밑변}}{\text{빗변}} = \dfrac{a}{c}$

③ $\tan\theta = \dfrac{\text{높이}}{\text{밑변}} = \dfrac{b}{a}$

Q1) 다음의 직각삼각형에서 미지수 y를 구하시오.

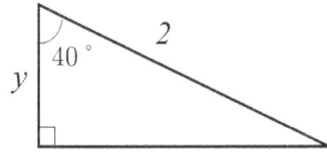

A1) $\cos40° = \dfrac{y}{2}$

$\quad y = \cos40 \times 2$

$\quad\quad = 1.532$

Q2) 다음의 직각삼각형에서 미지수 θ를 구하시오. 3

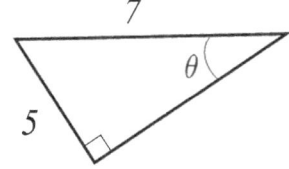

A2) $\sin\theta = \dfrac{5}{7}$

$\quad \theta = \sin^{-1}\left(\dfrac{5}{7}\right)$

$\quad\quad = 45.58°$

(2) 특수각 정리

: 0°, 30°, 45°, 60°, 90°, 180°, 270°, 360° 등의 특수각에 대한 삼각비 정리

① 30°, 60°

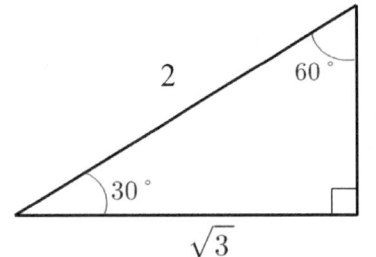

$$\sin 30° = \frac{1}{2}, \qquad \sin 60° = \frac{\sqrt{3}}{2}$$

$$\cos 30° = \frac{\sqrt{3}}{2}, \quad \cos 60° = \frac{1}{2}$$

$$\tan 30° = \frac{1}{\sqrt{3}} \qquad \tan 60° = \sqrt{3}$$

② 45°

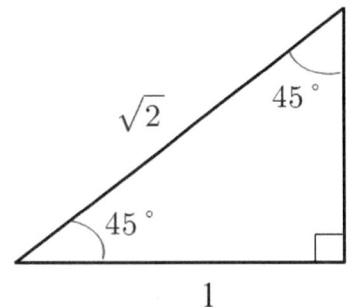

$$\sin 45° = \frac{1}{\sqrt{2}} = \frac{\sqrt{2}}{2}$$

$$\cos 45° = \frac{1}{\sqrt{2}} = \frac{\sqrt{2}}{2}$$

$$\tan 45° = 1$$

③ 0°, 30°, 45°, 60°, 90°, 180°, 270°, 360°

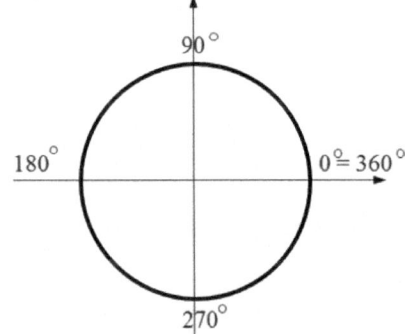

$$\sin 0° = 0 \qquad \cos 0° = 1$$

$$\sin 90° = 1 \qquad \cos 90° = 0$$

$$\sin 180° = 0 \qquad \cos 180° = -1$$

$$\sin 270° = -1 \qquad \cos 270° = 0$$

$$\sin 360° = 0 \qquad \cos 360° = 1$$

● $y = \sin(\theta)$ 그래프, $y = \cos(\theta)$ 그래프

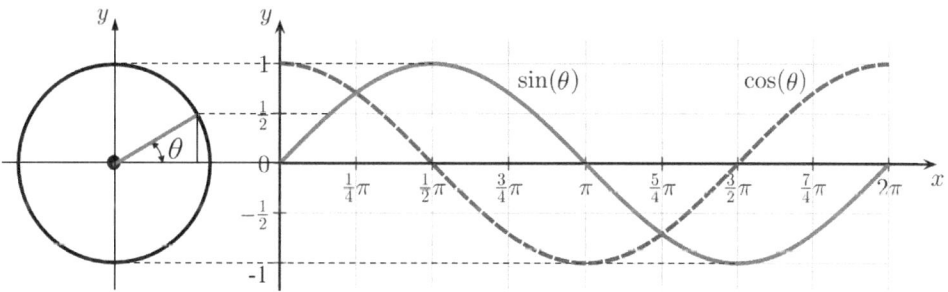

● $y = \sin(\theta)$ 값	● $y = \cos(\theta)$ 값
$\sin 0° \ = 0$	$\cos 0° \ = 1$
$\sin 90° \ = \sin\dfrac{1}{2}\pi = 1$	$\cos 90° \ = \cos\dfrac{1}{2}\pi = 0$
$\sin 180° \ = \sin\pi = 0$	$\cos 180° \ = \cos\pi = -1$
$\sin 270° \ = \sin\dfrac{3}{2}\pi = -1$	$\cos 270° \ = \cos\dfrac{3}{2}\pi = 0$
$\sin 360° \ = \sin 2\pi = 0$	$\cos 360° \ = \cos 2\pi = 1$

Q3) 블록 간 높이 차 h가 50mm, 사인 바의 길이 l이 200mm일 때 사잇각 θ는? [CATIA 검증]

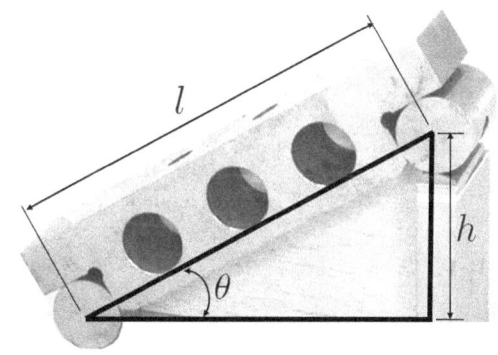

A3) $\sin\theta = \dfrac{h}{l}$,

$\theta = \sin^{-1}\left(\dfrac{50}{200}\right) = 14.47°$

Q4) 태양이 없는 흐린 날 혹은 태양 그림자와 관계없이 나무의 높이를 재고자 한다. 밑변이 2m, 높이가 1m인 막대를 만들어 나무 정상과 시선이 일치하는 곳까지 걸어간 후 길이 l을 측정하였더니 50m이다. 나무의 높이는 몇 m인가?

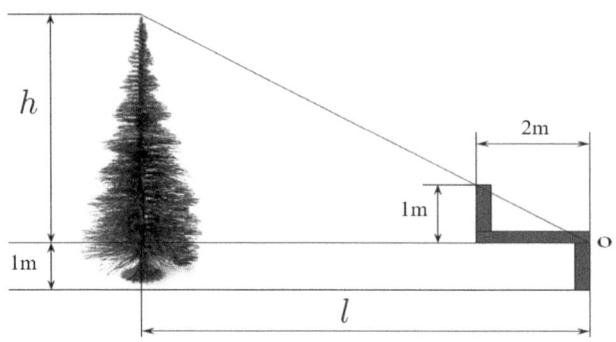

A4)

● 비례식 이용	● 삼각함수 이용
$2:1 = l:h$	$\tan\theta° = \dfrac{1}{2}$
$2:1 = 50:h$	$\theta° = \tan^{-1}\left(\dfrac{1}{2}\right) = 26.57°$
$h = \dfrac{1 \times 50}{2} = 25m$	$\tan 26.57° = \dfrac{h}{l} = \dfrac{h}{50}$
	$h = 50 \times \tan 26.57° = 25m$
∴ 나무의 높이는 25+1 = 26m	∴ 나무의 높이는 25+1 = 26m

Q5) 그림과 같이 $W = 100N$의 물체가 60° 경사면을 따라 내려갈 때 수평분력 F와 수직분력 R을 구하시오.

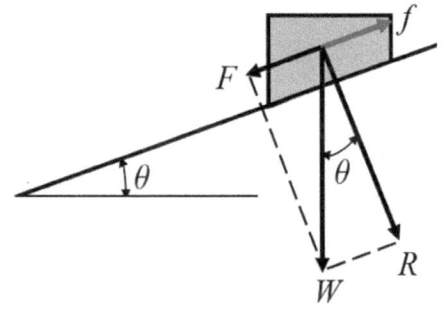

A5) 수직분력

$$R = W \cdot \cos 60°$$
$$= 100 \times \frac{1}{2} = 50(N)$$

수평분력

$$F = W \cdot \sin 60°$$
$$= 100 \times \left(\frac{\sqrt{3}}{2}\right) = 86.6(N)$$

3.2 사인 법칙과 코사인 법칙

(1) 사인 법칙

- 비 직각삼각형에도 적용이 가능하다.

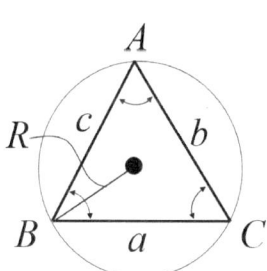

$$\frac{a}{\sin A} = \frac{b}{\sin B} = \frac{c}{\sin C} = 2R$$

$cf.$ 라미의 정리

$$\frac{T_a}{\sin A} = \frac{T_b}{\sin B} = \frac{T_c}{\sin C}$$

$T_a,\ T_b,\ T_c=$ 한 점에 작용하는 장력

Q1) △ABC에서 ∠$A = 60°$ 마주 보는 변 $a = 100$, ∠$C = 45°$일 때 ∠B와 나머지 두 변 b, c 및 각 꼭짓점에서 삼각형의 중점까지의 반경 R은 얼마인가?

A1) $\dfrac{a}{\sin A} = \dfrac{b}{\sin B} = \dfrac{c}{\sin C}$

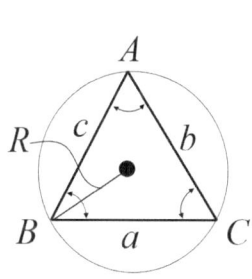

$$\frac{100}{\sin 60°} = \frac{c}{\sin 45°} , \quad c = \frac{\sin 45° \times 100}{\sin 60} = 81.65$$

∠$B = 180 - 60 - 45 = 75°$ (삼각형 내각의 합 $= 180°$)

$$\frac{100}{\sin 60°} = \frac{b}{\sin 75°}, \quad b = \frac{\sin 75° \times 100}{\sin 60°} = 111.54$$

$$\frac{100}{\sin 60°} = 2R, \quad R = \frac{100}{2 \times \sin 60°} = 57.7$$

Q2) $\triangle ABC$에서 $\angle A = 60^\circ$, $a = 120$, $c = 80$일 때 $b, \angle B, \angle C$?

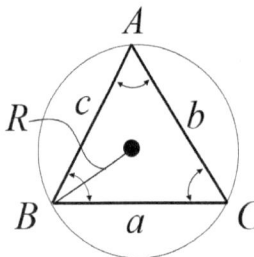

A2) $\dfrac{120}{\sin 60^\circ} = \dfrac{80}{\sin C}$, $\sin C = \dfrac{80 \times \sin 60^\circ}{120}$

$C = \sin^{-1}\left(\dfrac{80 \times \sin 60^\circ}{120}\right) = 35.26^\circ$

$B = 180 - 60 - 35.26 = 84.74$

$\dfrac{120}{\sin 60^\circ} = \dfrac{b}{\sin 84.74^\circ}$, $b = 137.98$

Q3) P_1에서의 $\angle A = 30^\circ$, P_2에서의 $\angle B = 60^\circ$, P_1에서 P_2까지는 $50 km/h$로 6분 주행 거리다. M에서 배(P_3)까지의 거리 l은?

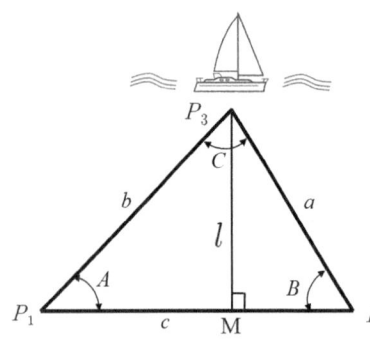

A3) $v = \dfrac{l}{T}$, $l = v \times T = 50 \times 6 \times \dfrac{1}{60} = 5 km$

$\angle C = 180 - 30 - 60 = 90^\circ$

$\dfrac{a}{\sin A} = \dfrac{c}{\sin C}$,

$\dfrac{a}{\sin 30^\circ} = \dfrac{5}{\sin 90^\circ}$,

$a = \dfrac{\sin 30^\circ \times 5}{\sin 90^\circ} = 2.5 km$

$\triangle P_2, M, P_3$에서 $\sin 60^\circ = \dfrac{l}{a}$

$l = \sin 60^\circ \times 2.5 = 2.17 km$

Q4) 그림과 같이 80m 떨어진 두 지점 A, B에서 하늘에 떠 있는 연을 올려다 본 각도는 각각 45°, 30°이었다. 이 연까지의 높이를 구하라. [CATIA 검증]

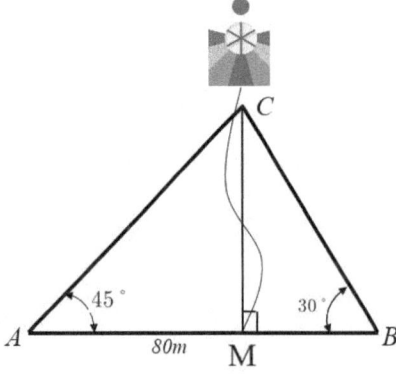

A4) $l = 80m$

$\angle C = 180^\circ - 45^\circ - 30^\circ = 105^\circ$

$\dfrac{a}{\sin A} = \dfrac{c}{\sin C}$,

$\dfrac{a}{\sin 45^\circ} = \dfrac{80}{\sin 105^\circ}$,

$a = \dfrac{\sin 45^\circ \times 80}{\sin 105^\circ} = 58.56m$

$\triangle B, C, M$에서 $\sin 30^\circ = \dfrac{l}{a}$

$l = \sin 30^\circ \times 58.56 = 29.28m$

(2) 코사인 제2법칙

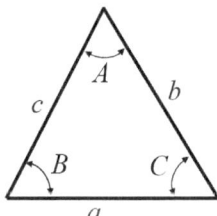

$$a^2 = b^2 + c^2 - 2bc \times \cos A$$
$$b^2 = a^2 + c^2 - 2ac \times \cos B$$
$$c^2 = a^2 + b^2 - 2ab \times \cos C$$

Q5) $\triangle ABC$에서 두 변의 길이가 40, 100, 사잇각이 60°일 때 나머지 한 변의 길이는?
   [CATIA 검증]

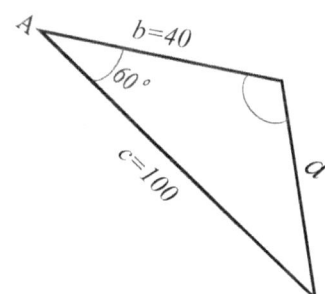

A5) 사잇각이 한 개만 주어지고 마주 보는 변의 길이가 없으면 사인 법칙을 적용할 수 없으므로 코사인 제2법칙을 적용하여 구한다.

$$a^2 = b^2 + c^2 - 2bc \times \cos A$$

$$a = \sqrt{40^2 + 100^2 - 2 \times 40 \times 100 \times \cos 60°}$$

$$= 87.17$$

3.3 일반각과 호도법

(1) 일반각

① 60분법

: 직각($90°$)의 $\dfrac{1}{90}$을 1°라 하고, 1°를 $60'$(분)으로 나누며 $1'$(분)을 60"(초)로 나누는 각도 호칭법이다.

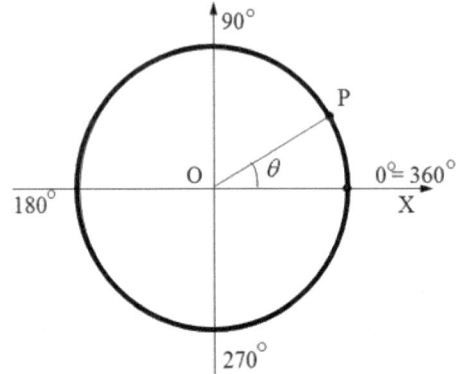

$\overline{OX}$: 시초선

$\overline{OP}$: 동경

θ : 사잇각

α : 회전각 (회전수에 따라 새롭게 결정되는 각)

② 사잇각과 회전각

: 시초선 $\overline{OX}$로부터 동경 $\overline{OP}$가 반시계 방향(CW)으로 회전(+)한 사잇각을 θ라 한다. 회전각 α의 크기는 회전수 N(rev)에 따라 다음과 같이 결정된다.

$$\alpha = 360° \times n + \theta \, (\alpha \text{ 는 회전수에 따라 새롭게 결정되는 각})$$

Q1) 사잇각이 30°이고 2회전 한 후의 회전각은?
A1) $\alpha = 360° \times n + \theta = 360° \times 2 + 30° = 750°$

③ 도(°) 분(′) 초(″)의 이해

$$60분법에서 \ 1° = 60', \ 1' = 60''$$

Q2) 30.2°는 몇 도 몇 분 몇 초인가?
A2) $30° + 0.2 \times 60' = 30° \ 12'$

Q3) 30.27°는 몇 도 몇 분 몇 초인가?
A3) $30° + 0.27 \times 60' = 30° + 16.2'$
$$= 30° + 16' + 0.2 \times 60''$$
$$= 30° \ 16' \ 12''$$

Q4) $30° 16' 12''$는 몇 도인가?
A4) $12'' \div 60 = 0.2$
$16' + 0.2' = 16.2', 16.2' \div 60 = 0.27°$
$30° + 0.27° = 30.27°$

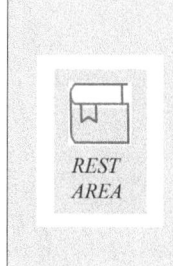

REST
AREA

CAD/CAM 프로그램과 MCT, 5축가공기 등으로 부품을 가공하고 조립한 탱크 프로젝트 작품으로, 상부와 게틀링건은 회전할 수 있도록 제어하였다.

④ 원주율 π

$$\text{원주율, } \pi = \frac{l}{D} \approx 3.14 \text{ , } \quad l : \text{원주 길이, } D: \text{직경}$$

Q5) ~직경이 서로 다른 알루미늄 병, 테이프, 임펠러의 직경을 버니어 캘리퍼스로 측정하여 기록하고, 띠자를 활용하여 각각의 원주 길이를 측정하여 기록한다. 각 물체의 원주 길이에서 직경을 나누면 얼마가 나오는가?

Q5)-1 알루미늄 병

직경(D) 측정	원주(l) 측정	원주율
		$\pi = \dfrac{l}{D}$
52.77mm	168mm	3.18

Q5)-2 테이프

직경(D) 측정	원주(l) 측정	원주율
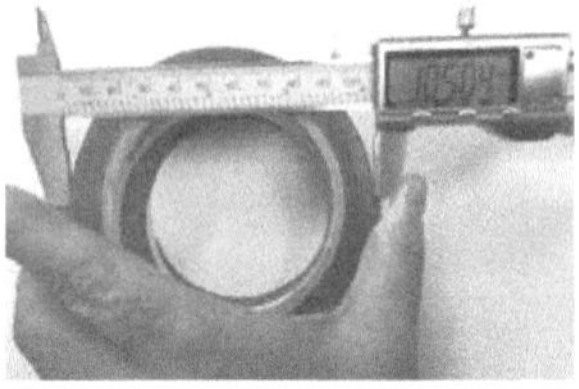	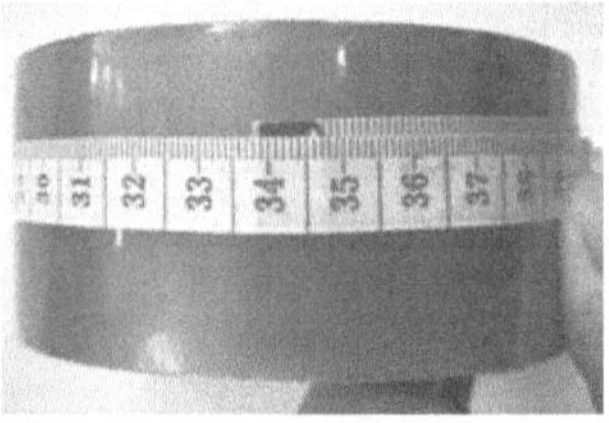	$\pi = \dfrac{l}{D}$
105.04mm	333mm	3.17

Q5)-3 임펠러

직경(D) 측정	원주(l) 측정	원주율
		$\pi = \dfrac{l}{D}$
107.06mm	338mm	3.15

⑤ 원주 길이 l

: 원주(원둘레) 길이는 직경 D의 π배이다. 따라서 원주 길이 l은 다음과 같다.

$$l = \pi \cdot D \quad (\pi = \frac{l}{D})$$

Q6) 환봉을 버니어 캘리퍼스로 측정해 보니 직경이 $100mm$이다. 이때 환봉의 원둘레 길이는 얼마인가?

A6) $l = \pi \times D = \pi \times 100 = 314.16mm$

⑥ 원호의 길이 l'

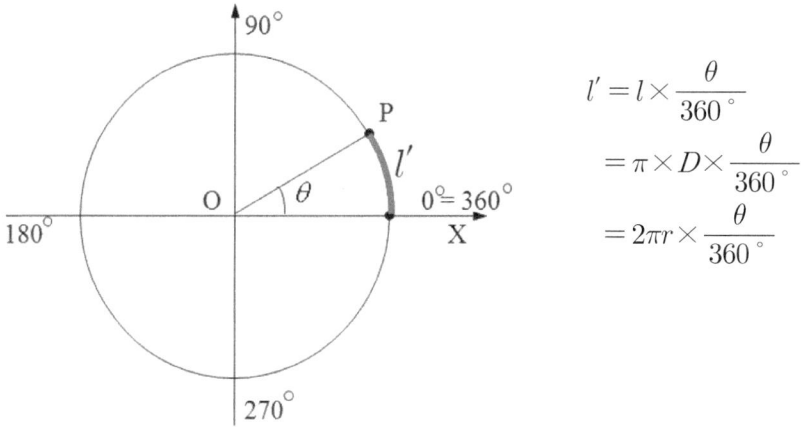

$$l' = l \times \frac{\theta}{360°}$$
$$= \pi \times D \times \frac{\theta}{360°}$$
$$= 2\pi r \times \frac{\theta}{360°}$$

Q7) 환봉을 버니어 캘리퍼스로 측정해 보니 직경이 $100mm$이다. 시초선 $\overline{OX}$에서 반시계 방향으로 $45°$ 회전한 원호의 길이는 얼마인가? [CATIA 검증]

A7) $l = \pi \times D = \pi \times 100 \approx 314mm$

$$\therefore l' = \pi D \times \frac{\theta}{360°} = 314.16 \times \frac{45°}{360°} = 39.27mm$$

Q8) 인공위성이 지상 $1000km$ 상공에서 사잇각 $30°$로 원호 왕복운동을 할 때 이동 거리는?

단, 지구반경은 $6,400km$ 이다.

A8) $\begin{cases} r = 1000 + 6400 = 7400km \\ \theta = 30° \end{cases}$

$\therefore l' = 2\pi r \times \dfrac{\theta}{360°} = 2\pi \times 7400 \times \dfrac{30°}{360°} = 3874km$

⑦ 원의 넓이 A

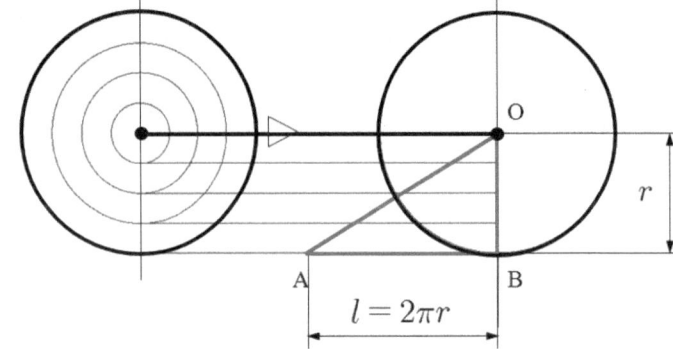

△OAB의 넓이

$\begin{aligned} A &= \dfrac{1}{2} \times 2\pi r \times r \\ &= \pi \times r^2 \\ &= \pi \times (\dfrac{D}{2})^2 \\ &= \pi \times (\dfrac{D^2}{4}) \\ &= \dfrac{\pi \cdot D^2}{4} \end{aligned}$

Q9) 지름 $14mm$ 의 연강봉에 $8kN$의 인장 하중이 작용할 때 발생하는 응력은 몇 N/mm^2인가?

① 15　　② 23　　③ 46　　❹ 52

A9) $d = 14mm$
$F = 8kN = 8000N$
$\sigma = ? N/mm^2$

$\sigma = \dfrac{F}{A} = \dfrac{F}{\dfrac{\pi \times D^2}{4}} = \dfrac{8000}{\dfrac{\pi \times 14^2}{4}} = 51.97$

(2) 호도법

① 1 rad(radian)의 정의

: 공학적 문제 해결을 위한 방법으로 60분법의 도(°) 단위 대신에 rad(radian) 단위를 사용하는 각도 호칭법으로, 1 rad은 반지름 r과 원호 길이 l'이 같아질 때의 각도 이다.

$$r = l'$$

$$r = 2\pi r \times \frac{\theta}{360}, \;\; \theta = \frac{360 \times r}{2\pi r} = \frac{180\,°}{\pi} \approx 57.296\,°$$

$$\therefore 1rad \approx 57.296\,°$$

$$\pi rad = \pi \times 57.296\,° = 180\,°$$

$$\therefore \pi(rad) = 180\,°$$

우항인 180°는 60분법에 의한 일반각으로 수식 등에서 도(°)를 삭제할 수 없으나 좌항은 호도법에 의한 단위 rad을 생략할 수 있어 공학적 문제 해결에 용이하다.

Q10) 90°는 몇 rad인가?

A10) $90\,° \times \dfrac{\pi}{180\,°} = \dfrac{\pi}{2}$

Q11) 270°는 몇 rad인가?

A11) $270\,° \times \dfrac{\pi}{180\,°} = \dfrac{3\pi}{2}$

Q12) $\dfrac{\pi}{2}$ 는 몇 도인가?

A12) $\dfrac{\pi}{2} \times \dfrac{180\,°}{\pi} = 90\,°$

Q13) $\dfrac{3}{4}\pi$는 몇 도인가?

A13) 135°

② 호도법에 의한 원호의 길이 l'

$$l' = 2\pi r \times \frac{\theta}{360°} = 2\pi r \times \frac{\theta}{2\pi(rad)} = r \times \theta$$

$$\therefore l' = r \cdot \theta$$

Q14) 환봉을 버니어 캘리퍼스로 측정해 보니 직경이 $100mm$이다. 시초선 $\overline{OX}$에서 반시계 방향으로 $45°$ 회전한 원호의 길이는 얼마인가?

A14) $\theta = 45° \times \dfrac{\pi(rad)}{180°} = \dfrac{\pi}{4}(rad)$

$l' = r \cdot \theta,$
$\quad = 50 \times \dfrac{\pi}{4} = 39.27mm$

Q15) 인공위성이 지상 $1000km$ 상공에서 사잇각 $30°$로 원호 왕복운동을 할 때 이동 거리는 얼마인가? 호도법을 이용하여 구하시오. (단, 지구 반경은 $6,400km$)

A15) $\theta = 30° \times \dfrac{\pi(rad)}{180°} = \dfrac{\pi}{6}(rad)$

$l' = r \cdot \theta,$
$\quad = 7400 \times \dfrac{\pi}{6} = 3847.6km$

CHAPTER 04

물리량과 단위

4.1 물리량과 단위 체계

(1) 물리량과 단위

- 물리량 : 자연 현상을 정량적으로 표현하기 위한 양(길이, 질량, 시간, 온도, 전류, 조도, 시공)
- 단위 : 물리량을 표현하기 위한 기호(SI 단위계, 중력 단위계)

(2) 10의 멱수(exponent)

인자	명칭	기호	사례
10^9	Giga	G	GPa
10^6	Mega	M	MPa
10^3	kilo	k	km, kg, kW
10^2	hecto	h	hPa
10^1	deca	da	da$l$
10^0			m
10^{-1}	deci	d	dB
10^{-2}	centi	c	cm
10^{-3}	milli	m	mm
10^{-6}	micro	μ	μm
10^{-9}	nano	n	nm

Q1) $7m = ?mm$

A1) $7m = 7 \times 1m = 7 \times 10^3 mm$

Q2) $7m = ?\mu m$

A2) $7m = 7 \times 1m = 7 \times 10^6 \mu m$

Q3) $7 \times 10^3 mm = ?m$

A3) $7 \times 10^3 mm = 7 \times 10^3 \times 1mm = 7 \times 10^3 \times 10^{-3}(m) = 7m$

Q4) $7 \times 10^6 \mu m = ?m$

A4) $7 \times 10^6 \mu m = 7 \times 10^6 \times 1(\mu m) = 7 \times 10^6 \times 10^{-6}(m) = 7m$

Q5) $8.5 \times 10^{-6} km = ?cm$

A5) $8.5 \times 10^{-6} \times km$
$= 8.5 \times 10^{-6} \times 10^3 m$
$= 8.5 \times 10^{-6} \times 10^3 \times 1m$
$= 8.5 \times 10^{-6} \times 10^3 \times 10^2 cm$
$= 8.5 \times 10^{-1} cm$
$= 0.85cm$

Q6) $8.5 \times 10^{-6} km = ?\mu m$

A6) $8.5 \times 10^{-6} km$
$= 8.5 \times 10^{-6} \times 10^3 m$
$= 8.5 \times 10^{-6} \times 10^3 \times 1m$
$= 8.5 \times 10^{-6} \times 10^3 \times 10^6 \mu m$
$= 8.5 \times 10^3 \mu m$

4.2 속도와 가속도

(1) 길이

- 길이 : 거리의 크기(기본 단위 : 하나의 단위로만 구성됨)
- 기호 : l(length)
- 단위 : m(1m는 빛이 진공에서 약 1/30억 초 동안 진행된 거리)
- $1m = 10^2 cm = 10^3 mm = 10^{-3} km$
- $1inch = 25.4mm$

Q1) 허리둘레 30 inch는 몇 mm인가?
A1) $30 \ inch = 30 \times 25.4mm = 762mm$

Q2) 1m는 몇 inch인가?
A2) $1m = 1 \times 10^3 mm = 1 \times 10^3 \times \dfrac{1}{25.4} inch = 39.37inch$

(2) 속도

- 속도: 시간에 따른 거리 변화량(유도 단위 : 둘 이상의 기본 단위로 정함)
- 기호: v(velocity)
- 단위: m/s

① 선속도

$$v = \frac{\Delta l}{t}(m/s) = \frac{l_2 - l_1}{t}(m/s)$$

② 회전체의 접선 속도 v

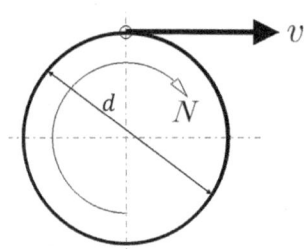

원주 거리, $l = \pi d$

$1\,rpm\,(=1rev/\min)$ 동안 이동한 거리는

원주 거리, l이므로

접선 속도, $v = \dfrac{l}{t} = \dfrac{\pi d(mm) \times 1(rev)}{\min}$

$N(rpm)$ 동안 이동한 거리는 $\ l \times N$이므로

접선 속도, $v = \dfrac{l}{t} = \dfrac{\pi d(mm) \times N(rev)}{\min}$

접선 속도, $v = \dfrac{l}{t} = \dfrac{\pi d(m) \times N(rev)}{1000(\min)}$

직경을 mm로 하면 원주 속도의 절댓값이

너무 크므로 m로 환산하면 $\qquad \longrightarrow$

$$v = \frac{\pi d N}{1000}(m/\min)$$

v : 회전체의 접선 속도, 절삭 속도(m/min), $\qquad l$: 원주 거리(mm), $\qquad t$: 시간(min)

d : 직경(mm), $\qquad N$: 회전수(rpm)

기출문제

Q1) 밀링머신에서 커터 지름이 120mm, 한 날당 이송이 0.1mm, 커터 날수가 4날, 회전수가 900rpm일 때, 절삭 속도는 약 몇 m/min인가?

① 33.9　　② 113　　③ 214　　❹ 339

A1) $d = 120mm$
$f_z = 0.1mm,\ Z = 4$
$N = 900rpm,\ v = ?m/\min$

$v = \dfrac{\pi d N}{1000} = \dfrac{\pi \times 120 \times 900}{1000} = 339.29$

Q2) 드릴의 속도가 v(m/min), 지름이 d(mm)일 때, 드릴의 회전수 N(rpm)을 구하는 식은?

① $N = \dfrac{1000}{\pi d v}$　　❷ $N = \dfrac{1000v}{\pi d}$　　③ $N = \dfrac{\pi d v}{1000}$　　④ $N = \dfrac{\pi d}{1000v}$

A2) $v = \dfrac{\pi d N}{1000},\ N = \dfrac{1000v}{\pi d}$

Q3) 각 속도가 30rad/sec인 원운동을 rpm 단위로 환산하면 얼마인가?

① 157.1　　② 186.5　　③ 257.1　　❹ 286.5

A3) $\omega = 30 rad/s$
$N = ?rpm$

$30rad/s = 30 \times \dfrac{1}{2\pi}(rev) / \dfrac{1}{60}(\min) = \dfrac{30 \times 60}{2\pi} = 286.47rpm$

(3) 가속도

- 가속도 : 시간에 따른 속도 변화량(유도 단위)
- 기호 : a(acceleration)
- 단위 : m/s^2

① 가속도 유도(1차원으로 가정)

$$a = \frac{\Delta v}{t} = \frac{\frac{l}{t}}{\frac{t}{1}} = \frac{l}{t^2}\,(m/s^2)$$

$$a = \frac{d}{dt}(v) = \frac{d}{dt}(\frac{l}{t}) = -l \cdot t^{-2} = -\frac{l}{t^2}\,(m/s^2)$$

단, 가속도의 방향(부호)은 속도 벡터의 방향을 따른다.

② 등가속도 운동

- 속도와 가속도

$$a = \frac{d}{dt}(v)$$

$$v = \int a\,dt = at + C$$

$$C = v_0$$

$$v = v_0 + at$$

$$v = at + v_o \qquad (1)$$

$$v - v_0 = at \qquad (2)$$

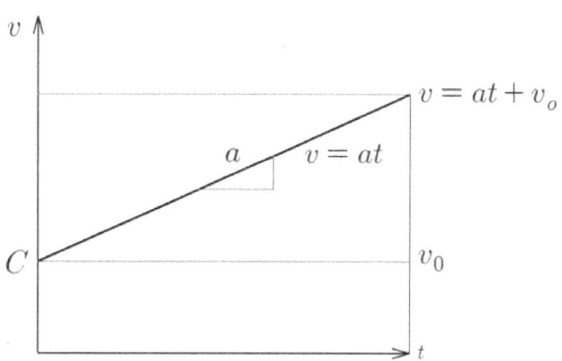

- 속도와 거리

$$v = \frac{d}{dt}(l)$$

$$l = \int v \, dt = \int (at + v_0) \, dt$$

$$l = \frac{1}{2}at^2 + v_0 t + C$$

$$C = l_0$$

$$l = \frac{1}{2}at^2 + v_0 t + l_0 \qquad (3)$$

$$l - l_0 = v_0 t + \frac{1}{2}at^2 \qquad (4)$$

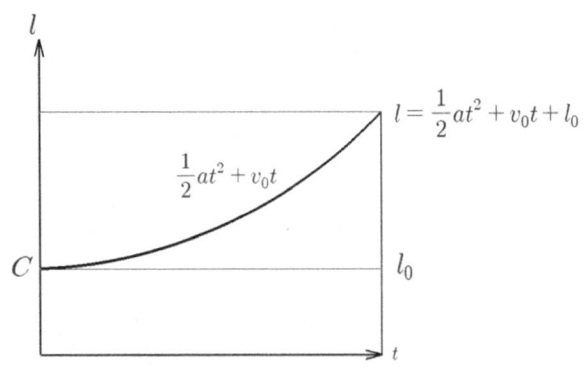

- 가속도와 거리

식 (2)에서 $t = \dfrac{v - v_0}{a}$, 식 (4)에 대입하면

$$l - l_0 = \frac{vv_0 - v_0^2}{a} + \frac{1}{2}a\left(\frac{v^2 - 2vv_0 + v_0^2}{a^2}\right)$$

$$= \frac{2vv_0 - 2v_0^2 + v^2 - 2vv_0 + v_0^2}{2a}$$

$$= \frac{v^2 - v_0^2}{2a}$$

$$l - l_0 = \frac{v^2 - v_0^2}{2a} \qquad (5)$$

$$2a(l - l_0) = v^2 - v_0^2 \qquad (6)$$

③ 자유 낙하 실험을 통한 중력 가속도 유도

● 중력 가속도 식 유도

$$식\,(1)에서\ v = gt \tag{7}$$

$$식\,(3)에서\ l = \frac{1}{2}gt^2 \tag{8}$$

$$식\,(6)에서\ 2gl = v^2 \tag{9}$$

$$식\,(8)에서\ l = g(\frac{t^2}{2}) \tag{10}$$

$\dfrac{t^2}{2}$ 를 X라 하면 $Y = gX$의
직선의 방정식으로 그려지며

$$기울기\ g = \frac{\Delta l}{\Delta\dfrac{t^2}{2}}(m/s^2) \tag{11}$$

따라서 가로축을 $\dfrac{t^2}{2}$, 세로축을 g로 하는 실험을 통하여 중력 가속도 g를 구할 수 있다.

- 중력 가속도 실험

아래의 [중력 가속도 실험 장치]를 사용하여 거리를 늘려가면서 강구(Steel ball)를 자유 낙하시키고 그때의 낙하 시간을 타이머로 측정하여 기록한다. 가로축을 $\frac{t^2}{2}$, 세로축을 l로 하여 아래 우측의 [실험 결과 그래프]를 완성한다.

실험 결과, 낙하 거리 $120cm$일 때 $\frac{t^2}{2}=0.1224$이었으며 낙하 거리 $25cm$일 때 $\frac{t^2}{2}=0.0255$이었다. 따라서 아래와 같이 중력 가속도 g를 구할 수 있다.

$$g = \frac{\Delta l}{\Delta \frac{t^2}{2}} = \frac{120-25}{0.1224-0.0255}$$
$$= 980cm/s^2$$
$$= 9.8m/s^2$$

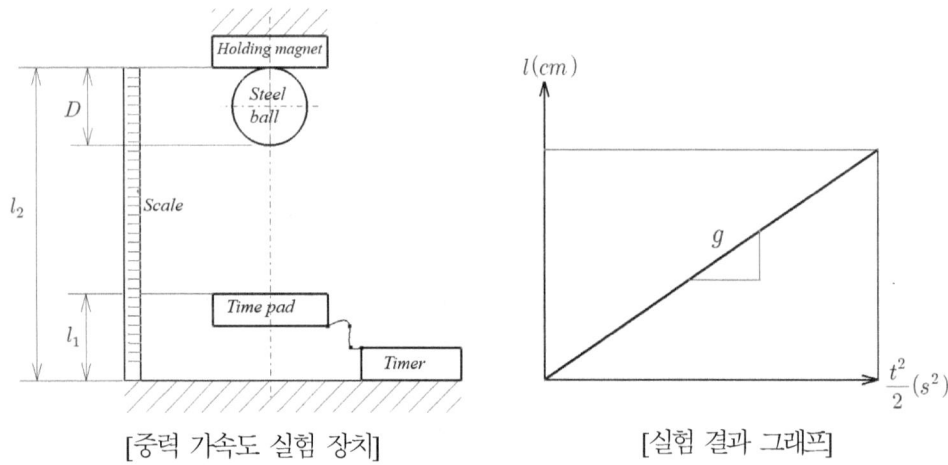

[중력 가속도 실험 장치]　　　　　　[실험 결과 그래프]

4.3 질량과 힘

(1) 질량

- 질량 : 물질이 갖는 양으로 중력의 영향과 무관하다. (기본 단위)
- 기호 : $m(mass)$
- 단위 : $kg(=kg_m)$
- $1kg$ = 물 $1l$의 무게에 해당하는 국제 킬로그램 원기의 질량

(2) 힘

- 힘 : 질량과 가속도의 곱으로, 중력의 영향을 받는다. (유도 단위)
- 기호 : $F(Force)$, $W(Weight)$, P
- 단위 : kg_f, N
- 유도 공식 : $F = ma$
- $1N$: $1kg_m$의 질량이 $1m/s^2$의 가속도로 이동할 때의 힘 (SI 단위계)

  $(1N = 1kg_m \cdot m/s^2)$
- $1kg_f$: $1kg_m$의 질량이 $9.8m/s^2$의 중력 가속도로 이동할 때의 힘(중력 단위계)

  $(1kg_f = 9.8kg_m \cdot m/s^2 = 9.8N)$

① 운동량 : 질량과 속도의 곱을 운동량(momentum)이라 한다.

$$m_0 = m \times v \, (kg_m \cdot m/s)$$

② 힘의 유도 : 시간에 따른 운동량의 변화

$$F = \frac{\Delta mv}{t} = \frac{d}{dt}(mv) = \frac{d}{dt}\left(m\frac{l}{t}\right)$$
$$= m \cdot l \cdot \frac{d}{dt}(t^{-1}) = m \cdot l \cdot (-1) \cdot t^{-2}$$
$$= -\frac{m \cdot l}{t^2} = -m \cdot a\,(kg_m \cdot m/s^2)$$

단, 가속도의 방향(부호)은 속도 벡터와 모멘텀이 작용하는 방향을 따른다.

③ 만유인력의 법칙을 이용한 중력 가속도 유도

● 만유인력의 법칙
 : 모든 물체는 두 물체의 질량의 곱에 비례하고 사이 거리의 제곱에 반비례하는
  만유인력이 작용한다.

$$F = G \cdot \frac{m_1 \cdot m_2}{r^2} \left(\frac{m^3}{kg \cdot s^2} \cdot \frac{kg^2}{m^2} \right) \tag{1}$$

중력 상수, $G = 6.67 \times 10^{-11} (m^3 / kg \cdot s^2)$ (캐번디시의 실험)

지구 질량, $m_1 = 5.98 \times 10^{24} (kg)$

임의 물체 질량, m_2

지구 반경, $r = 6370 km$

● 힘과 가속도의 법칙(뉴턴 제2법칙)
 : 물체의 가속도는 작용하는 힘의 크기에 비례하고 질량에는 반비례한다.

$$F = m_2 \cdot a \tag{2}$$

(1) = (2)라 놓으면

$$F = G \cdot \frac{m_1 \cdot m_2}{r^2} = m_2 \cdot a$$

$$a = \frac{G \cdot m_1 \cdot m_2}{m_2 \cdot r^2} = \frac{6.67 \times 10^{-11} \times 5.98 \times 10^{24}}{(6370 \times 10^3)^2} \left(\frac{m^3 \cdot kg}{kg \cdot s^2 \cdot m^2} \right)$$

$$= 9.8 \, m/s^2$$

$$\therefore g = 9.8 \, m/s^2$$

Q1) 지구에서 $60kg$의 질량을 가진 사람의 무게는 몇 kg_f인가? (단, 지구에서의 중력 가속도는 $9.8m/s^2$이다.)

A1) $60kg_m \times 9.8m/s^2 = 60kg_f$

Q2) 지구에서 $60kg$의 질량을 가진 사람의 무게는 몇 N인가? (단, 지구에서의 중력 가속도는 $9.8m/s^2$이다.)

A2) $60kg_m \times 9.8m/s^2 = 588N$

Q3) 달에서 $60kg$의 질량을 가진 사람의 무게는 몇 kg_f인가? (단, 달에서의 중력 가속도는 지구의 1/6이다.)

A3) $60kg_m \times 9.8m/s^2 \times \dfrac{1}{6} = 10kg_f$

Q4) 달에서 $60kg$의 질량을 가진 사람의 무게는 몇 N인가? (단, 달에서의 중력 가속도는 지구의 1/6이다.)

A4) $60kg_m \times 9.8m/s^2 \times \dfrac{1}{6} = 98N$

4.4 응력과 변형률

(1) 하중

① 하중(힘)의 작용 방향에 따른 분류
- 인장 하중(Tension force) : 재료를 축 방향으로 늘어나게 하는 하중(수직 하중)
- 압축 하중(Compressive force) : 재료를 축 방향으로 누르는 하중(수직 하중)
- 전단 하중(Shear force) : 재료를 가위로 자르려는 것과 같은 하중(수평 하중)
- 굽힘 하중(Bending force) : 재료를 구부려 휘어지게 하는 하중
- 비틀림 하중(Torsion force) : 재료를 비트는(빨래 짜듯이) 형태의 하중(회전체)
- 좌굴 하중(Buckling force) : 세장비가 큰 기둥을 가로 방향으로 휘게 하는 하중

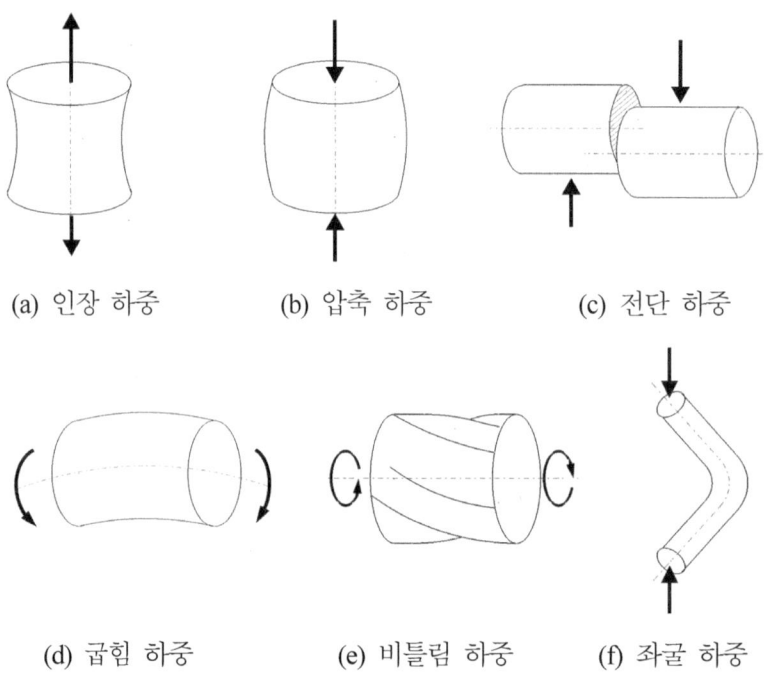

(a) 인장 하중   (b) 압축 하중   (c) 전단 하중

(d) 굽힘 하중   (e) 비틀림 하중   (f) 좌굴 하중

[하중의 종류]

② 하중의 작용 속도에 따른 분류
● 정하중 : 시간에 따라 변화하지 않거나 무시할 정도의 하중(속도≈0)
● 동하중 : 시간에 따라 하중의 크기가 변하는 하중으로 아래와 같이 분류함
  - 변동 하중(Variable load) : 하중의 크기와 방향이 시간에 따라 불규칙하게 변하는 하중
  - 반복 하중(Repeated load) : 한쪽 방향으로만 주기적으로 반복하는 하중(편진 하중)
  - 교번 하중(Alternate load) : 여러 방향(인장, 압축)으로 주기적으로 반복하는 하중 (양진 하중)
  - 충격 하중(Impact load) : 비교적 단시간에 충격적으로 작용하는 하중

③ 하중의 분포 상태에 따른 분류
● 집중 하중 : 재료의 일정 위치에 집중되는 하중
● 분포 하중 : 재료의 특정 면적에 걸쳐서 분포되는 하중으로 균일 분포하중과 비균일 분포 하중으로 분류함

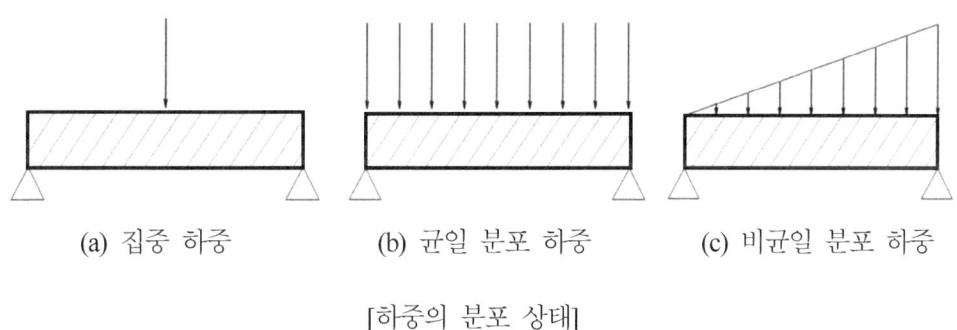

(a) 집중 하중   (b) 균일 분포 하중   (c) 비균일 분포 하중

[하중의 분포 상태]

Q1) 일정한 주기 및 진폭으로 반복하여 계속 작용하는 하중으로 편진하중을 의미하는 것은?
　① 변동 하중(variable load)　　　❷ 반복 하중(repeated load)
　③ 교번 하중(alternate load)　　　④ 충격 하중(impact load)

Q2) 하중의 크기 및 방향이 주기적으로 변화하는 하중으로서 양진 하중을 의미하는 것은?
　① 변동 하중(Variable load)　　　② 반복 하중(Repeated load)
　❸ 교번 하중(alternate load)　　　④ 충격 하중(impact load)

Q3) 다음 중 일반적으로 안전율을 가장 크게 잡는 하중은? (단, 동일 재질에서 극한 강도 기준의 안전율을 대상으로 한다.)
　❶ 충격 하중　　　　　　② 편진 반복 하중
　③ 정 하중　　　　　　　④ 양진 반복 하중

Q4) 키 홈이나 축의 지름이 급격히 변화하는 부분에서 응력 분포가 불규칙하고 주위의 평균 응력보다 훨씬 큰 응력이 발생하는 것을 무엇이라고 하는가?
　① 피로 파괴　　　　　　❷ 응력 집중
　③ 가공 경화　　　　　　④ 크리프

(2) 응력

● 응력 : 외력이 작용할 때 재료 내부에서 저항하는 단위면적당 힘(유도 단위)

● 기호 : - 압력(pressure) : p

　　　　 - 수직 응력(압축 응력, 인장 응력, normal stress) : σ

　　　　 - 수평 응력(전단 응력, shear stress): τ

● 단위 : kg_f/m^2, $Pa(N/m^2)$

● 공식 : $p = \sigma = \tau = \dfrac{F}{A}(kg_f/m^2)$

● $1MPa = 10^6 N/m^2 = 10^6 N/(10^3 mm)^2 = 10^6 N/10^6 (mm)^2 = 1N/mm^2$

① 재료 내부에 작용하는 응력

● 수직 응력, 전단 응력, 압력

$$\sigma = \tau = p = \frac{F}{A}\left(\frac{kg_f}{mm^2}\right)$$

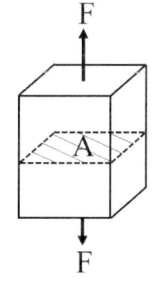 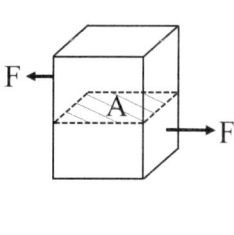

　　　　(a) 수직응력　　　　　　(b) 전단응력

σ : 수직 응력(kg_f/mm^2),　τ : 전단 응력(kg_f/mm^2),　p : 압력(kg_f/mm^2), (베어링 작용 압력 문제 등),　　　F : 힘 혹은 하중$(kg_f$ 혹은 $N)$,　　A : 힘을 받는 단면적(mm^2)

● 중실축과 중공축의 단면적 비교

- 중실축인 경우　　　　　　　　　　　　- 중공축인 경우

σ 혹은 τ 혹은 $p = \dfrac{F}{A} = \dfrac{F}{\dfrac{\pi}{4}(d^2)}$　　　　σ 혹은 τ 혹은 $p = \dfrac{F}{A} = \dfrac{F}{\dfrac{\pi}{4}(d_2^2 - d_1^2)}$

d : 중실축의 직경,　　d_2 : 중공축의 외경,　　　d_1 : 중공축의 내경

Q1) 재료를 인장 시험할 때, 재료에 작용하는 하중을 변형 전의 원래 단면적으로 나눈 응력은?

① 인장 응력　　② 압축 응력　　❸ 공칭 응력　　④ 전단 응력

Q2) 응력-변형률 선도에서 재료가 저항할 수 있는 최대의 응력을 무엇이라 하는가? (단, 공칭 응력을 기준으로 한다.)

① 비례 한도(proportional limit)　　② 탄성 한도(elastic limit)

③ 항복점(yield point)　　❹ 극한 강도(ultimate strength)

Q3) 사각형 단면(100mm×60mm)의 기둥에 $10(kg_f/cm^2)$의 압축 응력이 발생할 때 압축 하중은 약 얼마인가?

① $6,000kg_f$　　❷ $600kg_f$　　③ $60kg_f$　　④ $60000kg_f$

A3) $b = 100mm = 10cm$ (사각형의 가로 폭)
$h = 60mm = 6cm$ (사각형의 세로 길이)
$\sigma = 10kg_f/cm^2$ (응력)
$F = ?kg_f$ (하중)

$\sigma = \dfrac{F}{A} = \dfrac{F}{b \times h}$,

$F = b \times h \times \sigma = 10 \times 6 \times 10 = 600kg_f$

Q4) 정사각형 단면의 봉에 20kN의 압축 하중이 작용할 때 생기는 응력을 5,000N/cm² 가 되게 하려면 정사각형의 한 변의 길이를 약 몇 cm로 해야 하는가?

① 0.2　　② 0.4　　❸ 2　　④ 4

A4) $A = a^2$
$F = 20kN = 20000N$
$\sigma = 5000N/cm^2$
$a = ?cm$

$\sigma = \dfrac{F}{A} = \dfrac{F}{a^2}$,　$a = \sqrt{\dfrac{F}{\sigma}} = \sqrt{\dfrac{20000}{5000}} = 2$

Q5) 한 변이 50mm인 정사각형 단면의 봉에 3t 질량을 가진 물체에 의하여 중력 방향으로 인장 하중이 작용할 때 발생하는 인장 응력은 약 몇 N/cm²인가?

① 117.7　　② 141.4　　❸ 1177　　④ 1414

A5) $a = 50mm = 5cm$
$F = 3t = 3000kg_f = 29400N$
$\sigma = ?N/cm^2$

$\sigma = \dfrac{F}{A} = \dfrac{F}{a^2} = \dfrac{29400}{5^2} = 1176$

Q6) 사각형 단면(100mm×60mm)의 기둥에 1N/mm² 전단 응력이 발생할 때 전단 하중은 약 얼마인가?

❶ 6000 N　　② 600 N　　③ 60 N　　④ 60000 N

Q7) 지름 14mm의 연강봉에 8,000N의 전단 하중이 작용할 때 발생하는 응력은 몇 N/mm^2인가?

① 15   ② 23   ③ 46   ❹ 52

A7) $d = 14mm$
$F = 8000N$
$\tau = ?\, N/mm^2$

$$\sigma = \frac{F}{A} = \frac{8000}{\dfrac{\pi \times 14^2}{4}} = 51.97$$

Q8) 지름이 10mm인 시험편에 600N의 인장력이 작용한다고 할 때 이 시험편에 발생하는 인장 응력은 약 몇 MPa인가?

① 95.2   ② 76.4   ❸ 7.64   ④ 9.52

A8) $d = 10mm$
$F = 600N$
$\sigma = ?\, MPa = ?\, N/mm^2$

$$\sigma = \frac{F}{A} = \frac{600}{\dfrac{\pi \times 10^2}{4}} = 7.64$$

$cf.$ $1MPa = 1 \times 10^6 N/m^2 = 1 \times 10^6 N/(10^3 mm)^2 = 1 N/mm^2 = \dfrac{1}{9.8} kg_f/mm^2$

Q9) 지름이 4cm의 봉재에 인장 하중이 1,000N이 작용할 때 발생하는 인장 응력은 약 얼마인가?

① 127.3N/cm^2 ② 127.3N/mm^2 ❸ 80 N/cm^2 ④ 80 N/mm^2

② 베어링에 작용하는 압력(주로 저널 베어링)

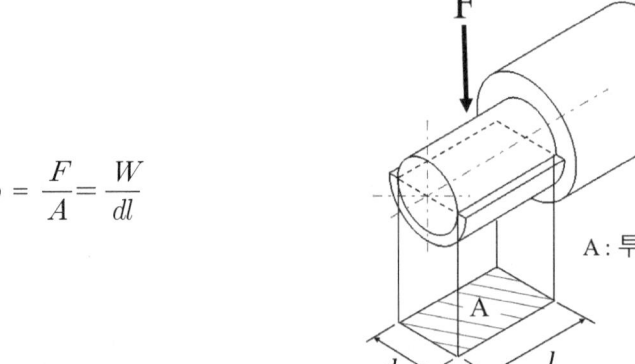

$$p = \frac{F}{A} = \frac{W}{dl}$$

A : 투사면적

p : 베어링 압력(MPa),　$F(= W)$: 베어링 하중(N),　d : 저널 지름(mm),　l : 저널 길이(mm)

기출문제

Q1) 축의 직경 5cm, 길이 10cm인 저널 베어링에 4kN의 하중이 걸리는 경우 저널 베어링 압력은 몇 N/cm^2인가?

① 240　② 40　③ 160　❹ 80

A1)　$d = 5cm$
　$l = 10cm$
　$F = 4kN = 4000N$
　$p = ?N/cm^2$

$$p = \frac{F}{A} = \frac{F}{d \cdot l} = \frac{4000}{50} = 80N/cm^2$$

Q2) 400rpm으로 전동축을 지지하고 있는 미끄럼 베어링에서 저널의 지름 $d = 6cm$, 저널의 길이 $l = 10cm$이고, 4.2kN의 레이디얼 하중이 작용할 때 베어링 압력은 몇 MPa인가?

① 0.5　② 0.6　❸ 0.7　④ 0.8

A2)　$N = 400rpm$
　$d = 6cm = 60mm$
　$l = 10cm = 100mm$
　$F = 4.2kN = 4200N$
　$p = ?MPa = ?N/mm^2$

$$p = \frac{F}{A} = \frac{F}{d \cdot l} = \frac{4200}{6000} = 0.7N/mm^2 = 0.7MPa$$

Q3) 지름이 25mm이고 길이가 50mm인 저널 베어링에서 5.9kN의 하중을 지지하고 있을 때 저널 면에 작용하는 압력은 약 몇 MPa인가?

① 3.59   ② 4.18

❸ 4.72   ④ 4.90

A3) $d = 25mm$
$l = 50mm$
$F = 5.9kN = 5900N$
$p = ?MPa - ?N/mm^2$

$$p = \frac{F}{A} = \frac{F}{d \cdot l} = \frac{5900}{25 \times 50} = 4.72N/mm^2 = 4.72MPa$$

Q4) 420rpm으로 16.20kN의 하중을 받고 있는 엔드저널의 지름(d)과 폭(l)은? (단, 베어링 작용 압력은 1N/mm², 폭 지름비 l/d=2이다.)

❶ $d = 90$ mm, $l = 180$ mm   ② $d = 85$ mm, $l = 170$ mm

③ $d = 80$ mm, $l = 160$ mm   ④ $d = 75$ mm, $l = 150$ mm

A4) $N = 420rpm$
$d = ?mm$
$l = ?mm$
$F = 16.2kN = 16200N$
$p = 1MPa = 1N/mm^2$

$$\frac{l}{d} = 2, \ l = 2d$$

$$p = \frac{F}{A} = \frac{F}{d \cdot l} = \frac{F}{d \cdot 2d} = \frac{F}{2d^2}$$

$$d = \sqrt{\frac{F}{2p}} = \sqrt{\frac{16200}{2 \times 1}} = 90$$

$$l = 2d = 2 \times 90 = 180$$

Q5) 45kN의 하중을 받는 엔드 저널의 지름은 약 몇 mm인가? (단, 저널의 지름과 길이의 비, $\frac{길이}{지름} = 1.5$이고, 저널이 받는 평균 압력은 5MPa이다.)

① 70.9   ② 74.6   ❸ 77.5   ④ 82.4

A5) $d = ?mm$
$F = 45kN = 45000N$
$p = 5MPa = 5N/mm^2$

$$\frac{l}{d} = 1.5, \ l = 1.5d$$

$$p = \frac{F}{A} = \frac{F}{d \cdot l} = \frac{F}{d \cdot 1.5d} = \frac{F}{1.5d^2}$$

$$d = \sqrt{\frac{F}{1.5p}} = \sqrt{\frac{45000}{1.5 \times 5}} = 77.5$$

(3) 변형률, 연신율

- 변형률 : 원래 길이에 대한 늘어난 길이의 비
- 기호 : ϵ(strain)
- 단위 : 무차원
- 연신율 = 변형률×100%

① 인장 변형

$$\epsilon = \frac{\text{늘어난 길이}}{\text{처음 길이}} = \frac{\delta}{l} = \frac{|l_2 - l_1|}{l_1}$$

ϵ : 변형률, l_1 : 처음 길이, l_2 : 나중 길이, δ : 늘어난 길이(변형량)

② 압축 변형

$$\epsilon = \frac{\text{줄어든 길이}}{\text{처음 길이}} = \frac{\delta'}{l} = \frac{|l_1 - l_2|}{l_1}$$

ϵ : 변형률, l_1 : 처음 길이, l_2 : 나중 길이, δ' : 줄어든 길이(변형량)

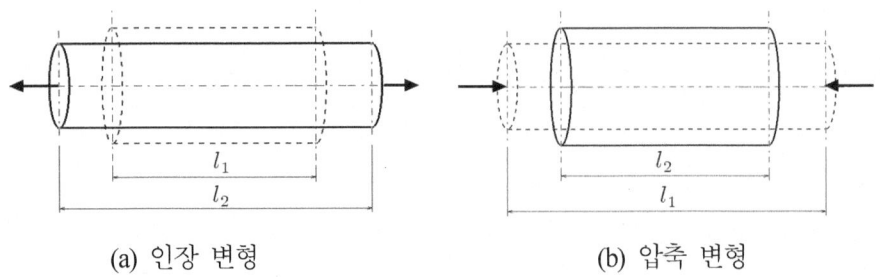

        (a) 인장 변형   (b) 압축 변형

③ 가로 변형

　: 압축을 받을 때는 늘어난 직경을 적용하고 인장을 받을 때는 줄어든 직경을 적용
　한다.

$$\epsilon^{'} = \frac{\text{늘어난 직경}}{\text{처음 직경}} = \frac{\delta_d}{d} = \frac{|d_2 - d_1|}{d_1}$$

$\epsilon^{'}$: 가로 변형률,　d_1 : 처음 식경,　d_2 : 나중 직경,　δ_d : 늘어난 직경(변형량)

④ 전단 변형

$$\gamma = \frac{\text{전단 변형량}}{\text{처음 길이}} = \frac{\delta_s}{l} = \tan\phi$$

γ : 전단 변형률,　l : 처음 길이,　δ_s : 전단 변형량,　ϕ : 전단각

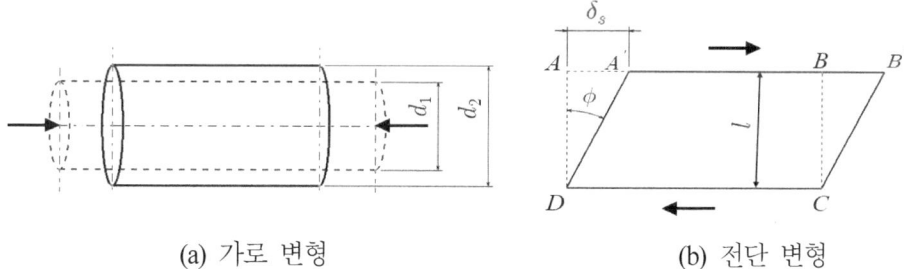

(a) 가로 변형　　　　　　　　(b) 전단 변형

Q1) 다음 중 변형률(strain, ϵ)에 관한 식으로 옳은 것은? (단, l : 재료의 원래 길이, δ : 줄거나 늘어난 길이, A : 단면적, σ : 작용 응력)

    ① $\epsilon = \delta \times l$ ② $\epsilon = \sigma / l$

    ③ $\epsilon = \sigma \times l$ ❹ $\epsilon = \delta / l$

Q2) 길이가 100mm인 봉이 인장 응력을 받았을 때 변형률이 1이라면 변형 후의 전체 길이는?

    ① 50mm   ② 100mm   ③ 150mm   ❹ 200mm

A2) $l_1 = 100mm$ $\epsilon = \dfrac{l_2 - l_1}{l_1} = 1$

      $\epsilon = 1$

      $l_2 = ?mm$ $\epsilon \cdot l_1 = l_2 - l_1$

                      $1 \cdot 100 = l_2 - 100$

                      $l_2 = 200$

Q3) 지름 20mm, 길이 500mm인 탄소 강재에 인장 하중이 작용하여 길이가 502mm가 되었다면 변형률은?

    ① 0.01   ② 1.004   ③ 0.02   ❹ 0.004

A3) $d = 20mm$ $\epsilon = \dfrac{l_2 - l_1}{l_1} = \dfrac{502 - 500}{500} = \dfrac{2}{500} = 0.004$

      $l_1 = 500mm$

      $l_2 = 502mm$ *연신율 = 변형률$\times 100\% = 0.4\%$

      $\epsilon = ?$

(4) 후크의 법칙

후크의 법칙은 탄성이 있는 물체가 외력에 의해 변형되었을 때 원래 형태로 돌아가려는 복원력의 크기와 변형량의 관계를 나타내는 물리 법칙이다.

많은 탄성체에서 변형의 정도가 작을 때 복원력(F)과 변형량(x or δ) 사이에는 비례 관계가 성립한다. 이것을 발견한 로버트 훅의 이름을 기념하여 후크의 법칙(Hook's law)이라 한다. 일반적으로 아래 그림과 같은 스프링에서 스프링의 탄성계수를 K라 하면 다음 식이 성립한다.

$$F = Kx \ \ or \ \ F = K\delta$$

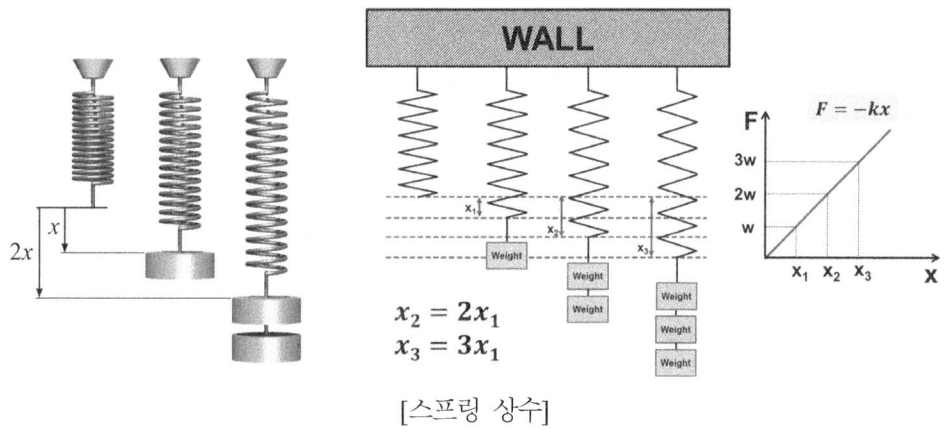

[스프링 상수]

또한, 복원력(F)을 단면적(A)으로 나누면 응력(stress) σ이고, 변형량(x or δ)을 초기 길이(l)로 나누면 변형률(strain) ϵ이 되므로 아래와 같은 식이 성립하며 후크의 법칙을 나타낸다.

$$\sigma = E\epsilon$$

σ : 응력, E : 탄성계수, ϵ : 변형률

연강의 인장 시험을 수행하면 아래와 같이 응력 변형률 선도를 얻을 수 있으며 후크의 법칙이 적용되는 구간은 비례 한도 구간인 OA이다.

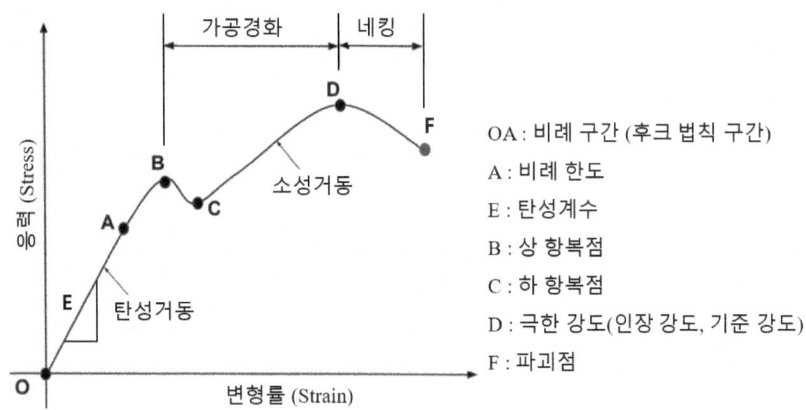

OA : 비례 구간 (후크 법칙 구간)
A : 비례 한도
E : 탄성계수
B : 상 항복점
C : 하 항복점
D : 극한 강도(인장 강도, 기준 강도)
F : 파괴점

[연강의 응력 변형률 선도]

기출문제

Q1) 연강의 응력-변형률 선도에서 후크의 법칙(Hook's law)이 성립하는 구간으로 알맞은 것은?
① 항복점　　② 극한 강도　　❸ 비례 한도　　④ 소성 변형

Q2) 세로 탄성계수 E(N/mm^2)와 응력 σ(N/mm^2), 세로 변형률 ε과의 관계 식으로 맞는 것은?
❶ $E = \sigma/\varepsilon$　　　　② $E = \varepsilon/\sigma$

③ $E = \dfrac{2\epsilon}{\sigma}$　　　　④ $E = \dfrac{\epsilon}{2\sigma}$

Q3) 외경 10cm, 내경 5cm의 속빈 원통이 축 방향으로 100kN의 인장 하중을 받고 있다. 이때 축 방향 변형률은? (단, 이 원통의 세로 탄성계수는 120GPa이다.)
❶ 1.415×10^{-4}　　　　② 2.415×10^{-4}
③ 1.415×10^{-3}　　　　④ 2.415×10^{-3}

A3) $d_2 = 10cm = 100mm$
    $d_1 = 5cm = 50mm$
    $F = 100kN = 100000N$
    $E = 120GPa = 120 \times 10^3 MPa$
        $= 120 \times 10^3 N/mm^2$
    $\epsilon = ?$

$$A = \frac{\pi}{4}(d_2^2 - d_1^2) = \frac{\pi}{4}(100^2 - 50^2) = 5890.5mm^2$$

$$\sigma = \frac{F}{A} = \frac{100000}{5890} = 17$$

$$\sigma = E\epsilon$$

$$\epsilon = \frac{\sigma}{E} = \frac{17}{120 \times 10^3} = 0.0001416 = 1.416 \times 10^{-4}$$

(5) 안전율

허용 응력(사용 응력)에 대한 기준 강도의 비를 안전율(안전도)이라 한다. 기준 강도는 아래와 같이 재료의 종류나 하중의 상태에 따라 선택하여 정한다.

$$S = \frac{\sigma_s}{\sigma_a}$$

σ_s : 기준 강도(standard strength),　　σ_a : 허용 응력(=사용 응력) (allowable stress)

① 기준 강도 선정
- 정하중(연강)일 때 : 항복 강도, σ_y(yield strength)
- 정하중(주철과 같은 취성재)일 때 : 극한 강도(인장 강도, 압축 강도), σ_u(ultimate strength)
- 반복 하중일 때 : 피로 강도, σ_f(fatigue strength)
- 고온 장시간 정하중일 때 : 크리프 강도, σ_c(creep strength)

② 안전율 선정
- 정하중 $\approx$ 3
- 편하중(반복 하중) $\approx$ 5
- 교번 하중 $\approx$ 8
- 충격 하중 $\approx$ 12

Q1) 항복 응력을 σ_y, 허용 응력을 σ_a 라 할 때, 안전율(safety factor) S_f를 옳게 나타낸 것은?

❶ $S_f = \dfrac{\sigma_y}{\sigma_a} > 1$ ② $S_f = \dfrac{\sigma_y}{\sigma_a} < 1$

③ $S_f = \dfrac{\sigma_a}{\sigma_y} > 1$ ④ $S_f = \dfrac{\sigma_a}{\sigma_y} < 1$

Q2) 안전율에 대한 설명으로 틀린 것은?

     ① 안전율은 항상 1보다 큰 값을 갖는다.

     ② 재료의 허용 응력에 대한 기준 강도의 비이다.

     ❸ 재료의 허용 응력이 기준 강도보다 반드시 커야 한다.

     ④ 충격 하중은 정하중보다 안전율을 크게 한다.

Q3) 단면적이 $600mm^2$인 봉에 $600kg_f$의 추를 달았더니 이 봉에 생긴 인장 응력이 재료의 허용 인장 응력에 도달하였다. 이 봉재의 극한 강도가 $500kg_f/cm^2$이면 안전율은 얼마인가?

     ① 2   ② 3   ③ 4   ❹ 5

A3) $d = 600mm^2 = 600 \cdot (\dfrac{1}{10}cm)^2 = 6cm^2$ $\sigma_a = \dfrac{F}{A} = \dfrac{600}{6} = 100$

      $F = 600kg_f$

      $\sigma_u = 500kg_f/cm^2$ $S = \dfrac{\sigma_u}{\sigma_a} = \dfrac{500}{100} = 5$

      $S = ?$

4.5 밀도와 비중량

(1) 밀도

- 밀도 : 단위 체적당 작용하는 질량(유도 단위)
- 기호 : ρ(density)
- 단위 : $kg_m/m^3 (= kg/m^3)$
- 공식 : $\rho = \dfrac{m}{V}(kg_m/m^3)$
- 물의 밀도 : $1000kg/m^3 = 1000kg/1000l = 1kg/l = 1000g/1000cc = 1g/cc$

Q1) 물은 1cc는 몇 g의 질량을 가지는가?

A1) $\rho = \dfrac{m}{V}$

$$m = \rho \times V$$
$$= 1000kg/m^3 \times 1cm^3$$
$$= 1000kg/m^3 \times 1 \times (10^{-2}m)^3$$
$$= 1000kg/m^3 \times 10^{-6}m^3$$
$$= 10^{-3}kg = 10^{-3} \times 10^3 g = 1g$$

(2) 비중량

- 비중량 : 단위 체적당 작용하는 힘(유도 단위)
- 기호 : γ(Specific weight),
- 단위 : kg_f/m^3
- 공식 : $\gamma = \dfrac{W}{V}(kg_f/m^3)$
- 물의 비중량 : $1000kg_f/m^3 = 9800N/m^3$

① 주요 물질의 비중량

- 물 : $1000kg_f/m^3$

- Mg : $1700kg_f/m^3$

- Al : $2700kg_f/m^3$

- 주철 : $7200kg_f/m^3$

- 강 : $7850kg_f/m^3$

② 비중

- 비중 : 임의 물질의 비중량을 물의 비중량으로 나눈 값(무차원)

- 기호 : S(Specific gravity),

- 단위 : 무차원

- 공식 : $S = \dfrac{\gamma_m}{\gamma_w}$

- 주요 물질의 비중

- $S_{강} = \dfrac{7850kg_f/m^3}{1000kg_f/m^3} = 7.85$

- $S_{Al} = \dfrac{2700kg_f/m^3}{1000kg_f/m^3} = 2.7$

- $S_w = \dfrac{1000kg_f/m^3}{1000kg_f/m^3} = 1$

Q1) 가로×세로×높이가 $70 \times 70 \times 20t$ 인 주철 판재의 무게는?

A1) $a = 70mm = 0.07m$
$b = 70mm = 0.07m$
$t = 20mm = 0.02m$

$V = a \cdot b \cdot t = 0.07 \times 0.07 \times 0.02 = 9.8 \times 10^{-5}m^3$

$\gamma_{주철} = 7200kq_f/m^3$

$\gamma_{주철} = \dfrac{W}{V}, \qquad W = \gamma_{주철} \cdot V = 7200 \times 9.8 \times 10^{-5} = 0.7kg_f$

Q2) 그림과 같은 부품의 중량은 약 몇 g인가? (단, 부품 재질의 단위 체적당 중량은 7.21g/cm³이다.)

① 137.16g   ② 158.82g

❸ 169.43g   ④ 180.47g

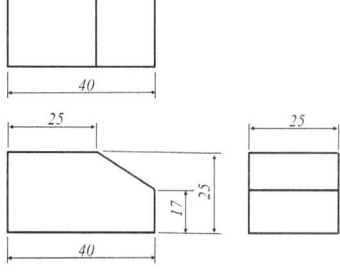

A2) 도면의 치수를 cm로 바꾼다.

$\gamma = 7.21g_f/cm^3$

① 육면체의 체적

$V_1 = 4 \times 2.5 \times 2.5 = 25cm^3$

② 삼각 기둥의 체적

$V_2 = \dfrac{1}{2} \times 1.5 \times 0.8 \times 2.5 = 1.5cm^3$

③ 육면체에서 삼각기둥을 제거

$V_1 - V_2 = 23.5cm^3$

④ 중량 계산

$W = \gamma \cdot V = 7.21 \times 23.5 = 169.44g$

Q3) $\varnothing\, 50 \times 100l$ 인 강봉의 중량은?

A3) $d = 50mm$
$l = 100mm$

$V = A \times l = \dfrac{\pi \times d^2}{4} \times l = \dfrac{\pi \times 50^2}{4} \times 100$

$= 196349.54mm^3 = 196349.54(10^{-3}m)^3 = 196349.54 \times 10^{-9}m^3$

$W = \gamma_{강} \cdot V = 7850\,kg_f/m^3 \times 196349.54 \times 10^{-9}m^3 = 1.54\,kg_f$

4.6 일과 열

(1) 일

- 일 : 힘과 거리의 곱으로 토크, 모멘트, 에너지의 형태로 구분됨. (유도 단위)
- 기호 - 일 : W(Work)
  - 굽힘 모멘트 : M(Moment)
  - 비틀림 모멘트(토크) : T(Torque)
- 단위 : $kg_f \cdot m$, $N \cdot m$,
- 공식 : $W = M = F \times l (N \cdot m)$, $T = F \times r = F \times \dfrac{d}{2} (M \cdot m)$

① 일의 크기 구하기

: 물리학에서 일 W(Work)은 힘이 소요되어야 하고, 그 힘에 의한 이동이 있어야 하며, 이동의 방향은 힘의 방향과 같아야 한다. 일의 크기는 힘과 이동 거리의 곱으로 나타낸다.

$$일 \quad W = F \times l (N \cdot m)$$

Q1) 그림과 같이 $F = 20N$의 힘으로 수레를 $10m$ 끌었다. 한 일의 크기는?

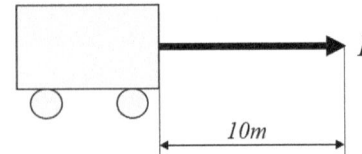

A1) $W = F \times l$
$= 20 \times 10 = 200 N \cdot m = 200 J$

Q2) 그림과 같이 지면에서 $\theta = 45°$ 방향으로 $F = 20N$의 힘을 가하여 수레를 수평(x방향)으로 $10m$ 끌었다. 한 일의 크기는?

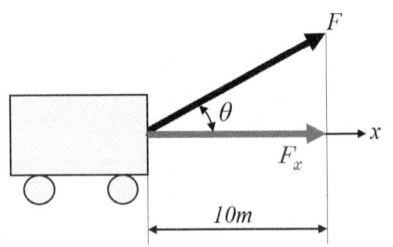

A2) 수레가 이동한 방향과 같은 방향의 힘 F_x

$F_x = F \cdot \cos 45$
$= 20 \cdot \cos 45$
$= 20 \cdot \dfrac{1}{\sqrt{2}} = 14.14 N$

$W = F \times l = 14.14 \times 10$
$= 141.4 N \cdot m$
$= 141.4 J$

② 굽힘 모멘트(Moment)

: 굽힘 모멘트는 누르는 힘이 작용할 때 작용력과 작용점까지의 거리를 곱한 값이다.

$$\text{굽힘 모멘트 } M = F \times l \, (N \cdot m)$$

Q3) 그림과 같이 선반의 오른쪽 $2m$ 지점에 $F = 100\,kg_f$의 힘이 작용한다. 작용점에서의 굽힘 모멘트를 구하라.

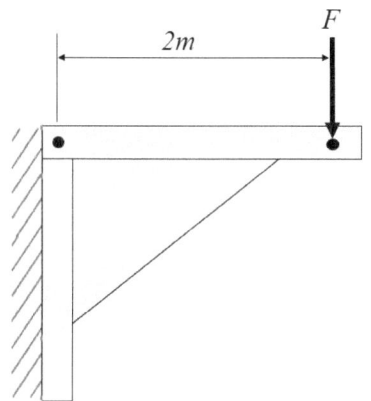

A3) $M = F \times l$
$= 100\,kg_f \times 2m$
$= 200\,kg_f \cdot m$
$= 1960\,N \cdot m = 1960\,J$

Q4) 위 문제에서 $1\,kJ$의 모멘트가 작용하고 있다면 작용하는 힘, F는 몇 kg_f인가?

A4) $M = 1\,kJ = 1000\,J$
$= 1000\,N \cdot m = 102\,kg_f$
$l = 2m$
$F = ?\,kg_f$

$M = F \times l$

$F = \dfrac{F}{l} = \dfrac{102}{2} = 51\,kg_f$

③ 비틀림 모멘트(Torque)

: 비틀림 모멘트는 비틀어서 회전하는 힘이 작용할 때 접선력과 회전 중심점까지의 거리를 곱한 값으로, 회전체에서 힘 F와 지름 d가 주어질 때 비틀림 모멘트(Torque) T는 다음과 같다.

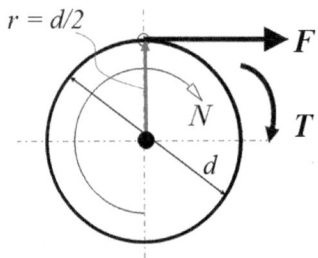

$$T = = F \cdot r = F \cdot \frac{d}{2} \quad \text{(토크 1번식)}$$

◉ 키에 작용하는 토크

$$\text{전단력이 작용할 때, } T = = F \cdot \frac{d}{2} = \tau \cdot b \cdot l \cdot \frac{d}{2}$$

$$\text{압축력이 작용할 때, } T = = F \cdot \frac{d}{2} = \sigma \cdot \frac{h}{2} \cdot l \cdot \frac{d}{2}$$

● 전단 응력과 키의 규격이 주어졌을 때, $\quad \tau = \dfrac{F}{A}, \quad F = \tau \cdot A = \tau \cdot b \cdot l$

● 압축 응력과 키의 규격이 주어졌을 때, $\quad \sigma = \dfrac{F}{A}, \quad F = \sigma \cdot A = \sigma \cdot \dfrac{h}{2} \cdot l$

F : 힘(kg_f),　　　　　　T : 토크$(kg_f \cdot mm)$,

τ : 전단 응력(kg_f/mm^2),　　σ : 인장, 압축 응력(kg_f/mm^2),

b : 키의 너비(mm),　　　　l : 키의 길이(mm),　　　　d : 축 지름(mm)

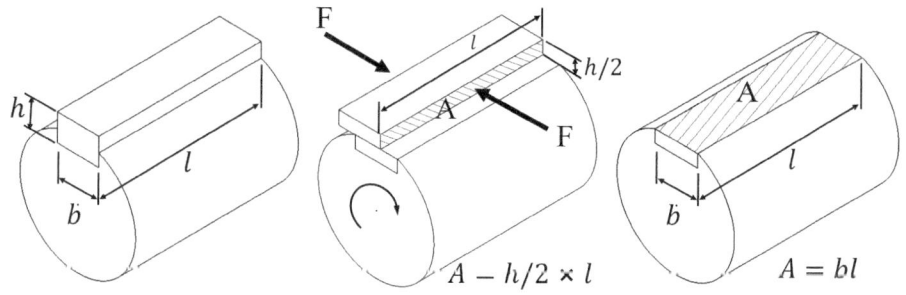

(a) 성크키   (b) 압축 하중을 받는 단면적   (c) 전단 하중을 받는 단면적

[키에 작용하는 하중과 단면적]

기출문제

Q1) $942\ N \cdot m$의 토크를 전달하는 지름 50mm인 축에 사용할 묻힘 키(폭×높이 = 12mm× 8mm)의 길이는 최소 몇 mm 이상이어야 하는가? (단, 키의 허용 전단 응력은 78.48N/mm²이다.)
   ① 30   ❷ 40   ③ 50   ④ 60

A1) $T = 942N \cdot m = 942000N \cdot mm$
   $D = 50mm$
   $b = 12mm, \quad t = 8mm$
   $l = ?mm$
   $\tau = 78.48N/mm^2$

   $F = \tau \cdot b \cdot l$
   $T = F \cdot \dfrac{D}{2}$
   $F = \dfrac{2T}{D} = \dfrac{2 \times 942000}{50} = 37680$
   $l = \dfrac{F}{\tau \cdot b} = \dfrac{37680}{78.48 \times 12} = 40mm$

Q2) $950N \cdot m$ 의 토크를 전달하는 지름 50mm인 축에 안전하게 사용할 키의 최소 길이는 약 몇 mm인가? (단, 묻힘 키의 폭과 높이는 모두 8mm이고, 키의 허용 전단 응력은 80N/mm²이다.)
   ① 45   ② 50   ③ 65   ❹ 60

A2) $T = 950N \cdot m = 950000N \cdot mm$
   $D = 50mm$
   $l = ?mm$
   $b = 8mm$
   $\tau = 80N/mm^2$

   $F = \tau \cdot b \cdot l$
   $T = F \times \dfrac{D}{2}$
   $F = \dfrac{2T}{D} = \dfrac{2 \times 950000}{50} = 38000$
   $l = \dfrac{F}{\tau b} = \dfrac{38000}{80 \times 8} = 59.375mm$

Q3) 96000N·cm의 토크를 전달하는 지름이 50mm인 축에 풀리를 연결하기 위해 묻힘 키(폭×높이 = 12m006D×8mm)를 적용하려고 할 때, 묻힘 키의 길이는 약 몇 mm 이상이어야 하는가? (단, 키의 전단 강도만으로 계산하고, 키의 허용 전단 응력은 8000N/cm²이다.)

❶ 40   ② 50   ③ 60   ④ 70

A3) $T = 96000N \cdot cm$
$D = 50mm = 5cm$
$b = 12mm = 1.2cm$
$l = ?mm$
$\tau = 8000 N/cm^2$

$F = \tau \cdot b \cdot l$

$T = F \times \dfrac{D}{2}$

$F = \dfrac{2T}{D} = \dfrac{2 \times 96000}{5} = 38400$

$l = \dfrac{F}{\tau b} = \dfrac{38400}{8000 \times 1.2} = 4cm = 40mm$

Q4) 지름 50mm의 연강축을 사용하여 350rpm으로 40kW를 전달할 수 있는 묻힘 키의 길이는 몇 mm 이상인가? (단, 키의 허용 전단 응력은 49.05MPa, 키의 폭과 높이는 $b \times h$ = 15mm × 10mm 이며, 전단 저항만 고려한다.)

① 38   ② 46

❸ 60   ④ 78

Q5) 260kN·mm의 토크를 받는 직경 60mm의 회전축에 사용하는 묻힘 키의 폭 × 높이 × 길이는 8mm × 12mm × 100mm이다. 이때 키에 생기는 전단 응력은?

① 6.1N/mm²   ② 5.7N/mm²

❸ 4.8N/mm²   ④ 3.2N/mm²

(2) 열

- 열 : 온도에 의해 발생한 에너지. (유도 단위)
- 기호   - 열 : Q(Quantity of heat)

              - 에너지 : E(Energy)

- 단위 : $kcal$, kJ

- 일의 열당량 : $A = \dfrac{1}{427} kcal/kg_f \cdot m$

- $Q = A \cdot W$

- $1 kg_f \cdot m = 9.8 N \cdot m = 9.8 J$

기출문제

Q1) 다음 중 에너지의 단위로 사용되는 것은?

    ① W   ❷ J

    ③ N   ④ Pa

A1) 에너지의 단위는 $kg_f \cdot m$, $N \cdot m$, J 등이 사용된다.

Q2) $1 kcal$는 몇 $kg_f \cdot m$인가? 몇 kJ인가?

A2) $Q = AW$, $W = \dfrac{Q}{A} = \dfrac{\dfrac{Q}{1}}{\dfrac{1(kcal)}{427(kg_f \cdot m)}} = 427 kg_f \cdot m/kcal \times 1 kcal$

      $= 427 kg_f \cdot m = 4184.6 N \cdot m = 4.18 kJ$

Q3) $60 kg_f$인 사람이 2km 이동하는데 소요되는 열량은?

A3) $Q = AW = \dfrac{1}{427} (kcal/kg_f \cdot m) \times 60 (kg_f) \times 2000 (m)$

      $= 281 kcal$ (밥 1공기는 약 $300 kcal$)

4.7 일률과 동력

- 일률 : 단위 시간당 수행한 일의 양
- 기호 : - 일률 : W_R(Work Ratio),
    - 동력 : H_{kw}
    - 마력 : H_{ps}
- 단위 : - 일률 : J/s
    - 동력 : kW(=전력)
    - 마력 : ps
- $1kW = 102kg_f \cdot m/s = 102 \times 9.8N \cdot m/s = 1000J/s = 1000\,W$
- $1ps = 75kg_f \cdot m/s = 75 \times 9.8N \cdot m/s = 735J/s = 735\,W$

(1) 동력과 마력

: 단위 시간당 수행한 일의 양인 일률을 나타내는 단위로 동력(H_{kw})과 마력(H_{ps})
이 있다.

$F(kg_f),\ v(m/\min)$으로 주어질 때,

$$H_{kw} = F \cdot v\,(kg_f \cdot m/\min) = F \cdot v\,(kg_f \cdot m/60s)$$
$$= \frac{F \cdot v}{60}\,(kg_f \cdot m/s)$$
$$1kW = 102kg_f \cdot m/s, \quad 1kg_f \cdot m/s = \frac{1}{102}kW \text{이므로}$$

$$H_{kw} = \frac{F \cdot v}{60}\,(kg_f \cdot m/s) = \frac{F \cdot v}{60 \cdot 102}\,(kW)$$

동력, $\mathrm{H}_{kw} = \dfrac{F \cdot v}{102 \cdot 60}(kW), \quad (1kW = 102kg_f \cdot m/s)$

마력, $\mathrm{H}_{ps} = \dfrac{F \cdot v}{75 \cdot 60}(\mathrm{ps}), \quad (1ps = 75kg_f \cdot m/s)$

- 힘, $F(kg_f)$: 동력은 중력 단위계인 kg_f에서 유도되므로 힘이 N으로 주어질 경우 반드시 kg_f로 변환함.
- 절삭속도, $v(m/\min)$: 절삭 속도의 경우 단위를 $m/\min$으로 하고, 절삭속도가 아닌 일반적인 속도 단위인 경우 문제에서 주어진 단위와 통일하여 사용함.

(2) 효율

: 입력에 대한 출력의 비를 효율이라 하고 기계공학에서는 주로 입력 동력에 대한 출력 동력의 비를 의미한다.

$$\eta = \frac{H_o}{H_i}, \qquad H_i = \frac{H_o}{\eta}$$

H_i : 입력 동력 = 공급 동력 = 전체 동력 = 절삭 동력,
H_o : 출력 동력 = 실제 사용 동력 = 유효 동력

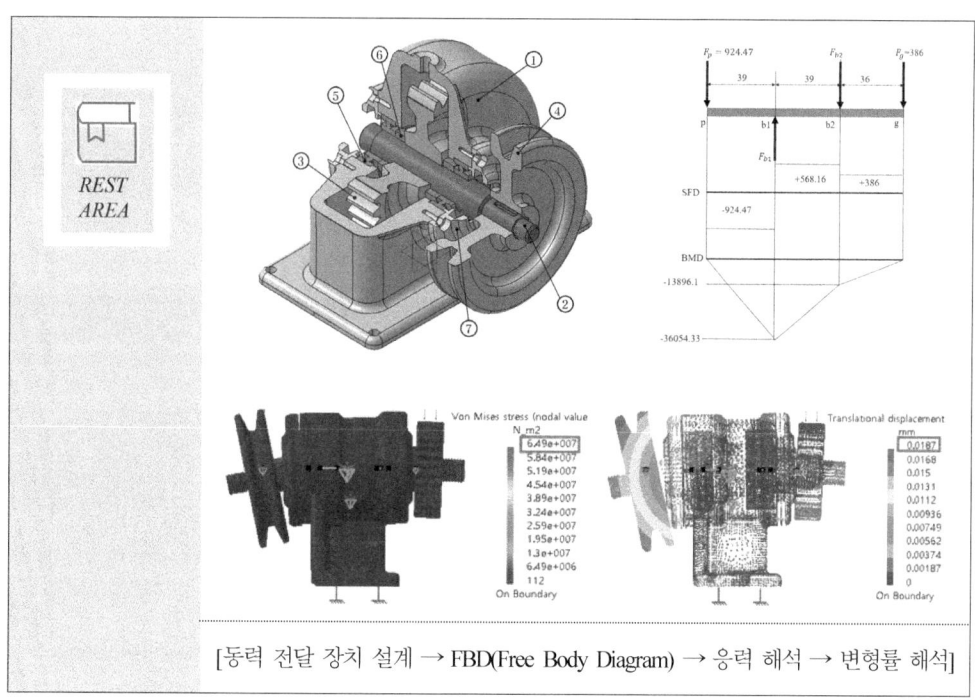

[동력 전달 장치 설계 → FBD(Free Body Diagram) → 응력 해석 → 변형률 해석]

(3) 동력과 토크 관계식(토크 2번식) 유도

: 각속도 ω와 토크 1번식으로부터 동력과 토크 관계식을 유도한다.

● 각속도 ω로부터 유도

$$H_{kw} = T \cdot \omega \,(kg_f \cdot mm \cdot 2\pi\,rad/s)$$
$$= \frac{T \cdot \omega}{1000}(kg_f \cdot m \cdot 2\pi\,rad/s)$$

$$N(rpm) = \frac{N(rev)}{60(s)} = \frac{2\pi N(rad)}{60(s)}$$

ω 대신 N을 넣으면

$$H_{kw} = \frac{T \cdot 2\pi N}{1000 \cdot 60}(kg_f \cdot m/s)$$
$$= \frac{2\pi \cdot T \cdot N}{60000} \cdot \frac{1}{102} kw$$

$$T = \frac{6000 \times 102\,H_{kw}}{2\pi N}$$

$$= 974028\,\frac{H_{kw}}{N}(kg_f \cdot mm)$$

$$\approx 974000\,\frac{H_{kw}}{N}(kg_f \cdot mm)$$

● 토크 1번식으로부터 유도

$$H_{kw} = \frac{F \cdot v}{102 \times 60}(kw)$$

$$T = F \cdot \frac{d}{2}\,(kg_f \cdot mm)$$
$$F = \frac{2T}{d}(kg_f)$$

$$H_{kw} = \frac{2T \cdot v}{102 \cdot 60 \cdot d}(kw), \quad v = \frac{\pi dN}{1000}$$
$$= \frac{2T \cdot \pi \cdot d \cdot N}{102 \cdot 60 \cdot d \cdot 1000}(kw)$$

$$T = \frac{102 \cdot 60 \cdot 1000 \cdot H_{kw}}{2\pi \cdot N}$$

$$= 974028\,\frac{H_{kw}}{N}(kg_f \cdot mm)$$

$$\approx 974000\,\frac{H_{kw}}{N}(kg_f \cdot mm)$$

(4) 극단면 계수와 토크 관계식(토크 3번식)

: 전단 응력과 지름이 주어졌을 때 토크,

$$T = \tau \cdot Z_p = \tau \cdot \frac{\pi d^3}{16}$$

$$T : \text{토크}(kg_f \cdot mm), \quad Z_p : \text{극단면 계수} = \frac{\pi d^3}{16}, \quad d : \text{축 지름}(mm)$$

Q1) 선반에서 지름 102mm인 환봉을 300rpm으로 가공할 때 절삭 저항력이 $100kg_f$이었다. 이때 선반의 절삭 효율을 75%라 하면 절삭 동력은 약 몇 kW인가?

① 1.4   ❷ 2.1   ③ 3.6   ④ 5.4

A1) $d = 102mm$
$N - 300rpm$
$F = 100kg_f$
$\eta = 75\% = 0.75$
$H_{kw} = ?kW$

$H_{kw} = \dfrac{F \cdot v}{102 \cdot 60}, \quad v = \dfrac{\pi dN}{1000} = \dfrac{\pi \cdot 102 \cdot 300}{1000} = 96.13$

$H_{kw} = \dfrac{100 \cdot 96.13}{102 \cdot 60} = 1.57(kW)$

$H_i = \dfrac{H_o}{\eta} = \dfrac{1.57}{0.75} = 2.1(kW)$

Q2) 평면 연삭기에서 연삭 숫돌의 원주 속도 v=2500m/min이고, 연삭 저항 F=150N이며 연삭기에 공급된 연삭 동력이 10kW일 때 연삭기의 효율은 약 얼마인가?

① 53 %   ❷ 63 %   ③ 73 %   ④ 83 %

A2) $v = 2500m/min$
$F = 150N = 15.3kg_f$
$H_i = 10kW$
$\eta = ?\%$

$H_o = \dfrac{15.3 \times 2500}{102 \times 60} = 6.25$

$\eta = \dfrac{H_o}{H_i} = \dfrac{H_o}{10} = \dfrac{6.25}{10} = 0.625$

$\eta = 62.5\%$

Q3) 2.2kW의 동력을 1800rpm으로 전달시키는 표준 스퍼 기어가 있다. 이 기어에 작용하는 회전력은 약 몇 N인가? (단, 스퍼기어 모듈 4이고, 잇수는 25이다.)

① 163   ② 195   ❸ 233   ④ 289

A3) $H_{kw} = 2.2kW$
$N = 1800rpm$

$H_{kw} = \dfrac{F \cdot v}{102 \cdot 60}, \quad v = \dfrac{\pi dN}{1000}$

$M = 4$
$Z = 25$
$F = ?N$

기어의 피치원 지름, $D = M \cdot Z = 4 \cdot 25 = 100$

$v = \dfrac{\pi \cdot 100 \cdot 1800}{1000} = 565$

$F = \dfrac{102 \cdot 60 \cdot H_{kw}}{v} = \dfrac{102 \cdot 60 \cdot 2.2}{565} = 23.8(kg_f)$

$F = 23.8 \times 9.8 = 233(N)$

Q4) 풀리의 지름이 250mm, 회전수가 1400rpm으로 5kW의 동력을 전달할 때 벨트의 유효 장력은 약 몇 N인가? (단, 원심력과 마찰은 무시한다.)

① 24   ② 93   ③ 239   ❹ 273

A4) $d = 250mm$
$N = 1400rpm$
$H_{kw} = 5kW$
$F = ?N$

$$H_{kw} = \frac{F \cdot v}{102 \cdot 60}, \quad v = \frac{\pi dN}{1000} = \frac{\pi \times 250 \times 1400}{1000} = 1099.55$$

$$F = \frac{102 \cdot 60 \cdot H_{kw}}{v} = \frac{102 \times 60 \times 5}{1099.5} = 27.8$$

$$F = 27.8(kg_f) \times 9.8 = 272.7(N)$$

Q5) 윈치(winch)로 질량이 2.4t인 물체를 6m/min의 속도로 감아올릴 때, 윈치 동력은 약 몇 kW가 필요한가? (단, 윈치의 효율은 80%라 한다.)

① 2.52   ❷ 2.94   ③ 3.44   ④ 3.89

A5) $F = 2.4t = 2400kg$
$v = 6m/min$
$\eta = 80\% = 0.8$
$H_i = ?$

$$H_o = \frac{F \cdot v}{102 \cdot 60} = \frac{2400 \times 6}{102 \times 60} = 2.35$$

$$H_i = \frac{H_o}{\eta} = \frac{H_o}{0.8} = \frac{2.35}{0.8} = 2.94(kW)$$

Q6) 입력축 기어(모듈은 4, 잇수는 18)는 4kW의 동력을 800rpm으로 전달한다. 이 스퍼 기어의 회전력은 약 몇 N인가?

❶ 1330   ② 2660   ③ 4320   ④ 5630

A6) $H_{kw} = 4kW$
$N = 800rpm$

$M = 4$
$Z = 18$
$F = ?N$

$$H_{kw} = \frac{F \cdot v}{102 \cdot 60}, \quad v = \frac{\pi dN}{1000}$$

기어의 피치원 지름, $D = M \cdot Z = 4 \times 18 = 72$

$$v = \frac{\pi \times 72 \times 800}{1000} = 181$$

$$F = \frac{102 \cdot 60 \cdot H_{kw}}{v} = \frac{102 \times 60 \times 4}{181} = 135.25(kg_f)$$

$$F = 135.25 \times 9.8 = 1325(N)$$

Q7) 300rpm으로 3.1kW의 동력을 전달하고, 축 재료의 허용 전단 응력은 20.6MPa인 중실축의 지름은 약 몇 mm 이상이어야 하는가?

① 20   ❷ 29

③ 36   ④ 45

A7) $N = 300rpm$
$H_{kw} = 3.1kW$
$\tau = 20.6N/mm^2 = 2.1kg_f/mm^2$
$d = ?mm$

$T = 974000 \times \dfrac{H_{kw}}{N} = 10064.67$ (토크 2번식)

$T = \tau \cdot \dfrac{\pi d^3}{16}$ (토크 3번식)

$d^3 = \dfrac{16T}{\pi\tau},\ D = \sqrt[3]{\dfrac{16T}{\pi\tau}} = \sqrt[3]{\dfrac{16 \times 10064.67}{2.1\pi}} = 29mm$

Q8) 350rpm으로 15kW의 동력을 전달시키는 축의 지름은 약 몇 mm 이상이어야 하는가? (단, 축이 허용 전단 응력은 25MPa이다.)

① 35   ② 40   ❸ 44   ④ 52

Q9) 전달 동력 2.4kW, 회전수 1800rpm을 전달하는 축의 지름은 약 몇 mm 이상으로 해야 하는가? (단, 축의 허용 전단 응력은 20MPa이다.)

① 20   ② 12   ❸ 15   ④ 17

[1940년대 미국 자동차 내쉬 600의 Cutaway drawing(1942)]

cf. Cutaway drawing : 외부와 내부가 동시에 보이도록 그림

II

CAD/CAM 개론

학습 목표

본 편에서는 세부적인 CAD/CAM 개론 학습을 수행한다. 1장에서는 CAD/CAM 기술을 수행하기 위한 도구인 CAD/CAM 시스템의 정의와 H/W 및 S/W를 살펴본다. CAD(Computer Aided Design)는 컴퓨터 응용 설계이고 CAM(Computer Aided Manufacturing)은 컴퓨터 응용 가공을 의미한다. 즉 컴퓨터를 이용한 설계와 가공인 셈이다.

설계와 가공은 결국 좌표계와 벡터, 행렬과 좌표 변환을 기반으로 한다. 따라서 2장에서는 좌표계와 벡터를, 3장에서는 행렬과 좌표 변환을 학습한다. 4장에서는 CAD의 형상 모델링을 중심으로 와이어 프레임, 곡면, 솔리드 모델링을 다루며 마지막 5장은 형상 모델링 데이터를 활용하여 CAM 작업을 수행하는 방법을 학습한다.

CAD/CAM 시스템

1.1 CAD/CAM 시스템의 정의

: CAD/CAM 시스템은 생산, 제조 활동을 효과적으로 수행하기 위하여 컴퓨터를 이용하여 설계, 가공하는 시스템이다.

CAD(Computer Aided Design)는 컴퓨터를 이용하여 설계하는 것을 의미하며, 넓은 의미로는 제품 기획 및 구조 설계(Design), 형상 모델링(Geometric modeling), 공학적 해석 및 시뮬레이션(CAE : Computer Aided Engineering), 제도(CAD : Computer Aided Drafting) 등을 모두 포함할 수 있지만, 산업 현장에서는 좁은 의미로 제조를 위한 형상 모델링과 제도를 의미한다.

CAM(Computer Aided Manufacturing)은 컴퓨터를 이용하여 가공하는 것을 의미하며, 넓은 의미로는 공정 계획, NC 프로그래밍, CNC 가공, 운송, 조립, 측정/검사(CAT : Computer Aided Testing)까지 포함하지만 현장에서는 좁은 의미로 CNC 가공까지를 의미한다.

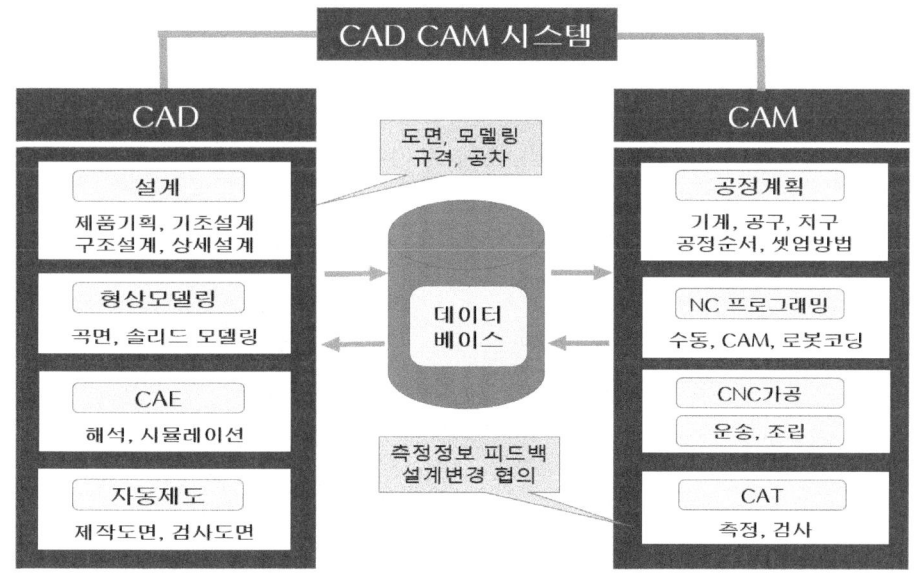

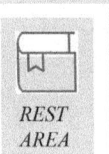

REST
AREA

공학적 해석 및 시뮬레이션(CAE : Computer Aided Engineering) : CAE는 공학적 해석과 시뮬레이션을 수행하는 과정으로 단독으로 사용되기도 하고 CAD의 범주 안에 넣기도 한다. 왜냐하면 CAD는 컴퓨터를 이용한 설계이고, 정교한 설계에는 반드시 공학적 해석과 시뮬레이션이 필요하기 때문이다.

아래 그림의 (a)는 구조 해석을 통해 설계 데이터의 강도와 안전율을 검토한 사례이고, 그림 (b)는 구동 시뮬레이션을 통해 조립 시 간섭, 스트로크 오버 등 다양한 공학적 해석을 수행하는 사례이다.

cf. 아래와 같이 CATIA를 사용한 공학적 구조 해석은 [기계설계기술, 황종대, 광문각]을 참조한다.

(a) 바이스의 FEM 해석

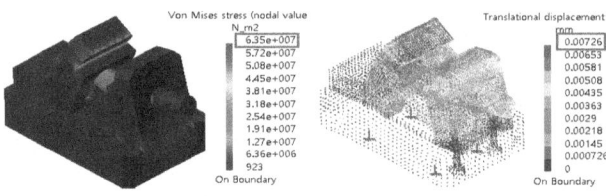

(b) 바이스의 구동 시뮬레이션

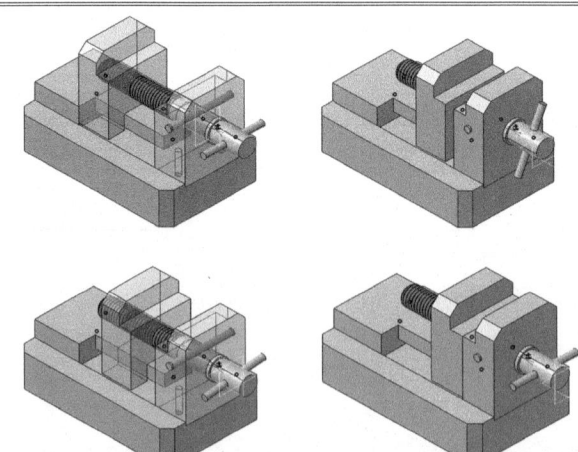

1.1.1 CAD/CAM 시스템의 용어 정의

① CAD(Computer Aided Design) : 컴퓨터를 이용한 설계 및 모델링

② CAD(Computer Aided Drafting) : 컴퓨터를 이용한 제도

③ CAE(Computer Aided Engineering) : 컴퓨터를 이용한 구조 해석 및 시뮬레이션

④ CAPP(Computer Aided Process Plan) : 컴퓨터를 이용한 공정 계획

⑤ CAM(Computer Aided Manufacturing) : 컴퓨터를 이용한 가공

⑥ CNC(Computer Numerical Control) : 컴퓨터를 이용한 수치 제어

⑦ DNC(Direct Numerical Control) : 다수의 NC 공작 기계를 하나의 컴퓨터로 직접 제어

⑧ ATC(Automatic Tool Changer) : 자동 공구 교환 장치

⑨ APC(Automatic Pallet Changer) : 자동 팔레트 교환 장치

⑩ CAT(Computer Aided Testing) : 컴퓨터를 이용한 자동 측정

⑪ FA(Factory Automation) : 공장 자동화를 의미하며 최근 스마트팩토리로 발전 중

⑫ LCA(Low Cost Automation) : 간이 자동화 시스템, 저비용 자동화 시스템

⑬ FMS(Flexible Manufacturing System) : 공장 자동화를 위한 유연 생산 시스템

⑭ CIM(Computer Integrated Manufacturing System) : FMS에 경영을 통합한 통합 생산 시스템

⑮ IMS(Intelligent Manufacturing System) : CIMS에 협력사까지 통합한 지능 생산 시스템

[그림 1.1]은 소재 탈착 없이 가공 중에 기상 측정(On-line measuring, OMV: On-Machine Verification)하는 장면으로, CAT의 핵심 기술이다.

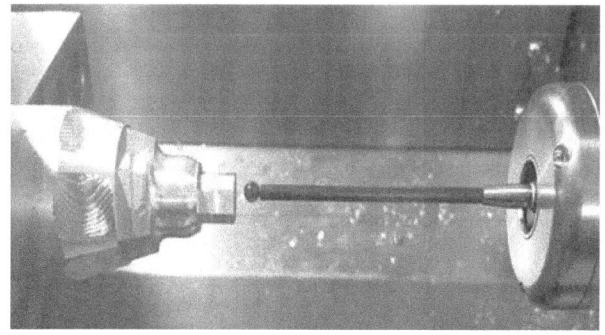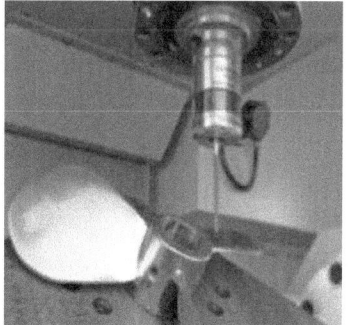

[그림 1.1] 기상 측정(On-line measuring, OMV)

REST
AREA

① 생산(Production)

: 인간이 생활하는 데 필요한 각종 물건과 서비스를 만들어 내는 행위로서 생산 기술은 제조 기술, 건설 기술, 생명 기술, 문화 기술로 나눌 수 있다. 제조 기술은 자동차, 선박, 항공, 가전, 의류 등 인간이 생활하는 데 필요한 공산품을 생산하는 기술이고, 건설 기술은 건축, 토목, 교통 등 인간이 생활하는 데 필요한 주거, 교통 환경 인프라를 만드는 기술이다.

생명 기술은 농업, 바이오, 의약업 등 인간이 생활하는 데 필요한 식, 의약품을 생산하는 기술이고, 문화 기술은 인간의 생활을 풍요롭게 만드는 음악, 미술, 문학, 예능, 스포츠 등 서비스를 생산하는 기술이다. K팝이 생산하는 콘텐츠는 전 세계적인 열풍을 타고 우리나라의 생산품 수출 증대에 직·간접적으로 이바지하고 있다.

② 제조(Manufacturing)

: 제조는 자동차, 선박, 항공, 가전, 의류 등 인간이 생활하는 데 필요한 공산품을 생산하는 활동으로서 인공적인 기술력을 부가하고 대규모로 생산함으로써 2차적인 부가가치를 만든다. 생산의 하위 개념이지만 인공성, 부가가치성, 대량 생산성의 측면에서 현대 사회에서는 생산보다 중요한 개념으로 자리 잡고 있다.

산업 현장에서는 생산과 제조가 구분 없이 사용되기도 하지만 CAD/CAM 기술은 인공적인 기술력과 2차적인 부가가치 창출 및 대규모 생산이 가능하다는 점에서 제조기술에 포함된다.

다만 산업 현장에서 통용되는 용어는 제조부서 보다는 생산부서, 제조기술부보다는 생산기술부를 많이 사용하므로 학문적 의미의 제조보다 실용적 소통 용어인 생산이 일반적이라 할 수 있다.

따라서 CAD/CAM 기술은 용어의 의미에 치우치기보다는 실용적인 관점에서 볼 때 제조 기술보다는 생산 기술을 담당하는 핵심 기술로 규정하는 것이 어떨까?

1.1.2 CAD/CAM 시스템의 구성 요소

: CAD/CAM 시스템은 하드웨어와 소프트웨어로 구성된다. 하드웨어는 입력 장치와 본체, 출력 장치로 구성되며, FMS, CIMS, IMS 등 생산 기술 시스템을 구축하기 위하여 하드웨어 인터페이스를 필요로 한다. 소프트웨어는 운영 체제와 응용 프로그램으로 구성되며, 응용 프로그램 상호 간에 데이터 교환 표준을 적용하면 이종 S/W 간에도 데이터를 교환할 수 있다.

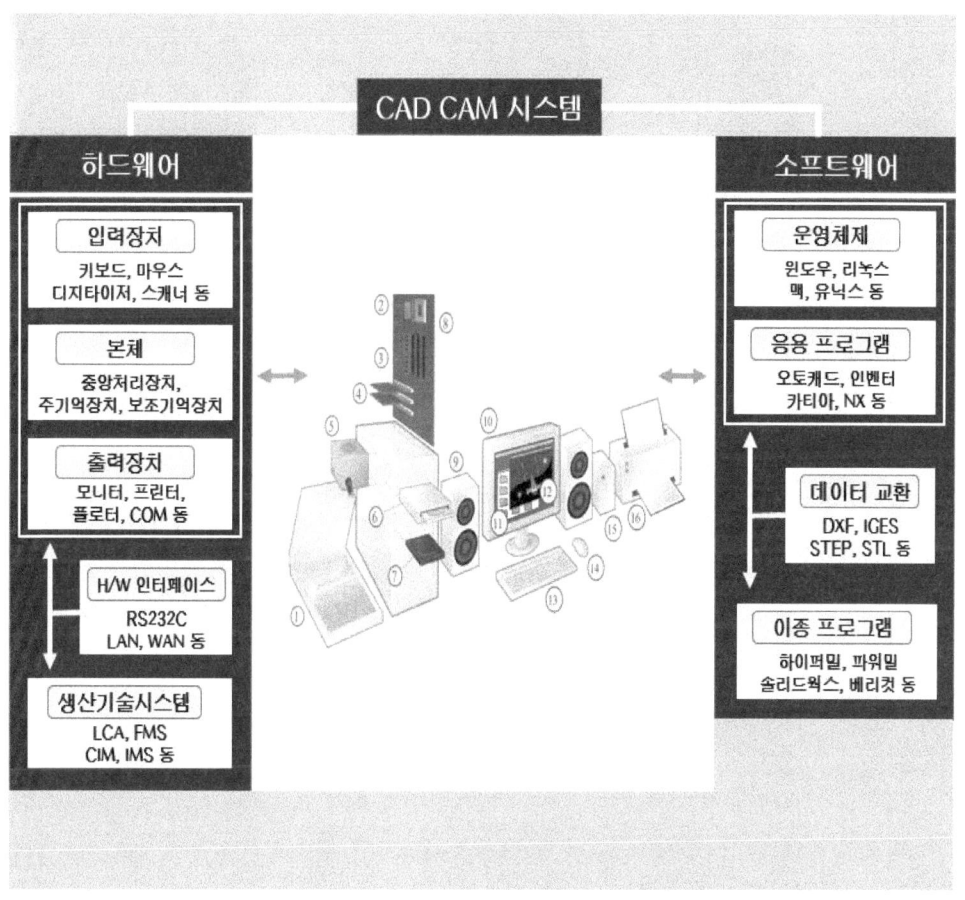

1.1.3 생산 기술 시스템

: 자동화 시스템은 ① 입력부(sensor), ② 제어부(processor), ③ 출력부(actuator)의 하드웨어 3개 요소와 ④ 소프트웨어 ⑤ 네트워크 기술 등을 접목한 5대 요소를 이용하여 생산을 자동화함으로써 생산성과 품질 수준을 높이는 시스템이다.
생산 기술 시스템은 자동화 시스템을 기본으로 하며 ① 중앙 제어 시스템, ② CAD/CAM 시스템, ③ 측정검사 시스템, ④ 운송 시스템, ⑤ 조립 시스템, ⑥ 생산관리 시스템 등의 요 소기술로 운용된다.

(1) 생산 기술 시스템의 요소 기술

① 중앙 제어 시스템

: 중앙 제어 시스템은 생산 기술 시스템의 요소 기술인 CAD/CAM 시스템, 측정검사 시스템, 운송 시스템, 조립 시스템, 생산관리 시스템에서 생성되는 데이터를 수집하고 처리하며 다시 피드백하는 시스템으로, 충분한 H/W, S/W 및 네트워크 기술이 필요하다. 소비자의 다양한 요구와 다품종 소량 생산에 맞추어 생산 제품의 변화와 각 공정의 변화에 쉽게 대응할 수 있는 유연한 제어 시스템이어야 한다.

② CAD/CAM 시스템

: CAD/CAM 시스템은 제품이나 치공구 설계, 해석, 검증을 담당하는 CAD 시스템과 시제품 및 양산 가공을 수행하는 CAM 시스템으로 구성되며, CAM 시스템은 CNC 공작기계에 NC 프로그램을 송출하고 이를 상호 연결하는 DNC 시스템과 CNC 공작기계의 제어, 세팅, 가공, 유지보수(Maintenance) 시스템으로 구성된다.

③ 측정검사 시스템

: 측정검사 시스템은 생산된 제품의 치수, 형상, 정도, 기능, 성능 등 품질이 고객 요구에 합당한지 측정하여 검사하는 시스템으로 중앙 제어 시스템에 수집한 측정 데이터를 전송하고 중앙 제어 시스템에서 피드백하는 데이터를 수신하여 품질 향상을 도모한다. 생산 기술 시스템이 지능 생산 시스템으로 발전하기 위해서는 센싱 기술과 정보통신 기술 및 빅데이터 기반의 인공지능 기술의 접목이 필요하다. 생산 과정에서 측정하면 In-process 측정, 작업 완료 후 측정하면 Post-process 측정이라 하며, 작업 중 제품을 탈착하지 않고 측정하면 On-line 측정(기상 측정), 제품을 제거하여 측정하면 Off-line 측정이라 한다. 지능 생산 시스템은 On-line 측정을 통하여 오차를 피드백, 수정할 수 있어야 한다.

④ 운송 시스템

: 자동화 시스템에서 가공하지 않은 시간을 감소하기 위해 운송 시스템을 도입하여 생산성 향상을 도모한다. 자동화 시스템은 교환, 공급, 반송, 저장의 단계로 나뉜다.

● 교환(changing) : 자동화 공작기계 내에서 공구와 소재 및 치구를 자동 교환하는 단계로, ATC(Automatic Tool Changer)와 APC(Automatic Pallet Changer) 등이 있다.

● 공급(feeding) : 조립 공정으로 조립하기 위한 부품을 자동 공급하는 단계로 진동 피더, 호퍼 등이 있다.

● 반송(transfer) : 가공 및 조립 등 공정 간에 소재나 부품을 이송하는 단계로 컨베 이어, 크레인, 로봇, 무인 운반차(AGV : Automatic Guided Vehicle) 등이 있다.

● 저장(storage) : 구매 부품, 반제품이나 최종 제품 등을 자동 창고에 적재하는 단 계로 지게차, Pallet rack, Stacker crane 등이 사용된다.

⑤ 조립 시스템

: 조립 라인을 자동화함으로써 생산성 향상을 도모하기 위한 시스템으로 나사 조 립, 끼워 맞춤, 압입, 용접, 스냅링 고정 등의 조립 방법이 사용되고 로봇 등이 활용된다.

⑥ 생산관리 시스템

: 소비자의 요구가 다양해지고 제품 선택 폭이 넓어지면서 다품종 소량 생산 시대가 되었다. 다품종 소량 생산을 능률적으로 수행하기 위해서는 자재 수급 계획과 공정 계획 및 공정관리 등 생산관리 시스템의 적용이 필요하다. 생산관리 시스템의 주 요 요소는 다음과 같다.

● 자재 수급 계획(MRP : Material Requirement Planning)

: 원자재와 부품의 수급 계획을 상세하게 일정 계획으로 계산하는 기술로 기본 일 정계획과 다른 주문 데이터, 제품 구조를 정의한 BOM(Bill of Material) 데이터, 재고 기록 데이터 등이 필요하다.

● 공정 계획(CAPP : Computer Aided Process Planning)

: 컴퓨터 프로그램을 이용하여 자동으로 공정을 계획하거나 설계할 수 있도록 하 는 시스템으로, 변형이 가능하고 유연한 재생식 CAPP와 변형이 불가능한 창생식 CAPP가 있다.

● 그룹 기법(GT : Group Technology)

: 공정이나 형상, 제작 방법이 유사한 부품을 그룹별로 분류하여 생산하는 기법으로 유사 성을 판별하기 위해 육안검사, 제조 공정 해석, 부품 분류 코딩 시스템 등을 사용한다.

- 동시 공학(Concurrent Engineering)
: 제품 개발 초기의 개념 설계 단계에서 해당 제품의 폐기에 이르기까지 전체 제품 라이프 사이클의 모든 것(품질, 원가, 일정, 고객의 요구 사항 등)을 감안하여 협업 개발하도록 하는 시스템 공학적 제품개발 전략이다.

(2) 생산 기술 시스템의 발전 단계

생산 기술 시스템은 자동화 시스템과 CAD/CAM 시스템의 눈부신 발전과 함께 아래의 4단계로 발전하고 있다.

① LCA
: 자동화 시스템의 단점으로는 초기 투자비용이 과다하고 생산의 유연성이 결여되기 쉽다는 것이다. 따라서 저비용의 간이 자동화 시스템(LCA : Low Cost Automation)이 도입되기도 한다. 간이 자동화 시스템은 기존 장비를 최대한 이용하고 단계별(step by step) 자동화이기 때문에 비용이 적게 들고 초기 자동화에 유리하다.

② FMS
: FMS(Flexible Manufacturing System)는 공장 자동화를 위한 유연 생산 시스템으로 ① 중앙 제어 시스템, ② 가공 시스템, ③ 측정검사 시스템, ④ 운송 시스템, ⑤ 조립 시스템 등 생산 기술 시스템의 요소 기술을 유연하게 연결한 시스템이다.

③ CIMS
: CIMS(Computer Integrated Manufacturing System)은 유연 생산 시스템인 FMS에 추가적으로 제품 기획부터 판매에 이르는 경영 시스템을 통합한 통합 생산 시스템이다.

④ IMS
: IMS(Intelligent Manufacturing System)는 통합 생산 시스템인 CIM에 자회사나 협력 회사의 생산 기술 시스템까지 통합한 지능 생산 시스템이다. 지능 생산 시스템인 IMS는 빅데이터와 인공지능이 생산 기술 시스템과 융합함으로써 더욱 발전하고 있다.

① 4차 산업혁명(4^{th}industrial revolution)

: 4차 산업혁명은 디지털 세계(데이터, 메타버스)와 물리 세계(산업, 유니버스)를 인공지능(AI) 등 정보통신 기술(ICT)로 융합하여 지능적으로 제어함으로써 생산성과 편의성을 폭발적으로 증가하였다.

드론, 로봇, 자율주행차, 3D 프린팅 등 4차 산업혁명의 대표적인 기술은 정보통신 기술과 사물인터넷 기술(IoT: Internet of things)을 접목하여 더욱 발전 속도를 높이고 있다.

생산 기술 시스템에서는 통합 생산 시스템인 스마트팩토리에 인공지능 기술을 더한 지능형 공장으로 발전하는 중이다.

자동화와 인공지능의 눈부신 발전에도 불구하고, 다품종 소량 생산 시대에 반드시 필요한 셀(Cell) 기술인 CAD/CAM 기술과 CNC 공작기계, 5축가공 기술은 창의적 설계 능력과 통합적인 프로세스 셋업, 관리 능력 및 요소 기술 간의 소통, 협업이 필요하다는 점에서 앞으로도 인간의 영역으로 발전할 전망이다.

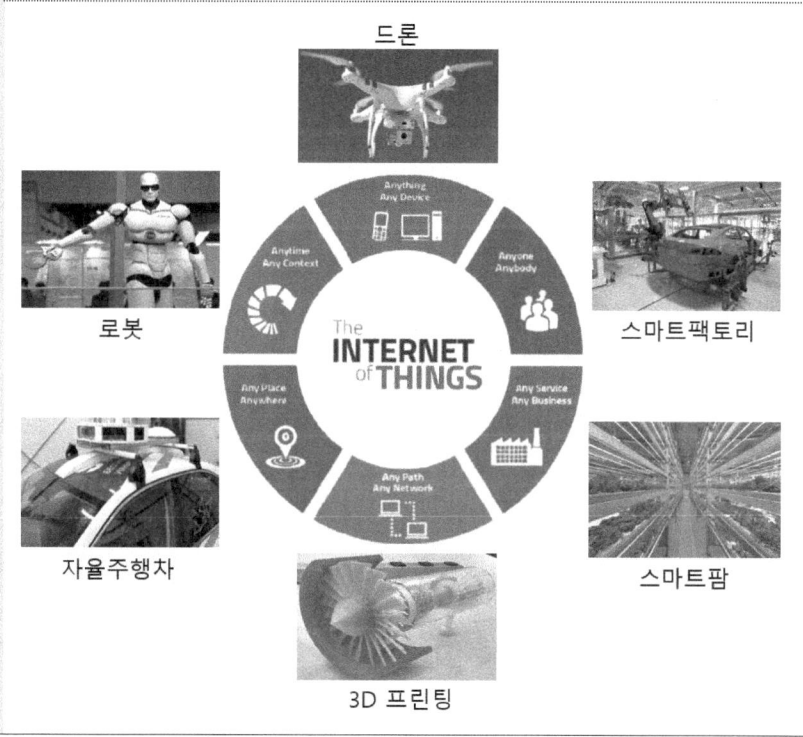

드론

로봇

스마트팩토리

자율주행차

스마트팜

3D 프린팅

Q1) 컴퓨터를 이용한 공정 계획의 약자로 맞는 것은?
　　① CAP　　　　　② MRP
　　③ CAT　　　　　❹ CAPP

Q2) 제품 가공 공정의 계획, 운용, 제어에 관한 컴퓨터 이용 기술은?
　　① CAD　　❷ CAM　　③ CAE　　④ PDM

Q3) 머시닝센터에서 팔렛을 자동으로 교환하는 장치는?
　　❶ APC　　　　　② ATC
　　③ MCU　　　　　④ PLC

Q4) 다음 용어에 대한 설명 중 틀린 것은?
　　① CNC : 컴퓨터를 이용한 수치 제어
　　② DNC : 분배 수치 제어
　　③ AGV : 무인 운반차(반송차)
　　❹ CIM : 컴퓨터를 이용한 공정 계획

Q5) 컴퓨터 응용 설계 및 생산/가공과 가장 관계가 적은 것은?
　　① CAD　　　　　② CIMS
　　③ CAE　　　　　❹ CAB

Q6) 일반적인 FMS(Flexible Manufacturing System)의 장점으로 보기 어려운 것은?
　　① 인건비를 절감할 수 있다.
　　② 재고 관리와 제어가 용이하다.
　　❸ 단품종 대량 생산에 적합하다.
　　④ 공정 변화에 대한 유연한 대처가 용이하다.

Q7) 일반적인 유연 생산 시스템(flexible manufacturing system, FMS)의 장점으로 틀린 것은?
　　① 높은 기계 가동률로 인하여 필요한 기계 수가 감소한다.
　　❷ 서로 다른 부품이 뱃치(batch)로 분리되어 처리되지 않으므로 재공재고(work-in-process, WIP)가 뱃치 생산 모드에서보다 증가한다.
　　③ 높은 생산율과 직접 노동에 대한 낮은 의존도로 FMS에서 노동 시간당 생산성이 높다.
　　④ 높은 수준의 자동화는 무인으로 긴 시간 동안 시스템을 운전할 수 있게 해준다.

Q8) CAD/CAM의 도입 효과와 가장 거리가 먼 것은?

    ① 도면 품질 향상

    ② 설계 생산성 향상 및 설계 변경 용이

    ③ 제품 개발 기간 단축

    ❹ 회계, 고객관리 업무의 통합적 수행

Q9) 여러 개의 NC 공작기계를 한 대의 컴퓨터에 결합시켜 제어하는 시스템은 무엇인가? ★★★

    ❶ DNC   ② ERP

    ③ FMS   ④ MRP

Q10) CNC 공작기계의 군 관리 또는 군 제어를 뜻하는 말로써 중앙의 컴퓨터로부터 프로그램을 CNC 공작기계에 전송하여 여러 대의 CNC 공작기계를 동시에 제어하는 시스템은?

    ① CIM   ❷ DNC

    ③ FMC   ④ FMS

Q11) DNC(Direct Numerical Control)의 설명으로 옳은 것은?

    ❶ 여러 대의 NC 기계를 한 대의 컴퓨터에 연결시켜 제어

    ② NC 공작기계 내에 저장되어 있는 표준 부프로그램(subroutine)

    ③ 컴퓨터(마이크로프로세서)를 내장한 NC 공작기계

    ④ 컴퓨터의 핵심 기능을 수행하는 중앙 연산 처리 장치

Q12) 다음 NC/CNC/DNC에 대한 설명 중 옳지 않은 것은?

    ① NC(Numerical control, 수치 제어)란 기계의 자세를 자동 제어함에 있어서 부호화된 수치 정보를 사용하는 것을 가리킨다.

    ② NC 공작기계의 컨트롤러 안에 컴퓨터를 결합시켜 넣음으로써 CNC(Computer Numerical Control) 공작기계가 탄생하였다.

    ❸ 직접 수치 제어(Direct Numerical Control, DNC)는 여러 개의 기계를 동시에 제어하기 위해 여러 대의 컴퓨터를 사용하는 생산 시스템을 말한다.

    ④ 분산 수치 제어(Distributed Numerical Control, DNC)는 중앙 컴퓨터가 완전한 프로그램을 CNC에 다운로드하는 방식을 말한다.

Q13) 다음 중 일반적인 FMS(Flexible Manufacturing System)의 장점으로 가장 적절하지 않은 것은?

    ① 인건비를 절감할 수 있다.

    ❷ 단품종 대량생산에 적합하다.

    ③ 재고 관리와 제어가 용이하다.

    ④ 공정 변화에 대한 유연한 대처가 용이하다.

Q14) 제조설비 발전 단계를 연대별로 알맞게 나열한 것은?

① D→B→A→C ② D→B→C→A

❸ B→D→C→A ④ B→D→A→C

A. IMS의 도입	B. Copy Machine의 개발
C. FMS의 도입	D. CNC의 출현

Q15) 제품 개발의 초기 개념 설계 단계에서 해당 제품의 폐기에 이르기까지 전체 제품 라이프 사이클의 모든 것(품질, 원가, 일정, 고객의 요구 사항 등)을 감안하여 협업적으로 개발하도록 하는 시스템 공학적 제품 개발 전략은?

① 가치 분석(Value Analysis) ② 가치 공학(Value Engineering)

❸ 동시 공학(Concurrent Engineering) ④ 총괄적 품질관리(Total Quality Control)

REST AREA

[Ray-traced steel balls]

1.2 CAD/CAM 시스템의 H/W

1.2.1 CAD/CAM H/W

1) 컴퓨터의 주요 구성 요소

(1) 중앙 처리 장치(CPU : Central Process Unit)

: 중앙 처리 장치인 CPU는 제어(논리)와 연산 기능을 수행한다. MCU(Micro Control Unit)와 같이 중앙 처리 장치에 주기억 장치 등을 포함하는 경우도 있으나 통상적으로 CPU와 주기억 장치는 각각 별도의 장치이므로 아래 그림과 같이 구분한다. 자동화 장비, 가전제품 등에 삽입되는 임베디드(embedded) 시스템의 경우 하나의 마이크로프로세서 칩으로 제어, 연산, 기억 기능을 동시에 처리하는 MCU가 사용된다.

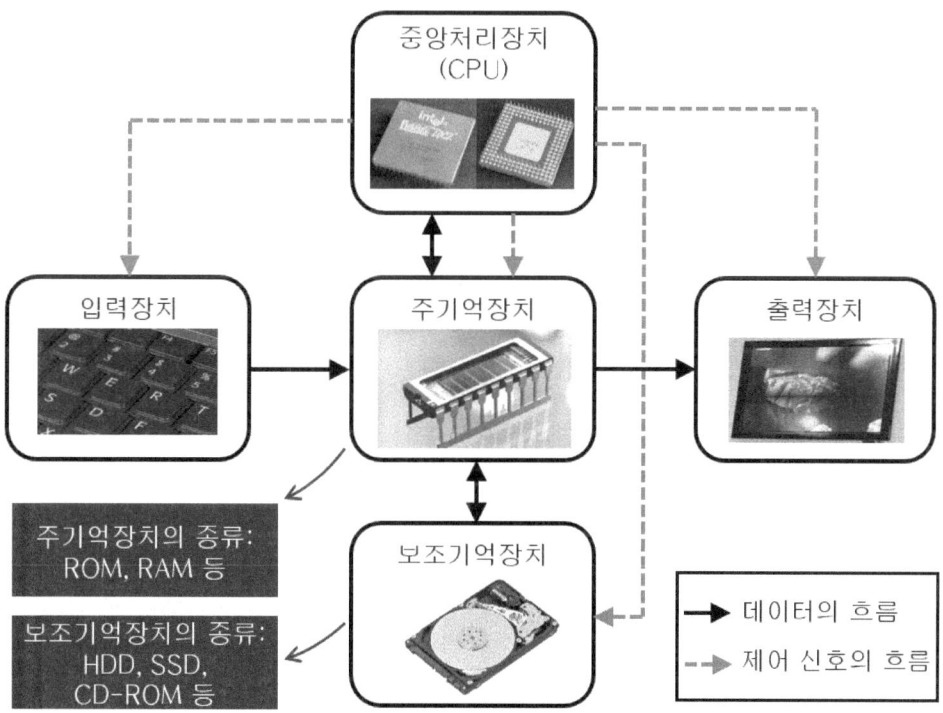

(2) 기억 장치(Memory unit)

: 입력 장치를 통해 읽어 들인 데이터나 CPU에서 계산한 결과를 기억하는 장치로, CPU와 데이터를 직접 주고받는 주기억 장치와 보드 외부에서 주기억 장치와 데이터를 주고받는 보조 기억 장치로 나뉜다.

① 주기억 장치

: 주기억 장치는 CPU와 함께 메인 보드에 장착되는 On-board 메모리이다. RAM과 ROM으로 구성되어 CPU와 직접 데이터를 교환하며, 부팅에서부터 데이터 저장에 이르기까지 주요한 핵심 메모리의 역할을 담당한다.

● RAM(Random Access Memory)
: 데이터를 읽고 쓰기가 가능하며 전원이 꺼지면 삭제되는 휘발성 메모리이다. 따라서 RAM은 응용 프로그램의 일시적 로딩(loading), 데이터의 일시적 저장 등에 사용된다.

● ROM(Read Only Memory)
: ROM은 읽기만 가능한 메모리이며 한 번 기억된 내용은 영원히 기억되며 전원을 OFF 해도 사라지지 않는 비휘발성 메모리이다.

● 바이오스(BIOS : Basic Input Output System)
: 바이오스 펌웨어는 PC에 내장되어 있어서 전원이 인가되면 최초로 실행되는 프로그램이다. BIOS는 주로 읽기만 가능한 ROM에 내장되어 있었으나 최근에는 플래시 메모리에 내장되기도 하면서 업데이트가 가능해졌다.
바이오스는 컴퓨터에 전원이 인가되면 외장형 보조 기억 장치의 유무와 상관없이 컴퓨터를 부팅하고 CPU에 데이터를 전송해 줌으로써 CPU가 윈도우 등 운영 체제 S/W를 구동하게 해준다.

cf. 펌웨어(firmware) : firm software의 준말로 특정 하드웨어 장치에 포함된 소프트웨어를 의미한다. 펌웨어는 하드웨어의 제어(Low-level control)와 구동을 담당하는 일종의 운영 체제로서 ROM이나 플래시 메모리 등에 저장된다.

● 캐시 메모리(Cache memory)
: 캐시 메모리는 컴퓨터의 처리 속도 향상을 위해 사용하는 소형 고속 기억 장치로 버퍼 메모리의 일종이다. 고속 CPU와 상대적으로 느린 주기억 장치 사이에서 두 장치 간의 데이터 접근 속도를 완충해 주는 고속 기억 장치로써 기억 장치의 데이터나 값을 미리 복사해 놓는 임시 메모리를 의미한다.

캐시에 데이터를 미리 복사해 놓으면 더 빠른 속도로 데이터를 처리할 수 있으며, CPU 캐시와 디스크 캐시 등으로 나뉜다. 캐시 메모리는 주기억 장치보다 빠르고 주기억 장치는 보조 기억 장치보다 빠르다. 저장 용량은 그 반대이다.

cf. 버퍼 메모리와 버퍼링(Buffering) : 고속 CPU와 저속 입출력 장치의 속도 차이를 완충하는 버퍼 메모리의 역할로 컴퓨터 시스템 전체의 처리 능력을 향상할 수 있다. 동영상 구현 중 네트워크 상황에 따라 영상이 끊어질 때 일시적으로 데이터를 기억해 내어 다음 데이터와 원활하게 연결해 주기도 한다. 이 과정에서 나타나는 시간 지연 현상을 버퍼링이라 한다.

② 보조 기억 장치
: 보조 기억 장치는 CPU 내에 있는 주기억 장치의 용량을 확대하거나 보조하는 역할을 하며 HDD(Hard Disk Drive, 자기 디스크), CD(Compact Disk), 플로피 디스크(FD : Floppy Disk) 등이 있다.
최근에는 반도체, 플래시 메모리 기반의 SSD(Solid State Drive, 반도체 기억소자 디스크), USB 메모리, SD(Secure Digital) 카드, CF(Compact Flash) 카드 등이 있으며 주기억 장치와 데이터를 교환한다.

(3) 입출력 장치

: 입출력 장치는 다음 절에서 좀 더 상세하게 다룬다.
● 입력 장치 : 키보드, 마우스, 스캐너 등
● 출력 장치 : 모니터, 프린터, 스피커 등

cf. 임베디드 시스템 : 임베디드(embedded), 즉 내장형 시스템이라는 뜻이다. 특정한 기능을 수행하기 위해 하드웨어와 소프트웨어가 내장된 전자 제어 시스템이다. 일반적인 범용 컴퓨터가 CAD/CAM, 문서 작성, 게임, 인터넷 등 여러 가지 작업을 할 수 있는 반면, 임베디드 시스템은 자동화 기기나 세탁기 등 가전제품에 들어가 특정한 기능만을 수행한다. 첨단 기능이 들어 있는 공장 자동화 시스템, 공작기계의 컨트롤러, 가전제품, 엘리베이터, 휴대폰, TV 셋톱박스 등 현대의 각종 전자·정보·통신 기기는 대부분 임베디드 시스템을 갖추고 있다. 임베디드 시스템의 대표적인 플랫폼으로 아두이노, 라즈베리파이, 갈릴레오 등이 있다. 임베디드 시스템은 마이크로프로세서와 메모리, 입출력 모듈을 하나의 칩으로 만들어서 원하는 기능을 수행하는 MCU(Micro Control Unit)로 구동된다.

2) 입력 장치

: 입력 장치는 중앙 처리 장치에 데이터를 입력하는 장치이다.

(1) 논리적 입력 장치(Logical input devices)

: 입력 기능별 분류

① 문자 입력 장치(String device) : 키보드
② 위치 입력 장치(Locator device) : 마우스, 키보드, 태블릿(디지타이저), 트랙볼, 라이트펜
③ 수치 입력 장치(Valuator device) : 수치(스칼라량)를 입력하는 장치로 컨트롤 다이얼, 조이스틱(썸휠), 센싱 장치(Sensing device) 등이 있다.
④ 옵션 선택 입력 장치(Option choice device) : 옵션을 선택하는 입력장치로 마우스, 키보드(기능키), 터치패널 등이 있다.
⑤ 객체 선택 입력 장치(Object pick device) : 화면상의 객체(Object)를 클릭하여 선택하는 입력 장치로 마우스, 커서 키, 태블릿 등이 있다.
⑥ 문서, 물체 입력 장치(Object reading device) : 종이에 그려진 문자나 그림을 읽어서 컴퓨터에서 사용되는 디지털 데이터(JPG, PNG)로 변환하여 입력하는 장치이다. 핸드 스캐너(바코드, QR코드), 평판 스캐너(복합기), 3D 스캐너(레이저 스캐너, 광학 스캐너) 등이 있다. 3D 스캐너는 물체의 형상을 레이저나 광학렌즈로 스캔하고 피드백하여 데이터 형태로 입력한다. 3차원 측정기는 접촉식으로 측정하여 좌표를 읽어 들인다.
⑦ 3차원 대화형 입력 장치(3D interactive input device) : 데이터 글러브, 스페이스 볼

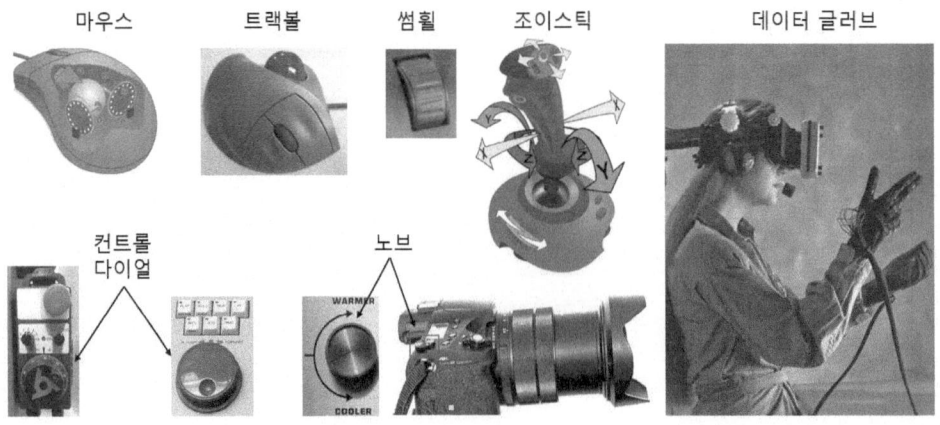

마우스　　　트랙볼　　　썸휠　　　조이스틱　　　데이터 글러브

컨트롤
다이얼　　　　노브

(2) 물리적 입력 장치(Physical input devices)

: 기계 장치별 분류

① **키보드** : 문자, 수치 입력 장치로 키마다 고유의 ASCII 코드 값이 정해져 있다.

② **마우스** : 위치, 객체 선택 입력 장치로, 화면성에 커서를 이동하여 객체를 선택하거나 화면 확대, 축소, 우클릭으로 부가적인 명령 등을 입력할 수 있다. 최초의 마우스는 서로 수직이고 휠에 연결된 두 개의 전위차계(potentiometer)를 사용하였다.

③ **트랙볼** : 위치 선택 입력 장치로, 마우스와 비슷하지만 볼을 손가락만으로 회전시키므로 손목 보호의 효과가 있다. 노트북에 설치된 형태와 마우스에 장착된 트랙볼 마우스가 등이 있다.

④ **조이스틱** : 위치, 수치 입력 장치로, 항공기, 중장비, 3차원 측정기 등 기계 분야와 게임 등에 사용된다. 썸휠은 주로 조이스틱에 부착되어 엄지손가락으로 휠을 굴림으로써 수평과 수직 방향으로 작동을 제어한다.

⑤ **컨트롤 다이얼** : 논리적 수치 입력기로 사용되는 장치로 다이얼의 아날로그 출력은 지시자(Scale)에 의해 디지털 데이터로 변환 입력된다. CNC 공작기계에서는 조그 컨트롤 다이얼이 사용된다.

⑥ **노브(knob)** : 수치 입력 장치(Valuator device)로 노브를 회전하여 원하는 수치를 입력하는 장치이며 퍼텐쇼미터 등이 사용된다.

⑦ **태블릿** : 위치, 객체 선택 입력 장치로, 좌표 입력, 메뉴 선택, 커서 제어 등에 사용되며, 소형은 태블릿, 대형은 디지타이저라 한다.

⑧ **라이트펜** : 광감지 센서 등을 이용하여 태블릿이나 디지타이저 화면에 자유로운 스케치나 아이콘 선택 등을 할 수 있다. 랜덤 스캔형과 래스터 스캔형 등의 리플레시형 디스플레이에 사용할 수 있다.

⑨ **스캐너** : 종이에 그려진 문자나 그림을 읽어서 컴퓨터에서 사용되는 디지털 데이터(JPG, PNG)로 변환하여 입력하는 장치이다. 종류로는 핸드 스캐너(바코드, QR 코드), 평판 스캐너(복합기), 3D 스캐너(레이저 스캐너, 광학 스캐너) 등이 있다. 핸드 스캐너 중 바코드는 2차원 막대 모양의 바를 판독하고, 더 많은 데이터를 처리하기 위해 개발된 QR(Quick Response) 코드는 2차원 격자 모양을 판독한다. QR 코드는 출입 체크, 백신 접종 확인 등 다양한 용도로 사용되고 있다.

⑩ **데이터 글러브** : 데이터 글러브(Data glove)는 3차원 대화형(Interactive) 입력 장치로서, 가상현실(Virtual reality)에서 장갑에 센서를 부착하여 사람의 동작 인식용으로 사용된다. 커서 제어 입력 장치가 아니고 동작 인식 입력 장치이다.

3) 출력 장치

: 중앙 처리 장치에서 받은 명령을 출력하는 장치이다. 출력 장치에는 그래픽 출력 장치(디스플레이, 프린터 등)와 음성 출력 장치(스피커) 등이 있다. 그래픽 출력 장치는 디스플레이와 같은 일시적인 출력(Soft copy) 장치와 프린터, 플로터, COM 장치와 같은 영구적인 출력(Hard copy) 장치로 나눌 수 있다.

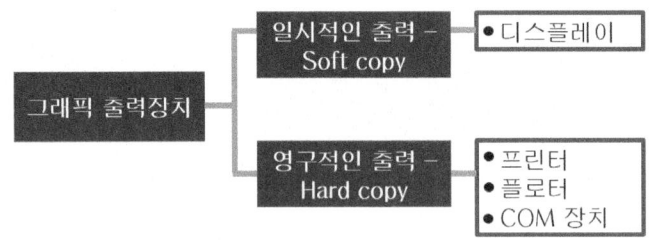

(1) 디스플레이 장치

: 일시적인 출력 표현 방식으로 Soft copy이다.

CRT(Cathode Ray Tube, 음극선관)			평판 디스플레이		
Storage	리프레시(Refresh)형		PDP (플라즈마: 네온+아르곤)	LCD (액정)	LED (반도체소자, 전자발광, 진공방전관 등)
	Random scan	Raster scan			
● 흑백 ● 터치 불가	● 부분적 컬러 ● 선명함 ● 라이트펜 사용 가능 ● Refresh 시 응답 시간이 늦어져 Flicker 발생	● 트루 컬러 (디지털 TV) ● 라이트펜, 터치스크린 사용 가능 ● 수평 방향 픽셀에 주사 ● Aliasing : 직선이 계단식으로 보이는 현상	● 작고 가볍다 ● 전자파가 작다 ● 소비전력이 적다	● 작고 가볍다 ● 전자파가 작다 ● 소비전력이 적다 ● 시야각이 좁다	● 작고 가볍다 ● 전자파가 작다 ● 소비전력이 적다

(2) Hard copy

: 주로 CAD 작업의 중간 결과나 최종 결과 확인에 사용된다. 종이, 필름 등 모니터 전원이 off 되어도 볼 수 있는 것으로 영구적인 출력 표현 방식이다.

- 충격식 : 도트 프린터
- 래스터 스캔식 : 잉크젯, 레이저, 정전식 프린터
- 벡터식 : 펜플로터
- COM(Computer output microfilm) : 종이 대신 마이크로필름으로 출력하는 장치로 해상도가 떨어지지만 쉽고 처리 속도가 빠르다.

(3) 3D 프린터(쾌속조형, RP : Rapid Prototyping)

- FDM(Fused-Deposition Modeling)
: 열가소성 수지로 된 필라멘트를 액체 상태로 압출하여 적층해 나가는 방식으로 용차적층 모델링이라고 함.
- SLS(Selective Laser Sintering)
: 분말 형태의 재료에 레이저를 조사, 소결하여 적층
- SLA(Stereo Lithography Apparatus)
: 액상의 광경화 수지에 레이저를 조사하여 굳힌 후 적층
- LOM(Laminated Object Manufacturing)
: 종이 형태의 재료를 레이저로 잘라 적층시킨 후 불필요한 부분을 제거하여 시작품을 만드는 방식

1.2.2 하드웨어 인터페이스

(1) 주변 기기 연결 장치

① RS232C
: 직렬 전송 장치의 일종인 RS232C는 EIA
(Electronic Industries Association : 미국 전자
공업협회)가 승인한 표준으로 데이터 통신
장비나 주변기기 간의 인터페이스를 위한
제반 사항을 규정한 것이다.

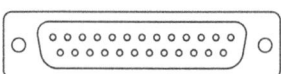

[그림 1.2] RS232C 포트

직렬 데이터 (Serial data bus) 전송으로 정확하고 잡음이 적으나 병렬 방식보
다 느리다. RS232C의 데이터 구조는 Start bit, Data(parity) bit, Stop bit, 전송
속도(bit/s)로 구성된다.

② USB(Universal Serial Bus)
: 컴퓨터에 주변 장치를 연결하기 위한 범용 직렬 버스 규격의 하나로, 기존의
RS-232C 시리얼 포트와 IEEE 1284 병렬 포트, PS/2 커넥터를 교체하기 위해 1994
년 컴팩, IBM 등이 공동으로 개발하여 Windows 98에서 정식으로 지원하도록
보급하였다.

Standard	USB 1.0 1996	USB 1.1 1998	USB 2.0 2001	USB 2.0 Revised	USB 3.0 2008	USB 3.1 2013	USB 3.2 2017	USB4 2019
Maximum transfer rate	12 Mbps		480 Mbps		5 Gbps	10 Gbps	20 Gbps	40 Gbps
Type A connector		Type-A			Type-A SuperSpeed		Deprecated	
Type B connector		Type-B			Type-B Super Speed		Deprecated	
USB-C connector		N/A			USB-C (Enlarged)			

[그림 1.3] Available connectors by USB standard

(2) 네트워크의 종류

① LAN(Local Area Network)
: LAN은 한정된 공간 내에서 여러 개의 컴퓨터와 입출력 장치 등을 공유하기 위해 데이터 망을 구축하는 것이다. 컴퓨터 간 통신할 수 있도록 규칙과 신호를 정한 것을 프로토콜(protocol)이라 하며 일반적으로는 Ethernet이 사용된다.

② WAN(Wide Area Network)
: WAN은 컴퓨터가 멀리 떨어져 있을 때 전화선이나 라디오 주파수를 이용해 연결하는 방식이다.

아두이노로 작성한 임베디드 프로그램과 자이로스코프 센서가 내장된 MCU(Micro Control Unit)를 바이크 운전자의 헬멧에 장착하고 바이크 보조 전조등의 Roll, Pitch, Yaw 3개 회전 동작을 동기화시켜서 안전한 야간 주행을 도모한 프로젝트 작품이다. 헬멧의 MCU와 보조 전조등은 휴대폰의 블루트스 네트워크로 연결된다.

(3) 네트워크의 연결 방법에 따른 분류

: 컴퓨터 시스템을 위상(topology)학적으로 어떻게 배치하는가에 따라 별(star)형, 트리(tree)형, 그물망(mesh)형 , 링(ring)형, 버스(bus)형 등으로 나뉜다.

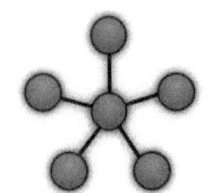

① 별(star)형
: 중앙에 메인 컴퓨터가 있고 이를 중심으로 별 모양으로 터미널이 연결되는 중앙 집중식이다.

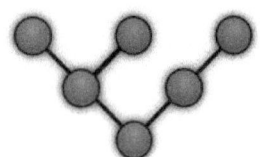

② 트리(tree)형
: 별형과 같이 중앙에 메인 컴퓨터가 있으나 통신 선로는 나뭇가지처럼 지역적으로 가까운 터미널로 연결되므로 총 경로는 짧다.

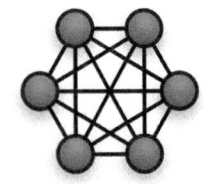

③ 그물망(mesh)형
: 공공 데이터 통신 네트워크의 형태이며 두 지점 간에 항상 두 개 이상의 경로를 갖게 되어 통신 장애 시 다른 경로를 선택할 수 있어 사설 네트워크도 그물망형으로 교체되고 있다.

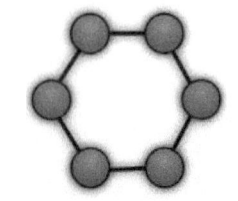

④ 링(ring)형
: 별형보다는 짧고 트리형보다는 길다. 양쪽으로 접근이 가능하므로 경로 장애 시 유연성이 있다.

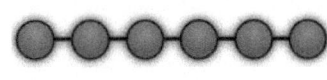

⑤ 선(line)형
: 선형으로 연결되므로 경로 장애 시 문제가 발생한다.

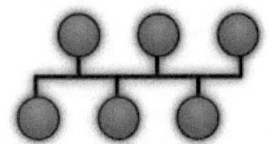

⑥ 버스(bus)형
: 소규모이므로 경제적으로 구성할 수 있다. 나머지 방식은 대체로 광섬유 케이블을 사용하나 버스형은 소규모이므로 동축 케이블을 사용한다.

(4) 네트워크의 전송매체에 따른 분류

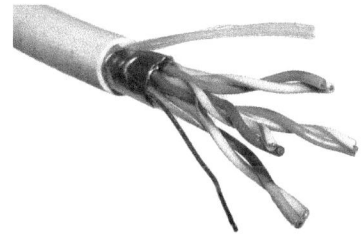

① 트위스트 페어 케이블(Twisted pair cable)
: 트위스트 페어 케이블은 가장 일반적인 LAN선
이나 전화선에 사용되는 것으로, 구리 와이어를
꼬는 수에 따라 결정되며 주로 2, 4 트위스트 페
어가 사용된다.

② 동축 케이블(Coaxial cable)
: 내부의 단일 전선과 외부의 도체 및 절연체로 구
성되어 트위스트 페어 케이블보다 폭넓은 주파수
범위와 먼 거리 전송이 가능하다.
디지털 신호 형식 그대로 전송하는 베이스밴드
와 400MHz 정도의 주파수를 갖는 브로드밴드
방식으로 나뉜다.
베이스밴드는 건물 내부에서, 브로드밴드는 건
물 사이에서 주로 사용한다.

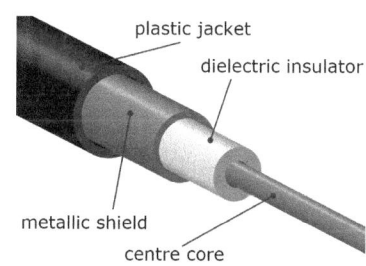

plastic jacket
dielectric insulator
metallic shield
centre core

③ 광섬유 케이블(Optical fiber cable)
: 광케이블이라고도 하며 머리카락처럼 가는 유리
나 투명한 재료를 섬유로 하여 만든 케이블로,
구리선인 동축 케이블보다 더 많은 데이터를 전
송할 수 있다.

Q1) 컴퓨터에서 자료 표현의 최소 단위는?

❶ bit   ② byte   ③ field   ④ word

Q2) CPU(중앙 처리 장치)를 2개 부분으로 나누면 어떻게 구성되는가?

❶ 연산 장치와 제어 장치   ② 연산 장치와 산술 장치
③ 주기억 장치와 제어 장치   ④ 주변 장치와 제어 장치

Q3) CPU 내에서 자료를 처리할 때 발생하는 자료 이동의 병목 현상을 감소시키기 위한 것은?

① Instruction Set   ❶ Cache memory
③ Coprocessor   ④ BIOS

Q4) 주기억 장치와 CPU(중앙 처리 장치) 사이에서 속도 차이를 줄이기 위해 데이터와 명령어를 일시적으로 저장하는 고속 기억 장치는?

① core memory   ❶ cache memory
③ volatile memory   ④ associative memory

Q5) 중앙 처리 장치(CPU)와 메인 메모리(RAM) 사이에서 처리될 자료를 효율적으로 이송할 수 있도록 하여 자료 처리 속도를 증가시키는 기능을 수행하는 것은?

① 코프로세서   ❶ 캐시 메모리
③ BIOS   ④ CISC

Q6) 컴퓨터에서 작업을 수행하기 위한 자료나 입출력 장치로부터 입출력되기 위한 자료를 임시로 저장하는 곳은?

❶ 버퍼(Buffer)   ② 블록(Block)
③ 채널(Channel)   ④ 콘솔(Console)

Q7) 실물의 외관을 측정하여 좌푯값을 얻는 데 사용하는 장비는?

❶ 3차원 측정기   ② 트랙볼
③ 섬휠   ④ 밸류에이터

Q8) 다음 중 형상 모델링을 필요로 하는 분야로 가장 거리가 먼 것은?

❶ 트랙볼 계산   ② 투시도 생성
③ 공구 경로 생성   ④ 중량, 관성 모멘트 계산

Q9) CAD 정보의 출력 장치가 아닌 것은?
   ❶ 전자 펜(light pen)   ② 레이저 프린터(laser printer)
   ③ 벡터 디스플레이(vector display)   ④ 스테레오 리소그라피(stereo lithography)

Q10) 가벼우면서도 적은 부피를 가지는 평판 디스플레이로 틀린 것은?
   ① 플라즈마 판 디스플레이   ❷ 음극선관(CRT) 디스플레이
   ③ 액정 디스플레이   ④ 전자 발광 디스플레이

Q11) CRT 모니터와 비교한 액정 디스플레이(LCD)의 일반적인 장점으로 틀린 것은?
   ❶ 시야각이 넓다.   ② 얇고 가볍다.   ③ 완전한 평면이다.   ④ 깜박임(Flickering)이 없다.

Q12) 컬러 CRT 화면 뒤에 사용되는 인(Phosphor)의 색상이 아닌 것은?
   ① 적색   ② 녹색   ❸ 흰색   ④ 청색
A12) 빛의 3원색 : R(Red), G(Green), B(Blue)

Q13) 래스터 디스플레이 장치를 이용하여 흑백이 아닌 컬러로 색을 표현하는 데 필요한 최소한
    의 비트 플레인(bit plane)은 몇 개인가?
   ① 1   ❷ 3   ③ 5   ④ 7

Q14) 벡터 리프래시(Vector-refresh) 그래픽 장치의 단점으로 화면이 껌벅거리는 현상은?
   ❶ 플리커링(flickering)   ② 동적 디스플레이(dynamic display)
   ③ 새도우 마스크(shadow mask)   ④ 직선을 항상 직선으로 나타내는 기능

Q15) 다음 출력 장치 중 래스터 스캔 방식이 아닌 것은?
   ❶ 플랫 베드형 플로터   ② 잉크 제트식 플로터
   ③ 열전사식 플로터   ④ 정전식 플로터

Q16) CAD 시스템에서 작성된 도면을 출력할 수 있는 장치로 틀린 것은?
   ① 플로터(plotter)   ② 프린터(printer)
   ❸ 라이트펜(light pen)   ④ 하드 카피어(hard copier)

Q17) CAD/CAM 시스템의 출력 장치 중에서 충격식 프린터는?
   ❶ 도트 프린터   ② 레이저 프린터
   ③ 열전사 프린터   ④ 잉크젯 프린터

Q18) 다음 중 잉크젯 또는 레이저 프린터의 해상도를 나타내는 단위는?
   ① LPM   ② PPM   ❸ DPI   ④ CPM

Q19) Rapid Prototyping(RP) 공정에서 CAD 모델은 STL 파일 형식을 사용하여 표현된다. STL 파일 형식에 대한 설명 중 옳은 것은?

   ❶ 물체를 삼각형들의 리스트로 표현한다.

   ② 솔리드 물체에 대한 위상 정보를 저장하고 있다.

   ③ 자유 곡면 표현을 위해 Bezier 곡면식을 기본적으로 지원한다.

   ④ CAD 모델을 STL 파일 형식으로 변환 시 같은 종류의 곡선 형식을 사용하므로 오차가 발생하지 않는다.

Q20) 쾌속 조형(RP)에 관한 일반적인 설명 중 틀린 것은?

   ① 클램프, 지그, 또는 고정구를 고려할 필요가 없다.

   ❷ 특정 형상 기반 설계나 특정 형상 인식이 필요하다.

   ③ 물체를 만들기 위해 단면 데이터를 생성하여 사용한다.

   ④ 재료를 제거하는 것이 아니라 재료를 더해 나가는 공정이다.

Q21) RP(rapid prototyping) 소프트웨어 중 부품 준비 소프트웨어(part preparation software)의 기능이 아닌 것은?

   ① CAD 모델 검증   ② 지지 구조물의 생성

   ❸ 전체 제작 공정 결정   ④ 모델의 위치와 방향 결정

Q22) 적층 가공 또는 RP(rapid prototyping)의 제조 방식에 대한 설명이 아닌 것은?

   ① 레이저 광선을 이용하여 광경화성 수지를 고화시키는 방식이다.

   ② CO_2 레이저 광선을 분말 형태의 소재 표면에 주사하여 융화시키거나 소결시켜 결합시킨다.

   ③ 한쪽 면에 접착제가 입혀진 종이를 가열된 롤러를 사용하여 접합시킨 후, 부품 단면층의 외곽선을 따라 레이저 광선을 주사한다.

   ❹ cutter와 같은 공구로 절삭 가공을 통해 빠른 시간 안에 제작한다.

Q23) 다음 중 RP(rapid prototyping)의 종류가 아닌 것은?

   ① 3차원 프린팅(3D printing)

   ② 지표 경화(solid ground curing, SGC)

   ③ 용착적층 모델링(fused-deposition modeling, FDM)

   ❹ 레이저 인젝션 몰딩(laser injection molding, LIM)

Q24) RP(Rapid Prototyping) 방식들 가운데 열가소성 수지의 필라멘트를 열을 가하여 녹여서 액체 상태로 압출하여 각 층을 만들어 나가는 방식으로 저가형 RP 기계에 많이 사용되는 것은?

   ❶ Fused Deposition Modeling(FDM)   ② Stereo Lithography(SL)

   ③ Laminated Object Manufacturing(LOM)   ④ Selective Laser Sintering(SLS)

Q25) RP 공정 중 Stratasys 사에 의하여 상용화된 공정으로 열가소성 수지를 액체 상태로 압축하여 각 층을 만드는 공정은?

① SGC　　② LOM　　❸ FDM　　④ SLS

Q26) 열가소성 수지를 액체 상태로 압출하여 적층해 나가는 방식으로 용착적층 모델링이라고 하는 RP 방식은?

① SLA　　② SLS　　③ LOM　　❹ FDM

Q27) 열기소성 수지를 액체 상대로 압출하여 층을 만드는 신속 시작(RP) 방식은?

❶ FDM　　② SLA　　③ SLS　　④ LOM

Q28) 다음 중에서 분말 형태의 재료에 레이저를 조사하여 소결하여 적층하는 RP(Rapid Prototyping) 공정은?

① SLA(Stereo Lithographic Apparatus)　　② LOM(Laminated-Object Manufacturing)

❸ SLS(Selective Laser Sintering)　　④ FDM(Fused Deposition Modeling)

Q29) 액상의 광경화 수지에 레이저를 조사하여 굳힌 후 적층하는 방식의 RP(Rapid Prototyping) 공정은?

① SLS(Selective Laser Sintering)　　② FDM(Fused-Deposition Modeling)

❸ SLA(Stereo Lithography Apparatus)　　④ LOM(Laminated-Object Manufacturing)

Q30) 액상의 광경화 수지에 레이저를 조사하여 굳힌 후 적층하는 방식의 RP(Rapid Prototyping) 공정은?

❶ SLA(Stereo Lithography Apparatus)　　② LOM(Laminated-Objent Manufacturing)

③ SLS(Selective Laser Sintering)　　④ FDM(Fused-Deposition Modeling)

Q31) RP 공정의 응용 분야 중 주요한 영역이 아닌 것은?

① 제조 공정을 위한 모델　　② 기능검사를 위한 시작품

③ 설계 평가를 위한 시작품　　❹ 원가 절감을 위한 대량 생산

Q32) 다음 중 신속 조형 및 제조(RP&M, Rapid Prototyping & Manufacturing) 공정의 특징이 아닌 것은?

① 특징형상(feature) 정보를 필요로 하는 공정 계획이 없어도 되기 때문에 특징 형상 기반 설계나 특징 형상 인식이 필요 없다.

❷ RP&M 공정은 재료를 더해가는 것이 아니라 재료를 제거해 나가는 공정이기 때문에 소재의 형상을 정의할 필요가 있다.

③ 부품이 한 번의 작업으로 제작되기 때문에 여러 가지 셋업이나 소재를 취급하는 복잡한 과정을 정의할 필요가 없다.

④ RP&M 공정은 어떤 도구를 필요로 하는 공정이 아니기 때문에 금형의 설계와 제조가 필요 없다.

Q33) Rapid Prototyping 방식 가운데 종이 형태의 재료를 레이저로 잘라 적층 시킨 후 불필요한 부분을 제거하여 시작품을 만드는 방식은?

① Stereo Lithography (SL)　　　　② Solid Ground Cursing(SCG)

③ Selective Laser Sintering(SLS)　❹ Laminated Object Manufacturing(LOM)

Q34) Rapid Prototyping(RP) 방법 가운데 박판적층(Laminated Object Manufacturing, LOM)법에 대한 설명으로 옳은 것은?

❶ 재료와 접착제의 층이 있어 부품의 성질이 균일하지 않다.

② 아치와 같은 형상의 부품을 만들 때는 외부 지지 구조물을 같이 만들어야 한다.

③ 표면적에 비해 부피의 비율이 높은 부품을 만들어 내고자 할 때 시간이 많이 걸리므로 적절한 방법이 아니다.

④ 지지대 역할을 한 왁스를 녹여 내면 되므로 적층이 완료된 후 불필요한 부분의 재료들을 제거하는 것이 매우 쉽다.

Q35) 다음 중 박판 성형(LOM)에 대한 설명으로 가장 거리가 먼 것은?

① 재료와 접착제의 층이 교대로 나타나므로 제품의 물리적인 성질이 이방성을 띤다.

❷ 적층이 완료된 후 불필요한 부분을 재사용할 수 있으므로 재료 낭비가 적다.

③ 얇은 재료를 사용할 수 있으므로 잠재적인 정밀도가 높다.

④ 각 층별로 윤곽만 처리하면 되므로 단면 전체를 처리해야 하는 다른 공정보다 효율적이다.

Q36) 종이 형태의 박판 재료를 절단하여 적층하는 RP 기법은?

① SL　　　　　　　　② FDM

❸ LOM　　　　　　　④ SLS

Q37) NC 기계의 DNC 통신에서 병렬 포트가 아니라 직렬 포트를 쓰는 이유에 대한 설명 중 가장 거리가 먼 것은?

❶ 통신 속도가 빠르다.　　② 데이터 손실이 적다.

③ 데이터를 주고받을 수 있다.　④ 잡음에 대한 성능이 우수하다.

Q38) RS-232C를 이용하여 데이터를 전송하는 경우 각 핀의 신호에 대한 연결로 틀린 것은?

① CTS – 송신 가능　　　② RTS – 송신 요구

❸ TX – 수신 데이터　　　④ GND – 신호용 접지

Q39) 다음 중 CAD/CAM 인터페이스에서 RS-232C를 사용하여 데이터를 전송할 때 데이터가 정확히 보내졌는지 검사하는 방법은?

① Odd Parity　　　　　② Even Parity

③ Block Cheek　　　　　❹ Parity Check Bit

Q40) 데이터 전송 방식인 RS-232C에 대한 설명으로 틀린 것은?

    ❶ 병렬 전송 방식이다.

    ② 비교적 단거리, 낮은 데이터 전송률을 가진 전송 방식이다.

    ③ Parity Check Bit는 데이터의 전송 여부를 체크한다.

    ④ 전송 속도는 BPS 또는 Band-rate로 나타낸다.

Q41) DNC(Direct Numerical Control) 운전 시 사용되는 통신 케이블(RS232C) 25핀 중에서 수신을 나타내는 핀 번호는?

    ❶ 3   ② 5

    ③ 6   ④ 7

Q42) 다음 보기 중 직렬 통신과 관계없는 용어는 어느 것인가?

    ① DTE   ② DCE

    ③ DSR   ❹ DXF

Q43) 분산 처리형 시스템이 갖추어야 할 기본 성능이 아닌 것은?

    ① 여러 시스템 중에서 일부 시스템이 고장이 발생하더라도 나머지는 정상 작동되어야 한다.

    ❷ 자료 처리 및 계산 작업은 모두 주(main) 시스템에서 이루어져야 한다.

    ③ 구성된 시스템별 자료는 다른 컴퓨터 시스템 자료의 내용에 변화를 주지 말아야 한다.

    ④ 사용자가 구성한 자료나 프로그램을 다른 사용자가 사용하고자 할 때는 정보통신망을 통해서 언제라도 해당 자료를 사용하거나 보내 줄 수 있어야 한다.

Q44) 다음 중 분산 처리형 CAD/CAM 시스템의 특징으로 틀린 것은?

    ① 컴퓨터 시스템의 사용상의 편리성과 확장성을 증가시킬 수 있다.

    ② 자료 처리 및 계산 속도를 증가시킬 수 있어서 설계 및 가공 분야에서 생산성을 향상시킬 수 있다.

    ❸ 주 시스템과 부 시스템에서 동일한 자료 처리 및 계산 작업이 동시에 이루어지므로 데이터의 신뢰성이 높다.

    ④ 시스템이 하나가 고장이 나더라도 다른 시스템은 정상적으로 작동할 수 있도록 구성되어 컴퓨터 시스템의 신뢰성과 활용성을 높일 수 있다.

Q45) 컴퓨터를 이용하는 CAD/CAM 시스템의 활용 방식으로 틀린 것은?

    ① 독립형   ❷ 개인 제어형 분산 처리형

    ③ 분산 처리형   ④ 중앙 통제형

1.3 CAD/CAM 시스템의 S/W

1.3.1 CAD/CAM S/W

(1) CAD/CAM S/W의 기능

: CAD/CAM S/W는 아래와 같이 데이터 입력, 데이터의 처리 및 관리, 데이터 출력 등의 기능이 있어야 한다.

① 자료 입력 : 시스템에 명령이나 데이터를 입력하는 기능이다.
② 요소 생성 : 와이어 프레임, 곡면, 솔리드의 최소 단위를 요소(element)라 하고 요소의 집합으로 형상 모델링을 수행할 수 있다. 따라서 요소 생성이 가장 기본적인 기능이다.
③ 요소 편집 : 요소를 모따기, 필렛, 라운딩 등 부분적으로 편집하는 기능이다. 요소 몇 개의 집합인 세그먼트(segment)의 편집도 가능해야 한다.
④ 요소 변환 : 요소를 이동, 회전, 대칭, 복사 등 좌표 변환하는 기능이다.
⑤ 도면 작성 : 요소로 이루어진 모델링을 도면화하는 기능으로 투상도, 치수, 주서 및 도면 기호 등을 기입하는 기능이다.
⑥ CAM 기능 : 모델링 정보로부터 NC 데이터를 출력하기 위한 공구 경로 생성, 포스트 프로세싱 기능이다.
⑦ 해석 기능 : 모델링의 위치, 길이, 면적, 부피, 질량 등의 물리적 특성을 해석하는 기능으로 물리적 특성에 기반 하여 구조 해석 등이 가능한 기능이다.
⑧ 데이터 관리 : 작성한 모델을 저장, 복사, 삭제하거나 타 S/W로 데이터를 교환하는 기능이다.
⑨ 데이터 출력 : 작성한 모델을 파일, 도면, 문서 등으로 출력하는 기능이다.

(2) 데이터 교환 표준

: 이종 S/W 간 데이터 교환을 위한 표준으로 아래와 같이 DXF, IGES, STEP, STL 등이 사용된다.

① DXF(Drawing Interchange Format)

: AutoCAD, PC-CAD 등 2D(Wire flame) S/W에 사용된다. 아스키 파일 형태이고, 데이터 구조는 헤더 섹션, 테이블 섹션, 블록 섹션, 엔티티 섹션으로 구성된다.

② IGES(Initial Graphics Exchange Specification)

: ANSI에서 표준으로 정한 포맷으로 Surface에 사용되며, 가장 최초이고 일반적인 포맷이다. 데이터 구조는 개시 섹션, 글로벌 섹션, 디렉토리 섹션, 파라미터 섹션, 종료 섹션으로 구성된다.

③ STEP(Standard for the Exchange of Product model data)

: Solid에 사용되므로 최근에는 가장 일반적인 데이터 교환 표준이 되어 가고 있다. 생산 기술 시스템의 발전과 함께 제품의 전공정(설계, 제조, 검사, 서비스, 폐기)에 관한 데이터 표현을 특징으로 한다. CALS에서는 현재 설계 도면의 표현을 위해 IGES를 사용하고 있으나 점차 STEP으로 대체될 전망이다. 아래의 [그림 1.4]는 INVENTOR S/W에서 모델링하여 STEP 파일로 변환 후 CATIA S/W에서 OPEN한 거북선 모델링이다.

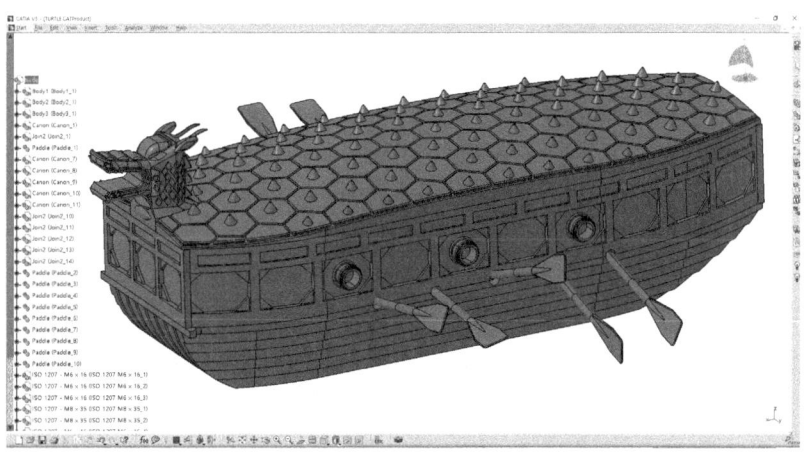

[그림 1.4] 거북선 모델링

④ STL(Stereo Lithography)

: RP(쾌속 조형, 3D 프린팅), CAE(구조 해석) 등에 사용되며, 표현이 단순한 삼각형 데이터 구조로 되어 있다.

⑤ GKS(Graphical Kernel System)

: 그래픽 기법이 아닌 Polyline, Fill area, Text, Polymaker 등을 이용한다.

cf. CALS

: Commercial At the Light speed or continuous acquisition and life cycle Support의 약자로 설계에서 개발·구매·제조·판매·재고·유지·보수·폐기에 이르기까지 기업들이 갖고 있는 모든 정보를 표준에 맞춰 디지털화한 뒤 기업 내, 기업 간, 국제 간에 공유하는 기업정보화 시스템이다.

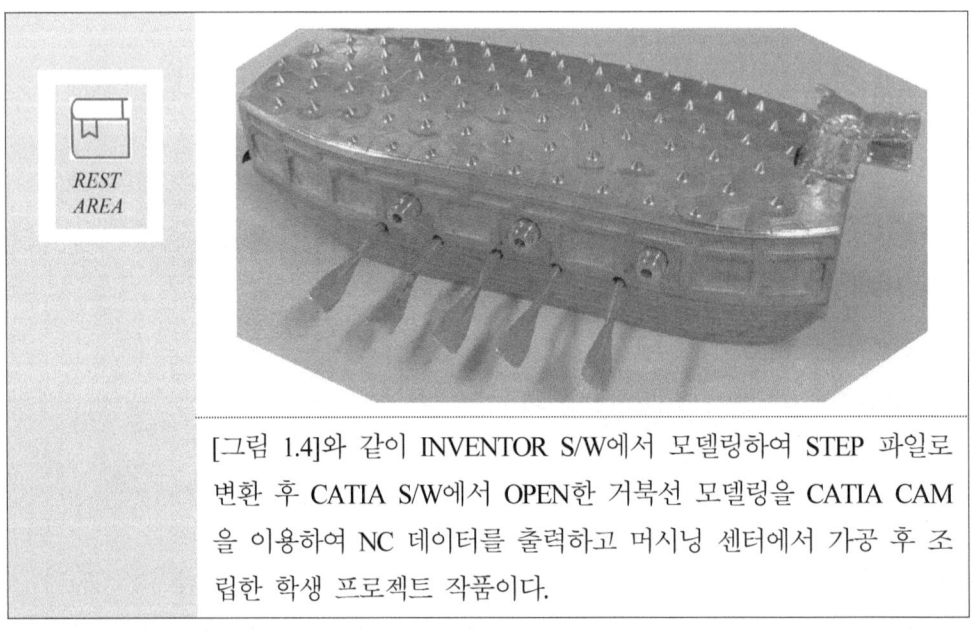

REST AREA

[그림 1.4]와 같이 INVENTOR S/W에서 모델링하여 STEP 파일로 변환 후 CATIA S/W에서 OPEN한 거북선 모델링을 CATIA CAM을 이용하여 NC 데이터를 출력하고 머시닝 센터에서 가공 후 조립한 학생 프로젝트 작품이다.

1.3.2 컴퓨터 그래픽 디스플레이

(1) 빛의 3원색 : 빛의 3원색은 R(Red), G(Green), B(Blue)로 구성된다.

(2) 화소(pixel)

- 해상도 단위 : dot/inch
- BPP(Bits/pixel) : n BPP에서 사용 가능 컬러 수 = 2^n
- 래스터 스캔 디스플레이에서 3 BIT PLANE의 사용 가능 컬러 수 : 2^3

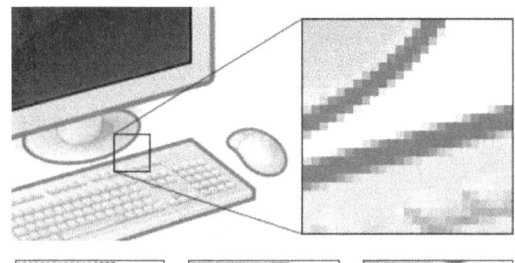

픽셀은 작은 정사각형으로, 렌더링할 필요가 없다. 이 이미지는 점, 선 또는 부드러운 필터링을 사용하여 픽셀 값 집합에서 이미지를 재구성하는 대체 방법을 보여 준다.

- BPP(Bits per pixel)
1 bpp, 2^1 = 2 colors(monochrome)
2 bpp, 2^2 = 4 colors
3 bpp, 2^3 = 8 colors
16 bpp, 2^{16} = 65,536 colors(high color)
24 bpp, 2^{24} = 16,777,216 colors(true color)

(3) 은선 처리 알고리즘

: 공간상의 물체를 스크린상에 투영할 때, 볼 수 있는 선과 면만을 디스플레이하는 기술로 다음의 3가지 기술이 대표적이다.

- 후방향(Back face) 제거 알고리즘
- 깊이 분류(Depth sorting) 알고리즘
- Z-buffer 방법

(4) 렌더링(Rendering)

: 컴퓨터 그래픽스는 모델링과 렌더링으로 나누어지며, 렌더링은 크게 셰이딩(Shading), 매핑(Mapping), 투영(Projection), 클리핑(Clipping) 등으로 나눌 수 있다.

① 셰이딩(Shading)

: 음영, 조명, 광원, 반사광, 투명한 효과 등을 처리하는 과정을 셰이딩이라 한다.

	Flat shading	Gouraud	Phong
지역 조명 방식 (Local illumination)	● 가장 단순한 셰이딩. 폴리곤 그대로 다각형 면을 채색 ● 단순하므로 처리 속도가 빠르지만 사실적이지 않아 프로토타입 작업에 쓰임	● Flat shading의 진보된 방식으로 각져 보이진 않지만 퐁 셰이딩처럼 하이라이트나 반사광을 표현하진 못함 ● 처리 속도도 플랫과 퐁 셰이딩의 중간	● 화소(Fixel)마다 채색하여 하이라이트와 반사광을 표현하므로 가장 현실감 우수 ● 계산 시간 과다(구로드의 2배 이상)
	Ray Tracing		
전역 조명 방식 (Global illumination)	● 대표적인 전역 조명 방식으로 Fixel을 통과하는 광선(Ray)을 역추적(Tracing)하므로 매우 현실감 뛰어남. ● 반면, 요구되는 연산량이 크게 증가함 ● 광선 추적법이라고 한다.		

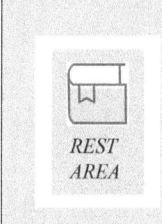

REST
AREA

[플랫 셰이딩으로 렌더링한 Dunkerque급 전함의 3D 모델]

● 플랫 셰이딩(flat shading) : 물체를 각진 면으로 표현하며 각각의 면에 개별적인 색이 지정되는 셰이딩 방식. 와이어 프레임 셰이딩보다는 진일보한 방식이나 각 꼭짓점의 색이 한 곳에서 다른 곳으로 옮겨가는 동안 그 값을 계산해서 각 면의 각 점에 색 값을 할당하지 못하므로 부드러운 면을 만들지는 못한다.

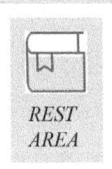

REST AREA

[그림] A 3D rendering with ray tracing and ambient occlusion using Blender and YafaRay

● Ray Tracing : 광선 추적법 방식의 렌더링 알고리즘은 scene을 구성하는 모든 객체(object)들을 한꺼번에 다루기 때문에 ray casting 방식에서 한 번에 하나의 객체만을 계산함으로써 생기는 몇 가지 한계들(반사나 굴절, 그림자의 생성)을 해결한다. 특정 객체 한 지점에서의 색을 결정하기 위해서는 조명으로부터의 직접적인 빛뿐만 아니라 다른 객체로부터 반사나 굴절된 빛 혹은 드리워진 그림자의 영향까지도 고려해야 하는데 ray tracing 방식은 시점에서부터 거꾸로(현실에서처럼 광원으로부터 빛을 추적하자면 무수히 많은 필요 없는 계산까지 해야 하므로) 반사나 굴절되는 빛을 역 추적해 나감으로써 객체 서로 간에 주고받는 빛의 영향을 계산해 객체 표면 색상을 결정하게 된다.

● Ambient Occlusion : 렌더링 과정 중 셰이딩의 한 방식으로, 각각의 표면이 공간에 얼마나 노출되어 있는지를 계산하여 그림자를 더해 주는 기술이다. 평평한 면이나 볼록한 입체는 밝게, 오목하거나 골이 파인 곳에는 어둡게 컬러 톤을 보정하여, 평편한 곳과 파인 곳의 대비를 살려 준다. 일반적으로 광원과 물체를 놓고 지역 조명 방식으로 처리하면 그림자는 있지만 실제와 미묘하게 다른데, AO는 이를 보정하고 입체감을 강화하며 실제에 더 가깝게 보이도록 만든다. 실시간 레이트레이싱으로도 구현되고 있다.

② 매핑(Mapping)

: 오브젝트의 표면에 텍스처 등을 씌워 질감과 반사된 풍경 등을 처리하는 과정을 매핑이라 한다.

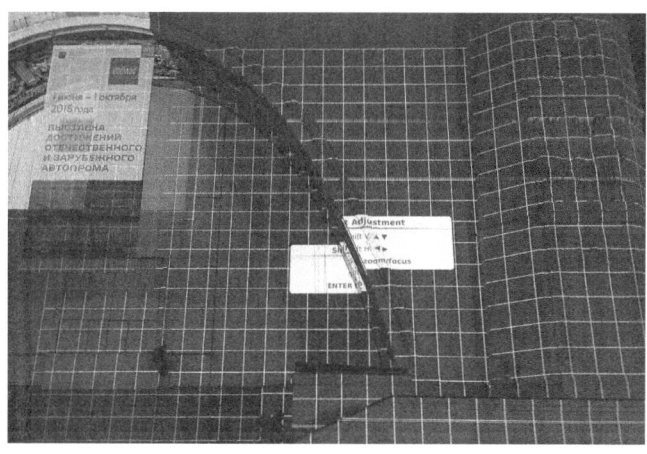

[그림 1.5] 건물에 투영된 프로젝션 매핑 테스트

③ 투영(Projection)

: 3차원 오브젝트를 2차원 스크린에 비추는 과정을 투영, 또는 투상이라 한다.

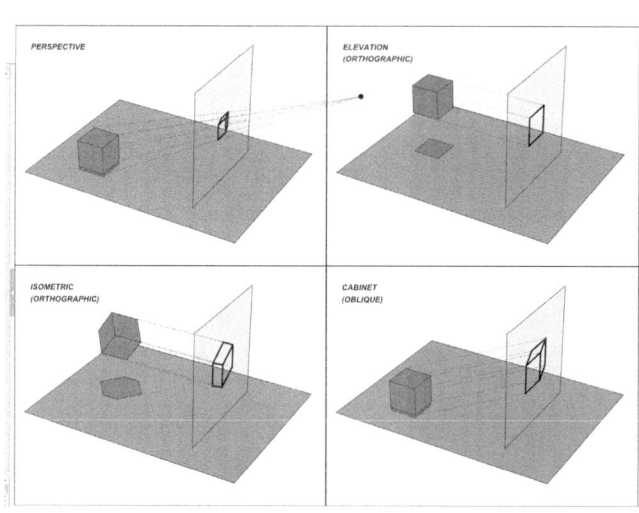

[그림 1.6] 다양한 프로젝션 투상도 및 생성 방법

④ 클리핑(Clipping)

: 디스플레이 밖의 객체(object) 부분(모니터 또는 윈도우 창에 나오지 않는 부분)을 처리하는 과정으로 Viewport(CRT 내부 영역)를 벗어난 객체는 잘라내어 표현한다. [그림 1.7]의 (a)를 확대하면 상당 부분이 Viewport(CRT 내부 영역)로 설정된 4각 형을 벗어난다. 따라서 (b)와 같이 벗어난 형상을 잘라내는 과정을 클리핑이라 한다.

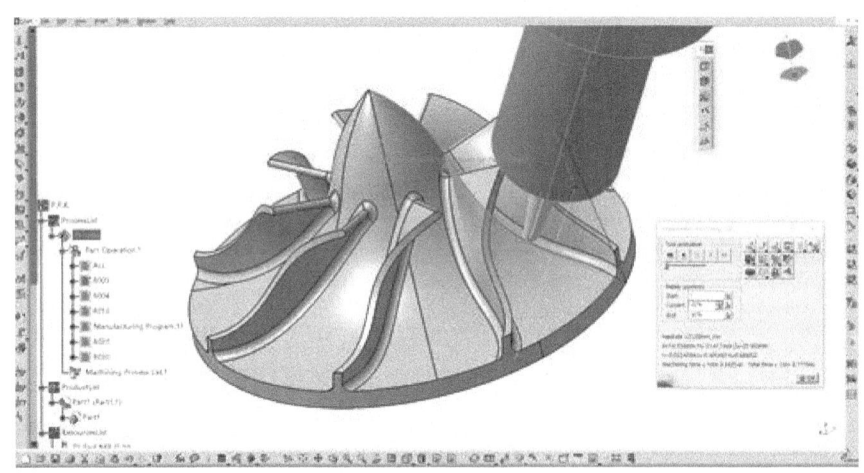

(a) 전체 화면

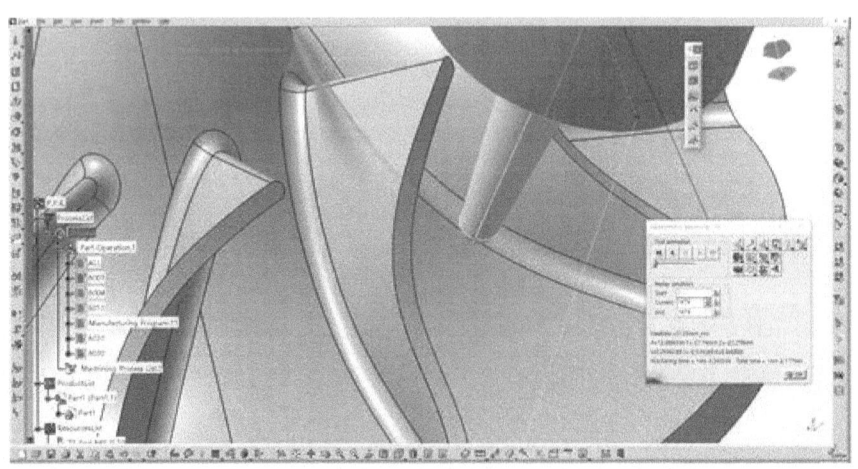

(b) 확대된 부분(clipping 처리)

[그림 1.7] 임펠러의 5축 CAM 작업 시 클리핑 처리

(5) 기타 용어

① Virtual Reality
: 가상현실을 의미한다.

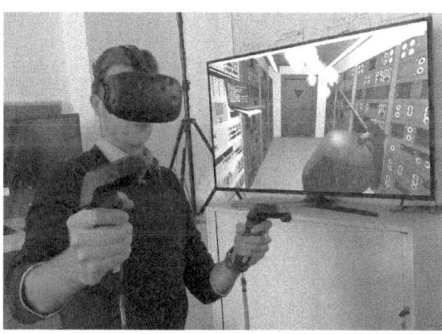

VR 헤드셋과 모션 컨트롤러를 장착한 독일 다름슈타트에 있는 유럽 우주국(European Space Agency) 연구원이 미래에 우주 비행사가 가상현실을 사용하여 달 서식지 내부의 화재 진압 훈련하는 방법을 보여 준다.

② VRML
: VRML(Virtual Reality Modeling Language)은 가상현실 모델링 언어로 3차원 그래픽을 표현하는 표준 파일이며 웹(www)을 기준으로 제작되었다. 즉 웹(www)으로 설계된 3D 대화형 벡터 그래픽을 표현하기 위한 표준 파일 형식으로 이후 X3D로 발전하였다.

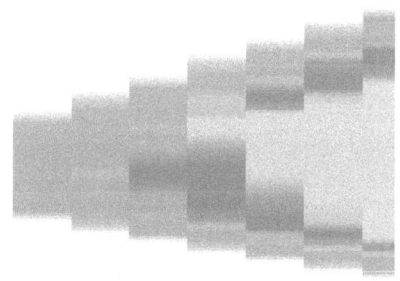

7배 확대 시 벡터 그래픽과 래스터 그래픽의 비교를 보여 주는 사례이다.

③ Virtual Prototyping

: 가상 시제품 제조를 의미하여 실제 모형 대신 컴퓨터로 모형을 제작하는 기술이다. CAD S/W에서 부품을 모델링하고 조립체 모델링을 통해 다양한 기계적 구동, 적합성, 간섭 테스트를 수행한다.

펌프잭 시제품 제작을 위한 가상 시제품으로 학생 프로젝트 작품이다.

분해, 조립 및 구동 시뮬레이션을 통해 실제 시제품 제작 시 발생할 수 있는 부품 간 간섭, 구동 스트로크 등을 사전에 테스트하였다.

④ 모핑(Morphing)

: 하나의 형체가 전혀 다른 이미지로 변화하는 기법으로 변형(metamorphosis)이란 단어에서 유래됨.

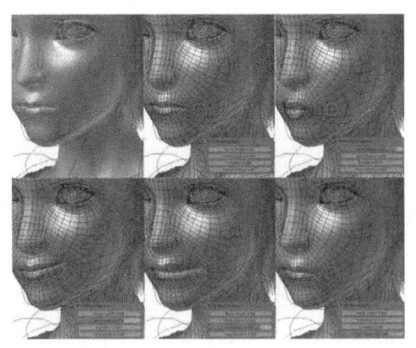

오픈 소스 프로젝트 Sintel의 이 예에서 4개의 얼굴 표정이 얼굴 기하학의 변형으로 정의되었다. 그런 다음 이러한 변형 사이를 모핑하여 입에 애니메이션을 적용한다. 수십 개의 유사한 컨트롤러가 나머지 얼굴을 애니메이션하는 데 사용된다.

Q1) CAD/CAM 소프트웨어의 주요 기능이 아닌 것은?

① 데이터의 변환　　　　　② 자료 출력 기능

③ 자료 입력 기능　　　　　❹ 네트워크 기능

Q2) CAD/CAM 소프트웨어 간의 인터페이스 방식으로만 나열된 것은?

❶ GKS, IGES, DXF, STEP

② RS232C, DTE, DCE, DSR

③ RS232C, GKS, IGES, DXF

④ RS232C, RS232C표준, DTE, DCE

Q3) 서로 다른 CAD 시스템 간에 설계 정보를 교환하기 위한 표준 중립 파일(Neutral File)이 아닌 것은?

① DXF　　　　　　　　　❷ GUI

③ IGES　　　　　　　　　④ STEP

Q4) CAD 데이터 교환을 위한 중립 파일을 중 특수한 서식의 문자열을 가진 아스키(ASCⅡ) 파일은?

① CAT　　　　　　　　　❷ DXF

③ GKS　　　　　　　　　④ PHIGS

Q5) DXF 파일은 아스키 텍스트 파일로 구성되는데 이를 구성하는 섹션이 아닌 것은?

① 헤더 섹션　　　　　　　② 테이블 섹션

③ 블록 섹션　　　　　　　❹ 수정 섹션

Q6) 도면 데이터를 교환하기 위해 사용되는 DXF(Drawing Interchange Format) 파일의 구성 요소로 틀린 것은?

① Header Section　　　　② Tables Section

③ Entities Section　　　　❹ Post Section

Q7) 서로 다른 CAD/CAM 시스템 간의 형상 데이터 교환을 위해서 만들어진 중립 파일(Neutral file)에 해당하는 것은?

❶ IGES　　　　　　　　　② HTML

③ HWP　　　　　　　　　④ PDF

Q8) IGES 파일을 구성하는 6개의 섹션(section)들 중, Directory 섹션에서 기입한 각 요소를 정의하는 실제 데이터를 담고 있는 것은? ★
  ❶ Parameter 섹션   ② Terminate 섹션
  ③ Flag 섹션   ④ Global 섹션

Q9) CAD 데이터 교환을 위한 중간 파일로서 Flag 섹션, Start 섹션, Global 섹션, Directory Entry 섹션, Parameter Data 섹션, Terminate 섹션 등으로 구성된 파일 형식은?
  ① DXF   ❷ IGES   ③ PRT   ④ STEP

Q10) CAD/CAM 시스템 간에 데이터베이스가 서로 호환성을 가질 수 있도록 해 주는 모델의 입출력 데이터 표준 형식으로 사용되는 것은?
  ① ISO   ② LISP
  ③ ANSI   ❹ IGES

Q11) IGES(Initial Graphics Exchanges Specification)에 관한 설명으로 옳은 것은?
  ① 설계, 제조, 품질보증, 시험, 유지 보수를 포함하는 제품의 전체 주기와 관련된 제품 데이터이다.
  ② AutoCAD 도면을 다른 CAD 시스템에 전달하기 위해 개발되었다.
  ❸ IGES 파일은 일반적으로 여섯 개의 섹션으로 구성되어 있다.
  ④ 제품 데이터의 교환으로 개발되었으며 공정 계획, NC 프로그래밍, 공구 설계, 로봇공학 등이 포함되어 있다.

Q12) CAD 데이터 교환을 위한 표준에 대한 설명으로 옳은 것은?
  ① STEP은 설계 특징 형상(design feature)을 표현하지 못한다.
  ② DXF 파일은 원래 CATIA 모델 파일 교환을 위해 개발하였다.
  ③ STEP은 FORTRAN 언어를 사용하여 제품 데이터를 기술한다.
  ❹ IGES 파일은 Flag, Start, Global, Directory Entry, Parameter Data, Terminate의 6개의 section으로 구성된다.

Q13) 그래픽 데이터 표준 규격인 IGES(Intitial Graphics Exchanges Specification) 파일 구조가 아닌 것은?
  ① Start 섹션   ② Global 섹션
  ❸ Blocks 섹션   ④ Directory 섹션

Q14) 다음의 데이터 교환 표준 가운데 제품의 전 주기(즉 설계, 제조, 검사, 서비스)에 관한 데이터를 표현하기 위해 고안된 것은?
  ① DXF   ② IGES
  ❸ STEP   ④ VDA

Q15) 다음 중 일반적으로 3차원 형상 정보를 표현하고 데이터를 교환하는 표준으로 적당하지 않은 것은?
① IGES   ② STEP
❸ DWG   ④ STL

Q16) 서로 다른 CAD/CAM 시스템 사이에서 데이터를 상호 교환하기 위한 데이터 포맷 방식이 아닌 것은?
① IGES   ❷ DWG
③ STEP   ④ DXF

Q17) 화면의 CAD 모델 표면을 현실감 있게 채색, 원근감, 음영 처리하는 작업은 무엇인가? ★
① Animate   ② Simulation
③ Modeling   ❹ Rendering

Q18) 3차원 뷰잉(viewing) 기법 중 아이소메트릭 투영(isometric projection)에 해당하는 투영 기법은?
① 경사 투영   ② 원근 투영
❸ 직교 투영   ④ 캐비넷 투영

Q19) 음영 기법(Shdaing) 방법에는 여러 가지가 있는데, 다음 보기 중 가장 현실감이 뛰어난 음영 기법은?
❶ 퐁(phong) 음영 기법   ② 평활(smooth) 음영 기법
③ 단면별(faceted) 음영 기법   ④ 구로드(gouraud) 음영 기법

Q20) 광원으로부터 나오는 광선이 직접 또는 반사 및 굴절을 거쳐 화면에 도달하는 경로를 역추적하여 화면을 구성하는 각 화소의 빛의 강도와 색깔을 결정하는 렌더링 방법은?
❶ 광선 투사(ray tracing)법   ② Z-버퍼 방법
③ 화가 알고리즘(painter's algorithm) 방법   ④ 후향면 제거(back-face culling) 방법

Q21) 화면에 나타난 데이터를 확대하여 데이터의 일부분만을 스크린에 나타낼 때 Viewport를 벗어나는 일정한 영역을 잘라버리는 것은?
① 매핑(mapping)   ② 패닝(panning)
❸ 클리핑(clipping)   ④ 윈도잉(windowing)

Q22) CAD/CAM 시스템에서 모델링된 도형을 보다 현실감 있게 정적으로 화면에 디스플레이하기 위해 사용되는 것이 아닌 것은?
❶ 모핑(morphing)   ② 음영 기법(shading)
③ 색체 모델링(color modeling)   ④ 은선/은면 제거(hidden line/surface removal)

Q23) 원근 투영에 대한 설명으로 틀린 것은?

① 건축 분야의 CAD/CAM에서 사용된다.

❷ 투영면과 관찰자와의 거리가 무한대인 경우이다.

③ 투영의 결과가 실제 사람의 눈으로 보는 것과 비슷하다.

④ 같은 길이의 물체라도 가까운 것을 크게 먼 것을 작게 그린다.

Q24) 다음 중 공간상의 물체를 스크린상에 투영할 때, 볼 수 있는 선과 면만을 디스플레이하는 기술과 관련이 적은 것은?

❶ 음영법(Shading)

② 후방향(Back face) 제거 알고리즘

③ 깊이 분류(Depth sorting) 알고리즘

④ Z-buffer 방법

Q25) 컴퓨터에서 사용되는 그래픽 관련 기술 중 LOD(Level Of Detail)에 관한 설명으로 틀린 것은?

① 렌더링의 품질 및 속도와 관계가 있다.

② 정적인 방법에서는 모델의 크기에 따라 결정된다.

③ 동적인 방법에서는 모델링 형상의 움직임 속도에 따라 결정된다.

❹ 3차원 뷰 영역 밖의 물체를 모니터에 디스플레이해 주는 대상에서 제외하는 기법을 사용한다.

Q26) 웹에서 사용할 수 있는 데이터 포맷 중 3차원 그래픽 데이터를 위한 것은? ★

① CGM

② DWT

❸ VRML

④ HTML

Q27) 가상현실 기술을 이용하여 실제의 모형 대신 컴퓨터로 모형을 제작하는 것은?

① rapid prototyping

② rapid tooling

❸ virtual prototyping

④ virtual reality

Q28) 가상 시작품(virtual prototype)에 대한 설명으로 가장 거리가 먼 것은?

① 설계 시 문제점을 사전에 검증하고 수정하는 데 도움을 준다.

② 가상 시작품을 사용하여 제품의 조립 가능성을 미리 검사해 볼 수 있다.

❸ NC 공구 경로를 미리 시뮬레이션함으로써 가공 기계의 문제점을 미리 확인할 수 있다.

④ 각 부품의 형상 모델을 컴퓨터 내에서 가상으로 조립한 시작품 조립체 모델을 말한다.

Q29) VDI라는 이름으로 시작된 하드웨어 기준의 표준으로, 그래픽 기능과 하드웨어 간에 공유되어 하드웨어를 제어할 수 있는 표준 규격은? ★

① GKS(Graphical Kernel System)

❷ CGI(Computer Graphics Initiative)

③ CGM(Computer Graphics Metafile)

④ IGES(Initial Graphics Exchange Specification)

CHAPTER
02

좌표계와 벡터

2.1 좌표계(Coordinate system)

: CAD CAM 시스템을 활용하여 도형을 표현하려면 도형을 정의하기 위한 좌표계가 필요하며 좌표계의 종류로는 3차원 좌표계, 동차 좌표계, 정규 좌표계 등이 있다.

2.1.1 3차원 좌표계

(1) 좌표계 형태에 따른 3차원 좌표계의 종류

: 직교 좌표계, 극 좌표계, 원통 좌표계, 구 좌표계

(2) 좌표계 용도에 따른 3차원 좌표계의 종류

: 실세계(world) 좌표계, 지역(local) 좌표계, 모델(model) 좌표계 등이 있다. 실세계 좌표계는 CAD 시스템의 모델 전체에 적용되는 좌표계이고, 로컬 좌표계와 모델 좌표계는 각각의 지역이나 모델링에 대하여 따로 적용되는 좌표계이다.

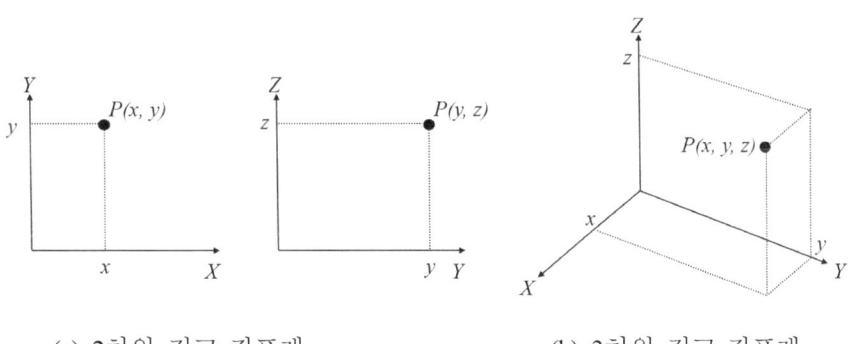

(a) 2차원 직교 좌표계   (b) 3차원 직교 좌표계

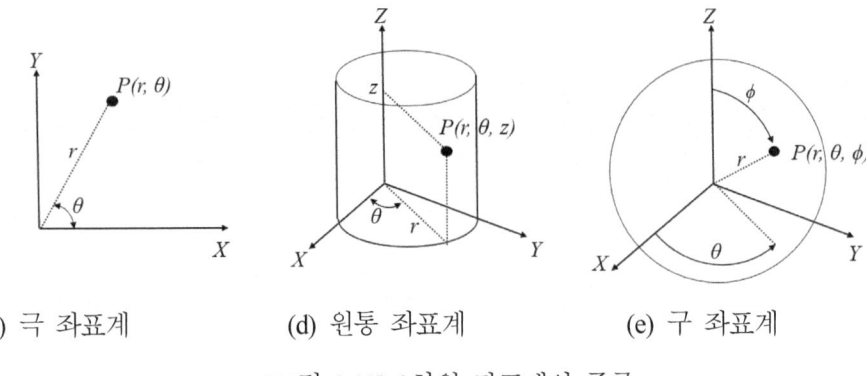

| (c) 극 좌표계 | (d) 원통 좌표계 | (e) 구 좌표계 |

[그림 2.11] 3차원 좌표계의 종류

- 직교 좌표계 : x, y, z로 표시
- 극 좌표계 : r, θ로 표시, $x = r\cos\theta$, $y = r\sin\theta$, $r = \sqrt{x^2 + y^2}$, $\theta = \tan^{-1}(\dfrac{y}{x})$
- 원통 좌표계 : r, θ, z로 표시, $x = r\cos\theta$, $y = r\sin\theta$, z
- 구 좌표계 : r, θ, ϕ로 표시, $x = r\sin\phi\cos\theta$, $y = r\sin\phi\sin\theta$, $z = r\cos\phi$

2.1.2 동차 좌표계

: 좌표 변환에서 행렬(코딩에서는 배열) 계산의 용이성을 위해 N차원의 벡터를 N+1 차원의 벡터로 표한한 것으로 특히 이동 변환과의 행렬 곱을 위해 필요하다.

- 좌표 변환 행렬의 종류

T : 변환 행렬,　　　　*Transformation*
T_t : 이동 변환 행렬,　*Translation*
T_s : 축척 변환 행렬,　*Scaling*
T_m : 대칭 변환 행렬,　*Mirror*
T_r : 회전 변환 행렬,　*Rotation*
T_{sh} : 전단 변환 행렬,　*Shearing*

- 동차 좌표계의 필요성

: 아래와 같이 2차원 평면상의 두 점인 (x', y')은 2차원 벡터이다. 그러나 행렬의 곱셈을 위해 동차좌표, 1을 추가하여 $(x', y', 1)$의 3차원 벡터로 표현하였다. (a)와 같이 동차 좌표계를 사용하면 행렬 곱이 가능하지만 (b)는 동차 좌표계를 사용하지 않았으므로 행렬끼리 차수가 맞지 않아 곱해질 수 없다.

$$[x' \ y' \ 1] = [x \ y \ 1] \begin{bmatrix} c\theta & s\theta & 0 \\ -s\theta & c\theta & 0 \\ 0 & 0 & 1 \end{bmatrix} \begin{bmatrix} 1 & 0 & 0 \\ 0 & 1 & 0 \\ t_x & t_y & 1 \end{bmatrix} \qquad [x' \ y'] \neq [x \ y] \begin{bmatrix} c\theta & s\theta \\ -s\theta & c\theta \end{bmatrix} \begin{bmatrix} 1 & 0 & 0 \\ 0 & 1 & 0 \\ t_x & t_y & 1 \end{bmatrix}$$

$$[1 \times 3] = [1 \times 3] \quad [3 \times 3] \quad [3 \times 3] \qquad\qquad [1 \times 2] \neq [1 \times 2] \quad [2 \times 2] \quad [3 \times 3]$$

(a) 동차 좌표계를 사용한 경우   (b) 동차 좌표계를 사용하지 않은 경우

● 좌표 변환 행렬

: 아래와 같이 이동 변환 행렬을 제외한 변환 행렬들은 $[2 \times 2]$ 행렬 안에 좌표 변환을 위한 변수가 포함되어 있으나 이동 변환 행렬의 경우 3행 1열과 3행 2열에 이동 값, t_x, t_y가 있다. 따라서 좌표 변환 행렬의 원활한 수행을 위해 동차 좌표를 사용한다.

$$[x', y', 1] = [x, y, 1] \begin{bmatrix} a & b & p \\ c & d & q \\ m & n & s \end{bmatrix} \qquad \begin{matrix} a, b, c, d : \text{축척, 회전, 전단, 대칭} \\ m, n : x\text{축}, y\text{축 이동} \\ p, q : \text{투영} \\ s : \text{동차 좌표계, 전체적인 축척} \end{matrix}$$

$$P' = P \times T$$

(a) 복합 변환

$$[x', y', 1] = [x, y, 1] \begin{bmatrix} 1 & 0 & 0 \\ 0 & 1 & 0 \\ t_x & t_y & 1 \end{bmatrix} \qquad [x', y', 1] = [x, y, 1] \begin{bmatrix} s_x & 0 & 0 \\ 0 & s_y & 0 \\ 0 & 0 & 1 \end{bmatrix} \qquad [x', y', 1] = [x, y, 1] \begin{bmatrix} m_a & m_b & 0 \\ m_c & m_d & 0 \\ 0 & 0 & 1 \end{bmatrix}$$

$$P' = P \times T_t \qquad\qquad P' = P \times T_s \qquad\qquad P' = P \times T_m$$

(b) 이동 변환   (c) 축척 변환   (d) 대칭 변환

$$[x', y', 1] = [x, y, 1] \begin{bmatrix} \cos\theta & \sin\theta & 0 \\ -\sin\theta & \cos\theta & 0 \\ 0 & 0 & 1 \end{bmatrix} \qquad [x', y', 1] = [x, y, 1] \begin{bmatrix} 1 & sh_y & 0 \\ sh_x & 1 & 0 \\ 0 & 0 & 1 \end{bmatrix}$$

$$P' = P \times T_r \qquad\qquad\qquad P' = P \times T_{sh}$$

(e) 회전 변환   (f) 전단 변환

2.1.3 정규 좌표계

: 컴퓨터 그래픽을 위한 정방형 좌표계(Normal image coordinate)로 실세계의 3D 형상을 카메라에 2D로 투영한 좌표계이다.

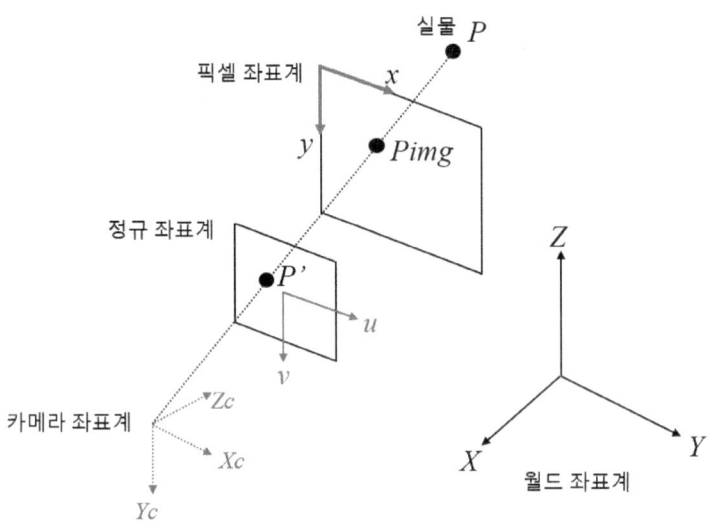

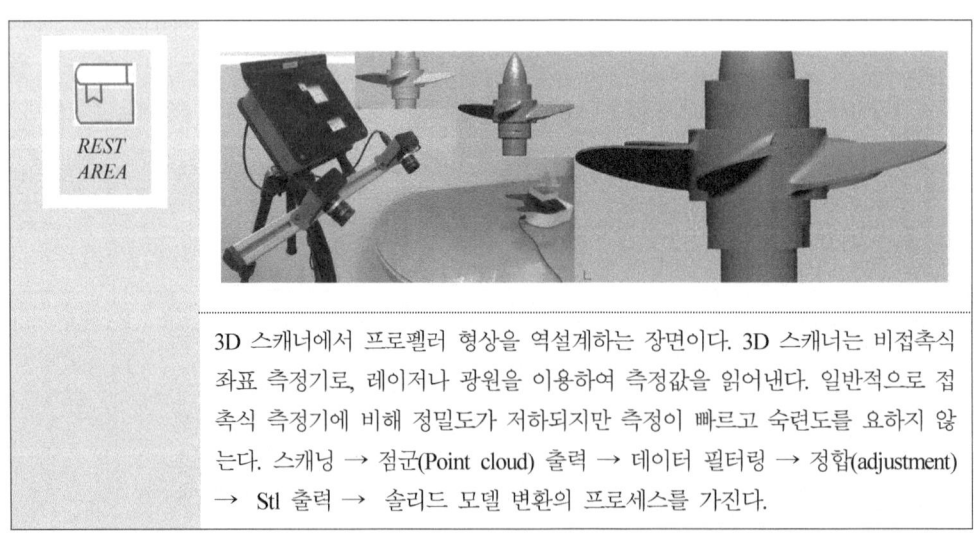

3D 스캐너에서 프로펠러 형상을 역설계하는 장면이다. 3D 스캐너는 비접촉식 좌표 측정기로, 레이저나 광원을 이용하여 측정값을 읽어낸다. 일반적으로 접촉식 측정기에 비해 정밀도가 저하되지만 측정이 빠르고 숙련도를 요하지 않는다. 스캐닝 → 점군(Point cloud) 출력 → 데이터 필터링 → 정합(adjustment) → Stl 출력 → 솔리드 모델 변환의 프로세스를 가진다.

2.2 벡터(Vector)

2.2.1 벡터의 정의

(1) 벡터와 스칼라

- 벡터 : 벡터는 힘, 속도, 가속도와 같이 크기와 방향으로 이루어진 물리량을 정의한다. 크기와 방향이 같은 벡터는 시작 위치가 달라도 동일한 벡터이다.

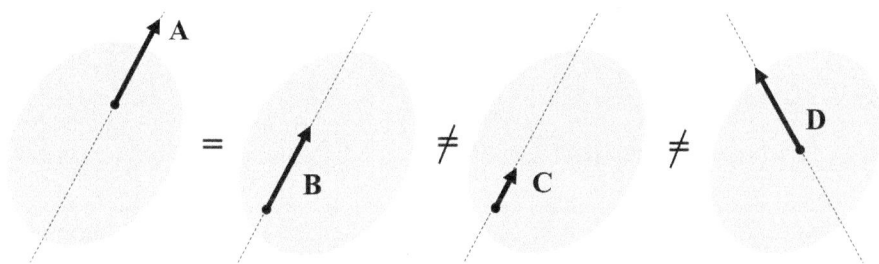

- 스칼라 : 스칼라 양은 길이, 시간, 속력, 면적, 체적과 같이 크기만으로 이루어진 물리량을 정의한다.

(2) 벡터의 표시법

- 벡터의 화살표 표시

: 아래 그림의 화살표와 같이 크기와 방향을 갖는 선분을 유향선분이라 하고 벡터를 그림으로 표현할 때 유향선분으로 나타낸다. A는 벡터의 시점, B는 벡터의 종점이다.

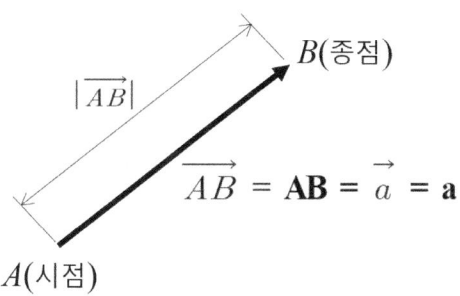

● 벡터의 기호

: 벡터의 기호를 표시할 때 시점과 종점을 화살표 아래 $\overrightarrow{AB}$와 같이 넣기도 하고 $\vec{a}$와 같이 하나의 문자로 표시해도 된다. 화살표를 생략할 때는 볼드(bold)체로 **AB** , **a** 와 같이 나타낸다.

$$\overrightarrow{AB} = \mathbf{AB} = \vec{a} = \mathbf{a}$$

● 벡터의 각 축 성분 표시법

: $\vec{a} = (a_x, \ a_y, \ a_z)$인 벡터의 각축 성분은 아래와 같다.

$$\vec{a} = (a_x, \ a_y, \ a_z) = (a_x)i + (a_y)j + (a_z)k$$

Q1) $\vec{a}$ =(1, 2)일 때 각 축 성분으로 표시하시오.

A1) $\vec{a} = 1i + 2j = i + 2j \ = (1, 2)$

(3) 벡터의 크기

: 벡터의 크기를 표시할 때는 $|\overrightarrow{AB}|$, $|\vec{a}|$와 같이 쓰고 피타고라스 정리를 이용하여 크기를 구한다. 벡터 $\vec{a} = (a_x, \ a_y, \ a_z)$일 때 크기

$$|\vec{a}| = \sqrt{a_x^2 + a_y^2 + a_z^2}$$

Q2) $\vec{a}$ =(1, 2)일 때 크기는?

A2) $|\vec{a}| = \sqrt{1^2 + 2^2} = \sqrt{5}$

Q3) $\vec{b}$ =(2, -1, -2)일 때 크기는?

A3) $|\vec{b}| = \sqrt{2^2 + (-1)^2 + (-2)^2} = \sqrt{9} = 3$

(4) 단위 벡터 $\vec{n}$

: 크기가 1인 벡터를 단위 벡터라 한다. 임의 벡터 $\vec{N}$에서 임의 벡터의 크기 $|\vec{N}|$으로 나누면, 크기는 1이 되고 방향은 임의 벡터와 동일한 단위 벡터 $\vec{n}$이 된다.

$$\vec{n} = \frac{\vec{N}}{|\vec{N}|}$$

Q4) $\vec{a} = (1,\ 2)$일 때 단위 벡터는?

A4) $\vec{a} = i + 2j$

$|\vec{a}| = \sqrt{1^2 + 2^2} = \sqrt{5}$

$\vec{n_a} = \dfrac{\vec{a}}{|\vec{a}|} = \dfrac{1}{\sqrt{5}}i + \dfrac{2}{\sqrt{5}}j$

REST
AREA

CMM(Coordinate Measuring Machine)에서 임펠러의 곡면 형상을 측정하는 장면이다. CMM은 접촉식 좌표 측정기로 프로브를 터치하여 측정값을 읽어낸다. 일반적으로 비접촉식 스캐너에 비해 정밀도가 우수하지만 측정 작업자의 숙련도와 노하우에 따라 측정 정밀도 및 처리 속도가 좌우된다.

2.2.2 벡터의 합과 차

(1) 벡터의 합

: 두 벡터 $\vec{a}$, $\vec{b}$에 대하여 $\vec{a}$ 벡터와 같은 $\overrightarrow{OA}$ 벡터의 종점 A를 시점으로 하여 $\vec{b}$ 벡터와 같은 $\overrightarrow{AC}$ 벡터를 그을 때 $\overrightarrow{OC}$와 같은 $\vec{c}$ 벡터를 $\vec{a}$와 $\vec{b}$ 벡터의 합이 라 한다.

$$\vec{c} = \vec{a} + \vec{b}$$

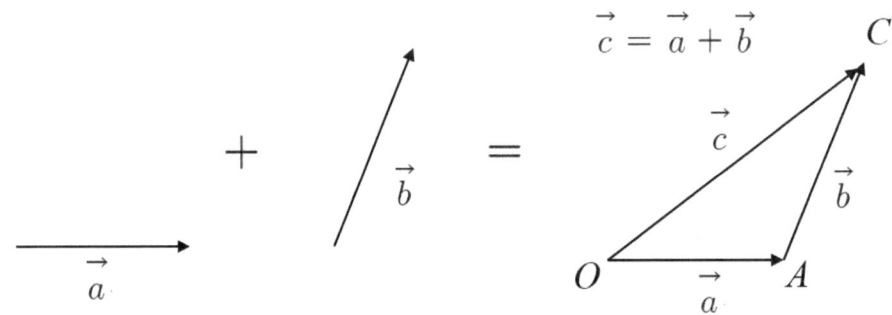

Q1) $\vec{a}$ =(1, 2), $\vec{b}$ =(2, -1, -2) 일 때 두 벡터의 합은? [CATIA 검증]

A1) $\vec{c} = \vec{a} + \vec{b}$
$= (1, 2, 0) + (2, -1, -2)$
$= (3, 1, -2)$

(2) 벡터의 차

 : 두 벡터 $\vec{a}$, $\vec{c}$에 대하여 $\vec{a} + \vec{b} = \vec{c}$ 를 만족하는 $\vec{b}$ 벡터를 $\vec{c}$에서 $\vec{a}$를 뺀 벡터의 차라고 한다.

$$\vec{b} = \vec{c} - \vec{a}$$

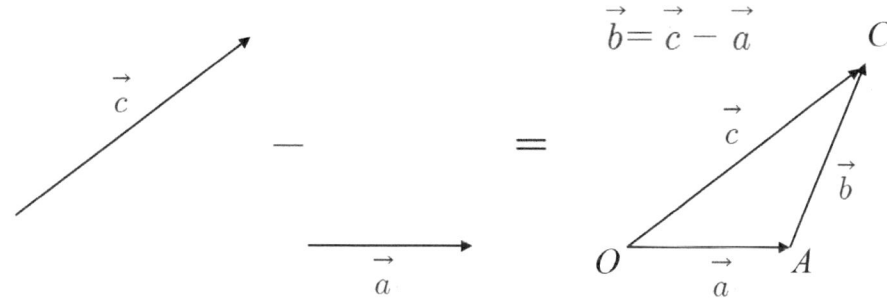

Q2) $\vec{c}$ = (3, 1, -2), $\vec{a}$ = (1, 2)일 때 두 벡터의 차는?

A2) $\vec{b} = \vec{c} - \vec{a}$
$= (3, 1, -2) - (1, 2, 0)$
$= (2, -1, -2)$

2.2.3 벡터의 내적

(1) 내적의 정의

: 두 벡터 $\vec{a}$, $\vec{b}$가 이루는 각을 θ라 할 때 $|a||b|\cos\theta$를 두 벡터의 내적 또는 스칼라적이라 하며 $\vec{a} \cdot \vec{b}$로 나타낸다.

(2) 내적의 물리적 의미

: 어느 한 벡터의 크기와 나머지 벡터를 어느 한 벡터에 투영한 크기의 곱을 의미하며, 사잇각을 구하거나 컴퓨터 그래픽스에서 은선 처리 등에 사용된다.

$$\vec{a} \cdot \vec{b} = |\vec{a}| \ |\vec{b}|\cos\theta = a_x b_x + a_y b_y + a_z b_z$$

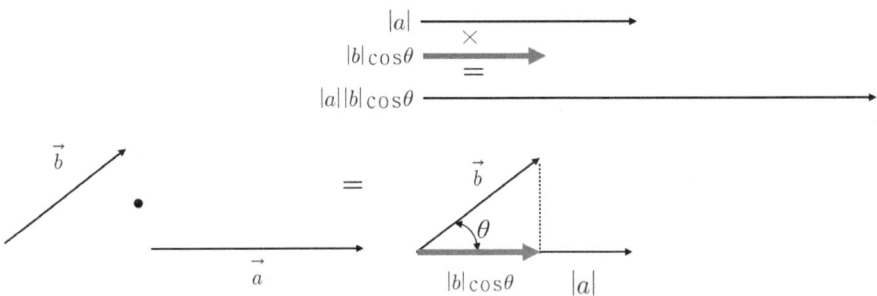

Q3) $\vec{a} = (2, 0)$, $\vec{b} = (1, 2)$일 때 내적은?

A3) $\vec{a} \cdot \vec{b} = |a||b|\cos\theta = a_x b_x + a_y b_y + a_z b_z$

$\qquad = 2 \times 1 + 0 \times 2 = 2$

Q4) 위 문제에서 두 벡터의 사잇각은? [CATIA 검증]

A4) $\vec{a} \cdot \vec{b} = |a||b|\cos\theta = 2$

$\qquad |\vec{a}| = \sqrt{2^2 + 0^2} = \sqrt{4} = 2, \quad |\vec{b}| = \sqrt{1^2 + 2^2} = \sqrt{5}$

$\qquad \theta = \cos^{-1}\left(\dfrac{\vec{a} \cdot \vec{b}}{|\vec{a}| \ |\vec{b}|}\right) = \cos^{-1}\left(\dfrac{2}{2 \times \sqrt{5}}\right) = 63.43°$

Q5) $\vec{a} = (1, 2, 0)$, $\vec{b} = (2, 1, 3)$일 때 내적은?

A5) $\vec{a} \cdot \vec{b} = |a||b|\cos\theta = a_x b_x + a_y b_y + a_z b_z$

$\qquad = 1 \times 2 + 2 \times 1 + 0 \times 3 = 4$

Q6) 위 문제에서 두 벡터의 사잇각은? [CATIA 검증]

A6) $\vec{a} \cdot \vec{b} = |a||b|\cos\theta = 4$

$|\vec{a}| = \sqrt{1^2 + 2^2} = \sqrt{5}$, $|\vec{b}| = \sqrt{2^2 + 1^2 + 3^2} = \sqrt{14}$

$\theta = \cos^{-1}\left(\dfrac{4}{\sqrt{5} \times \sqrt{14}}\right) = 61.44°$

Q7) (2, 1, -1)과 (3, 0, 2)의 사잇각은?

A7) 63.07°

Q8) (1, 2)과 (2, 0, $\sqrt{2}$)의 사잇각은?

A8) 68.58°

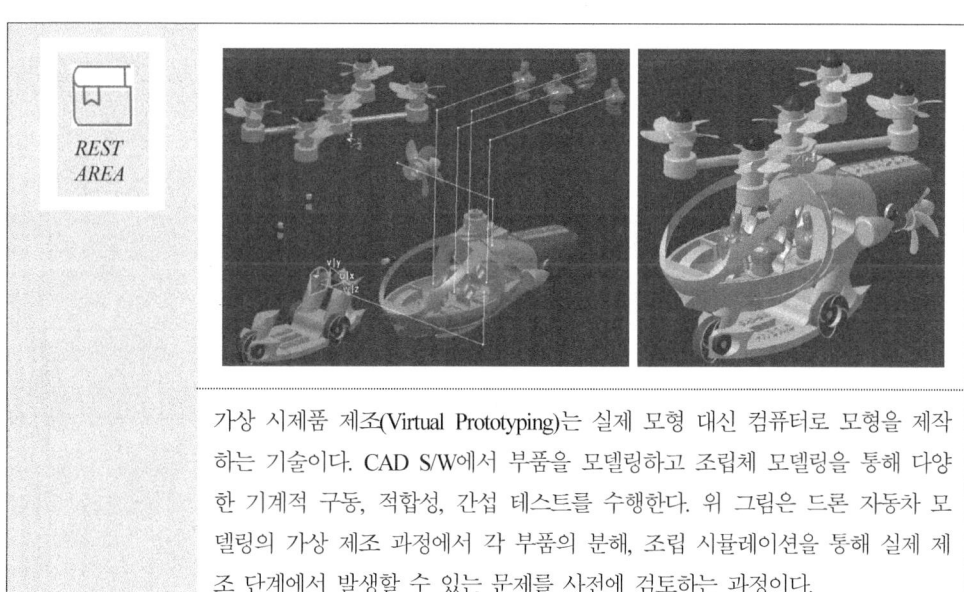

REST AREA

가상 시제품 제조(Virtual Prototyping)는 실제 모형 대신 컴퓨터로 모형을 제작하는 기술이다. CAD S/W에서 부품을 모델링하고 조립체 모델링을 통해 다양한 기계적 구동, 적합성, 간섭 테스트를 수행한다. 위 그림은 드론 자동차 모델링의 가상 제조 과정에서 각 부품의 분해, 조립 시뮬레이션을 통해 실제 제조 단계에서 발생할 수 있는 문제를 사전에 검토하는 과정이다.

(3) 내적을 이용한 은선 처리

: 컴퓨터 그래픽스에서 도형의 은선 처리를 위해 두 벡터(물체의 법선 벡터 N과 관찰자 시점으로 향하는 벡터 M)의 내적을 이용하며, 후방향 혹은 후양면 (back-face) 제거 알고리즘에 사용된다.

Q9) CAD 시스템에서 물체의 임의 점에서 법선 벡터를 N, 면 위의 점으로부터 관찰자 눈으로 향하는 벡터를 M이라 할 때 은선이 제거되기 위한 표현은?

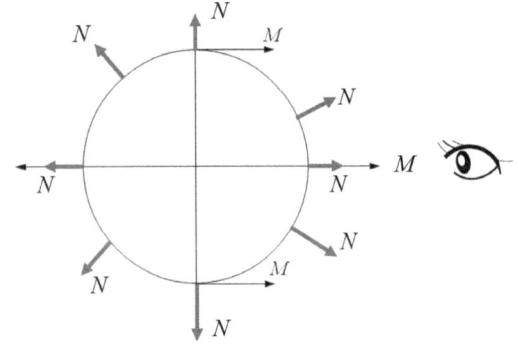

A9)
$M \cdot N$ 이다.

● $M \cdot N = |M| |N| \cos\theta$

● $y = \cos(\theta)$ 그래프

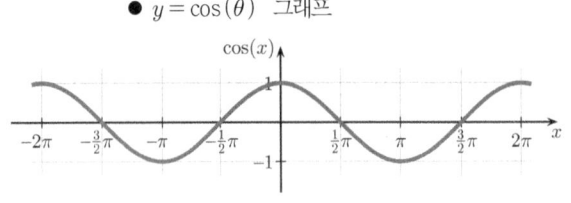

● $M \cdot N$의 내적 값 부호를 결정하는 $\cos\theta$ 값을 이용하여 각도, θ의 범위를 정함으로써 실선과 은선 처리 기준을 정함.

$y = \cos(\theta)$ 값

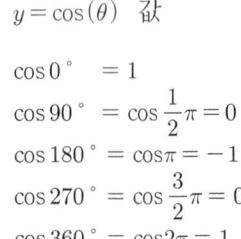

$\cos 0° = 1$
$\cos 90° = \cos \frac{1}{2}\pi = 0$
$\cos 180° = \cos\pi = -1$
$\cos 270° = \cos \frac{3}{2}\pi = 0$
$\cos 360° = \cos 2\pi = 1$

● 은선 처리 (배면)
$\cos\theta < 0$ 인 경우로, 각도 θ의 범위
→ $90° < \theta < 270°$ 이다.

● 실선 처리 (실면)
$\cos\theta \geq 0$ 인 경우로, 각도 θ의 범위
→ $0 \leq \theta \leq 90$ 또는
$270 \leq \theta \leq 360$ 이다.

Q10) 다면체에서 한 면(face)의 평면 법선 벡터는(1,1,1)이다. 다음 중 후양면(back-face) 제거 알고리즘에 의해 이 면이 보이는 경우는? (단, 벡터 M은 이 면에서 관찰자로의 벡터이다.)

    ① M = (-1, 0, -1)   ❷ M = (0, 1, 0)   ③ M = (-1, 0, 0)   ④ M = (0, -1, 0)

A10) $M \cdot N$의 내적 값 부호를 결정하는 $\cos\theta$ 값을 이용하여 각도 θ의 범위를 정함으로써 실선과 은선 처리 기준을 정함.

- 은선 처리 (배면)
  : $\cos\theta < 0$ 인 경우, 각도 θ의 범위 : $90° < \theta < 270°$
- 실선 처리 (실면)
  : $\cos\theta \geq 0$ 인 경우, 각도 θ의 범위 : $0 \leq \theta \leq 90$ 또는 $270 \leq \theta \leq 360$

$$\vec{a} \cdot \vec{b} = |\vec{a}| \, |\vec{b}| \cos\theta = a_x b_x + a_y b_y + a_z b_z$$

$$\vec{a} = (1,1,1),\ \vec{b}_① = (-1,0,-1),\ \vec{b}_② = (0,1,0),\ \vec{b}_③ = (-1,0,0),\ \vec{b}_④ = (0,-1,0)$$

$$|\vec{a}| = \sqrt{1^2 + 1^2 + 1^2} = \sqrt{3}$$
$$|\vec{b}_①| = \sqrt{(-1)^2 + 0^2 + (-1)^2} = \sqrt{2}$$
$$|\vec{b}_②| = \sqrt{(0)^2 + 1^2 + (0)^2} = 1$$
$$|\vec{b}_③| = \sqrt{(-1)^2 + 0^2 + (0)^2} = 1$$
$$|\vec{b}_④| = \sqrt{(0)^2 + (-1)^2 + (0)^2} = 1$$

① $\vec{a} \cdot \vec{b} = |\vec{a}| \, |\vec{b}| \cos\theta = a_x b_x + a_y b_y + a_z b_z = 1 \times -1 + 1 \times 0 + 1 \times$

① θ의 범위 : $90° < \theta < 270°$ 이므로 배면
② θ의 범위 : $0 \leq \theta \leq 90$ 또는 $270 \leq \theta \leq 360$ 이므로 실면
③ θ의 범위 : $90° < \theta < 270°$ 이므로 배면
④ θ의 범위 : $90° < \theta < 270°$ 이므로 배면

◉ 은선 및 은면 제거 방법

① 후방향(back-face) 알고리즘
: 물체의 바깥쪽 방향에 있는 법선 벡터가 관찰자 쪽을 향하고 있다면 물체의 면이 가시적이고, 그렇지 않으면 비가시적이라는 개념으로, 벡터의 내적을 사용한다.

② 깊이 분류(depth sorting) 알고리즘
: 임의의 스크린 영역이 관찰자에게 가장 가까운 깊이의 요소들에 의해 차지된다는 원리를 이용하여 형상 요소들의 깊이를 분류한 알고리즘이다.

③ Z-버퍼 방법
: 은선 및 은면 처리를 위해 화면에 표시되어야 할 형상 요소들의 깊이 방향 값을 메모리에 저장하여 이용하는 방법으로 깊이 분류 알고리즘과 유사하다.

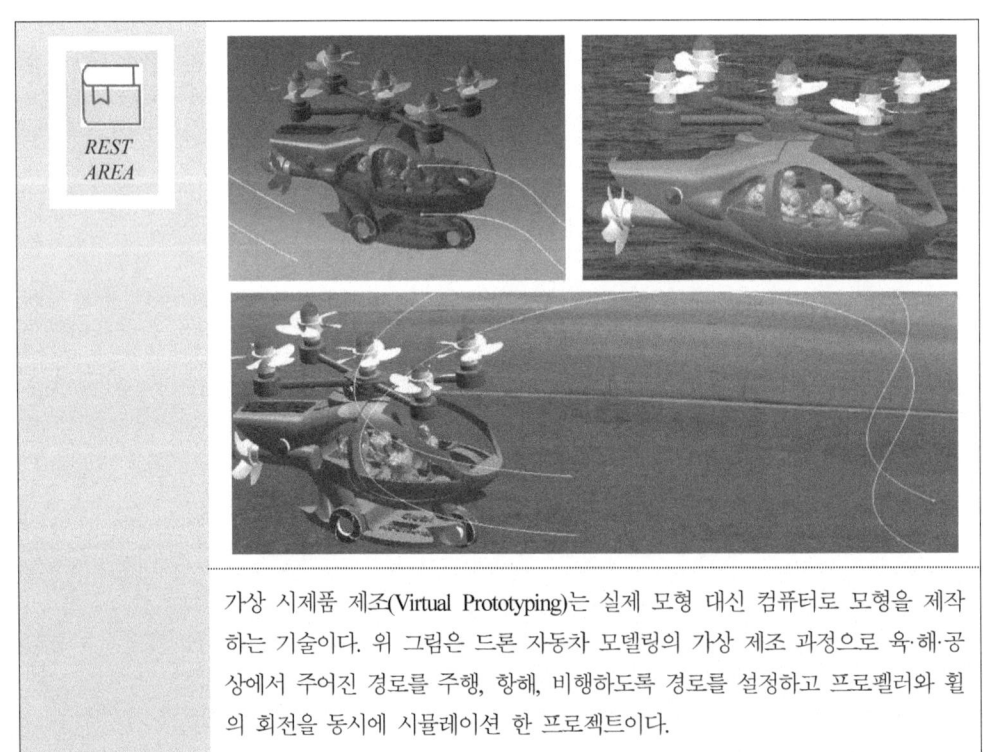

REST AREA

가상 시제품 제조(Virtual Prototyping)는 실제 모형 대신 컴퓨터로 모형을 제작하는 기술이다. 위 그림은 드론 자동차 모델링의 가상 제조 과정으로 육·해·공상에서 주어진 경로를 주행, 항해, 비행하도록 경로를 설정하고 프로펠러와 휠의 회전을 동시에 시뮬레이션 한 프로젝트이다.

2.2.4 벡터의 외적

(1) 외적의 정의

: 두 벡터의 외적은 $\vec{a} \times \vec{b}$로 표현하며 두 벡터에 수직인 법선 벡터를 구하거나 두 벡터가 이루는 평면(평행사변형)의 넓이 혹은 평면 방정식을 구하는 데 사용된다.

(2) 법선 벡터의 방향

: 두 벡터에 수직인 단위 법선 벡터 $\vec{n}$은 아래 그림의 $\vec{a}$ 벡터를 $\vec{b}$ 벡터 방향으로 θ만큼 회전하여 두 벡터가 일치하도록 오른손으로 감았을 때 엄지손가락이 향하는 방향이다. (우수 좌표계 사용)

(3) 외적의 물리적 의미

: 두 벡터의 외적의 크기는 두 벡터가 이루는 평행사변형의 넓이이고, 방향은 그 면의 법선 벡터이다.

$$\text{두 벡터의 외적 } \vec{a} \times \vec{b} = |\vec{a}| \, |\vec{b}| \sin\theta \ \vec{n} = \begin{vmatrix} i & j & k \\ a_a & a_y & a_z \\ b_x & b_y & b_z \end{vmatrix}$$

평행사변형의 넓이 A

$$A = |\vec{a} \times \vec{b}| = |\vec{a}| \, |\vec{b}| \sin\theta$$

단위 법선 벡터 $\vec{n}$

$$\vec{n} = \frac{\vec{a} \times \vec{b}}{|\vec{a} \times \vec{b}|}$$

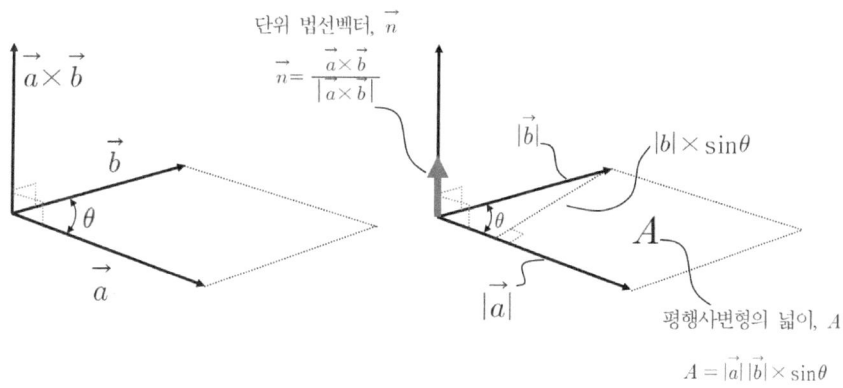

$$\text{두 벡터의 외적,} \quad \vec{a} \times \vec{b} = \begin{vmatrix} i & j & k \\ a_x & a_y & a_z \\ b_x & b_y & b_z \end{vmatrix}$$

$$= [(b_x \times a_z \times j) + (a_x \times b_y \times k) + (i \times a_y \times b_z)]$$
$$- [(i \times b_y \times a_z) + (j \times a_x \times b_z) + (k \times a_y \times b_x)]$$

● 행렬식(Determinant)의 계산은 아래와 같이 우측 대각선 방향의 곱을 수행한 뒤 더하고, 좌측 대각선 방향의 곱을 수행한 뒤 더하고 나서 우측 대각선 방향의 결괏값에서 좌측 대각선 방향의 결괏값을 빼준다.　　*cf.* [3.1 행렬] 참조

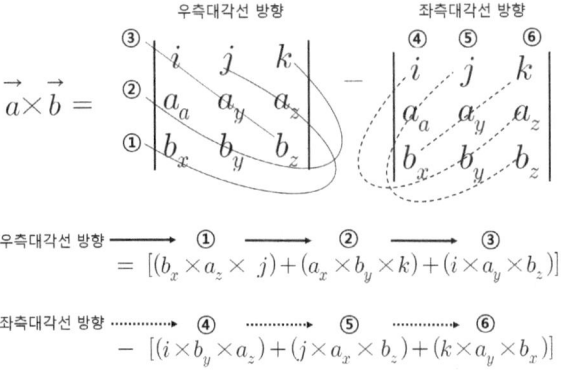

우측대각선 방향 →　①　→　②　→　③
$$= [(b_x \times a_z \times j) + (a_x \times b_y \times k) + (i \times a_y \times b_z)]$$

좌측대각선 방향 ┈▶　④　┈▶　⑤　┈▶　⑥
$$- [(i \times b_y \times a_z) + (j \times a_x \times b_z) + (k \times a_y \times b_x)]$$

Q1) $\vec{A}$, $\vec{B}$ 의 외적을 구하시오
　　[단, A =(2, 0), B =(1, 2)]

A1) $\vec{A} = (2, 0) = 2i + 0j$
　　$\vec{B} = (1, 2) = 1i + 2j$

$$\vec{A} \times \vec{B} = \begin{vmatrix} i & j & k \\ 2 & 0 & 0 \\ 1 & 2 & 0 \end{vmatrix}$$

$$= 0j + 4k + 0i - (0i + 0j + 0k)$$

$$= 4k$$

$$\vec{a} \times \vec{b} = \begin{vmatrix} i & j & k \\ 2 & 0 & 0 \\ 1 & 2 & 0 \end{vmatrix} - \begin{vmatrix} i & j & k \\ 2 & 0 & 0 \\ 1 & 2 & 0 \end{vmatrix}$$

①　②　③　④　⑤　⑥
$$= 0j + 4k + 0i - (0i + 0j + 0k) = 4k$$
우측대각선 방향　　　좌측대각선 방향

Q2) 위 문제에서 두 벡터가 이루는 외적의 크기를 구하시오.

A2) $|\vec{a} \times \vec{b}| = \sqrt{4^2} = 4$

cf. 두 벡터가 이루는 외적의 크기 = 평행사변형의 넓이 A

$$A = |\vec{a} \times \vec{b}| = |\vec{a}||\vec{b}| \sin\theta$$

위 [2.2.3 벡터의 내적], A4)를 참조하면

$$|\vec{a}| = 2, \quad |\vec{b}| = \sqrt{5} \quad , \quad \theta = 63.43°$$

$$A = |\vec{a} \times \vec{b}|$$

$$= |\vec{a}| \ |\vec{b}| \times \sin\theta = 2 \times \sqrt{5} \times \sin 63.43 = 4$$

Q3) 위 문제에서 법선 벡터 $\vec{n}$을 구하시오.

A3) $\vec{n} = \dfrac{\vec{A} \times \vec{B}}{|\vec{A} \times \vec{B}|}, \quad |\vec{A} \times \vec{B}| = 4$

$$= \frac{4k}{4} = k \quad \therefore \text{법선 벡터는 } z \text{방향이다.}$$

Q4) $\overrightarrow{OA}, \ \overrightarrow{OB}$의 외적을 구하시오 [단, O =(-1, 0, 2), A =(2, 3, 1), B =(4, 2, 5)]

A4) $\overrightarrow{OA} = 2 - (-1)i + (3-0)j + (1-2)k = 3i + 3j - k = (3, 3, -1)$
$\overrightarrow{OB} = 4 - (-1)i + (2-0)j + (5-2)k = 5i + 2j + 3k = (5, 2, 3)$

$$\overrightarrow{OA} \times \overrightarrow{OB} = \begin{vmatrix} i & j & k \\ 3 & 3 & -1 \\ 5 & 2 & 3 \end{vmatrix} = \begin{matrix} -5j + 6k + 9i - (-2i + 9j + 15k) \\ = 11i - 14j - 9k \end{matrix}$$

$$\overrightarrow{OA} \times \overrightarrow{OB} = \begin{vmatrix} ③ & & \\ ② & i & j & k \\ ① & 3 & 3 & -1 \\ & 5 & 2 & 3 \end{vmatrix} - \begin{vmatrix} ④ & ⑤ & ⑥ \\ i & j & k \\ 3 & 3 & -1 \\ 5 & 2 & 3 \end{vmatrix}$$

$$= -\overset{①}{5}j + \overset{②}{6}k + \overset{③}{9}i - (-\overset{④}{2}i + \overset{⑤}{9}j + \overset{⑥}{15}k)$$

$$= 11i - 14j - 9k$$

Q5) 위 문제에서 두 벡터의 크기를 구하시오.

A5) $|\overrightarrow{OA} \times \overrightarrow{OB}|$

$$= \sqrt{11^2 + (-14)^2 + (-9)^2}$$

$$= 19.95$$

Q6) 위 문제에서 법선 벡터 $\vec{n}$을 구하시오. [CATIA 검증]

A6) $\vec{n} = \dfrac{\overrightarrow{OA} \times \overrightarrow{OB}}{|\overrightarrow{OA} \times \overrightarrow{OB}|}$, $|\overrightarrow{OA} \times \overrightarrow{OB}| = \sqrt{11^2 + (-14)^2 + (-9)^2} = 19.95$

$\qquad = \dfrac{11i - 14j - 9k}{19.95} = 0.55i - 0.7j - 0.45k$

Q7) C(0, 1, 2), D(2, 1, 0)일 때 $\vec{C} \times \vec{D}$와 $\vec{D} \times \vec{C}$를 구하시오.

A7) (-2, 4, -2)   (2, -4, 2)

Q8) 위 문제에서 각각의 단위 법선 벡터 $\vec{n}$을 구하여 비교하시오.

A8) (-0.408, 0.816, -0.408), (0.408, -0.816, 0.408) 두 벡터는 서로 반대 방향이다.

REST
AREA

BC 타입 로터리테이블 부착 5축 가공기로 제작한 프로펠러이다.

Q1) 점을 표현하기 위해 사용되는 좌표계 중에서 기준 축과 벌어진 각도 값을 사용하지 않는 좌표계는? ★

❶ 직교 좌표계　　② 극 좌표계　　③ 원통 좌표계　　④ 구면 좌표계

Q2) xy 좌표계의 원점에서 xy 평면에 수직인 직선을 z축으로 잡은 좌표계의 형식을 올바르게 표현한 것은?

① (θ, ø , z)　　② (r , 0 , z)　　❸ (x , y , z)　　④ (r , ø , z)

Q3) 공간상의 한 점을 표시하기 위해 사용되는 좌표계로 거리(r), 각도(θ), 높이(z)로서 나타내는 좌표계는? ★

① 직교 좌표계　　② 극 좌표계　　❸ 원통 좌표계　　④ 구면 좌표계

Q4) 한 쌍의 직교축과 단위 길이를 사용하여 평면상의 한 점의 위치를 표시하는 방식으로 한 점의 거리와 각도를 반시계 방식으로 표시하는 좌표계는?

❶ 극 좌표계　　② 직교 좌표계　　③ 원통 좌표계　　④ 구면 좌표계

Q5) 평면상에서 기준 직교축의 원점에서부터 점 P까지의 직선 거리(r)와 기준 직교축과 그 직선이 이루는 각도(θ)로 표시되는 2차원 좌표계는?

① 구 좌표계　　❷ 극 좌표계　　③ 원주 좌표계　　④ 직교 좌표계

Q6) 일반적으로 CAD 시스템에서 사용하는 좌표계가 아닌 것은?

① 직교 좌표계　　② 극 좌표계　　❸ 원뿔 좌표계　　④ 구면 좌표계

Q7) 원통 좌표계에서 표시된 점의 위치가 (r, θ, z)이다. 이 위치를 직교 좌표계로 표현한 것은?

❶ $x = r \cdot \cos\theta, \quad y = r \cdot \sin\theta, \quad z$　　② $x = r \cdot \sin\theta, \quad y = r \cdot \cos\theta, \quad z$

③ $x = r \cdot \cos\theta, \quad y = r \cdot \sec\theta, \quad z$　　④ $x = r \cdot \tan\theta, \quad y = r \cdot \cot\theta, \quad z$

Q8) 그래픽 프로그램의 기본적인 좌표계 중에서 물체의 형상은 그 물체에 붙어 있는 좌표계에 관하여 물체의 모든 점이나 몇 개의 특징적인 점의 좌표에 의해서 정의되는 좌표계는?

❶ 모델 좌표계　　② 세계 좌표계　　③ 시각 좌표계　　④ 장치 좌표계

Q9) 공작 기계의 좌표계에 대한 일반적인 설명으로 틀린 것은?

① Z축의 방향은 통상 주축과 평행하다.

② 밀링, 드릴링 머신과 같이 공구가 회전하는 공작 기계에서 Z축은 공구의 축과 평행하다.

③ 선반과 같이 공작물이 회전하고 있는 공작 기계에서 X축은 공작물의 회전축과 직각으로 공구가 움직이는 방향이다.

❹ Y축은 x, y, z 좌표계가 왼손 좌표계를 형성하도록 X와 Z축으로부터 정해진다.

Q10) 공작 기계의 좌표계에 대한 EIA(Electronic Industries Association) 표준에 대한 설명으로 옳지 않은 것은?

① x, y, z는 주된 미끄럼 운동에 대한 축을 나타낸다.

② u, v, w는 부수적인 미끄럼 운동에 대한 축을 나타낸다.

③ a, b, c는 x, y, z 방향 축에 대한 회전운동을 나타낸다.

❹ l, m, n은 u, v, w 방향 축에 대한 회전운동을 나타낸다.

Q11) 다음 중 화상이 나타날 뷰잉 표면이 2차원의 단위 정방형 영역으로 정의되는 좌표계를 지칭하는 용어는?

① 장치 좌표계   ② 실세계 좌표계   ③ 독립 좌표계   ❹ 정규 좌표계

Q12) 머시닝센터 프로그램에서 원호 가공 시 I, J의 의미는?

① 원호의 시작점에서 원호의 끝점까지의 벡터량

② 원호의 중심에서 원호의 시작점까지의 벡터량

③ 원호의 끝점에서 원호의 시작점까지의 벡터량

❹ 원호의 시작점에서 원호의 중심점까지의 벡터량

A12) [Start to Center]로 기억한다.

Q13) 3차 Beizer 곡선의 조정점이 다음과 같은 순서로 놓일 때, 곡선 시작점에서 단위 접선 벡터는?

① (1, 0) ❷ (0, 1) ③ (0.707, 0.707) ④ (-1, 0) | 조정점 좌푯값 : (0,0) (0,2) (2,2) (2,0) |

Q14) 두 벡터의 크기가 $\vec{A}=(2,3,7)$, $\vec{B}=(2,2,4)$일 때, 두 벡터 사이의 내적은?

❶ 38   ② 35   ③ 28   ④ 25

Q15) 면 위의 점에서 법선 벡터를 N, 면 위의 점으로부터 관찰자 눈으로 향하는 벡터를 M이라고 할 때, 관찰자의 눈에 보이지 않는 면에 대한 표현으로 알맞은 것은?

① M · N > 0   ❷ M · N < 0

③ M · N = 0   ④ M = N

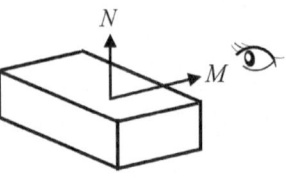

Q16) 은선 및 은면 제거에 대한 설명 중 틀린 것은?

① 후방향(back-face) 알고리즘에서는 물체의 바깥쪽 방향에 있는 법선 벡터가 관찰자 쪽을 향하고 있다면 물체의 면이 가시적이고, 그렇지 않으면 비가시적이다.

❷ 깊이 분류(depth sorting) 알고리즘에서는 물체의 면들이 관찰자로부터의 거리가 정렬되며, 가장 가까운 면부터 가장 먼 면으로 각각의 색깔로 채워진다.

③ Z-버퍼 방법의 원리는 임의 스크린의 영역이 관찰자에게 가장 가까운 요소들에 의해 차지된다는 깊이 분류(depth sorting) 알고리즘과 기본적으로 유사하다.

④ 은선 제거를 위해서는 물체의 모든 모서리를 수반된 물체들의 면들에 의해 가려졌는지를 테스트하며, 각각의 중첩된 면들에 의해 가려진 부분을 모서리로부터 순차적으로 제거한 후 모든 모서리들의 남아 있는 부분을 모아 그린다.

Q17) 은선 및 은면 처리를 위해 화면에 표시되어야 할 형상 요소들의 깊이 방향 값을 메모리에 저장하여 이용하는 방법은?

❶ Z 버퍼 방법   ② 변환 행렬 방법   ③ 깊이 분류 알고리즘   ④ 후향면 제거 알고리즘

Q18) 다음 그림에 나타난 피라미드 형상에서 면 ADE의 바깥 방향으로의 법선 벡터는? (단, I, j, k는 각각 x, y, z축의 양의 방향으로의 단위 벡터이다.)

❶ i + j + k   ② -i + j + k

③ i = j + k   ④ i + j - k

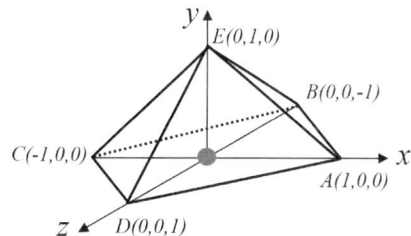

Q19) 다면체에서 한 면(face)의 평면 법선 벡터는 (1,1,1)이다. 다음 중 후양면(back-face) 제거 알고리즘에 의해 이 면이 보이는 경우는? (단, 벡터 M은 이 면에서 관찰자로의 벡터이다.)

① M = (-1, 0, -1)   ❷ M = (0, 1, 0)   ③ M = (-1, 0, 0)   ④ M = (0, -1, 0)

A19) [2.2.3 벡터의 내적 A10] 참조]

Q20) 공간상에 존재하는 두 벡터에 수직한 벡터를 구하고자 할 때 사용하는 방법은?

① 벡터의 합   ② 벡터의 내적   ❸ 벡터의 외적   ④ 벡터의 스칼라 곱

Q21) 두 벡터에 동시에 수직한 벡터를 구하고자 할 때 사용하는 방법은?

① 두 벡터를 dot product 한다.   ② 두 벡터를 unit vector화 한다.

❸ 두 벡터를 cross product 한다.   ④ 두 벡터를 scalar product 한다.

Q22) 두 벡터 a, b의 내적과 외적이 [보기]와 같은 때 다음 중 벡터의 성질로 틀린 것은?

❶ $a \times b = b \times a$ ② $a \cdot a = |a|^2$

③ $a \times a = 0$ ❹ $a \cdot b = |a|\cos\theta$

내적(inner product) : a · b
외적(cross product) : a × b

Q23) 화면에 그려진 솔리드 모델의 음영 효과(shading)를 결정하는 주된 요소?

① 모델의 크기   ② 화면의 배경색

③ 평행광선의 경우, 모델과 조명과의 거리   ❹ 모델의 표면을 구성하는 면의 수직 벡터

REST AREA

BC 타입 로터리 테이블 부착 5축 가공기로 제작한 임펠러로, 풀 블레이드 사이에 스플릿 블레이드가 있는 형태이다.

CHAPTER 03

행렬과 좌표 변환

3.1 행렬

3.1.1 행렬의 정의

(1) 행렬의 정의

: 행렬이란 벡터 및 다항식을 컴퓨터 그래픽스, CAD CAM 등에서 순차적으로 배열로 표현하여 계산하기 쉽게 나열한 것으로 아래 그림과 같이 사각형으로 배열하여 괄호로 묶은 것을 말한다. 행렬의 기호는 A, $[A]$, a_{ij}, $[a_{ij}]$ 등으로 나타낸다.

$$A = [A] = a_{ij} = [a_{ij}] = \begin{bmatrix} a_{11} & a_{12} & a_{13} \\ a_{21} & a_{22} & a_{23} \\ a_{31} & a_{32} & a_{33} \end{bmatrix} \quad A = \begin{bmatrix} a_{11} & a_{12} & a_{13} \\ a_{21} & a_{22} & a_{23} \\ a_{31} & a_{32} & a_{33} \end{bmatrix} \begin{matrix} \text{1행} \\ \text{2행} \\ \text{3행} \end{matrix}$$

$$\text{1열} \quad \text{2열} \quad \text{3열}$$

(2) 행렬의 원소

: 위 식에서 행렬 A를 구성하는 성분 $a_{11}, a_{12}, \cdots a_{33}$ 등을 원소라 하고, 가로 방향을 행(raw)이라 하며, 세로 방향을 열(column)이라 한다. 행렬의 원소를 표시할 때 행을 먼저 쓰고 열을 나중에 쓴다. 즉 2행 3열의 원소는 a_{23}으로 표현한다.

Q1) $A = \begin{bmatrix} 2 & 3 & 1 \\ 1 & 3 & 0 \end{bmatrix}$, $B = \begin{bmatrix} 0 & 3 \\ 1 & 2 \\ 0 & 4 \end{bmatrix}$ 일 때 각각 행의 수와 열의 수는 얼마인가?

A1) A행렬 : 행의 수 = 2, 열의 수 = 3, 즉 2행 3열의 행렬이다. $A = [a_{23}]$

B행렬 : 행의 수 = 3, 열의 수 = 2, 즉 3행 2열의 행렬이다. $B = [b_{32}]$

Q2) $A = \begin{bmatrix} 2 & 3 & 1 \\ 1 & 3 & 0 \end{bmatrix}, B = \begin{bmatrix} 0 & 3 \\ 1 & 2 \\ 0 & 4 \end{bmatrix}$ 일 때 A행렬의 a_{23}과 B행렬의 b_{32}를 값을 구하시오.

A2) $a_{23} = 0$
$b_{32} = 4$

3.1.2 행렬의 연산

(1) 행렬의 덧셈과 뺄셈

: 행렬의 덧셈과 뺄셈은 행과 열의 수가 같은 원소끼리 더하거나 뺄 수 있다.

Q1) $A = \begin{bmatrix} 2 & 3 & 1 \\ 1 & 3 & 0 \end{bmatrix}, B = \begin{bmatrix} 0 & 3 & 1 \\ 2 & 1 & 0 \end{bmatrix}$ 일 때 두 행렬의 합은?

A1) $A + B = \begin{bmatrix} 2 & 3 & 1 \\ 1 & 3 & 0 \end{bmatrix} + \begin{bmatrix} 0 & 3 & 1 \\ 2 & 1 & 0 \end{bmatrix} = \begin{bmatrix} 2 & 6 & 2 \\ 3 & 4 & 0 \end{bmatrix}$

Q2) $A = \begin{bmatrix} 2 & 3 & 1 \\ 1 & 3 & 0 \end{bmatrix}, B = \begin{bmatrix} 0 & 3 & 1 \\ 2 & 1 & 0 \end{bmatrix}$ 일 때 두 행렬의 차는?

A2) $A - B = \begin{bmatrix} 2 & 3 & 1 \\ 1 & 3 & 0 \end{bmatrix} - \begin{bmatrix} 0 & 3 & 1 \\ 2 & 1 & 0 \end{bmatrix} = \begin{bmatrix} 2 & 0 & 0 \\ -1 & 2 & 0 \end{bmatrix}$

(2) 행렬의 곱셈

: $A = [a_{ij}]$를 $(m \times n)$ 행렬, $B = [b_{ij}]$를 $(r \times p)$ 행렬이라고 하면, 두 행렬의 곱셈 $A \times B$는 $n = r$ 일 때만 가능하다.

행렬의 곱셈 $A \times B$는 A행렬의 열의 수 (n)과 B행렬의 행의 수 (r)가 같을 때만 정의할 수 있다. 행렬의 곱은 아래 그림과 같이 A행렬의 행의 원소와 B행렬의 열의 원소를 순서대로 곱하여 합한 값을 그 행과 열의 원소로 한다.

계산 순서 : ①과 ③ → ①과 ④ → ②와 ③ → ②와 ④
①과 ③의 계산 방법
: ①의 1열(=2)과 ③의 1행(=0)을 곱한다.
+ ①의 2열(=3)과 ③의 2행(=1)을 곱한다.
+ ①의 3열(=1)과 ③의 3행(=0)을 곱한다.

Q3) $A = \begin{bmatrix} 2 & 3 & 1 \\ 1 & 3 & 0 \end{bmatrix}$, $B = \begin{bmatrix} 0 & 3 \\ 1 & 2 \\ 0 & 4 \end{bmatrix}$ 일 때 A 행렬과 B 행렬의 곱을 구하시오.

A3) $A = (m \times n) = (2 \times 3)$, $B = (r \times p) = (3 \times 2)$, A행렬의 열의 수 $(n = 3)$과 B행렬의 행의 수 $(r = 3)$가 같기 때문에 곱셈이 가능하다. 행렬의 곱 결과는 $(2 \times 3) \times (3 \times 2) = (2 \times 2)$이다.

$$A \times B = \begin{bmatrix} 2 & 3 & 1 \\ 1 & 3 & 0 \end{bmatrix} \times \begin{bmatrix} 0 & 3 \\ 1 & 2 \\ 0 & 4 \end{bmatrix} = \begin{bmatrix} [(2 \times 0) + (3 \times 1) + (1 \times 0)] & [(2 \times 3) + (3 \times 2) + (1 \times 4)] \\ [(1 \times 0) + (3 \times 1) + (0 \times 0)] & [(1 \times 3) + (3 \times 2) + (0 \times 4)] \end{bmatrix} = \begin{bmatrix} 3 & 16 \\ 3 & 9 \end{bmatrix}$$

3.1.3 행렬식과 역행렬

(1) 행렬식

: 행렬식이란 행렬의 값을 수치로 나타낸 것으로 행렬의 각 성분이 평행사변형의 두 벡터라면 행렬식은 평행사변형의 넓이를 수치로 나타내며, 행렬의 기호는 $|A|$, $|a_{ij}|$, $\det A$ 등으로 나타낸다.

① 행렬식의 계산 방법

: 행렬식(determinant)의 계산은 아래와 같이 우측 대각선 방향의 곱을 수행한 후 좌측 대각선 방향의 곱을 빼준다.

$$= [(b_x \times a_z \times j) + (a_x \times b_y \times k) + (i \times a_y \times b_z)]$$

$$- [(i \times b_y \times a_z) + (j \times a_x \times b_z) + (k \times a_y \times b_x)]$$

Q1) $\vec{A}$, $\vec{B}$ 의 외적을 구하시오

[단, A =(2, 0), B =(1, 2)]

A1) $\vec{A} = (2, 0) = 2i + 0j$
$\vec{B} = (1, 2) = 1i + 2j$

$$\vec{A} \times \vec{B} = \begin{vmatrix} i & j & k \\ 2 & 0 & 0 \\ 1 & 2 & 0 \end{vmatrix}$$

$$= 0j + 4k + 0i - (0i + 0j + 0k)$$

$$= 4k$$

우측 대각선 방향   좌측 대각선 방향

$$\vec{a} \times \vec{b} = \begin{vmatrix} i & j & k \\ 2 & 0 & 0 \\ 1 & 2 & 0 \end{vmatrix} - \begin{vmatrix} i & j & k \\ 2 & 0 & 0 \\ 1 & 2 & 0 \end{vmatrix}$$

① ② ③   ④ ⑤ ⑥

$$= 0j + 4k + 0i - (0i + 0j + 0k) = 4k$$

우측 대각선 방향   좌측 대각선 방향

② (2×2) 행렬식(Determinant)

: (2×2) 행렬식의 계산의 계산은 우측 대각선 방향 곱 $a \times d$에서 좌측 대각선 방향 곱 $b \times c$를 뺀다.

$$행렬식 \ |A| = \begin{vmatrix} a & b \\ c & d \end{vmatrix} = ad - bc$$

Q2) 행렬식 $\begin{vmatrix} 2 & 0 \\ 1 & 2 \end{vmatrix}$ 를 구하시오

A2) $\begin{vmatrix} 2 & 0 \\ 1 & 2 \end{vmatrix} = (2 \times 2) - (0 \times 1) = 4$

(2) 역행렬

① 대각행렬

: 정방 행렬의 경우 대각원소, 즉 a_{ij}에서 $i = j$인 대각의 원소만 0이 아닌 값을 가지고 나머지 원소($i \neq j$)는 모두 0인 행렬을 대각 행렬이라 한다.

② 단위 행렬

: 대각 행렬의 모든 원소가 1일 때를 단위 행렬(unit matrix)이라 하며 I로 표시한다.

$$I = \begin{bmatrix} 1 & 0 & 0 \\ 0 & 1 & 0 \\ 0 & 0 & 1 \end{bmatrix}$$

③ 역행렬

: n차 정방 행렬 A에 대하여 $AA^{-1}=I$를 만족하는 A^{-1}를 A의 역행렬(inverse matrix)이라 하고 아래와 같이 표시한다.

$$A = \begin{bmatrix} a\ b \\ c\ d \end{bmatrix} \text{일 때, } A^{-1} = \frac{1}{|A|} \begin{bmatrix} d & -b \\ -c & a \end{bmatrix} \quad (\text{단 } |A| \neq 0)$$

Q3) 행렬 $A = \begin{bmatrix} 1\ 3 \\ 2\ 5 \end{bmatrix}$의 역행렬, A^{-1}을 구하시오

A3) $|A| = \begin{vmatrix} 1\ 3 \\ 2\ 5 \end{vmatrix} = (1 \times 5) - (3 \times 2) = -1 \neq 0$　　　검증, $AA^{-1} = I$

$A^{-1} = \frac{1}{|A|} \begin{bmatrix} d & -b \\ -c & a \end{bmatrix} = \frac{1}{-1} \begin{bmatrix} 5 & -3 \\ -2 & 1 \end{bmatrix} = \begin{bmatrix} -5 & 3 \\ 2 & -1 \end{bmatrix}$　　$= \begin{bmatrix} 1\ 3 \\ 2\ 5 \end{bmatrix} \times \begin{bmatrix} -5 & 3 \\ 2 & -1 \end{bmatrix} = \begin{bmatrix} 1\ 0 \\ 0\ 1 \end{bmatrix}$

3.1.4 벡터와 다항식의 행렬 표현

(1) 벡터의 행렬 표현

: 벡터의 각 축 성분을 행(raw) 하는 행렬로 표현할 수 있다.

$$\text{벡터 } \vec{a} = a_x i + a_y j + a_z k$$
$$\text{형렬 } [a] = [a_x,\ a_y,\ a_z]$$

Q1) $\vec{a} = i + 2j$, $\vec{b} = 2i - j - 2k$ 일 때 두 벡터를 행렬로 표현하시오.

A1) $\vec{a} = [1\quad 2\quad 0\ ]$, $\vec{b} = [2\ \text{-}1\ \text{-}2]$

Q2) $\vec{a} = i + 2j$, $\vec{b} = 2i - j - 2k$ 인 두 벡터로 이루어진 직선, $\overline{ab}$를 행렬로 표혀하시오.

A2) $\vec{a} = [1\quad 2\quad 0\ ]$, $\vec{b} = [2\ \text{-}1\ \text{-}2]$, $\overline{ab} = \begin{bmatrix} 1 & 2 & 0 \\ 2 & -1 & -2 \end{bmatrix}$

Q3) $\vec{a} = i + 2j$, $\vec{b} = 2i - j - 2k$, $\vec{c} = j + 2k$ 인 세 벡터로 이루어진 삼각형, $\triangle abc$를 행렬로 표현하시오.

A3) $\vec{a} = [1\quad 2\quad 0\ ]$, $\vec{b} = [2\ \text{-}1\ \text{-}2]$, $\vec{c} = [0,\quad 1,\quad 2]$, $\triangle abc = \begin{bmatrix} 1 & 2 & 0 \\ 2 & -1 & -2 \\ 0 & 1 & 2 \end{bmatrix}$

Q4) 직선 $\overline{ab} = \begin{bmatrix} 1 & 2 & 0 \\ 2 & -1 & -2 \end{bmatrix}$ 이고, $\overline{cd} = \begin{bmatrix} 2 & 0 & 1 \\ 3 & 1 & -1 \end{bmatrix}$ 일 때 두 직선의 합 $[s]$를 구하시오.

A4) 직선의 합 $[s] = \begin{bmatrix} 1 & 2 & 0 \\ 2 & -1 & -2 \end{bmatrix} + \begin{bmatrix} 2 & -1 & -2 \\ 4 & 0 & -1 \end{bmatrix} = \begin{bmatrix} 3 & 1 & -2 \\ 6 & -1 & -3 \end{bmatrix}$

(2) 다항식의 행렬 표현

: 다항식의 종속변수를 행렬의 좌변으로 하고 다항식의 독립변수와 상수를 우변으로 하는 행렬로 표현할 수 있다.

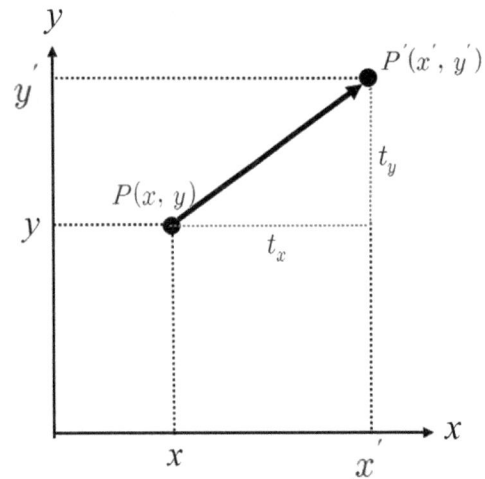

$x' = x + t_x$
$y' = y + t_y$

$[x', y', 1] = [x, y, 1] \begin{bmatrix} 1 & 0 & 0 \\ 0 & 1 & 0 \\ t_x & t_y & 1 \end{bmatrix}$

$$P' = P \times T_t$$

P' : 변환 후 좌표
P : 변환 전 좌표
T_t : 이동변환 행렬
t_x : x축 방향의 이동량
t_y : y축 방향의 이동량

Q5) (2, 1)를 x 방향으로 3, y 방향으로 -1 이동 후의 좌표를 다항식과 행렬식으로 각각 구하시오.

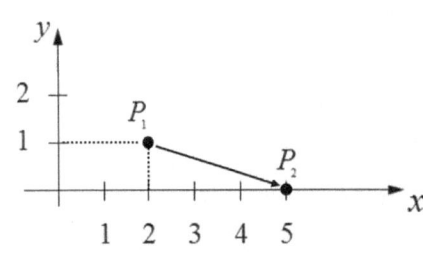

A5) $x' = x + t_x$, $t_x = 3$,
$y' = y + t_y$, $t_y = -1$

$x' = 2 + 3 = 5$ ∴ $(5, 0)$
$y' = 1 - 1 = 0$

$[x', y', 1] = [x, y, 1] \begin{bmatrix} 1 & 0 & 0 \\ 0 & 1 & 0 \\ t_x & t_y & 1 \end{bmatrix}$

$= [2, 1, 1] \begin{bmatrix} 1 & 0 & 0 \\ 0 & 1 & 0 \\ 3 & -1 & 1 \end{bmatrix}$

$= [5, 0, 1]$ ∴ $(5, 0)$

3.2 좌표 변환

● 좌표 변환 행렬의 종류

T : 변환 행렬,　　　　 *Transformation*
T_t : 이동 변환 행렬,　 *Translation*
T_s : 축척 변환 행렬,　 *Scaling*
T_m : 대칭 변환 행렬,　 *Mirror*
T_r : 회전 변환 행렬,　 *Rotation*
T_{sh} : 전단 변환 행렬,　 *Shearing*

$$[x', y', 1] = [x, y, 1] \begin{bmatrix} a & b & p \\ c & d & q \\ m & n & s \end{bmatrix}$$

a, b, c, d : 축척, 회전, 전단, 대칭
m, n : x축, y축 이동
p, q : 투영
s : 동차 좌표계, 전체적인 축척

$$\boldsymbol{P}' - \boldsymbol{P} \times T$$

(a) 복합변환

$$[x', y', 1] = [x, y, 1] \begin{bmatrix} 1 & 0 & 0 \\ 0 & 1 & 0 \\ t_x & t_y & 1 \end{bmatrix}$$

$$\boldsymbol{P}' = \boldsymbol{P} \times T_t$$

(b) 이동 변환

$$[x', y', 1] = [x, y, 1] \begin{bmatrix} s_x & 0 & 0 \\ 0 & s_y & 0 \\ 0 & 0 & 1 \end{bmatrix}$$

$$\boldsymbol{P}' = \boldsymbol{P} \times T_s$$

(c) 축척 변환

$$[x', y', 1] = [x, y, 1] \begin{bmatrix} m_a & m_b & 0 \\ m_c & m_d & 0 \\ 0 & 0 & 1 \end{bmatrix}$$

$$\boldsymbol{P}' = \boldsymbol{P} \times T_m$$

(d) 대칭 변환

$$[x', y', 1] = [x, y, 1] \begin{bmatrix} \cos\theta & \sin\theta & 0 \\ -\sin\theta & \cos\theta & 0 \\ 0 & 0 & 1 \end{bmatrix}$$

$$\boldsymbol{P}' = \boldsymbol{P} \times T_r$$

(e) 회전 변환

$$[x', y', 1] = [x, y, 1] \begin{bmatrix} 1 & sh_y & 0 \\ sh_x & 1 & 0 \\ 0 & 0 & 1 \end{bmatrix}$$

$$\boldsymbol{P}' = \boldsymbol{P} \times T_{sh}$$

(f) 전단 변환

3.2.1 이동 변환(Translation)

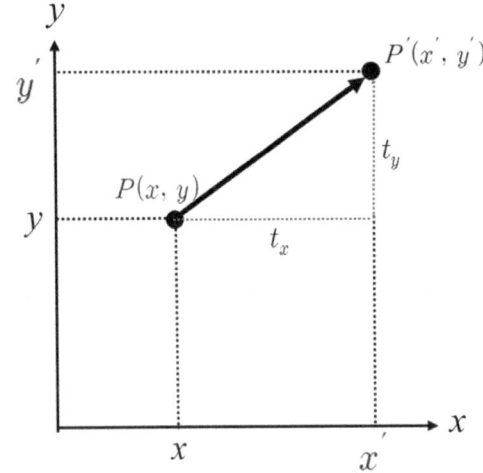

$$x' = x + t_x$$
$$y' = y + t_y$$

$$[x', y', 1] = [x, y, 1]\begin{bmatrix} 1 & 0 & 0 \\ 0 & 1 & 0 \\ t_x & t_y & 1 \end{bmatrix}$$

$$\boldsymbol{P'} = \boldsymbol{P} \times T_t$$

$\boldsymbol{P'}$: 변환 후 좌표
$\boldsymbol{P}$: 변환 전 좌표
T_t : 이동 변환 행렬
t_x : x축 방향의 이동량
t_y : y축 방향의 이동량

Q1) (2, 1)를 x 방향으로 3, y 방향으로 -1 이동 후의 좌표는?

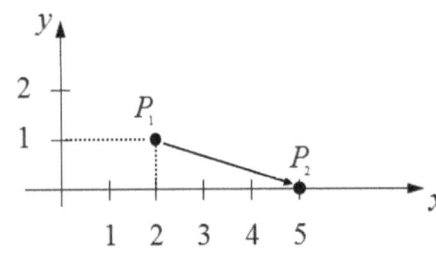

A1) $[x', y', 1] = [2, 1, 1]\begin{bmatrix} 1 & 0 & 0 \\ 0 & 1 & 0 \\ 3 & -1 & 1 \end{bmatrix}$
$= [5, 0, 1] \quad \therefore [5, 0]$

Q2) (5, 3)을 x 방향으로 -5, y 방향으로 4 이동 후의 좌표는?   (0, 7)

Q3) (5, 3, 2)을 x 방향으로 -5, y 방향으로 4, z 방향으로 1 이동 후의 좌표는?   (0, 7, 3)

Q4) (-1, 0, 2)을 x 방향으로 -1, y 방향으로 4, z 방향으로 -1 이동 후의 좌표는?   (-2, 4, 1)

Q5) (-0.5, 0, -1)을 x 방향으로 -2, y 방향으로 0.5, z 방향으로 -1 이동 후의 좌표는?   (-2.5, 0.5, -2)
    [CATIA 검증]

3.2.2 축척 변환(Scaling)

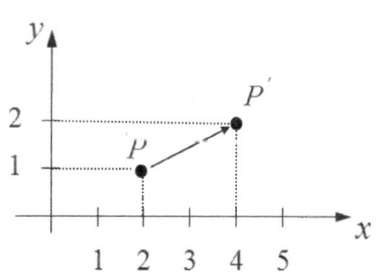

$$x' = x \times s_x$$
$$y' = y \times s_y$$

$$[x', y', 1] = [x, y, 1]\begin{bmatrix} s_x & 0 & 0 \\ 0 & s_y & 0 \\ 0 & 0 & s \end{bmatrix}$$

$$\boldsymbol{P'} = \boldsymbol{P} \times T_s$$

T_s : 축척 변환 행렬
s_x : x축 방향의 축척값
s_y : y축 방향의 축척값

Q1) (2, 1)을 원점을 중심으로 2배 확대후의 좌표는?

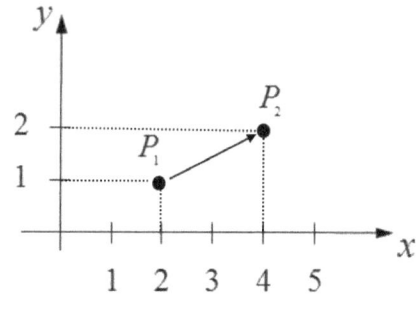

A1) $[x', y', 1] = [2, 1, 1]\begin{bmatrix} 2 & 0 & 0 \\ 0 & 2 & 0 \\ 0 & 0 & 1 \end{bmatrix}$
$= [4, 2, 1] \therefore (4, 2)$

Q2) (3, 2)를 원점을 중심으로 하여 2배 확대 후의 좌표는?

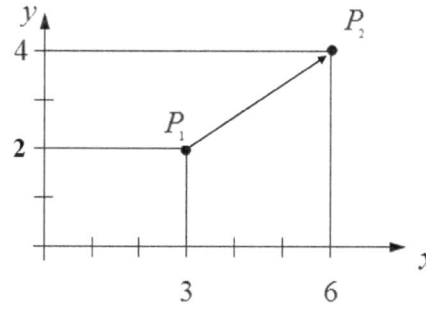

A2) $[x', y', 1] = [3, 2, 1]\begin{bmatrix} 2 & 0 & 0 \\ 0 & 2 & 0 \\ 0 & 0 & 1 \end{bmatrix} = [6, 4, 1]$
$\therefore (6, 4)$

Q3) (2, 1)을 x방향으로 1배, y방향으로 2배 확대후의 좌표는?   (2, 2)

Q4) (3, -1, 2)를 x, y방향으로 2배, z방향으로 3배 확대 후의 좌표는?   (6, -2, 6)

Q5) (2, 1, -1)를 2배 축소 후의 좌표는?   (1, 0.5, -0.5)

Q6) 점 (3, 2)를 점 (2, 1)을 중심으로 하여 2배 확대 후의 좌표는?   [CATIA 검증]

A6) ① 축척 중심점, $O'(2,1)$을 원점, O로 이동

$$[x', y', 1] = [3, 2, 1]\begin{bmatrix} 1, & 0, & 0 \\ 0, & 1, & 0 \\ -2, & -1, & 1 \end{bmatrix} = [1, 1, 1]$$

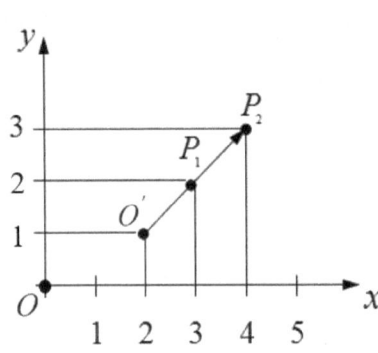

② 원점에서 2배 확대

$$[1, 1, 1]\begin{bmatrix} 2 & 0 & 0 \\ 0 & 2 & 0 \\ 0 & 0 & 1 \end{bmatrix} = [2, 2, 1]$$

③ 다시 축척 중심점으로 이동

$$[2, 2, 1]\begin{bmatrix} 1 & 0 & 0 \\ 0 & 1 & 0 \\ 2 & 1 & 1 \end{bmatrix} = [4, 3, 1]$$

$$\therefore (4, 3)$$

3.2.3 대칭 변환(Mirror)

(1) $x = 0$인 축(y축)에 대칭 → $m_a = -1$, $(m_a = s_x)$

(2) $y = 0$인 축(x축)에 대칭 → $m_d = -1$, $(m_d = s_y)$

(3) $y = x$인 축에 대칭 → $m_b = m_c = 1$

(4) $y = -x$인 축에 대칭 → $m_b = m_c = -1$

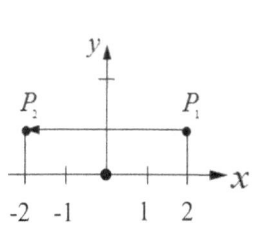

(a) $x = 0$인 축에 대칭

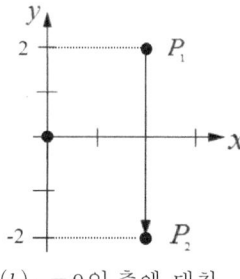

(b) $y = 0$인 축에 대칭

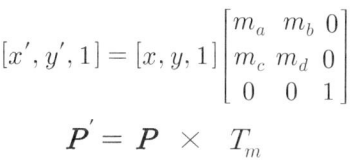

$$[x', y', 1] = [x, y, 1] \begin{bmatrix} m_a & m_b & 0 \\ m_c & m_d & 0 \\ 0 & 0 & 1 \end{bmatrix}$$

$$\boldsymbol{P}' = \boldsymbol{P} \times T_m$$

$\boldsymbol{P}'$: 변환후 좌표

$\boldsymbol{P}$: 변환전 좌표

T_m : 대칭 변환행렬

m_a : $x = 0$인 축에 대칭일 때 -1

m_d : $y = 0$인 축에 대칭일 때 -1

$m_b = m_c$: $y = x$인 축에 대칭일 때 1

$m_b = m_c$: $y = -x$인 축에 대칭일 때 -1

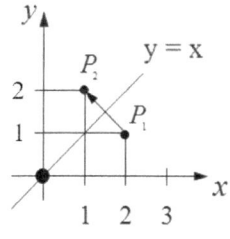
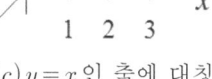

(c) $y = x$인 축에 대칭

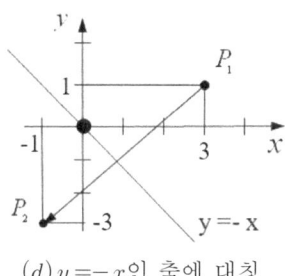

(d) $y = -x$인 축에 대칭

(1) $x=0$인 축(y축)에 대칭 $\rightarrow m_a = -1, \ (m_a = s_x)$

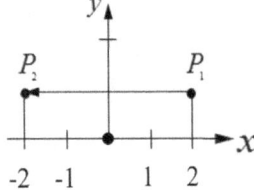

$$[x',y',1] = [x,y,1]\begin{bmatrix} -1 & 0 & 0 \\ 0 & 1 & 0 \\ 0 & 0 & 1 \end{bmatrix}$$

Q1) (2, 1)을 y축에 대하여 대칭한 후의 좌표는?

A1) $[x',y',1] = [2,1,1]\begin{bmatrix} -1 & 0 & 0 \\ 0 & 1 & 0 \\ 0 & 0 & 1 \end{bmatrix}$

$\qquad = [-2,1,1] \ \therefore (-2,1)$

Q2) (-2, 3)을 y축에 대하여 대칭한 후의 좌표는? (2, 3)

(2) $y=0$인 축(x축)에 대칭 $\rightarrow m_d = -1, \ (m_d = s_y)$

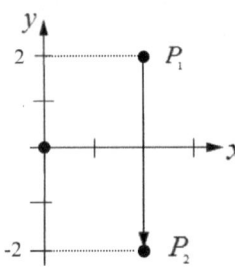

$$[x',y',1] = [x,y,1]\begin{bmatrix} 1 & 0 & 0 \\ 0 & -1 & 0 \\ 0 & 0 & 1 \end{bmatrix}$$

Q3) (2, 1)을 x축에 대하여 대칭한 후의 좌표는?

A3) $[x',y',1] = [2,1,1]\begin{bmatrix} 1 & 0 & 0 \\ 0 & -1 & 0 \\ 0 & 0 & 1 \end{bmatrix}$

$\qquad = [2,-1,1] \ \therefore (2,-1)$

Q4) (-2, 3)을 x축에 대하여 대칭한 후의 좌표는? (-2, -3)

(3) $y=x$인 축에 대칭 $\rightarrow m_b = m_c = 1$

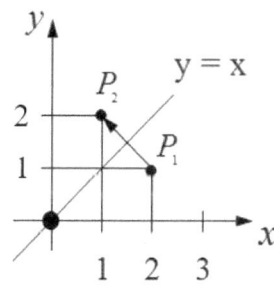

$$[x', y', 1] = [x, y, 1] \begin{bmatrix} 0 & 1 & 0 \\ 1 & 0 & 0 \\ 0 & 0 & 1 \end{bmatrix}$$

Q5) (2, 1)을 $y=x$ 축에 대하여 대칭한 후의 좌표는?

A5) $[x', y', 1] = [2, 1, 1] \begin{bmatrix} 0 & 1 & 0 \\ 1 & 0 & 0 \\ 0 & 0 & 1 \end{bmatrix}$

$\qquad\qquad = [1, 2, 1] \therefore (1, 2)$

Q6) (2.5, 3.5)을 $y=x$ 축에 대하여 대칭한 후의 좌표는? (3.5, 2.5)

(4) $y=-x$인 축에 대칭 $\rightarrow m_b = m_c = -1$

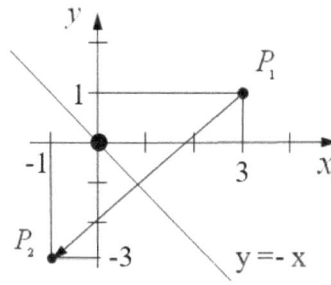

$$[x', y', 1] = [x, y, 1] \begin{bmatrix} 0 & -1 & 0 \\ -1 & 0 & 0 \\ 0 & 0 & 1 \end{bmatrix}$$

Q7) (2, 1)을 $y=-x$ 축에 대하여 대칭한 후의 좌표는?

A7) $[x', y', 1] = [2, 1, 1] \begin{bmatrix} 0 & -1 & 0 \\ -1 & 0 & 0 \\ 0 & 0 & 1 \end{bmatrix}$

$\qquad\qquad = [-1, -2, 1] \therefore (-1, -2)$

3.2.4 회전 변환(Rotation)

(1) 2차원 회전

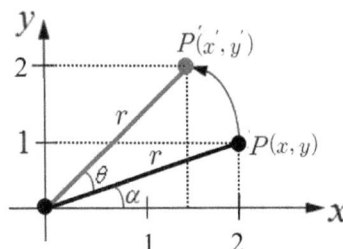

$$\begin{cases} x = r \times \cos\alpha \\ y = r \times \sin\alpha \end{cases}$$

$$\begin{cases} x' = r \times \cos(\alpha+\theta) \\ \quad = r \times \cos\alpha \times \cos\theta - r \times \sin\alpha \times \sin\theta \\ \quad = x \times \cos\theta - y \times \sin\theta \\[6pt] y' = r \times \sin(\alpha+\theta) \\ \quad = r \times \sin\alpha \times \cos\theta + r \times \cos\alpha \times \sin\theta \\ \quad = y \times \cos\theta + x \times \sin\theta \\ \quad = x \times \sin\theta + y \times \cos\theta \end{cases}$$

P' : 변환후 좌표
P : 변환전 좌표
T_r : 회전 변환 행렬
θ : 반시계 방향의 회전 각도
$-\theta$: 시계 방향의 회전 각도

$$\begin{cases} x' = x \cdot \cos\theta - y \cdot \sin\theta \\ y' = x \cdot \sin\theta + y \cdot \cos\theta \end{cases}$$

$$[x', y', 1] = [x, y, 1] \begin{bmatrix} \cos\theta & \sin\theta & 0 \\ -\sin\theta & \cos\theta & 0 \\ 0 & 0 & 1 \end{bmatrix}$$

$$P' = P \times T_r$$

Q1) (2, 1)을 45° 회전시킨 점은? [CATIA 검증]

A1) 다른 언급이 없다면 원점을 중심으로 반시계 방향으로 회전한다.

$$[x', y', 1] = [2, 1, 1] \begin{bmatrix} \cos45° & \sin45° & 0 \\ -\sin45° & \cos45° & 0 \\ 0, & 0, & 1 \end{bmatrix}$$

$$\left[\sqrt{2} - \frac{\sqrt{2}}{2}, \ \sqrt{2} + \frac{\sqrt{2}}{2}, \ 1 \right]$$

$$\therefore \left(\sqrt{2} - \frac{\sqrt{2}}{2}, \ \sqrt{2} + \frac{\sqrt{2}}{2} \right)$$

$$= (0.707, \ 2.12)$$

Q2) (2, 1)을 45° 시계 방향으로 회전시킨 점은? [CATIA 검증]

A2) $[x', y', 1] = [2, 1, 1] \begin{bmatrix} \cos(-45°) & \sin(-45°) & 0 \\ -\sin(-45°) & \cos(-45°) & 0 \\ 0, & 0, & 1 \end{bmatrix}$

$[x', y', 1] = [2, 1, 1] \begin{bmatrix} \cos(45°) & -\sin(45°) & 0 \\ \sin(45°) & \cos(45°) & 0 \\ 0, & 0, & 1 \end{bmatrix}$

$\left[\sqrt{2} + \dfrac{\sqrt{2}}{2}, -\sqrt{2} + \dfrac{\sqrt{2}}{2}, 1 \right]$ $\therefore (\sqrt{2} + \dfrac{\sqrt{2}}{2}, -\sqrt{2} + \dfrac{\sqrt{2}}{2}) = (2.12, -0.707)$

Q3) (1, -2)을 30° 반시계 방향으로 회전시킨 점은? (1.87, -1.23)

Q4) (1, -2)을 30° 시계 방향으로 회전시킨 점은? (-0.13, -2.23)

Q5) (2, 1)인 점을 (1, 1)인 점을 회전 중심으로 하여 45° 회전시킨 점은? [CATIA 검증]

A5) ① 회전 중심점 (1,1)을 원점으로 이동 변환

$[x', y', 1] = [2, 1, 1] \begin{bmatrix} 1, & 0, & 0 \\ 0, & 1, & 0 \\ -1, & -1, & 1 \end{bmatrix} = [1, 0, 1]$

② 원점에서 45° 회전

$[1, 0, 1] \begin{bmatrix} \dfrac{\sqrt{2}}{2} & \dfrac{\sqrt{2}}{2} & 0 \\ -\dfrac{\sqrt{2}}{2} & \dfrac{\sqrt{2}}{2} & 0 \\ 0 & 0 & 1 \end{bmatrix} = \left[\dfrac{\sqrt{2}}{2}, \dfrac{\sqrt{2}}{2}, 1 \right]$

③ 회전 중심점 (1,1) 위치로 다시 이동 변환

$\left[\dfrac{\sqrt{2}}{2}, \dfrac{\sqrt{2}}{2}, 1 \right] \begin{bmatrix} 1 & 0 & 0 \\ 0 & 1 & 0 \\ 1 & 1 & 1 \end{bmatrix} = (\dfrac{\sqrt{2}}{2} + 1, \dfrac{\sqrt{2}}{2} + 1, 1)$

$\therefore (1.707, 1.707)$

Q6) (4, 1)을 (2, 1)을 중심으로 30° 회전시킨 점은? (3.73, 2)

(2) 3차원 회전

① Z축 중심 회전

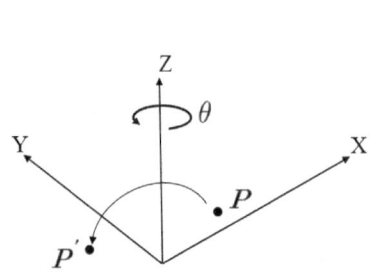

$$[x,'y,'z,'1] = [x, y, z, 1]\begin{bmatrix} \cos\theta & \sin\theta & 0 & 0 \\ -\sin\theta & \cos\theta & 0 & 0 \\ 0 & 0 & 1 & 0 \\ 0 & 0 & 0 & 1 \end{bmatrix}$$

$$P' = P \times T_{rz}$$

P' : 변환 후 좌표
P : 변환 전 좌표
T_{rz} : z축 중심 회전 변환 행렬
θ : 반시계 방향의 회전 각도

② X축 중심 회전

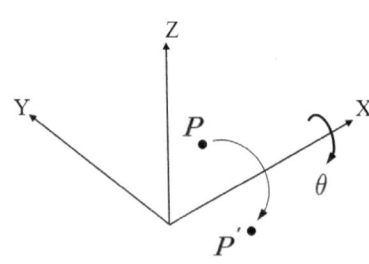

$$[x,'y,'z,'1] = [x, y, z, 1]\begin{bmatrix} 1 & 0 & 0 & 0 \\ 0 & \cos\theta & \sin\theta & 0 \\ 0 & -\sin\theta & \cos\theta & 0 \\ 0 & 0 & 0 & 1 \end{bmatrix}$$

$$P' = P \times T_{rx}$$

T_{rx} : x축 중심 회전 변환 행렬

③ Y축 중심 회전

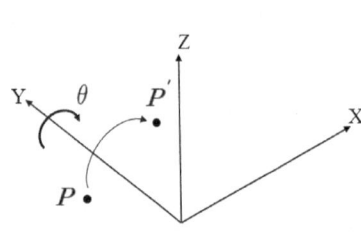

$$[x,'y,'z,'1] = [x, y, z, 1]\begin{bmatrix} \cos\theta & 0 & -\sin\theta & 0 \\ 0 & 1 & 0 & 0 \\ \sin\theta & 0 & \cos\theta & 0 \\ 0 & 0 & 0 & 1 \end{bmatrix}$$

$$P' = P \times T_{ry}$$

T_{ry} : y축 중심 회전 변환 행렬

Q7) (2, 1, 3)을 Z축 중심으로 45° 회전시킨 점은? [CATIA 검증]

A7) $[x,'y,'z,'1] = [2,1,3,1] \begin{bmatrix} \cos45 & \sin45 & 0 & 0 \\ -\sin45 & \cos45 & 0 & 0 \\ 0 & 0 & 1 & 0 \\ 0 & 0 & 0 & 1 \end{bmatrix}$

$= [0.707,\ 2.12,\ 3,\ 1]$ $\therefore (0.707,\ 2.12,\ 3)$

Q8) (2, 1, 3)을 X축 중심으로 45° 회전시킨 점은? [CATIA 검증]

A8) $[x,'y,'z,'1] = [2,1,3,1] \begin{bmatrix} 1 & 0 & 0 & 0 \\ 0 & \cos45 & \sin45 & 0 \\ 0 & -\sin45 & \cos45 & 0 \\ 0 & 0 & 0 & 1 \end{bmatrix}$

$= [2,\ -1.414,\ 2.828,\ 1]$ $\therefore (2,\ -1.414,\ 2.828)$

Q9) (2, 1, 3)을 Y축 중심으로 45° 회전시킨 점은? [CATIA 검증]

A9) $[x',y',z',1] = [2,1,3,1] \begin{bmatrix} \cos45 & 0 & -\sin45 & 0 \\ 0 & 1 & 0 & 0 \\ \sin45 & 0 & \cos45 & 0 \\ 0 & 0 & 0 & 1 \end{bmatrix}$

$= [3.54,\ 1,\ 0.707,\ 1]$ $\therefore (3.54,\ 1,\ 0.707)$

3.2.5 전단 변환(Shear)

● x방향 전단량 sh_x가 주어지면 $sh_y = 0$, y 방향 전단량 sh_y가 주어지면 $sh_x = 0$

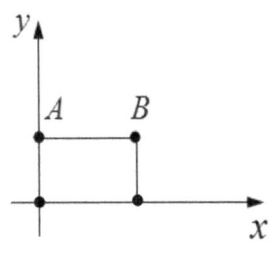

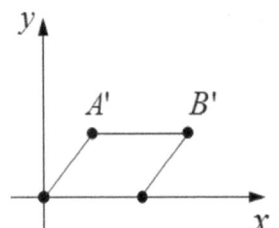

$$[x', y', 1] = [x, y, 1] \begin{bmatrix} 1 & sh_y & 0 \\ sh_x & 1 & 0 \\ 0 & 0 & 1 \end{bmatrix}$$

$$P' = P \times T_{sh}$$

P' : 변환후 좌표
P : 변환 전 좌표
T_{sh} : 전단 변환 행렬
sh_x : x방향의 전단값
sh_y : y방향의 전단값

Q1) (0,1) (1,1)을 x 방향으로 전단한 후 좌표?

A1) $\begin{bmatrix} A_x' & B_y' & 1 \\ B_x' & B_y' & 1 \end{bmatrix} = \begin{bmatrix} 0 & 1 & 1 \\ 1 & 1 & 1 \end{bmatrix} \begin{bmatrix} 1 & 0 & 0 \\ 1 & 1 & 0 \\ 0 & 0 & 1 \end{bmatrix}$

$\qquad = \begin{bmatrix} 1 & 1 & 1 \\ 2 & 1 & 1 \end{bmatrix} \qquad \therefore \begin{matrix} (1,1) \\ (2,1) \end{matrix}$

Q2) (0,1) (1,1)을 x 방향으로 2배 전단한 후 좌표?

A2) $\begin{bmatrix} A_x' & B_y' & 1 \\ B_x' & B_y' & 1 \end{bmatrix} = \begin{bmatrix} 0 & 1 & 1 \\ 1 & 1 & 1 \end{bmatrix} \begin{bmatrix} 1 & 0 & 0 \\ 2 & 1 & 0 \\ 0 & 0 & 1 \end{bmatrix}$

$\qquad = \begin{bmatrix} 2 & 1 & 1 \\ 3 & 1 & 1 \end{bmatrix} \qquad \therefore \begin{matrix} (2,1) \\ (3,1) \end{matrix}$

Q3) (0,1) (1,1)을 y 방향으로 1배 전단한 후 좌표?   (0, 1), (1, 2)

Q4) (0,1) (1,1)을 y 방향으로 2배 전단한 후 좌표?   (0, 1), (1, 3)

Q1) 2차원에서의 변환 행렬 $[T_H]\,(3\times3)$에 대한 설명 중 틀린 것은?

① m, n은 이동(translation)에 관계된다.

❷ p, q는 대칭 변화(reflection)에 관계된다.

③ a, b, c, d는 회전(rotation), 스케일링(scaling) 등에 관계된다.

④ s는 전체적인 스케일링(overall scaling)에 넁향을 미친다.

$$[x',y',1]=[x,y,1]\,[T_H]$$

$$[T_H]=\begin{bmatrix}a&b&p\\c&d&q\\m&n&s\end{bmatrix}$$

A1) $[x',y',1]=[x,y,1]\begin{bmatrix}a&b&p\\c&d&q\\m&n&s\end{bmatrix}$

a, b, c, d : 축척, 회전, 전단, 대칭
m, n : x축, y축 이동
p, q : 투영
s : 동차 좌표계, 전체적인 축척

Q2) 2차원 이동 변환 행렬에서 물체의 이동(Translation)에 관련되는 행렬 요소는?

① a, b　　② p, q

❸ m, n　　④ s

$$[x'\;y'\;1]-[x\;y\;1]\begin{vmatrix}a&b&p\\c&d&q\\m&n&s\end{vmatrix}$$

Q3) 다음은 2차원에서 동차 좌표에 의한 변환 행렬을 나타낸 것이다. 평행 이동에 관계되는 것은? ★★

① a, b　　② c, d

③ p, q　　❹ m, n

$$[x'\;y'\;1]=[x\;y\;1]\begin{bmatrix}a&b&p\\c&d&q\\m&n&s\end{bmatrix}$$

Q4) 다음 2차원 변환 행렬에서 m, n은 어떤 변환과 관계되는가?

❶ 이동(translation)　② 전단(shearing)

③ 투사(projection)　④ 전체적인 스케일링(overall scaling)

$$[x'\;y'\;1]=[x\;y\;1]\begin{vmatrix}a&b&p\\c&d&q\\m&n&s\end{vmatrix}$$

Q5) 다음 중 변환 행렬과 관계없는 명령어는?

❶ Break　　② Move　　③ Mirror　　④ Rotate

Q6) 3차원 변환 행렬을 동차 좌표계(homogeneous coordinate system)로 표현할 경우, 4×4 행렬로 표현할 수 있다. 다음 그림에서 점선으로 표시된 3×3 행렬 부분의 값과 관계없는 변환은?

① 대칭 변환　❷ 이동 변환

③ 회전 변환　④ 확대/축소 변환

$$\begin{bmatrix}x&0&0&0\\0&y&0&0\\0&0&z&0\\0&0&0&1\end{bmatrix}$$

Q7) 두 점 (1, 1), (3, 4)를 잇는 선분을 원점 기준으로 X 방향으로 2배, Y 방향으로 0.5배 확대 (축소)하였을 때 선분 양 끝점의 좌표를 구한 것은?

① (1, 1), (1.5, 2) ② (1, 1), (6, 2)

❸ (2, 0.5), (6, 2) ④ (2, 2), (1.5, 2)

A7) $[x', y', 1] = [x, y, 1] \begin{bmatrix} s_x & 0 & 0 \\ 0 & s_y & 0 \\ 0 & 0 & s \end{bmatrix}$

$= \begin{bmatrix} 1 & 1 & 1 \\ 3 & 4 & 1 \end{bmatrix} \begin{bmatrix} 2 & 0 & 0 \\ 0 & 0.5 & 0 \\ 0 & 0 & 1 \end{bmatrix} = \begin{bmatrix} 2 & 0.5 & 1 \\ 6 & 2 & 1 \end{bmatrix}$

Q8) 기하학적 변환 중에서 변환 전의 거리와 비교할 때 변환이 수행된 후에 물체상에 위치한 특정 두 점 간의 거리가 달라질 수 있는 변환은?

① 이동 변환(Translation) ② 회전 변환(rotation)

❸ 크기 변환(Scaling) ④ 반사 변환(Reflection)

Q9) 3차원 좌표계에서 물체의 크기를 각각 x축 방향으로 2배, y축 방향으로 3배, z축 방향으로 4배의 크기로 확대 변환하고자 한다. 사용되는 좌표 변환 행렬식은?

① $\begin{bmatrix} 1 & 0 & 0 & 0 \\ 0 & 1 & 0 & 0 \\ 0 & 0 & 1 & 0 \\ 2 & 3 & 4 & 1 \end{bmatrix}$
② $\begin{bmatrix} 0 & 0 & 2 & 0 \\ 0 & 3 & 0 & 0 \\ 4 & 0 & 1 & 0 \\ 0 & 0 & 0 & 1 \end{bmatrix}$
③ $\begin{bmatrix} 1 & 0 & 0 & 2 \\ 0 & 1 & 0 & 3 \\ 0 & 0 & 1 & 4 \\ 0 & 0 & 0 & 1 \end{bmatrix}$
❹ $\begin{bmatrix} 2 & 0 & 0 & 0 \\ 0 & 3 & 0 & 0 \\ 0 & 0 & 4 & 0 \\ 0 & 0 & 0 & 1 \end{bmatrix}$

Q10) x 방향으로 2배 축소, y 방향으로 2배 확대를 나타내는 변환 행렬 $[T_H]$ 는?

❶ $T_H = \begin{bmatrix} 0.5 & 0 & 0 \\ 0 & 2 & 0 \\ 0 & 0 & 1 \end{bmatrix}$
② $T_H = \begin{bmatrix} 0.5 & 0 & 0 \\ 0 & 0.5 & 0 \\ 0 & 0 & 1 \end{bmatrix}$

③ $T_H = \begin{bmatrix} 2 & 0 & 0 \\ 0 & 0.5 & 0 \\ 0 & 0 & 1 \end{bmatrix}$
④ $T_H = \begin{bmatrix} 2 & 0 & 0 \\ 0 & 2 & 0 \\ 0 & 0 & 1 \end{bmatrix}$

$[x' \ y' \ 1] = [x \ y \ 1] [T_H]$

Q11) 다음 2차원 변환 행렬에서 축소, 확대(scaling)에 관련되는 행렬 요소는?

① a, b ② b, c

③ e, f ❹ a, d

$[x' \ y' \ 1] = [x \ y \ 1] \begin{bmatrix} a & b & 0 \\ c & d & 0 \\ e & f & 1 \end{bmatrix}$

Q12) 어떤 도형을 X축으로 2배, Y축으로 3배 크게 하려고 할 때 변환 행렬 T는?

① $\begin{bmatrix} 0 & 2 \\ 3 & 0 \end{bmatrix}$
❷ $\begin{bmatrix} 2 & 0 \\ 0 & 3 \end{bmatrix}$
③ $\begin{bmatrix} 3 & 0 \\ 0 & 2 \end{bmatrix}$
④ $\begin{bmatrix} 0 & 3 \\ 2 & 0 \end{bmatrix}$

$[x' \ y'] = [x \ y] \ T$

Q13) 2차원 데이터 변환 행렬로서 X축에 대한 대칭의 결과를 얻기 위한 변환으로 옳은 것은? ★★

① $\begin{bmatrix} 1 & 0 & 0 \\ 0 & 1 & 0 \\ 0 & 1 & 0 \end{bmatrix}$　② $\begin{bmatrix} -1 & 0 & 0 \\ 0 & 1 & 0 \\ 0 & 0 & 1 \end{bmatrix}$　❸ $\begin{bmatrix} 1 & 0 & 0 \\ 0 & -1 & 0 \\ 0 & 0 & 1 \end{bmatrix}$　④ $\begin{bmatrix} -1 & 0 & 0 \\ 0 & 1 & 0 \\ 0 & 1 & 0 \end{bmatrix}$

Q14) 2차원상의 한 점 P = [x y 1]을 회전시키기 위해 곱해지는 3×3 동차 변환 행렬 $[T_{ref}]$의 형태로서 알맞은 것은?

❶ $\begin{bmatrix} \cos\theta & \sin\theta & 0 \\ -\sin\theta & \cos\theta & 0 \\ 0 & 0 & 1 \end{bmatrix}$　② $\begin{bmatrix} \cos\theta, & -\sin\theta, & 0 \\ \sin\theta, & \cos\theta, & 0 \\ 0, & 0, & 1 \end{bmatrix}$　$(0 \leq \theta \leq 2\pi)$

$[x'\ y'\ 1] = [x\ y\ 1]\,[T_{ref}]$

③ $\begin{bmatrix} \sin\theta & \cos\theta & 0 \\ -\cos\theta & \sin\theta & 0 \\ 0 & 0 & 1 \end{bmatrix}$　④ $\begin{bmatrix} \sin\theta & -\cos\theta & 0 \\ \cos\theta & \sin\theta & 0 \\ 0 & 0 & 1 \end{bmatrix}$

Q15) 다음 2차원 평면상에서 물체를 θ만큼 반시계 방향으로 회전 변환하려고 한다. 이 경우 보기의 2차원 변환 행렬의 요소 중 c의 값은? ★

① $\cos\theta$　② $\sin\theta$

❸ $-\sin\theta$　④ $-\cos\theta$

$[x'\ y'\ 1] = [x\ y\ 1] \begin{bmatrix} a & b & 0 \\ c & d & 0 \\ e & f & 1 \end{bmatrix}$

Q16) 한 개의 점 P(15, 20)을 원점을 중심으로 반시계 방향으로 30°로 회전 변환 후의 좌푯값은? ★

① P(3.99, 24.82)　❷ P(2.99, 24.82)

③ P(2.99, 22.99)　④ P(3.99, 22.99)

A16) $[x', y', 1] = [x, y, 1] \begin{bmatrix} \cos\theta & \sin\theta & 0 \\ -\sin\theta & \cos\theta & 0 \\ 0 & 0 & 1 \end{bmatrix}$

$= [15, 20, 1] \begin{bmatrix} \cos 30 & \sin 30 & 0 \\ -\sin 30 & \cos 30 & 0 \\ 0 & 0 & 1 \end{bmatrix}$

$= [2.99, 24.82, 1]$

Q17) 2차원 좌표 [x y 1]와 동차 변환 행렬을 이용한 회전 변환에서 회전축은?

① x 축　② y 축

❸ z 축　④ a 축

$\begin{bmatrix} \cos\theta & \sin\theta & 0 \\ -\sin\theta & \cos\theta & 0 \\ 0 & 0 & 1 \end{bmatrix}$

Q18) 3차원 변환에서 점 P(x, y, z, 1)을 Z축을 기준으로 임의의 각도만큼 회전한 경우 변환 행렬 T는? [단, 반시계 방향으로 회전한 각이 양(+)의 각이고, 변환된 점 P* = P · T 이다.] ★

① $\begin{bmatrix} \cos\theta, & 0, & -\sin\theta, & 0 \\ 0, & 1, & 0, & 0 \\ \sin\theta, & 0, & \cos\theta, & 0 \\ 0, & 0, & 0, & 1 \end{bmatrix}$　② $\begin{bmatrix} 1, & 0, & 0, & 0 \\ 0, & \cos\theta, & \sin\theta, & 0 \\ 0, & -\sin\theta, & \cos\theta, & 0 \\ 0, & 0, & 0, & 1 \end{bmatrix}$　❸ $\begin{bmatrix} \cos\theta, & \sin\theta, & 0, & 0 \\ -\sin\theta, & \cos\theta, & 0, & 0 \\ 0, & 0, & 1, & 0 \\ 0, & 0, & 0, & 1 \end{bmatrix}$　④ $\begin{bmatrix} \cos\theta, & -\sin\theta, & 0, & 0 \\ \sin\theta, & \cos\theta, & 0, & 0 \\ 0, & 0, & 1, & 0 \\ 0, & 0, & 0, & 1 \end{bmatrix}$

Q19) CAD/CAM 시스템에서 3차원에서 이미 구성된 도형 자료를 다음 그림과 같이 y축을 기준으로 회전 변환시킬 때의 변환 행렬식(Ty)으로 옳은 것은?

❶ $T_y = \begin{bmatrix} \cos\theta & 0 & -\sin\theta & 0 \\ 0 & 1 & 0 & 0 \\ \sin\theta & 0 & \cos\theta & 0 \\ 0 & 0 & 0 & 1 \end{bmatrix}$ ② $T_y = \begin{bmatrix} \sin\theta & 0 & -\sin\theta & 0 \\ 0 & 1 & 0 & 0 \\ \sin\theta & 0 & \cos\theta & 0 \\ 0 & 0 & 0 & 1 \end{bmatrix}$

③ $T_y = \begin{bmatrix} \cos\theta & 0 & -\sin\theta & 0 \\ 0 & 1 & 0 & 0 \\ \cos\theta & 0 & \cos\theta & 0 \\ 0 & 0 & 0 & 1 \end{bmatrix}$ ④ $T_y = \begin{bmatrix} \cos\theta & 0 & -\sin\theta & 0 \\ 0 & \sin\theta & 0 & 0 \\ \sin\theta & 0 & \sin\theta & 0 \\ 0 & 0 & 0 & 1 \end{bmatrix}$

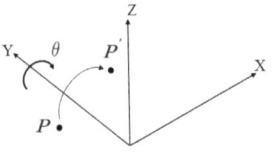

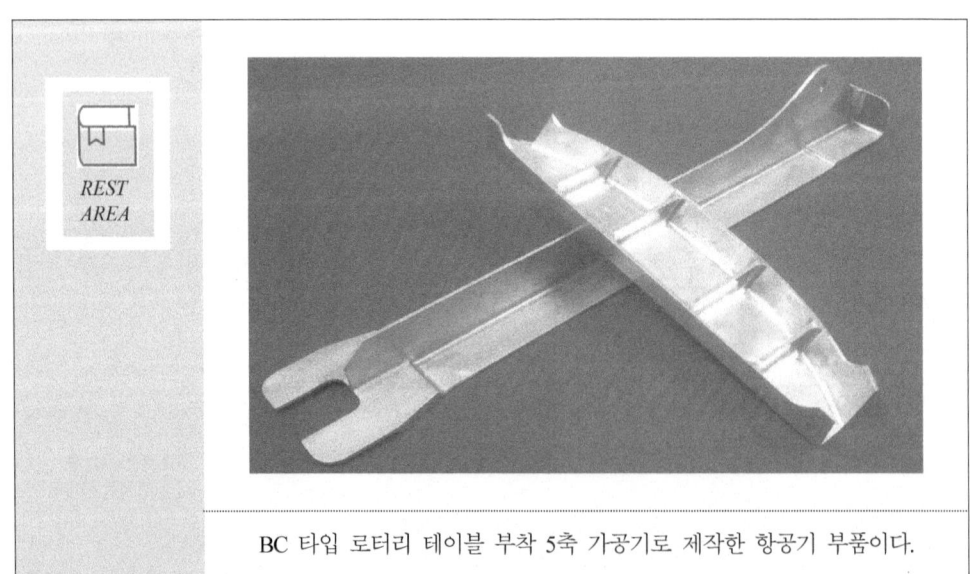

BC 타입 로터리 테이블 부착 5축 가공기로 제작한 항공기 부품이다.

CHAPTER 04

CAD(컴퓨터 응용 설계)

: CAD(Computer Aided Design)는 컴퓨터를 이용한 설계의 약자로 설계, 모델링, 제도 등 광의의 의미를 포함하고 있으며 본 장에서는 형상 모델링의 의미로 사용한다. 형상 모델링은 크게 와이어 프레임 모델링, 곡면 모델링, 솔리드 모델링으로 구분된다.

◉ 와이어 프레임, 곡면, 솔리드의 비교

	와이어 프레임	곡면	솔리드
특징	점과 직선, 곡선만으로 표현되므로 silhouette(윤곽, 그림자)이 없음	곡선 경계 내부의 곡면으로 표현하여 부피가 없음	곡면 내부를 채워서 부피가 있음
육면체			
원기둥			
구			
원추			

4.1 와이어 프레임(Wire frame)

: 와이어 프레임 모델링은 3차원 모델링의 가장 기본적인 표현 방식으로 점과 선
  (직선, 곡선)만으로 표현한다. 본 절에서는
1) 직선의 방정식
2) 원추 단면 곡선의 방정식
3) 자유 곡선의 방정식을 다룬다.

◉ 와이어 프레임 모델의 특징

- 처리 속도가 빠르다.
- 데이터 구조가 간단하고 모델 작성이 쉽다.
- 3면 투시도 작성이 용이하다.
- 은선 제거가 불가능하다.
- 단면도 작성이 불가능하다.
- 물리적 성질의 계산이 불가능하다.

4.1.1 직선의 방정식(Polygonal line)

: 두 점을 잇는 최단 거리의 선을 직선이라 한다. CAD 그래픽에서 점과 직선의 정
  의 방법은 아래와 같다.

◉ **점의 정의**

- 커서 제어에 의해 생성
- 키보드로 좌푯값을 입력하여 생성
- 생성된 점에서 일정 거리의 점
- 생성된 점에서 일정 거리와 각도의 점
- 두 선(직선, 곡선)의 교점에 의한 점
- 한 선(직선, 곡선)의 분할 점

◉ **직선의 정의**

- 두 점에 의해 생성
- 한 점과 수평선과의 각도로 정의
- 한 점에서 직선에 평행선이나 수직선
- 한 점에서 곡선(원, 원호)에 접하는 선분
- 두 곡선(원, 원호 포함)에 대한 접선
- 두 곡선의 최단 거리를 잇는 선분

(1) 양함수식

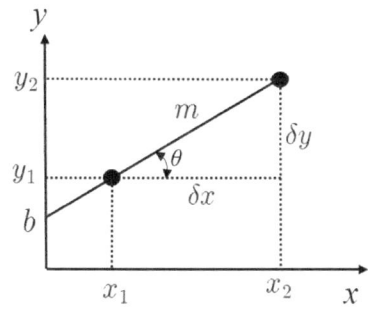

- 기울기는 m, y 절편은 b인 직선의 방정식,

$$y = mx + b, \ (m = \frac{\delta y}{\delta x} = \frac{y_2 - y_1}{x_2 - x_1} = \tan\theta)$$

- 두 점 A(x_1, y_1)   B(x_2, y_2)가 주어질 때
  의 직선의 방정식,

$$y - y_1 = m(x - x_1)$$

- x 절편이 a, y 절편은 b인 직선의 방정식,

$$y = -\frac{b}{a}x + b, \quad 양변을 \ b로 \ 나누어 \ 정리하면$$

$$\frac{x}{a} + \frac{y}{b} = 1$$

(2) 음함수식

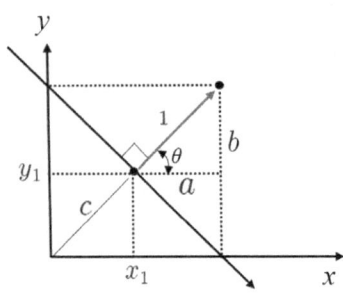

● 원점으로부터 c만큼 떨어져 있고, 원점에서 직선에 내린 수선의 방향여현이(a, b)인 직선의 방정식

$$ax + by - c = 0, \quad (a = \cos\theta, \ b = \sin\theta)$$

Q1) 원점으로부터 c만큼 떨어져 있고, 원점에서 직선에 내린 수선의 방향여현이(a, b)인 직선의 방정식의 음함수식을 구하시오. 단, $x_1 = y_1 = 1$이다.

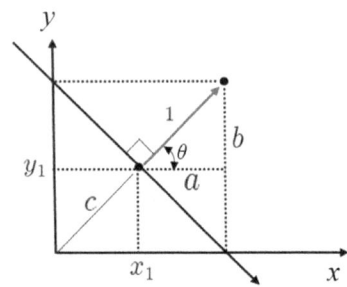

A1) $c = \sqrt{1^2 + 1^2} = \sqrt{2}$

$a = \cos 45 = \dfrac{1}{\sqrt{2}}, \ b = \sin\theta = \dfrac{1}{\sqrt{2}}$

$\therefore ax + by - c = 0$

$\dfrac{1}{\sqrt{2}}x + \dfrac{1}{\sqrt{2}}y - \sqrt{2} = 0$

$x + y - 2 = 0$

Q2) $y = 2x + 1$인 직선에 수직이고 점 $(2, 4)$를 지나는 직선의 방정식에 대한 표준 음함수식을 구하시오.

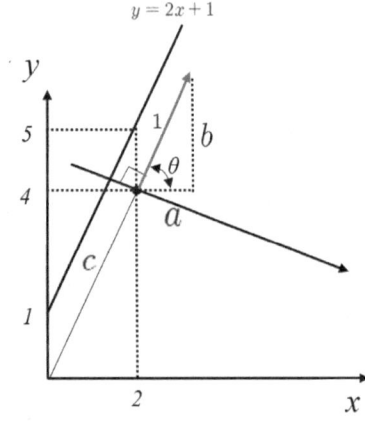

A2) $c = \sqrt{2^2 + 4^2} = \sqrt{20}$

$a = \cos\theta = \dfrac{2}{\sqrt{20}}, \ b = \sin\theta = \dfrac{4}{\sqrt{20}}$

$\therefore ax + by - c = 0$

$\dfrac{2}{\sqrt{20}}x + \dfrac{4}{\sqrt{20}}y - \sqrt{20} = 0$

$0.447x + 0.894y - 4.47 = 0$

(3) 원의 접선의 방정식

① 접점의 좌표를 알 때 접선의 방정식

: 원에 접하는 점, $P(x_1, y_1)$을 향하는 법선의 기울기를 m_n, 접선의 기울기를 m_t라고 하면, 접선의 방정식은 아래와 같다.

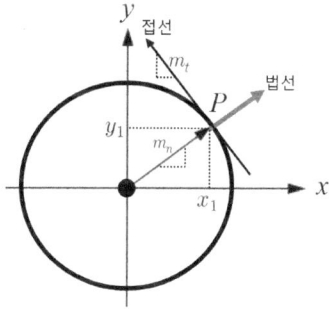

$$y - y_1 = m_t(x - x_1)$$

$$m_n = \frac{y_1}{x_1}, \ m_t = -\frac{1}{m_n}$$

($\because$ 접선과 법선의 기울기는 수직
$\rightarrow m_n \times m_t = -1$)

Q3) 그림과 같이 $x^2 + y^2 - 2 = 0$인 원이 있다. $P(1,1)$에서의 접선의 방정식을 구하시오.

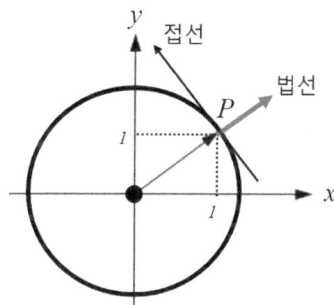

A3) $m_n = \dfrac{y_1}{x_1} = 1, \ m_t = -\dfrac{1}{m} = -1$

$y - y_1 = m_t(x - x_1), \ x_1 = 1, \ x_2 = 1$

$y - 1 = -1(x - 1)$

$(x - 1) + (y - 1) = 0$

② 기울기를 알 때 접선의 방정식

: 접선의 기울기, m_t를 알 때 접선의 방정식은 아래와 같다.

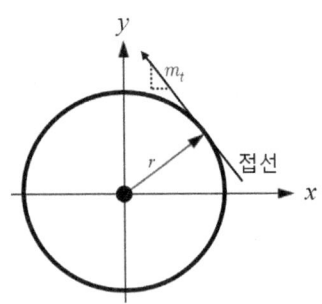

$$y = m_t x + c = ax + c,$$

음함수식으로 나타내면,

$$ax - y + c = 0$$

$ax + by + c = 0$ 인 형태의 음함수 직선식에서

한 점까지의 거리, d

$$d = \frac{|ax_1 + by_1 + c|}{\sqrt{a^2 + b^2}} = r, \quad x_1, y_1 \text{ 은 한 점의 좌표}$$

∵원의 중점에서 직선까지의 거리는
반지름과 같다.

Q4) 그림과 같이 $x^2 + y^2 - 2 = 0$인 원이 있다. 접선의 기울기가 -1일 때 접선의 방정식을 구하시오.

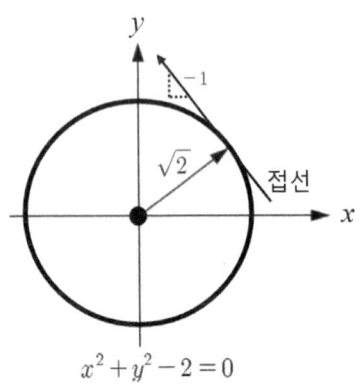

$x^2 + y^2 - 2 = 0$

A4) 원의 방정식, $x^2 + y^2 = r^2 = (\sqrt{2})^2$

직선의 방정식, $y = -x + c$

음함수식으로 나타내면,

$$-x - y + c = 0$$

$$d = \frac{|-1(0) - 1(0) + c|}{\sqrt{(-1)^2 + (-1)^2}} = r = \sqrt{2}$$

$$\frac{|c|}{\sqrt{2}} = \sqrt{2}, \quad |c| = 2, \quad c = \pm 2$$

$$\therefore y = -x + 2 \text{ or } y = -x - 2$$

(4) 매개변수식

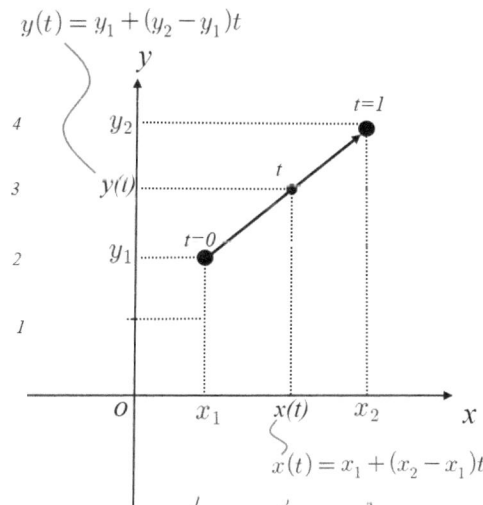

$y(t) = y_1 + (y_2 - y_1)t$

$x(t) = x_1 + (x_2 - x_1)t$

① 두 점이 주어질 때,

$$\begin{cases} x(t) = x_1 + (x_2 - x_1)t \\ y(t) = y_1 + (y_2 - y_1)t \end{cases} \quad 0 \le t \le 1$$

Q5) $x_1 = 1$, $y_1 = 2$, $x_2 = 3$, $y_1 = 4$ 일 때 매개변수 방정식과 $t = 0$, 0.5, 1일 때의 좌표는? [CATIA 검증]

A5) $\begin{cases} x(t) = 1 + (3-1)t = 1 + 2t \\ y(t) = 2 + (4-2)t = 2 + 2t \end{cases}$

$\begin{cases} x(0) = 1 + 2(0) = 1 \\ y(0) = 2 + 2(0) = 2 \end{cases}$

$\begin{cases} x(0.5) = 1 + 2(0.5) = 2 \\ y(0.5) = 2 + 2(0.5) = 3 \end{cases}$

$\begin{cases} x(1) = 1 + 2(1) = 3 \\ y(1) = 2 + 2(1) = 4 \end{cases}$

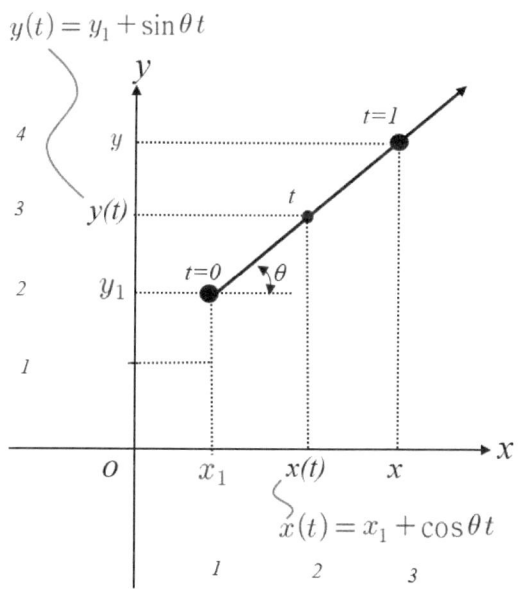

$y(t) = y_1 + \sin\theta\, t$

$x(t) = x_1 + \cos\theta\, t$

② 각도가 주어질 때,

$$\begin{cases} x(t) = x_1 + \cos\theta\, t \\ y(t) = y_1 + \sin\theta\, t \end{cases} \quad 0 \le t \le \infty$$

Q6) $x_1 = 1$, $y_1 = 2$, $\theta = 45°$ 일 때 매개변수 방정식과 $t = 0$, 1, 3일 때의 좌표는? [CATIA 검증]

A6) $x(t) = x_1 + \cos\theta\, t$

$\qquad = 1 + \cos 45t = 1 + \dfrac{1}{\sqrt{2}}t$

$y(t) = y_1 + \sin\theta\, t$

$\qquad = 2 + \sin 45t = 2 + \dfrac{1}{\sqrt{2}}t$

$x(0) = 1 + \dfrac{1}{\sqrt{2}}(0) = 1$

$y(0) = 2 + \dfrac{1}{\sqrt{2}}(0) = 2$

$x(1) = 1 + \dfrac{1}{\sqrt{2}}(1) = 1.707$

$y(1) = 2 + \dfrac{1}{\sqrt{2}}(1) = 2.707$

$x(3) = 1 + \dfrac{1}{\sqrt{2}}(3) = 3.121$

$y(3) = 2 + \dfrac{1}{\sqrt{2}}(3) = 4.121$

Q7) 다음 직선의 식을 매개변수식으로 표현하라.

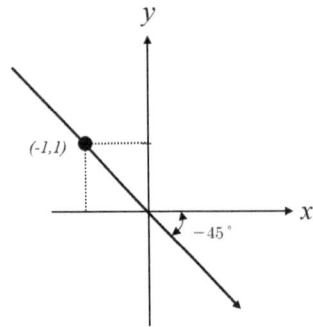

A7) $\begin{cases} x(t) = x_1 + \cos\theta\, t \\ y(t) = y_1 + \sin\theta\, t \end{cases}$ $0 \le t \le \infty$

$$x = -1 + \cos(-45)t = -1 + \frac{1}{\sqrt{2}}t$$

$$y = 1 + \sin(-45)t = 1 - \frac{1}{\sqrt{2}}t$$

◉ **매개변수식의 장점**

- 순차적으로 표현하기 쉽다.
- 2D와 3D, 곡선과 곡면의 표현 형태가 유사하다.
- 자유 곡선과 곡면의 표현이 용이하다.
- 이동, 회전, 축척, 대칭 등 좌표 변환이 용이하다.
- 범위가 지정된 형상을 표현하기 쉽다. (예 $0 \le u, v \le 1$)
- 형상을 벡터와 행렬(배열)로 표현하기 쉽다.
- 반면 비매개변수식(양함수, 음함수)은 직관적으로 해석하기에는 용이하다.
- 따라서 대부분의 모델링 시스템은 매개변수식을 사용한다.

4.1.2 원추 단면 곡선의 방정식

● 원추 단면 곡선

: 원추(원뿔)를 아래와 같이 단면으로 자를 때 생성되는 곡선으로 각각 원, 포물선, 타원, 쌍곡선이 된다.

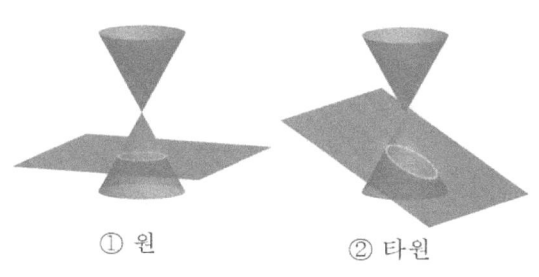

① 원

② 타원

③ 포물선

④ 쌍곡선

[그림 4.1] 원추 단면 곡선

① 원(circle) : 밑면에 평행하게 설난

$$x^2 + y^2 = r^2$$

② 타원(ellipse) : 밑면과 만나지 않는 경사면 절단

$$\frac{x^2}{a^2} + \frac{y^2}{b^2} = 1$$

③ 포물선(parabola) : 모선의 기울기와 같은 기울기로 밑면까지 절단

$$y^2 - 4px = 0$$

④ 쌍곡선(hyperbola) : 밑면에 수직으로 절단

$$\frac{x^2}{a^2} - \frac{y^2}{b^2} = 1$$

(1) 원의 방정식

: 원의 방정식은 양함수식, 음함수식, 매개변수식으로 표현할 수 있다. CAD 그래픽에서 원을 정의하는 방법은 아래와 같다.

- 중심과 반지름으로 정의
- 두 개의 점으로 지름을 지정 (임의의 두 개의 점은 불능, 지름을 모름)
- 중심과 원주상의 한 점으로 정의
- 원주상의 세 점으로 정의
- 반지름과 두 개의 직선이나 곡선에 접하는 원
- 서로 평행하지 않은(=기울기가 다른) 세 개의 직선에 접하는 원 (단 한 점에 세 개의 직선이 지나면 안 됨)

① 양함수식, 음함수식

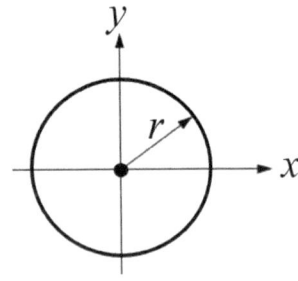

● 원의 중심점이 원점에 있을 때

$$x^2 + y^2 = r^2$$

$y = \pm \sqrt{r^2 - x^2}$: 양함수식
$x^2 + y^2 - r^2 = 0$: 음함수식

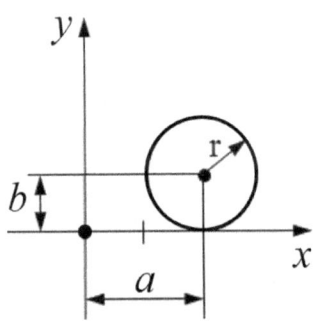

● 원의 중심점이 원점에서 (a, b) 만큼 떨어져 있을 때

$$(x-a)^2 - (y-b)^2 = r^2$$

② 매개변수 방정식

원의 매개변수 방정식

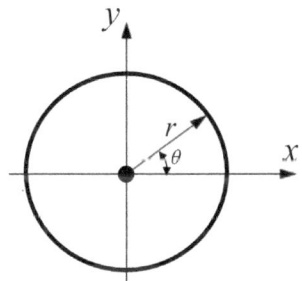

● 매개변수가 θ일 때

$$\begin{cases} x(\theta) = r \cdot \cos\theta \\ y(\theta) = r \cdot \sin\theta \end{cases} (0 \leq \theta \leq 360)$$

Q1) 원의 중점이 원점에 있고 반지름이 10, $\theta = 45°$ 일 때의 좌표를 구하시오. [CATIA 검증]

A1) $\begin{cases} x(\theta) = r \cdot \cos\theta \\ y(\theta) = r \cdot \sin\theta \end{cases} (0 \leq \theta \leq 360)$

$\begin{cases} x(\theta) = 10 \times \cos 45 = 7.07 \\ y(\theta) = 10 \times \sin 45 = 7.07 \end{cases}$

● 매개변수가 θ이고 원의 중점이 (x_1, y_1)일 때

$$\begin{cases} x(\theta) = x_1 + r \cdot \cos\theta \\ y(\theta) = y_1 + r \cdot \sin\theta \end{cases} (0 \leq \theta \leq 360)$$

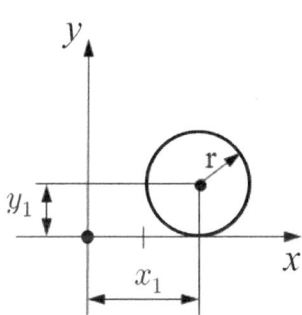

Q2) 원의 중점이 (20, 10)에 있고 반지름이 10, $\theta = 45°$ 일 때의 좌표를 구하시오.

A2) $\begin{cases} x(\theta) = x_1 + r \cdot \cos\theta \\ y(\theta) = y_1 + r \cdot \sin\theta \end{cases} (0 \leq \theta \leq 360)$

$\begin{cases} x(\theta) = 20 + 10 \times \cos 45 = 27.07 \\ y(\theta) = 10 + 10 \times \sin 45 = 17.07 \end{cases}$

● 매개변수가 t일 때, $\theta = 2\pi t$이므로

$$\begin{cases} x(t) = r \cdot \cos 2\pi t \\ y(t) = r \cdot \sin 2\pi t \end{cases} (0 \leq t \leq 1)$$

Q3) 원의 중점이 원점에 있고 반지름이 10, $t = \dfrac{1}{8}$ 일 때의 좌표를 구하시오. (계산기의 각도 모드를 "rad"으로 변경)

A3) $\begin{cases} x(t) = r \cdot \cos 2\pi t \\ y(t) = r \cdot \sin 2\pi t \end{cases} (0 \leq t \leq 1)$

$\begin{cases} x(\frac{1}{8}) = 10 \times \cos [2\pi(\frac{1}{8})] = 10 \times \cos \dfrac{\pi}{4} = 7.07 \\ y(\frac{1}{8}) = 10 \times \sin [2\pi(\frac{1}{8})] = 10 \times \sin \dfrac{\pi}{4} = 7.07 \end{cases}$

(2) 포물선의 방정식

: 포물선상에서 준선 g에 내린 수선의 발을 H, 초점을 F라 할 때 $\overline{PF} = \overline{PH}$ 이다.

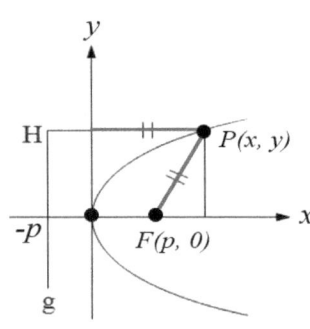

$$\sqrt{(x-p)^2 + y^2} = |x+p|$$
$$(x-p)^2 + y^2 = (x+p)^2$$
$$x^2 - 2px + p^2 + y^2 = x^2 + 2px + p^2$$
$$\therefore y^2 = 4px$$

$$y = \pm\sqrt{4px} \ : \ \text{양함수식}$$
$$y^2 - 4px = 0 \ : \ \text{음함수식}$$

(3) 타원의 방정식

: 타원의 장축의 길이는 a, 단축의 길이는 b라 할 때 타원의 방정식

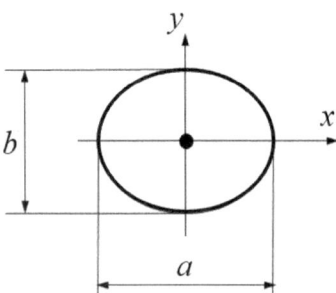

$$\frac{x^2}{a^2} + \frac{y^2}{b^2} = 1 \qquad : \ \text{양함수식}$$

$$\begin{cases} x(\theta) = a \cdot \cos\theta \\ y(\theta) = b \cdot \sin\theta \end{cases} : \ \text{매개변수식}$$

$$(0 \leq \theta \leq 360)$$

(4) 쌍곡선의 방정식

: 쌍곡선상에서 초점, F까지의 거리 c를 빗변으로 하는 직각삼각형의 밑변과 높이가 각각 a, b일 때 쌍곡선의 방정식

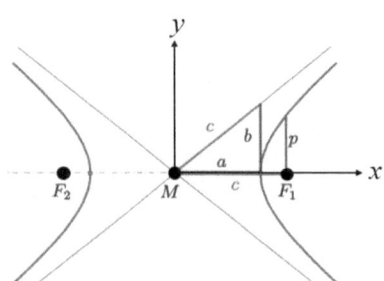

$$\frac{x^2}{a^2} - \frac{y^2}{b^2} = 1 \ : \ \text{양함수식}$$

Q1) 형상 모델링에서 와이어 프레임 모델링에 대한 설명이 아닌 것은?

① 처리 속도가 빠르다.　　　　❷ 단면도 작성이 용이하다.

③ 데이터의 구성이 간단하다.　　④ 모델 작성을 쉽게 할 수 있다.

Q2) 모델링 기법 중에서 실루엣(silhouette)을 구할 수 없는 기법은? ★

① B-rep(boundary representation) 방식　　② CSG(constructive solid geometry) 방식

③ 서피스 모델링(surface modeling)　　❹ 와이어 프레임 모델링(wireframe modeling)

Q3) 다음 형상 모델링 방법 중 선에 의해서만 형상을 표시하는 방법은?

① 곡면 모델링　　　　　　② 솔리드 모델링

③ B-Spline 모델링　　　　❹ 와이어 프레임 모델링

Q4) CAD에서 기하학적 형상(Geometric Model)을 나타내는 방법 중 모서리의 점, 선으로만 3차원 형상을 표시하는 방법은?

① solid modeling　　　　② shaded modeling

③ surface modeling　　　❹ wireframe modeling

Q5) 모델링 기법 중에서 숨은 선(hidden line) 표현을 할 수 없는 것은?

① Constructive Solid Geometry 모델링 방법

② Boundary Representation 모델링 방법

❸ Wireframe 모델링 방법

④ Surface 모델링 방법

Q6) 은선 제거(hidden surface removal)가 가능하지 않은 모델은?

❶ Wireframe model　　② Surface model　　③ B-rep model　　④ CGS model

Q7) 다음 중 실루엣을 구할 수 없는 모델링 방법은?

❶ Wireframe model 방식　　② Surface model 방식　　③ B-rep 방식　　④ CSG 방식

Q8) 다음 중 방정식 $[ax + bx + c = 0]$으로 표현 가능한 항목은? ★

① circle　　② spline curve　　③ Bezier curve　　❹ polygonal line

Q9) 방정식 ax+by+c=0라는 식으로 표현 가능한 것은?

① 포물선　② 타원　❸ 직선　④ 원

Q10) 직육면체를 8개의 정점의 좌표(V1~V8)와 각 정점을 연결하는 모서리들(e1~e12)에 관한 정보로만 표현되는 모델은?

① Solid Model　② Surface Model　❸ Wireframe Model　④ System Model

Q11) 사용자가 형상 구속 조건과 치수 조건을 이용하여 형상을 모델링하는 방식은?

① Surface 모델링　　② Boundary 모델링

❸ Parametric 모델링　④ primitive 모델링

Q12) XY 평면상에 하나의 곡선을 표현하는 방법에는 일반적으로 3가지가 있는데 이에 속하지 않는 것은?

❶ 단어번지 형태　② 매개변수 형태　③ 양함수 형태　④ 음함수 형태

Q13) 다음 직선의 식을 매개변수식으로 옳게 표현한 것은?

① $x = -1 + \dfrac{1}{\sqrt{2}}t,\ y = 1 + \dfrac{1}{\sqrt{2}}t$

② $x = 1 - \dfrac{1}{\sqrt{2}}t,\ y = 1 + \dfrac{1}{\sqrt{2}}t$

❸ $x = -1 + \dfrac{1}{\sqrt{2}}t,\ y = 1 - \dfrac{1}{\sqrt{2}}t$

④ $x = 1 - \dfrac{1}{\sqrt{2}}t,\ y = 1 - \dfrac{1}{\sqrt{2}}t$

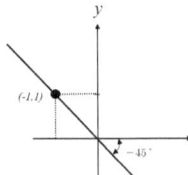

A13)

$$\begin{cases} x(t) = x_1 + \cos\theta\, t \\ y(t) = y_1 + \sin\theta\, t \end{cases} \quad 0 \le t \le \infty$$

$x = -1 + \cos(-45)t = -1 + \dfrac{1}{\sqrt{2}}t$

$y = 1 + \sin(-45)t = 1 - \dfrac{1}{\sqrt{2}}t$

Q14) 다음 그림과 같이 $X^2 + Y^2 - 2 = 0$인 원이 있다. P (1,1)에서의 접선의 방정식은?

① $(x+1) + (y+1) = 0$　② $(x-1) - (y-1) = 0$

③ $2(x+1) + 2(y-1) = 0$　❹ $2(x-1) + 2(y-1) = 0$

A14) $m_n = \dfrac{y_1}{x_1} = 1,\ m_t = -1$

$y - y_1 = m_t(x - x_1),\ x_1 = 1,\ x_2 = 1$

$y - 1 = -1(x-1)$

$(x-1) + (y-1) = 0$
$2(x-1) + 2(y-1) = 0$

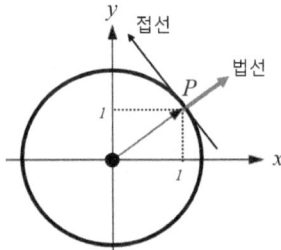

Q15) 그림과 같은 원뿔을 전개하였을 때 전개도의 중심각이 120°가 되려면 l의 치수는 얼마인가? (단, 원뿔 밑면의 지름은 $\phi 100\,mm$ 이다.)

❶ 150mm　　② 200mm

③ 120mm　　④ 180mm

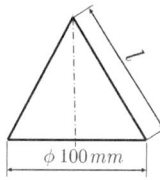
$\phi 100\,mm$

A15) 중심각이 120°이고 모선의 길이가 l인 원뿔의 전개도에서 l은 전개도의 반경 R이 된다.

$$\theta(rad) = 120° \times \frac{\pi}{180°} = \frac{2\pi}{3}$$

원호 길이, $l' = R \cdot \theta = l \cdot \theta$

$$l = \frac{l'}{\theta} = \frac{\pi D}{\frac{2\pi}{3}} = \frac{3D}{2} = \frac{3 \times 100}{2} = 150$$

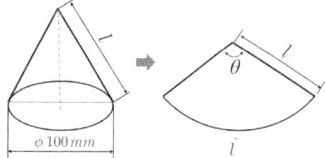
$\phi 100\,mm$

Q16) 2차원에서 하나의 원을 정의하는 방법으로 틀린 것은?

① 원의 중심과 반지름　　　　② 중심과 원주상의 한 점

③ 일직선상에 놓여 있지 않은 임의의 3점　　❹ 기울기가 서로 다른 세 개의 직선에 접하는 원

Q17) 일반적인 CAD 시스템에서 하나의 원(circle)을 정의하는 방법으로 가장 거리가 먼 것은?

① 중심과 반지름으로 표시

② 중심과 원주상의 한 점으로 표시

❸ 한 점과 수평선과의 각도로 표시

④ 일직선상에 놓여 있지 않은 임의의 3개의 점으로 표시.

Q18) 2차원 CAD 시스템에서 하나의 원을 정의하는 방법으로 옳게 짝지어진 것은?

① 가, 나　　❷ 가, 다　　　　가. 일직선상에 놓여 있지 않은 임의의 세 점

③ 나, 다　　④ 다, 라　　　　나. 서로 평행하지 않은 세 개의 직선

　　　　　　　　　　　　　　　다. 중심선과 반지름의 정의

　　　　　　　　　　　　　　　라. 임의의 두 점

Q19) 중심(-10, 5), 반지름 5인 원의 방정식은?

① $(x - 10)^2 + (y + 5)^2 = 5$　　② $(x + 10)^2 + (y - 5)^2 = 5$

③ $(x - 10)^2 + (y + 5)^2 = 25$　　❹ $(x + 10)^2 + (y - 5)^2 = 25$

Q20) CAD 시스템의 형상 모델링에서 원추 단면 곡선을 음함수 형태로 표시할 경우 타원(Ellipse)의 방정식을 표현한 함수는?

① $y^2 + 4ax = 0$ ② $x^2 + y^2 - r^2 = 0$

❸ $\dfrac{x^2}{a^2} + \dfrac{y^2}{b^2} - 1 = 0$ ④ $\dfrac{x^2}{a^2} - \dfrac{y^2}{b^2} - 1 = 0$

Q21) 원뿔을 임의 평면으로 교차시킨 경우에 구성되는 원추 곡선이 아닌 것은?

❶ 선(line)   ② 원(circele)   ③ 타원(ellipse)   ④ 쌍곡선(hyperbola)

Q22) 다음 식으로 표현된 도형의 결과로 옳은 것은? (단, x_c, y_c는 임의의 좌푯값이고 r은 양의 실수이다.)

❶ 원   ② 타원 $f_x = x_c + r\cos\theta$
③ 쌍곡선   ④ 포물선 $f_y = y_c + r\sin\theta$ $(0 \le \theta \le 2\pi)$

Q23) CAD 시스템에서 원추 곡선이 아닌 것은?

① 타원   ② 쌍곡선   ③ 포물선   ❹ 스플라인 곡선

Q24) 2차원상에서 구성되는 원추 곡선을 다음과 같은 일반식으로 표현할 때, $b = 0$, $a = c$인 경우는 다음 원추 곡선 중 어느 것을 나타내는가?

$$f(x, y) = ax^2 + bxy + cy^2 + dx + ey + y = 0$$

❶ 원   ② 타원   ③ 쌍곡선   ④ 포물선

Q25) 다음 중 원뿔에 의한 원추 곡선이 아닌 것은?

❶ 3차 스플라인 곡선   ② 쌍곡선   ③ 포물선   ④ 타원

Q26) 2차원으로 구성되는 가장 일반적인 원추 곡선의 식이 다음과 같을 때, 식에서 계수가 $b^2 - 4ac = 0$인 경우의 표현은?

$$f(x, y) = ax^2 + bxy + cy^2 + dx + ey + g = 0$$

① 원   ② 타원   ❸ 포물선   ④ 쌍곡선

Q27) 원추 곡선(conic curve)을 그리기 위해 필요한 요소가 아닌 것은?

① 곡선의 양 끝점   ② 양 끝점의 접선
③ 곡선 위의 한 점   ❹ 양 끝점의 곡률 반지름

4.1.3 자유 곡선의 방정식

: 자유 곡선은 퍼거슨 곡선, 베지어 곡선, B-spline 곡선, NURBS 곡선 등의 매개변
수식으로 표현한다.

(1) 보간 곡선과 근사 곡선

: 보간(interpolation) 곡선은 [그림 4.2] (a)와 같이 주어진 모든 점을 통과하는 곡선
으로 대표적으로 Spline이 있다. Spline은 연결점에서 위치 벡터, 접선 벡터, 곡률
이 모두 연속적이다. 반면 근사(approximation) 곡선은 [그림 4.2] (b)와 같이 주어
진 점 사이를 통과하므로 정확도는 저하되지만 보간 곡선보다 매끄럽다.
NC 데이터의 G 코드에서 직선 보간(G01)이나 원호 보간(G02, G03)이 의미하
는 바는 정확하게 주어진 점 데이터를 지나면서 직선 이송과 원호 이송을 수
행하라는 것이다.

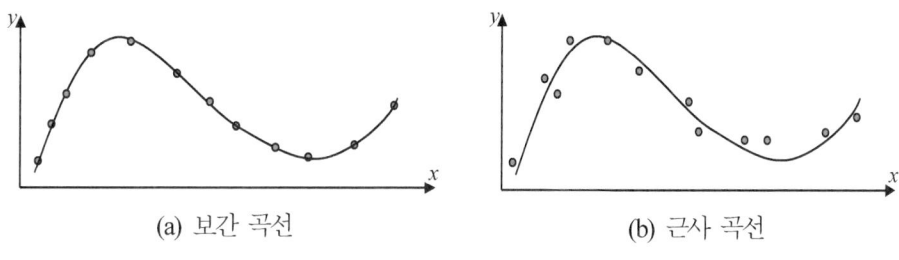

(a) 보간 곡선   (b) 근사 곡선

[그림 4.2] 보간 곡선과 근사 곡선

(2) 퍼거슨(Ferguson) 곡선

: 1960년대 초 미국 보잉사의 J. C. 퍼거슨은 단위 곡선(Curve segment) 양 끝점의 위치 벡터(Position vector)와 접선 벡터(Tangent vector)를 이용하여 3차 매개변수식의 보간 곡선을 만들었다. 또한, 퍼거슨은 네 개 모서리의 위치 벡터와 접선 벡터를 이용하여 퍼거슨 곡면도 만들었다. 퍼거슨 이후부터 곡선과 곡면을 매개변수식으로 생성하는 방법이 일반화되었다. 그러나 퍼거슨 곡면은 단위 곡선들을 연결하는 복합 곡선의 연결성(연속성) 문제가 있었다.

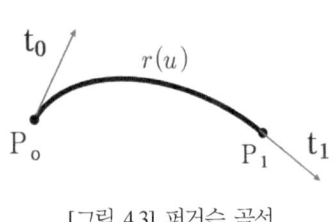

[그림 4.3] 퍼거슨 곡선

- 보간 곡선
- 곡선 양 끝점에서의 위치 벡터와 접선 벡터로 정의
- 3차 매개변수식에 의한 곡선으로 Hermite 곡선이라고도 함
- Ferguson 곡면 : 4개의 모서리 위치 벡터와 양방향 접선 벡터로 이루어짐
- Spline 곡선 : 퍼거슨 곡선의 연결성 문제를 해결한 곡선으로 자유 곡선을 설계할 때 사용하는 스플라인 자에서 얻어지는 곡선이다.

◉ Ferguson 곡선식

: 3차 다항식 매개변수식을 행렬식으로 표현하면 식 (1)과 같다.

$$
\begin{aligned}
r(u) &= [x(u), y(u), z(u)] \\
&= a + bu + cu^2 + du^3
\end{aligned}
$$

$$
[1 \ u \ u^2 \ u^3]
\begin{bmatrix} a \\ b \\ c \\ d \end{bmatrix}
= UA, \quad (0 \le u \le 1) \tag{1}
$$

또한, 식 (1)을 [그림 4.3]과 같은 Ferguson curve model로 정의하기 위한 경계 조건은 아래와 같다.

$$
P_0 = r(0); \qquad P_1 = r(1); \qquad t_0 = \dot{r}(0); \qquad t_1 = \dot{r}(1)
$$

여기서 $\dot{r}(u) = \dfrac{dr(u)}{du} = b + 2cu + 3du^2$ 이므로 경계 조건을 식 (1)에 적용하면 아래와 같은 관계를 얻을 수 있다.

$$P_0 = r(0) = a \; ; \quad P_1 = r(1) = a + b + c + d$$

$$t_0 = \dot{r}(0) = b \; ; \quad t_1 = \dot{r}(1) = b + 2c + 3d \tag{2}$$

또한, 식 (2)로부터 미지수 a,b,c,d 는 다음과 같이 구해진다.

$$a = P_0 \; ; \quad b = t_0$$

$$c = -3P_0 + 3P_1 - 2t_0 - t_1$$

$$d = 2P_0 - 2P_1 - t_0 + t_1 \tag{3}$$

식 (3)을 행렬식으로 나타내면 아래와 같다.

$$A = \begin{bmatrix} a \\ b \\ c \\ d \end{bmatrix} = \begin{bmatrix} 1 & 0 & 0 & 0 \\ 0 & 0 & 1 & 0 \\ -3 & 3 & -2 & -1 \\ 2 & -2 & 1 & 1 \end{bmatrix} \begin{bmatrix} P_0 \\ P_1 \\ t_0 \\ t_1 \end{bmatrix} = CS \tag{4}$$

식 (4)를 식 (1)에 대입하면 다음과 같은 3차 Ferguson curve의 행렬식으로 표현할 수 있다.

$$r(u) = UA = UCS \quad \text{with } 0 \le u \le 1$$

$$= \begin{bmatrix} 1 & u & u^2 & u^3 \end{bmatrix} \begin{bmatrix} 1 & 0 & 0 & 0 \\ 0 & 0 & 1 & 0 \\ -3 & 3 & -2 & -1 \\ 2 & -2 & 1 & 1 \end{bmatrix} \begin{bmatrix} P_0 \\ P_1 \\ t_0 \\ t_1 \end{bmatrix} \tag{5}$$

(3) 베지어(Bezier) 곡선

: 1970년 프랑스 르노 자동차의 엔지니어인 베지어는 다각형에 의하여 곡선을 표현하는 베지어(Bezier) 곡선을 발표하였다. 베지어 곡선은 다각형의 양 끝점만 통과하고 중간의 조정점들의 영향에 따라 근사적으로 부드럽게 연결하는 곡선이다. 이 곡선은 퍼거슨 곡선의 조작성 문제를 해결하였다. 또한, 동일한 방법으로 다면체 블록포 내부에 베지어 곡면을 생성하였다. 이 곡선과 곡면은 조정점에 의한 곡선과 곡면의 조작성이 매우 우수하고 직관적으로 상상할 수 있어 모델링 형상을 쉽게 바꿀 수 있었다. 그러나 복합 곡선의 경우 조정점 하나를 변경하면 곡선 전체에 영향을 미치는 단점이 있었다.

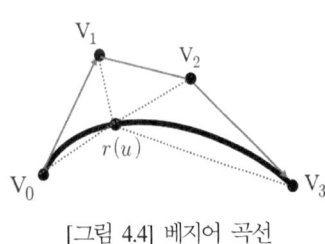

[그림 4.4] 베지어 곡선

- 근사 곡선
- 조정점으로 이루어진 볼록포 다각형 내부에 생성(조작성 우수), 조정점의 영향을 받는다
- 곡선은 볼록포 다각형의 양끝 조정점을 반드시 통과함
- 다각형 양끝 선분은 시작점, 끝점에서의 접선 벡터
- 조정점이 N개이면 차수(Order) $O = N - 1$ 차식
- 한 개의 조정점의 변화가 복합 곡선 전체에 영향
- 복합 곡선에서 곡선 세그먼트의 수가 M일 때 조정점 수 $N = 3M + 1$

◉ Bezier 곡선식

식 (1)을 [그림 4.4]와 같은 Bezier curve model로 정의하기 위한 경계 조건은 아래와 같다.

a) V_0 : 곡선 시작점
b) V_1 : 시작 접선 벡터, t_0의 1/3 점
c) V_2 : 끝 접선 벡터, t_1의 1/3 점
d) V_3 : 곡선 끝점   (6)

식 (6)의 조건으로부터 P_0와 P_1은 식(7)과 같이 조정점에 대한 식으로 나타낼 수 있다.

$$P_0 = r(0) = V_0$$
$$P_1 = r(1) = V_3 \qquad (7)$$

또한, End tangent vector t_0, t_1은 다음과 같이 나타낼 수 있다.

$$t_0 = \dot{r}(0) = 3(V_1 - V_0) \; ; \qquad t_1 = \dot{r}(1) = 3(V_3 - V_2) \tag{8}$$

식 (7)과 식 (8)을 행렬식으로 나타내면 아래와 같다.

$$S = \begin{bmatrix} P_0 \\ P_1 \\ t_0 \\ t_1 \end{bmatrix} = \begin{bmatrix} 1 & 0 & 0 & 0 \\ 0 & 0 & 0 & 1 \\ -3 & 3 & 0 & 0 \\ 0 & 0 & -3 & 3 \end{bmatrix} \begin{bmatrix} V_0 \\ V_1 \\ V_2 \\ V_3 \end{bmatrix} = BR \tag{9}$$

식 (9)를 Ferguson curve model인 식 (5)에 대입하면 다음과 같은 3차 Bezier curve가 생성된다.

$$
\begin{aligned}
r(u) &= UCS = UC(BR) \\
&= UMR \qquad\qquad \text{with} \quad 0 \le u \le 1
\end{aligned}
$$

$$
\begin{aligned}
&= \begin{bmatrix} 1 & u & u^2 & u^3 \end{bmatrix} \begin{bmatrix} 1 & 0 & 0 & 0 \\ 0 & 0 & 1 & 0 \\ -3 & 3 & -2 & -1 \\ 2 & -2 & 1 & 1 \end{bmatrix} \begin{bmatrix} 1 & 0 & 0 & 0 \\ 0 & 0 & 0 & 1 \\ -3 & 3 & 0 & 0 \\ 0 & 0 & -3 & 3 \end{bmatrix} \begin{bmatrix} V_0 \\ V_1 \\ V_2 \\ V_3 \end{bmatrix} \\[4pt]
&= \begin{bmatrix} 1 & u & u^2 & u^3 \end{bmatrix} \begin{bmatrix} 1 & 0 & 0 & 0 \\ -3 & 3 & 0 & 0 \\ 3 & -6 & 3 & 0 \\ -1 & 3 & -3 & 1 \end{bmatrix} \begin{bmatrix} V_0 \\ V_1 \\ V_2 \\ V_3 \end{bmatrix}
\end{aligned}
\tag{10}
$$

Q1) 조정점의 좌표가 V_0 =(0, 0), V_1 =(1, 2), V_2 =(3, 1), V_3 =(4, 0)일 때 Bezier 곡선에 의한 자유 곡선의 매개변수 방정식을 구하고 매개변수, u = 0.1, 0.25, 0.5 0.75, 0.9일 때의 좌표를 구하여 조정점 다각형과 비교하시오. [CATIA 검증]

A1)

$$r(u) = \begin{bmatrix} 1 & u & u^2 & u^3 \end{bmatrix} \begin{bmatrix} 1 & 0 & 0 & 0 \\ -3 & 3 & 0 & 0 \\ 3 & -6 & 3 & 0 \\ -1 & 3 & -3 & 1 \end{bmatrix} \begin{bmatrix} V_0 \\ V_1 \\ V_2 \\ V_3 \end{bmatrix}$$

$$r(u)_x = \begin{bmatrix} 1 & u & u^2 & u^3 \end{bmatrix} \begin{bmatrix} 1 & 0 & 0 & 0 \\ -3 & 3 & 0 & 0 \\ 3 & -6 & 3 & 0 \\ -1 & 3 & -3 & 1 \end{bmatrix} \begin{bmatrix} V_{0x} \\ V_{1x} \\ V_{2x} \\ V_{3x} \end{bmatrix}$$

$$= \begin{bmatrix} 1 & u & u^2 & u^3 \end{bmatrix} \begin{bmatrix} 1 & 0 & 0 & 0 \\ -3 & 3 & 0 & 0 \\ 3 & -6 & 3 & 0 \\ -1 & 3 & -3 & 1 \end{bmatrix} \begin{bmatrix} 0 \\ 1 \\ 3 \\ 4 \end{bmatrix}$$

$$= [(1-3u+3u^2-u^3) \ (3u-6u^2+3u^3) \ (3u^2-3u^3) \ (u^3)] \begin{bmatrix} 0 \\ 1 \\ 3 \\ 4 \end{bmatrix}$$

$$= (3u-6u^2+3u^3) + (9u^2-9u^3) + 4u^3$$

$$= -2u^3 + 3u^2 + 3u$$

$$r(u)_y = \begin{bmatrix} 1 & u & u^2 & u^3 \end{bmatrix} \begin{bmatrix} 1 & 0 & 0 & 0 \\ -3 & 3 & 0 & 0 \\ 3 & -6 & 3 & 0 \\ -1 & 3 & -3 & 1 \end{bmatrix} \begin{bmatrix} V_{0y} \\ V_{1y} \\ V_{2y} \\ V_{3y} \end{bmatrix}$$

$$= \begin{bmatrix} 1 & u & u^2 & u^3 \end{bmatrix} \begin{bmatrix} 1 & 0 & 0 & 0 \\ -3 & 3 & 0 & 0 \\ 3 & -6 & 3 & 0 \\ -1 & 3 & -3 & 1 \end{bmatrix} \begin{bmatrix} 0 \\ 2 \\ 1 \\ 0 \end{bmatrix}$$

$$= [(1-3u+3u^2-u^3) \ (3u-6u^2+3u^3) \ (3u^2-3u^3) \ (u^3)] \begin{bmatrix} 0 \\ 2 \\ 1 \\ 0 \end{bmatrix}$$

$$= (6u-12u^2+6u^3) + (3u^2-3u^3)$$

$$= 3u^3 - 9u^2 + 6u$$

$$\therefore \quad r(u)_x = -2u^3 + 3u^2 + 3u, \qquad r(u)_y = 3u^3 - 9u^2 + 6u$$

$$r(u)_x = -2u^3 + 3u^2 + 3u$$
$$r(0)_x = 0$$
$$r(0.1)_x = -2(0.1)^3 + 3(0.1)^2 + 3(0.1) = 0.328$$
$$r(0.25)_x = -2(0.25)^3 + 3(0.25)^2 + 3(0.25) = 0.906$$
$$r(0.5)_x = -2(0.5)^3 + 3(0.5)^2 + 3(0.5) = 2$$
$$r(0.75)_x = -2(0.75)^3 + 3(0.75)^2 + 3(0.75) = 3.09$$
$$r(0.9)_y = -2(0.9)^3 + 3(0.9)^2 + 3(0.9) = 3.672$$
$$r(1)_x = 4$$

$$r(u)_y = 3u^3 - 9u^2 + 6u$$
$$r(0)_y = 0$$
$$r(0.1)_y = 3(0.1)^3 - 9(0.1)^2 + 6(0.1) = 0.513$$
$$r(0.25)_y = 3(0.25)^3 - 9(0.25)^2 + 6(0.25) = 0.984$$
$$r(0.5)_y = 3(0.5)^3 - 9(0.5)^2 + 6(0.5) = 1.125$$
$$r(0.75)_y = 3(0.75)^3 - 9(0.75)^2 + 6(0.75) = 0.7$$
$$r(0.9)_y = 3(0.9)^3 - 9(0.9)^2 + 6(0.9) = 0.297$$
$$r(1)_y = 0$$

$$r(0) = (0, 0)$$
$$r(0.1) = (0.328, 0.513)$$
$$r(0.25) = (0.906, 0.984)$$
$$r(0.5) = (2, 1.125)$$
$$r(0.75) = (3.09, 0.7)$$
$$r(9) = (3.672, 0.297)$$
$$r(1) = (4, 0)$$

(4) B 스플라인(B-spline) 곡선

: 조정점 하나의 변화가 복합 곡선 전체에 영향을 미치는 베지어 곡선의 단점을 해결하고 베지어 곡선의 조작성과 스플라인 곡선의 연결성(continuity)을 합성한 B-spline 곡선을 1972년 Gordon과 Riesenfeld가 발표하였다. B-spline 곡선은 연결성과 조작성이 우수하여 조정점 하나가 변화하여도 곡선 전체가 변하지 않고 국부적으로만 변하면서도 복합 곡선의 연결성이 보장되는 우수한 곡선이었다.

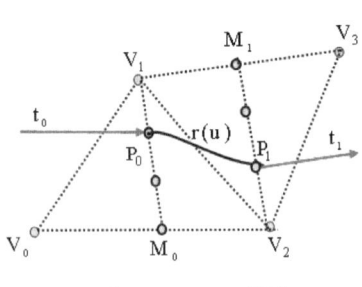

[그림 4.5] B-spline 곡선

- 근사 곡선
- Spline의 연속성과 베지어 곡선의 조작성을 합성함
- 조정점의 변화로 국부적인 변형 가능(지역 유일성)
- 곡선상의 몇 개의 점을 알고 있을 때 꼭짓점을 쉽게 알 수 있음(=역변환)
- 조정점은 차수와 무관, 설계자가 결정(일반적으로 조정 점수와 동일 $O = N$ 차식)
- 복합 곡선에서 곡선 세그먼트의 수가 M일 때 조정점 수, $N = M{+}3$

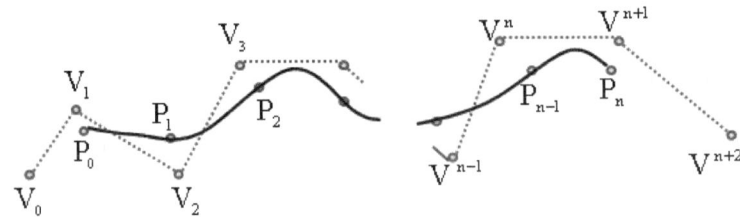

[그림 4.1] 복합 B-spline 곡선

◉ B-spline 곡선식

: 식 (1)을 [그림 4.5]와 같은 B-spline curve model로 정의하기 위한 경계 조건은 아래와 같다.

a) $M_0 = (V_0 + V_2)/2$; $M_1 = (V_1 + V_3)/2$; $P_0 = (2V_1 + M_0)/3$; $P_1 = (2V_2 + M_1)/3$

b) It starts from P_0 and ends P_1

c) The start tangent vector, t_0 at P_0 is equal to $(M_0 - V_0)$

d) The end tangent vector, t_1 at P_1 is equal to $(M_1 - V_1)$ 　　　　　　　　(11)

식 (11)의 조건으로부터 P_0와 P_1은 식 (12)와 같이 조정점에 대한 식으로 나타낼 수 있다.

$$P_0 = r(0) = [4V_1 + (V_0 + V_2)]/6$$
$$P_1 = r(1) = [4V_2 + (V_1 + V_3)]/6 \tag{12}$$

또한, End tangent vector t_0, t_1은 다음과 같이 나타낼 수 있다.

$$t_0 = \dot{r}(0) - (V_2 - V_0)/2 \ ; \qquad t_1 - \dot{r}(1) - (V_3 - V_1)/2 \tag{13}$$

식 (12)와 식 (13)을 행렬식으로 나타내면 아래와 같다.

$$S = \begin{bmatrix} P_0 \\ P_1 \\ t_0 \\ t_1 \end{bmatrix} = \frac{1}{6} \begin{bmatrix} 1 & 4 & 1 & 0 \\ 0 & 1 & 4 & 1 \\ -3 & 0 & 3 & 0 \\ 0 & -3 & 0 & 3 \end{bmatrix} \begin{bmatrix} V_0 \\ V_1 \\ V_2 \\ V_3 \end{bmatrix} = KR \tag{14}$$

식 (14)를 Ferguson curve model인 식 (5)에 대입하면 다음과 같은 3차 uniform B-spline curve가 생성된다.

$$r(u) = UCS = UC(KR) = U(CK)R$$
$$= UNR \qquad \text{with } 0 \leq u \leq 1$$

여기서 $\quad U = [1 \ u \ u^2 u^3],$

$$N = \frac{1}{6} \begin{bmatrix} 1 & 4 & 1 & 0 \\ -3 & 0 & 3 & 0 \\ 3 & -6 & 3 & 0 \\ -1 & 3 & -3 & 1 \end{bmatrix}$$

$$R = [V_0 \ V_1 \ V_2 \ V_3]^T \tag{15}$$

(5) NUBS & NURBS

: NUBS(Non-Uniform B-spline)는 B-spline(Uniform B-spline)과 달리 매듭값(knot vector) 이 일정하지 않고 0이 아닌 임의의 범위에 있다. 또한, NURBS(Non-Uniform Rational B-spline)는 NUBS와 달리 가중치를 부여하여 이상적인 곡선으로 만든 것 이다.

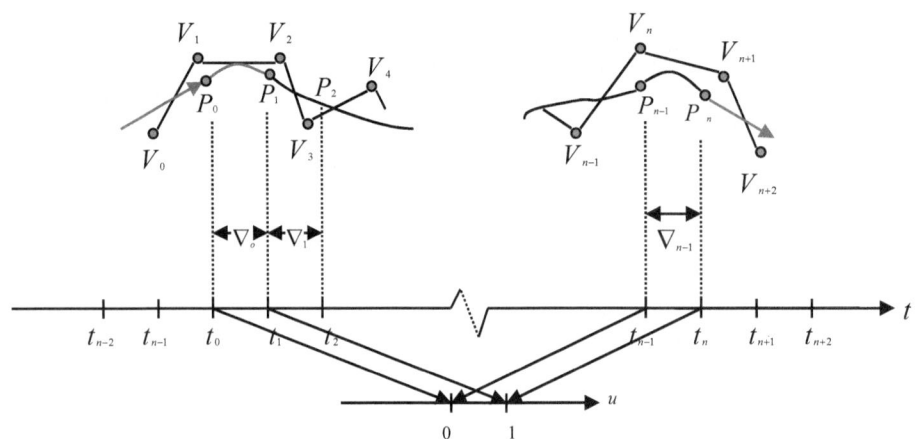

[그림 4.6] NUBS(Non-uniform B-spline Curve)

◉ 자유 곡선 정리

Furguson	Spline	Bezier	B-spline
• 위치 벡터와 방향 벡터로 구성 • Coons 곡면: Furguson 곡면을 발전시킨 유사 곡면 • Hermite 함수 사용 (보간 곡선)	• Furguson 곡선의 연결성 문제를 해결 (연결점에서 위치 벡터, 접선 벡터, 곡률이 모두 연속) • 모든 조정점을 지남 (보간 곡선)	• 조정점의 조작으로 조작성 우수 • 첫 조정점과 마지막 조정점만을 지니는 근사 곡선 • 1개의 조정점 변화는 곡선 전체에 영향을 미침 • 조정점이 (N)개이면 차수(ORDER) O = N − 1 차식 • N개의 조정점에 의해 N-1차 곡선 생성 • 복합 곡선에서 곡선 세그먼트의 수가 M일 때 조정점 수 N = 3M+1 • 블록포의 안쪽에 위치 • Bernstein-Bezier 다항식 함수 사용	• 1개의 조정점 변화는 국부적으로만 영향(지역 유일성) • 첫 조정점과 마지막 조정점을 안 지남(근사 곡선) • 복합 곡선에서 곡선 세그먼트의 수가 M일 때 조정점 수 N = M+3 • 조성섬은 차수와 무관, 실계자가 결정(일반적으로 조정점 수와 동일) • 블록포의 안쪽에 곡선 위치 • 연속성(spline)과 제어성(Bezier) 우수 • Order, 조정점, 절점(knot) 벡터로 구성

<table>
<tr><td colspan="4" align="center">NUBS & NURBS</td></tr>
<tr><td colspan="4">

• B-spline [매듭 값(=Knot vector)]이 항상 일정
• NUBS(매듭 값이 0이 아닌 임의의 범위에 있음)
• NURBS(NUBS에서 가중치가 추가됨)
: Order, 조정점, 절점(knot) 벡터, 가중치로 구성
• NURBS 곡선으로 원추 곡선, Bezier, B-spline 등 다양한 곡선의 표현 가능(=역변환)
• 매듭 값을 이용하면 B-spline도 시작, 끝점을 지날 수 있음(NURBS 곡선은 반드시 양 끝점을 통과)
• 블랜딩 함수는 B-spline과 같은 함수 사용

</td></tr>
</table>

Q1) CAD 프로그램에서 자유 곡선을 표현할 때 주로 많이 사용하는 방정식의 형태는?

   ① 양함수식(explicit equation)   ② 음함수식(implicit equation)

   ③ 하이브리드식(hybris equation)   ❹ 매개변수식(parametric equation)

Q2) 서피스 모델링(surface modeling) 방식으로 정의된 곡면의 일부를 절단하면 어느 형태의 도형인가?

   ① 점   ② 곡면   ❸ 곡선   ④ 평면

Q3) 다음 중 곡률(curvature)에 관한 일반적인 설명으로 틀린 것은?

   ① 곡률(curvature)의 역수를 곡률 반경(radius of curvature)이라 한다.

   ② 직선의 곡률 반경은 무한대이다.

   ③ 반지름이 a인 원호의 곡률 반경은 a이다.

   ❹ 평면상에 놓인 곡선에 대한 법선 곡률(normal curvature)은 무한대이다.

Q4) CAD 소프트웨어에서 3차식을 곡선 방정식으로 가장 많이 사용하는 이유로 적절한 것은?

   ❶ 복잡한 형태의 곡선을 만들 때 곡률의 연속을 보장할 수 있다.

   ② 2차식에 비해 계산 시간이 짧게 걸린다.

   ③ 2차식에 비해 작은 구속 조건으로도 곡률을 생성할 수 있다.

   ④ 경계 조건이 모호하여도 곡률을 생성할 수 있다.

Q5) 일반적인 CAD 시스템에서 많이 사용하는 곡선의 방정식의 차수가 3차인 이유로 가장 적절한 것은?

   ① 곡선의 전면에 떨림이 적어 평탄한 곡선을 만들어 낼 수 있다.

   ② 곡선 방정식을 구성하는 계수의 계산이 편리하여 방정식을 구성하는 계수의 계산이 편리하여 방정식을 쉽게 구현할 수 있다.

   ③ 곡선 방정식을 구성하는 계수의 변화에 따른 곡선 형태의 변화를 미리 예측하기 쉽다.

   ❹ 두 개의 곡선을 연결할 때 양쪽 곡선이 모두 3차식이면 연결점에서 곡률 연속을 보장할 수 있다.

Q6) 모델링에 있어 $y = f(x)$와 같은 양함수 형태로 곡선을 표현할 때, 높은 차수의 다항식으로 표현하여 사용하지 않는 이유로 적절한 것은?

   ① 양함수식은 컴퓨터 그래픽스를 통해 화면에 표현이 어렵기 때문이다.

   ② 함수의 차수가 높아질수록 도형이 단순해지기 때문이다.

   ③ 원호만으로도 모든 곡선을 표현할 수 있기 때문이다.

   ❹ 차수가 높을수록 곡선에 심한 변곡이 발생할 수 있기 때문이다.

Q7) 날개 모서리(Winged edge) 데이터 구조에 대한 설명 중 틀린 것은?

① 임의의 모서리를 중심으로 하여 각각의 모서리에 이웃하는 모서리들, 그 모서리를 공유하는 두 개의 면, 모서리의 양 끝 꼭짓점을 저장하는 구조이다.

② 각각의 면의 경계를 이루는 모서리들은 따로 저장할 필요 없이 각각의 면에 속한 하나의 모서리만 알면 된다.

③ 면을 이루고 있는 모서리의 개수가 유동적이어도 된다.

❹ 네 개의 날개 모서리를 구별 없이 저장해도 각 모서리의 주변 정보를 탐색할 수 있다.

Q8) 퍼거슨 3차 Hermite 곡선식의 기하 계수에 해당하는 것은?

① 곡선상의 임의의 4개의 점

② 곡선의 양 끝점과 곡선상의 임의의 2개의 점

❸ 곡선의 양 끝점과 양 끝점에서의 접선 벡터

④ 곡선상의 임의의 4개의 점에서의 접선 벡터

Q9) 퍼거슨(Ferguson) 곡선 및 곡면에 관한 설명으로 틀린 것은?

① 곡선이나 곡면의 일부를 간단히 표현할 수 있다.

② 평면상의 곡선뿐만 아니라 3차원 공간에 있는 형상도 간단히 표현할 수 있다.

❸ 자동차 외관과 같이 곡률 변화율이 중요한 경우 곡면의 품질을 향상시킨다.

④ 곡선이나 곡면의 좌표 변환이 필요할 경우 주어진 벡터만을 좌표 변환하여 결과를 얻을 수 있다.

Q10) 3차 곡선식 $P(u) = a_0 + a_1 + a_2 u^2 + a_3 u^3$로 주어질 때 a_0, a_1, a_2, a_3와 같은 대수 계수를 곡선의 형상과 밀접한 관계를 갖는 P_0, P_1, P'_0, P'_1과 같은 기하 계수로 바꾸어서 나타낸 것은?

① Conic 곡선　❷ Hermite 곡선　③ Hyperbolic 곡선　④ Bezier 곡선

Q11) 퍼거슨(Ferguson) 곡선과 곡면의 특징으로 틀린 것은?

① 평면상의 곡선뿐만 아니라 3차원 공간에 있는 형상도 간단히 표현할 수 있다.

❷ 다각형의 꼭짓점의 순서를 거꾸로 하여 곡선을 생성하여도 같은 곡선이 생성된다.

③ 곡선 또는 곡면의 일부를 표현하려고 할 때는 매개변수의 범위를 조절하여 간단히 표현할 수 있다.

④ 일반 대수식에 비해 곡선 생성이 쉽긴 하지만, 벡터의 변화에 대해 벡터 중간부의 곡선 형태를 예측하여 원하는 특징 형상을 표현하는 데에 어려움이 있다.

Q12) 지정된 모든 점을 통과하면서도 부드럽게 연결된 곡선은?

① B-spline 곡선　❷ 스플라인 곡선　③ NURB 곡선　④ 베지어 곡선

Q13) 베지어(Bezier) 곡선의 특성이 아닌 것은?

　① 조정점 다각형의 시작점과 끝점을 지난다.

　② 조정점 다각형의 첫 번째 직선과 시작점에서의 접선 벡터의 방향이 같다.

　③ 조정점 다각형의 꼭짓점 순서가 거꾸로 되어도 같은 곡선이 생성된다.

　❹ 조정점 하나가 변경되어도 곡선에는 영향을 미치지 않는다.

Q14) Beizer 곡선에 대한 설명으로 틀린 것은?

　① 곡선의 치수가 조정점의 개수로부터 계산된다.

　② 곡선의 형상을 국부적으로 수정하기 어렵다.

　❸ 3차 Bezier 곡선은 모든 조정점을 지난다.

　④ Blending 함수는 Bernstein 다항식을 채택한다.

Q15) Bezier 곡선의 특징으로 틀린 것은?

　① 첫점과 끝점으로 곡선의 시작과 끝 위치를 표시한다.

　② 조정점들의 순서가 거꾸로 되어도 같은 곡선이 생성된다.

　③ 처음 두 점과 최종 두 점이 곡선의 시작점과 끝점에서의 기울기와 일치한다.

　❹ 조정점(control point)들을 모두 지난다.

Q16) CAD/CAM 시스템의 곡선 표현 방식에서 Bezier 곡선에 대한 설명으로 틀린 것은?

　① 블렌딩 함수는 정규화 특성을 만족한다.

　❷ 조정점의 순서가 거꾸로 되면, 다른 곡선이 생성된다.

　③ 모델링된 곡선은 첫 번째 조정점과 마지막 조정점을 지난다.

　④ 블렌딩 함수로 번스타인 다항식(Bernstein Polynomial)을 사용한다.

Q17) 베지어(Bezier) 곡선에 관한 설명 중 가장 거리가 먼 것은?

　① 곡선은 양단의 정점을 통과한다.

　② 1개의 정점 변화는 곡선 전체에 영향을 미친다.

　❸ n개의 정점에 의해서 정의된 곡선은 (n+1)차 곡선이다.

　④ 곡선은 정점을 연결시킬 수 있는 다각형의 내측에 존재한다.

Q18) 다음 중 Bezier 곡선의 일반적인 특성으로 옳지 않은 것은?

　① Bernstein 다항식을 블렌딩 함수로 사용한다.

　② 생성되는 곡선은 시작점과 끝점을 반드시 지난다.

　③ 블록 껍질(convex hull) 내부에서만 곡선이 정의되는 성질을 갖는다.

　❹ 곡선의 양 끝점과 그 점에서의 접선 벡터만을 이용하여 곡선을 정의한다.

Q19) 다음 중 블렌딩 함수로 베른스타인(Bernstein) 다항식을 사용한 곡선 방정식은?

    ① NURBS 곡선   ❷ 베지어(Bezier) 곡선   ③ B-spline 곡선   ④ 퍼거슨(Ferguson) 곡선

Q20) 네 점, p_0, p_1, p_2, p_3를 조정점으로 하는 3차 Bezier 곡선의 p_3에서의 접선 벡터를 조정점의 함수로 표현하면?

    ① $p_1 + 2p_2 + p_3$ ❷ $3p_3 - 3p_2$ ③ $p_1 - 2p_2 + p_3$ ④ $3p_2 - 3p_3$

Q21) 3차 Beizer 곡선의 조정점이 다음과 같은 순서로 놓일 때, 곡선 시작점에서 단위 접선 백터는?

    조정점 좌표 $(0,0)$, $(0, 2)$, $(2, 2)$, $(2, 0)$

    ① $(1, 0)$ ❷ $(0,1)$ ③ $(0.707, 0.707)$ ④ $(-1, 0)$

A21) 곡선 시작점에서의 접선 벡터는 두 번째 점에서 첫 번째 점을 뺀 벡터이다.

    접선 벡터, $\vec{T} = V_2 - V_1 = (0i + 2j) - (0i + 0j) = 2j$

    $|T| = \sqrt{2^2} = 2$

    단위 접선 벡터, $\vec{t} = \dfrac{\vec{T}}{2} = \dfrac{2j}{2} = j = (0, 1)$

Q22) Bezier 곡선이 갖는 특징으로 틀린 것은?

    ① 조정점(Control Point)의 개수와 곡선식의 차수가 직결되어 실제로 모든 조정점이 곡선의 형상에 영향을 준다.

    ② 복잡한 형상의 곡선 생성을 위해 조정점의 수가 증가하게 되고 곡선 형상의 진동 등의 문제를 야기한다.

    ❸ 두 개의 인접한 Bezier 곡선의 연결점에서 접선 연속성과 곡률 연속성을 동시에 만족 시키는 것이 불가능하다.

    ④ 모든 조정점이 곡선의 형상에 영향을 주므로 부분적 형상 변경을 위해 조정점을 옮기면 곡선 전체의 형상이 변경되는 문제가 발생한다.

Q23) 조정점이 7개인 Bezier 곡선에서 곡선 방정식의 차수는?

    ① 3차   ② 4차   ③ 5차   ❹ 6차

A23) 차수(order), $O = N - 1 = 7 - 1 = 6$

Q24) 절점의 개수가 9이고 차수(degree)가 4인 임의의 b-spline 곡선의 조정점의 개수는 몇 개인가?

    ① 3   ❷ 4   ③ 5   ④ 6

Q25) B-spline 곡선을 정의하기 위해 필요하지 않은 입력 요소는?

    ① 조정점   ② 절점(knot) 벡터   ③ 곡선의 오더(order)   ❹ 끝점에서의 접선(tangent) 벡터

Q26) 곡선의 표현식에 매듭 값(knot value)을 사용하는 것은?

    ① Bezier 곡선   ② Hermite 곡선   ❸ B-spline 곡선   ④ 쌍곡선

Q27) B-spline 곡선의 특징으로 틀린 것은?

    ① 연속성 보장   ② 국부적 조정 가능

    ③ 역변환 용이 ❹ 다각형에 따른 형상 예측 불가능

Q28) B-spline 곡선에 대한 일반적인 설명으로 틀린 것은?

    ① B-spline 곡선은 국소 변형 성질을 가지고 있다.

    ② 비균일 유리 B-spline 곡선을 NURBS 곡선이라 한다.

    ③ B-spline 곡선은 조정점의 개수에 무관하게 곡선의 차수를 결정할 수 있다.

    ❹ B-spline 곡선의 오더가 k라면 특정 매개변수에 해당하는 곡선의 형상에 영향을 미치는 조정점은 (k+1)개이다.

Q29) B-스플라인 곡선에 관한 설명으로 옳은 것은?

    ① 조정점 다각형이 정해져도 형상 예측은 불가능하다.

    ❷ 곡선의 차수는 조정점의 개수와 무관하다.

    ③ 하나의 꼭짓점을 이용한 국부적 조정이 불가능하다.

    ④ 이웃하는 단위 곡선과의 연속성이 보장되지 않는다.

Q30) 다음 중 P_0, P_1, P_2의 조정점을 갖고 오더가 3인 비주기적 균일 B-spline 곡선의 식을 다항식 형태로 유도한 것으로 적절한 것은?

    ① $P(u) = u^2 P_0 + 2u(1-u)P_1 + (1-u)^2 P_2$

    ❷ $P(u) = (1-u)^2 P_2 + 2u(1-u)P_1 + u^2 P_0$

    ③ $P(u) = u^2 P_0 + 2u(1-u)P_1 + (1-u)^2 P_2$

    ④ $P(u) = (1-u)^2 P_2 + 2u(1-u)P_1 + u^2 P_0$

Q31) 3차원 곡선(curve)을 정의하는 방법에 대한 설명으로 틀린 것은?

    ① Bezier 곡선은 주어진 시작점과 끝점을 통과한다.

    ② B-spline은 1점의 변경에 의한 곡선 전체에 주는 영향이 작다.

    ③ B-spline은 곡선 전체의 연속성도 spline의 성격을 받아 이루어지기 때문에 좋다.

    ❹ Bezier 곡선은 1점의 변경에 의한 곡선 전체에 주는 영향이 없다.

Q32) 다음 곡선(Curve)의 특징에 대한 설명으로 틀린 것은?

❶ NURBS 곡선은 2개의 좌표의 조정점 사용으로 곡선의 변형이 제한적이다.

② NURBS 곡선은 양 끝점을 반드시 통과해야 한다.

③ Bezier 곡선은 반드시 주어진 시작점과 끝점을 통과한다.

④ Bezier 곡선은 다각형의 꼭짓점 순서가 거꾸로 되어도 같은 곡선이 생성되어야 한다.

Q33) 다음 중 NURBS 곡선에 관한 설명으로 틀린 것은?

① 일반적인 B-spline 곡선을 포함하다.

❷ 모든 조정점을 지나는 부드러운 곡선이다.

③ 원, 타원, 포물선, 쌍곡선 등 원추 곡선을 정확하게 나타낼 수 있다.

④ 3차 NURBS 곡선은 특정 노트 구간에서 4개의 조정점 외에 4개의 가중치(weight value)와 절점(knot) 벡터의 정보가 이용된다.

Q34) CAD 시스템의 형상 모델링에서 B-Spline 방정식으로는 완벽하게 표현이 불가능하였지만 NURBS에서는 완벽한 표현이 가능한 것은?

❶ 원   ② 직선   ③ 삼각형   ④ 사각형

Q35) 다음 중 NURRS 곡선에 관한 설명으로 틀린 것은?

① Conic 곡선을 표현할 수 있다.

❷ Blending 함수는 Bernstein 다항식이다.

③ Blending 함수는 B-spline과 같은 함수를 사용한다.

④ 조정점의 가중치(weight)를 변경하여 곡선 형상을 변화시킬 수 있다.

Q36) 다음 중 NURBS(Non Uniform Rational B-spline) 곡선의 특징으로 가장 거리가 먼 것은?

① 3차원 좌표로 표현되는 조정점 사용으로 곡선의 변형이 자유롭다.

② NURBS 곡선으로 B-spline, Bezier 곡선도 표현할 수 있다.

❸ 모든 조정점을 지나는 부드러운 곡선이다.

④ 원추 곡선의 정확한 표현이 가능하다.

Q37) NURBS(Non Uniform Rational B-spline) 곡선의 특징으로 거리가 먼 것은?

① 3차원 좌표의 조종점 사용으로 곡선의 변형이 자유롭다.

❷ 모든 조종점을 지나는 부드러운 곡선이다.

③ 원추 곡선의 정확한 표현이 가능하다.

④ NURBS 곡선으로 B-spline, Bezier 곡선도 표현할 수 있다.

Q38) 다음 중 원호를 가장 정확하게 나타낼 수 있는 곡선은?

❶ 2차 NURBS 곡선　　　　　② 3차 Herimite 곡선

③ 4차 Bezier 곡선　　　　　④ 5차 B-Spline 곡선

Q39) NURBS(Non-Uniform Rational B-spline)에 관한 설명으로 잘못된 것은?

① NURBS 곡선식은 일반적인 B-spline 곡선식을 포함하는 더 일반적인 형태라고 할 수 있다.

② B-spline에 비하여 NURBS 곡선이 보다 자유로운 변형이 가능하다.

❸ 곡선의 변형을 위하여 NURB 곡선에서는 조정점의 x, y, z의 3개의 자유도를 조절한다.

④ NURBS 곡선은 자유 곡선뿐만 아니라 원추 곡선까지 한 방정식의 형태로 표현이 가능하다.

Q40) NURBS(Non-Uniform Rational B-Spline) 곡선에 대한 설명 중 틀린 것은?

① 조정점을 호모지니어스 좌표(homogeneous coordinate)계로 표현한다.

❷ 매듭 값(knot value) 간의 간격이 일정하다.

③ 곡선의 형상을 국부적으로 수정할 수 있다.

④ 원을 정확하게 표현할 수 있다.

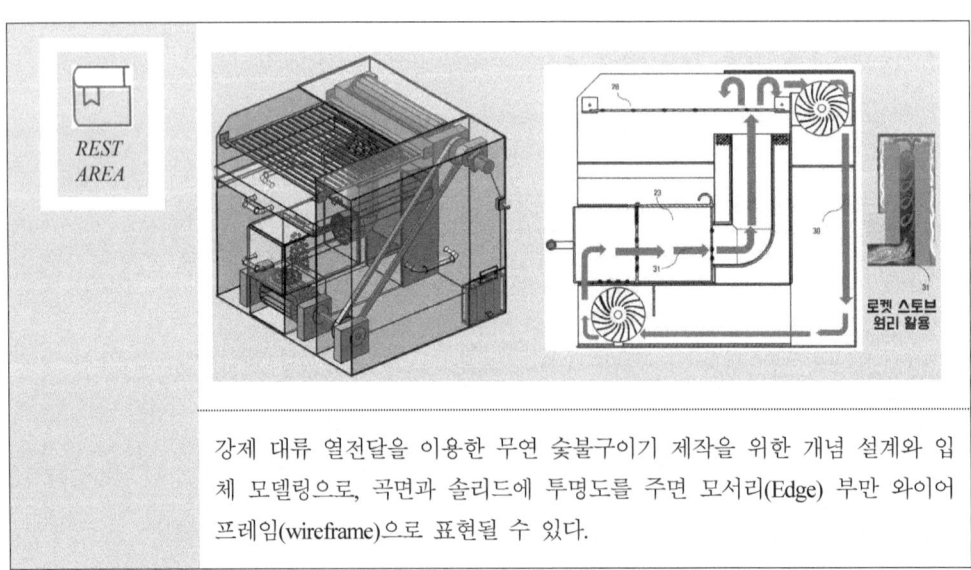

강제 대류 열전달을 이용한 무연 숯불구이기 제작을 위한 개념 설계와 입체 모델링으로, 곡면과 솔리드에 투명도를 주면 모서리(Edge) 부만 와이어 프레임(wireframe)으로 표현될 수 있다.

4.2 곡면(Surface)

: 곡면 모델링은 와이어 프레임의 모서리 선으로 둘러싸인 면을 곡면의 방정식으로 표현한 것으로, 은선 제거가 가능하고 수치 제어 가공 데이터로 사용할 수 있으나 두께와 부피가 없고 면적만 존재하므로 질량, 무게중심 등 물리적 성질을 계산할 수 없다.

◉ **곡면 모델의 특징**

- 은선 제거가 가능하다.
- 복잡한 형상의 표현이 가능하다.
- 수치 제어(NC) 가공 정보를 얻을 수 있다.
- 단면도 작성이 가능하고 두 개 면의 교선을 구할 수 있다.
- 체적이 없기 때문에 질량, 무게 중심 등 물리적 성질의 계산이 곤란하다.
- 체적이 없기 때문에 유한 요소법(FEM : Finite Element Method)의 적용이 어렵다. 단, 두께를 별도로 주어 3차원 물체로 가정하면 2D shell 요소로 해석이 가능하다.

4.2.1 기본 곡면

: 기본(Primitives) 곡면은 해석적(음함수식)으로 표현이 가능한 평면, 구면, 원통면, 원뿔면, Torus면, 타원체면 등이 있다.

① 평면

: $g(x, y, z) = 0$ 을 만족하는 좌푯값 (x, y, z)의 집합은 3차원 공간상의 곡면을 나타낸다. 이 음함수식에서 $g(x, y, z)$ 가 x, y, z에 대해 1차식이면 평면의 방정식이다.

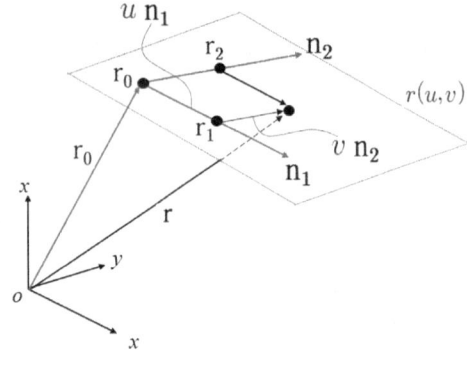

● 평면의 방정식(음함수식)

$$g(x, y, z) = ax + by + cz - d = 0$$

● 평면의 방정식(매개변수식)

$$r(u, v) = \mathbf{r}_0 + u\,\mathbf{n}_1 + v\,\mathbf{n}_2$$

● 평면의 법선 벡터

$$\mathbf{n} = \mathbf{n}_1 \times \mathbf{n}_2$$

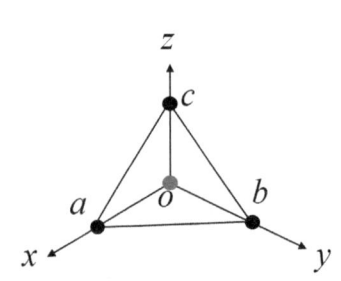

● 세 개 축의 절편에 의한 평면 방정식

$$\frac{x}{a} + \frac{y}{b} + \frac{z}{c} = 1$$

Q1) 점, $r_0(1, 1, 1)$, $r_1(2, 0, 0)$, $r_2(0, 2, 0)$를 지나는 평면의 방정식과 법선 벡터를 구하라.

A1) 평면상의 두 벡터는 다음과 같다.

$$\mathbf{n}_1 = \mathbf{r}_1 - \mathbf{r}_0 = (1, -1, -1)$$
$$\mathbf{n}_2 = \mathbf{r}_2 - \mathbf{r}_0 = (-1, 1, -1) \text{ 이므로}$$

$$r(u,v) = \mathbf{r}_0 + u\,\mathbf{n}_1 + v\,\mathbf{n}_2$$
$$= \begin{bmatrix} 1 \\ 1 \\ 1 \end{bmatrix} + u \begin{bmatrix} 1 \\ -1 \\ -1 \end{bmatrix} + v \begin{bmatrix} -1 \\ 1 \\ -1 \end{bmatrix}$$

u, v 값을 각각 0.5로 하여 좌표를 계산해 보고 CAD S/W에서 검증하시오.

$$r(0.5, 0.5) = \mathbf{r}_0 + u\,\mathbf{n}_1 + v\,\mathbf{n}_2$$
$$= \begin{bmatrix} 1 \\ 1 \\ 1 \end{bmatrix} + 0.5 \begin{bmatrix} 1 \\ 1 \\ -1 \end{bmatrix} + 0.5 \begin{bmatrix} -1 \\ 1 \\ -1 \end{bmatrix}$$
$$= \begin{bmatrix} 1 \\ 1 \\ 0 \end{bmatrix}$$

[CATIA 검증]

법선 벡터는 다음과 같다.
$$\mathbf{n} = \mathbf{n}_1 \times \mathbf{n}_2$$
$$= \begin{vmatrix} i & j & k \\ 1 & -1 & -1 \\ -1 & 1 & -1 \end{vmatrix}$$
$$= j + k + i - [-i - j + k)$$
$$= 2i + 2j$$

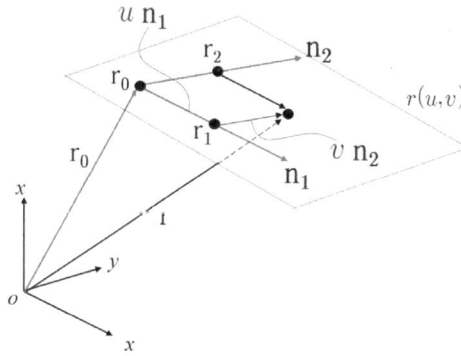

② 2차식 곡면

: $g(x, y, z) = 0$을 만족하는 좌푯값 (x, y, z)의 집합이 3차원 공간상의 곡면을 나타내는 경우, 이 음함수식에서 $g(x, y, z)$가 x, y, z에 대해 2차식이면 2차 곡면의 방정식이 된다.

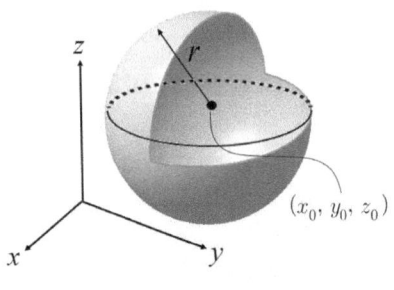

- 구의 방정식

$$(x - x_0)^2 + (y - y_0)^2 + (z - z_0)^2 = r^2$$

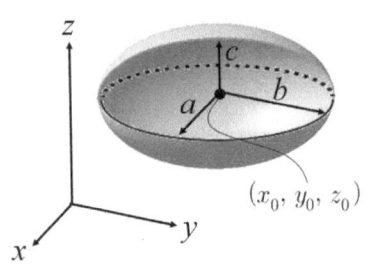

- 타원면의 방정식

$$\frac{(x - x_0)^2}{a^2} + \frac{(y - y_0)^2}{b^2} + \frac{(z - z_0)^2}{c^2} = 1$$

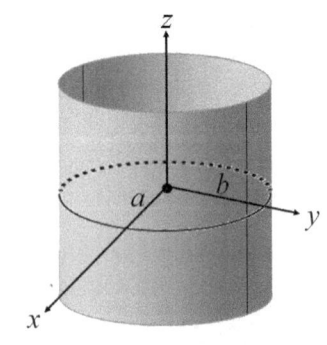

- 원기둥면의 방정식

$$\frac{x^2}{a^2} + \frac{y^2}{b^2} = 1$$

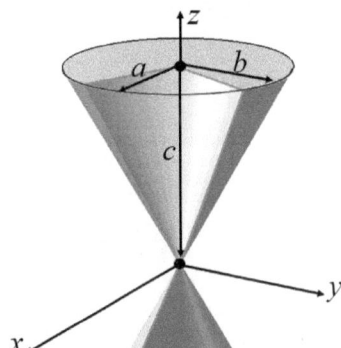

- 타원추면의 방정식

$$\frac{x^2}{a^2} + \frac{y^2}{b^2} - \frac{z^2}{c^2} = 0$$

4.2.2 자유 곡면

: 음함수식으로 표현되지 않고 매개변수식으로 표현하는 곡면을 자유 곡면이라 하고 Ferguson 곡면, Bezier 곡면, B-spline 곡면, NURBS 곡면 등이 있다. 음함수식으로 표현된 해석적 곡면은 법선 벡터를 구하기는 편리하나 곡면을 컴퓨터로 그리거나 CNC 기계로 공구 경로를 생성하기 어렵다. 매개변수식으로 표현하면 행렬, 배열의 방법으로 코딩이 간편하다.

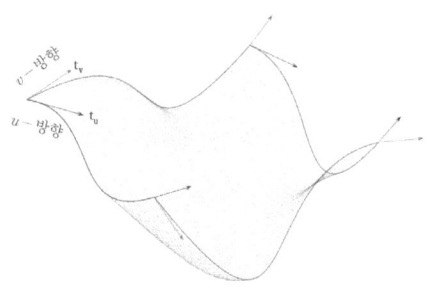

① Ferguson 곡면, Coons 곡면

: Ferguson 곡면과 Coons 곡면은 곡면 모서리 점에서의 위치 벡터와 방향 벡터를 이용하여 생성하는 곡면이다. 1964년 MIT의 S. A. Coons는 Ferguson 곡면의 경계 곡선을 더욱 부드럽게 연결하는 쿤스 곡면을 개발하였다.

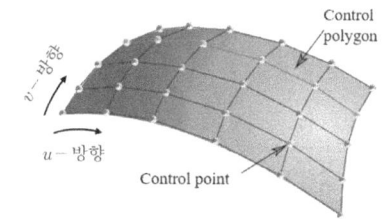

② Bezier 곡면 t_u t_v

: u 한 방향의 베지어 곡선을 u, v 양방향으로 확장한 것으로 블폭포 다각형(Control polygon) 내부에서 조정점(Control point)의 조작으로 생성한다.

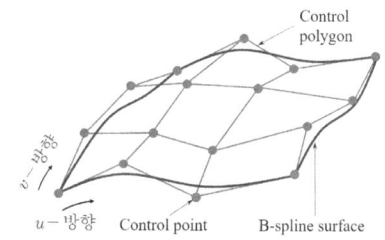

③ B-spline 곡면

: B-spline 곡선을 u, v 양방향으로 확장한 곡면으로 다면체의 조정점으로 근사하거나 보간할 수 있다.

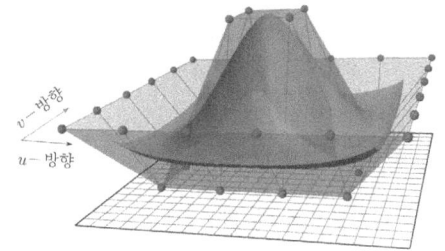

④ NURBS 곡면

: **NURBS** 곡선을 u, v 양방향으로 확장한 곡면이다.

◉ Bezier 곡면식

: 매개변수, u로만 이루어진 자유 곡선의 매개변수식에 v 방향을 추가하면 다음과 같은 양 3차 자유 곡면의 매개변수식이 생성된다. 아래 식은 Bernstein-Bezier 다항식을 행렬로 나타낸 Bezier 곡면 모델이다.

$$\mathbf{r}(u) = UMRM^T V^T \qquad\qquad \text{with} \quad 0 \le u, v \le 1$$

$$M = \begin{bmatrix} 1 & 0 & 0 & 0 \\ -3 & 3 & 0 & 0 \\ 3 & -6 & 3 & 0 \\ -1 & 3 & -3 & 1 \end{bmatrix}, \qquad R = \begin{bmatrix} V_{00} & V_{01} & V_{02} & V_{03} \\ V_{10} & V_{11} & V_{12} & V_{13} \\ V_{20} & V_{21} & V_{22} & V_{23} \\ V_{30} & V_{31} & V_{32} & V_{33} \end{bmatrix} \qquad (16)$$

건담 프라모델을 역설계하여 5축 가공 및 조립한 학생 프로젝트 작품이다.

4.2.3 조작 곡면

: 회전 곡면이나 이동 곡면과 같이 이동 곡선이나 안내 곡선 등을 조작하여 생성하는 곡면을 조작 곡면이라 한다.

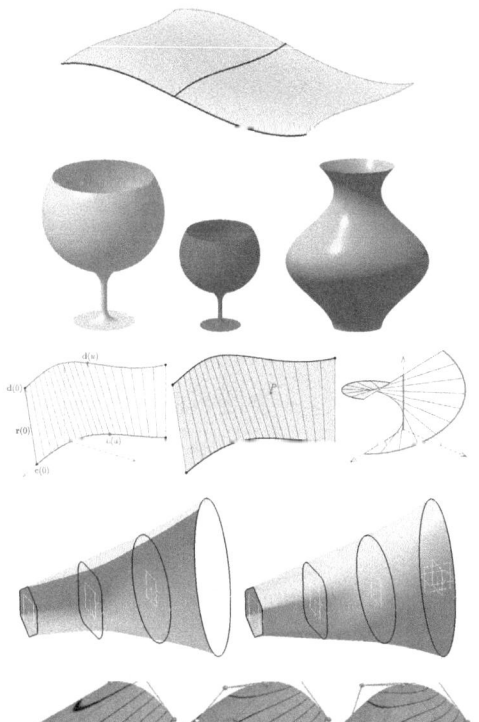

① 이동 곡면(Sweep surface)
  : 이동 곡선(단면 곡선)이 안내 곡선을 따라 이동하여 생성하는 곡면

② 회선 곡면(Revolved surface)
  : 단면 곡선이 회전 중심축을 따라 회전하여 생성하는 곡면

③ 압연 곡면(Ruled surface)
  : 두 곡선 사이를 직선으로 보간하여 생성하는 곡면

④ Loft 곡면(Multi-section surface)
  : 여러 개의 단면 곡선을 연결하여 생성하는 곡면

⑤ Lifting 곡면
  : 조정점을 들어올려서 원하는 방향으로 늘어나도록 조작하는 곡면

⑥ Blending 곡면
  : 연결부의 접선 벡터와 법선 벡터를 일치시켜 부드럽게 수정한 곡면으로 두 곡면의 가중 평균을 이용하기도 한다.

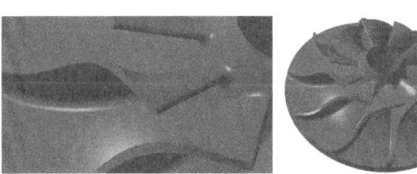

⑦ Fillet 곡면
  : 연결부에 일정한 반지름을 주어 매끄럽게 수정한 곡면

⑧ Mesh 곡면
  : 그물망을 형성하는 곡면

⑨ Re-meshing 곡면
  : Mesh 곡면을 수정한 곡면

◉ 이동 곡면(Sweep surface)의 매개변수 방정식

: 이동 곡선(move curve), r_m이 안내 곡선(direction curve) r_g를 따라 이동하여 생성하는 곡면으로 아래의 식 (17)과 같은 매개변수 방정식을 갖는다.

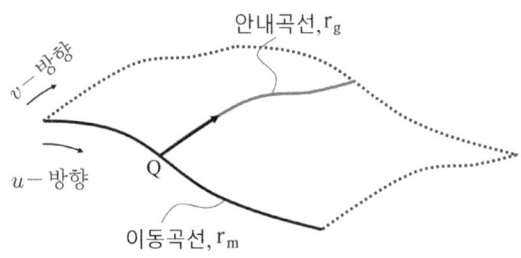

$$r(u,v) = r_m(u) + r_g(v) - r_g(v_0) \tag{17}$$

Q1) 점, $r_0(1,1,1)$, $r_1(2,0,0)$, $r_2(0,2,0)$를 지나는 평면의 방정식을 이동 곡면의 방정식으로 구하라.

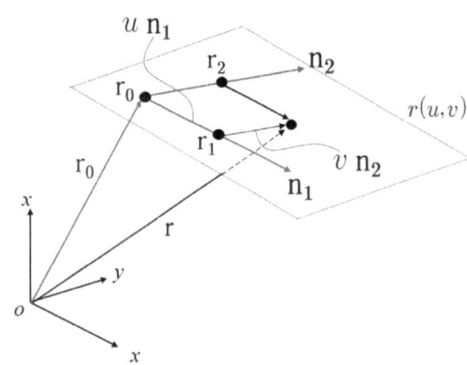

r_0와 r_1을 잇는 직선을 이동 곡선으로 삼고 r_0와 r_2을 잇는 직선을 안내 곡선으로 삼는다.

$$r_m(u) = r_0 + (r_1 - r_0)u$$
$$r_g(u) = r_0 + (r_2 - r_0)v$$

또한, 두 곡선이 만나는 점, Q는 r_0이므로 이동 곡면의 방정식은 아래와 같다.

$$\begin{aligned} r(u,v) &= r_m(u) + r_g(v) - r_g(v_0) \\ &= [r_0 + (r_1 - r_0)u] + \\ &\quad [r_0 + (r_2 - r_0)v] - [r_0] \\ &= r_0 + (r_1 - r_0)u + (r_2 - r_0)v \end{aligned}$$

결과적으로 이동 곡선과 안내 곡선이 직선이라면 이동 곡면의 방정식은 평면의 방정식과 동일하다.

평면의 방정식
$$n_1 = r_1 - r_0 = (1, -1, -1)$$
$$n_2 = r_2 - r_0 = (-1, 1, -1) \text{ 이므로}$$

$$\begin{aligned} r(u,v) &= r_0 + u\,n_1 + v\,n_2 \\ &= \begin{bmatrix} 1 \\ 1 \\ 1 \end{bmatrix} + u \begin{bmatrix} 1 \\ -1 \\ -1 \end{bmatrix} + v \begin{bmatrix} -1 \\ 1 \\ -1 \end{bmatrix} \end{aligned}$$

◉ 회전 곡면(Rotational surface)의 매개변수 방정식

: 회전 곡면(Rotational surface) 방정식을 유도하기 위한 개념도는 [그림 4.7]과 같다.

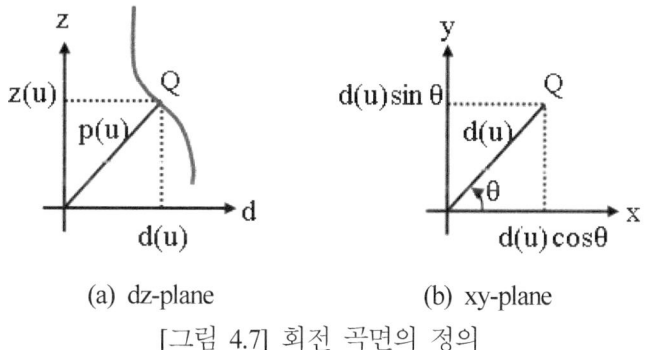

(a) dz-plane   (b) xy-plane

[그림 4.7] 회전 곡면의 정의

단면 곡선을 일정한 축에 대하여 회전 이동하면 회전 곡면이 얻어진다. 예를 들어 z축을 중심으로 회전하여 얻어지는 곡면을 z축을 포함하는 평면으로 절단하면 위 [그림 4.7]의 (a)와 같이 단면 곡선과 회전축과의 거리 d에 대하여 dz 직교 좌표계상의 곡선이 정의된다. 즉 식 (18)의 관계가 성립하고, 이때 점 Q가 z축을 중심으로 x축으로부터 θ만큼 회전하였다면 식 (19)와 같은 관계식을 얻는다.

$$P(u) = (d(u),\ z(u)) \tag{18}$$

$$x(u,\ \theta) = d(u)\cos\theta, \qquad y(u,\ \theta) = d(u)\sin\theta \tag{19}$$

dz 직교 평면상에서 $P(u) = [d(u),\ z(u)]$로 표시된 곡선을 z축에 대하여 회전한 곡면의 방정식은 식 (20)과 같다.

$$r(u,\theta) = d(u)\cos\theta i\ +\ d(u)\sin\theta j + z(u)k \tag{20}$$

⑩ 기타 곡면

- Skinning 곡면 : 다수의 단면 곡선으로 골격을 생성한 후 표면을 덮는 곡면으로 loft 곡면과 유사하다.
- Grid 곡면 : 역공학이나 역설계에서 3차원 측정점을 이용하여 생성하는 곡면
- Tweeking 곡면 : 기존 형상을 변경하는 곡면으로 대부분의 수정 곡면이 포함됨
- Smoothing 곡면 : 평활하게 수정한 곡면
- Fairing 곡면 : 오차를 수정한 곡면

cf. Patch : 경계 곡선의 내부를 형성하는 cell 단위 곡면, 곡선에서는 segment와 유사

4.2.4 용도에 따른 곡면의 분류

(1) 심미적 곡면

: 정확한 형상보다 미적 표현이 중시되는 곡면으로 자동차 내, 외장 부품, 가전제품의 외형이나 용기류, 세면대 등이 있으며, 주로 스윕 곡면이나 필렛 곡면 등으로 표현한다.

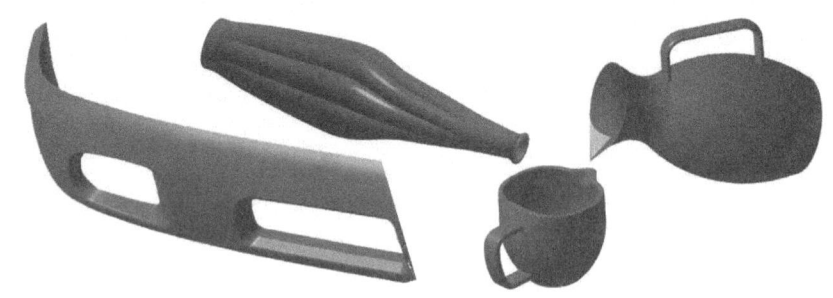

[그림 4.8] 심미적인 곡면

(2) 유체역학적 곡면

: 유체의 흐름을 고려한 곡면으로 유체의 방향성을 가지며, 환풍용 덕트, 임펠러, 프로펠러, 팬 등이 있다. 곡면의 외부로 유체가 흐를 때는 스윕(sweep) 곡면을, 내부로 흐를 때는 덕트(duct)형 곡면 등으로 표현한다. 아래 그림은 압축기, 펌프 등 유체 기계에 사용되는 임펠러의 유체역학적 곡면을 보여 준다.

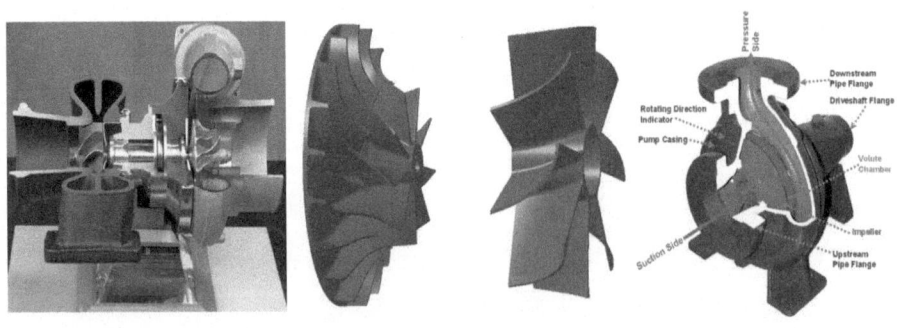

[그림 4.9] 임펠러의 유체역학적 곡면

(3) 공학적 곡면

: 심미적 곡면과 유체역학적 곡면을 제외하면 대부분이 공학용 곡면으로, 광학적 곡면(자동차 미러, 비구면 렌즈, 모니터 내부 Shadow mask 곡면)과 기구학적 곡면(기어, 캠 운동기구) 등이 있다. 공학적 곡면은 심미성보다 정확성과 조립성이 우선된다.

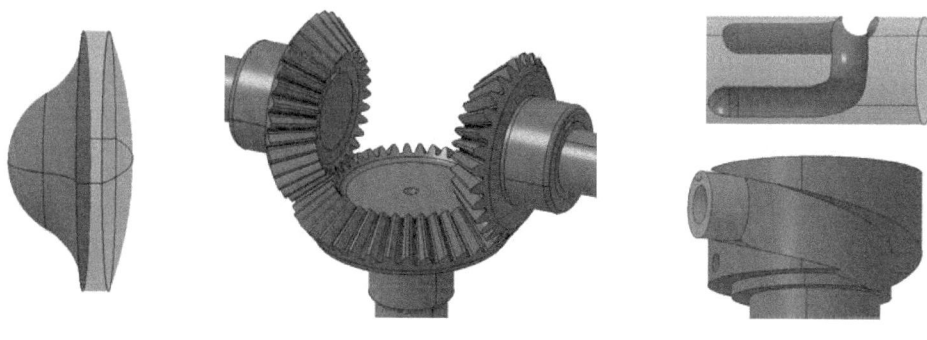

(a) 비구면 렌즈의 광학적 곡면   (b) 베벨 기어의 기구학적 곡면   (c) 캠 장치의 기구학적 곡면

[그림 4.10] 공학적 곡면

편심 구동장치 메커니즘을 활용하여 회전목마 본체의 회전운동과 목마의 상하 왕복운동을 구현한 학생 프로젝트 작품이다.

Q1) 다음 식은 무엇을 나타낸 방정식인가?

$$x^2 + y^2 + z^2 = 1$$

① 원(circle)　　② 포물선(parabola)　　③ 타원(ellipse)　　❹ 구(sphere)

Q2) 좌표 공간에서 점(2, -3, 1)을 중심점으로 하고 원점을 지나는 구의 방정식은?

① $(x+2)^2+(y+3)^2+(z-1)^2=18$　　　② $(x+2)^2+(y-3)^2+(z+1)^2=18$

③ $(x-2)^2+(y+3)^2+(z+1)^2=14$　　　❹ $(x-2)^2+(y+3)^2+(z-1)^2=14$

A2) 구의 방정식,

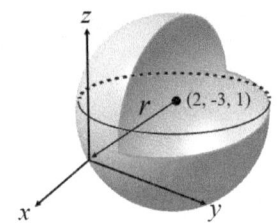

$$(x-x_0)^2+(y-y_0)^2+(z-z_0)^2=r^2$$
$$(x-2)^2+(y+3)^2+(z-1)^2=r^2$$
$$r=\sqrt{2^2+(-3)^2+1^2}=3.742$$
$$\therefore (x-2)^2+(y+3)^2+(z-1)^2=(3.742)^2$$
$$\therefore (x-2)^2+(y+3)^2+(z-1)^2=14$$

Q3) CAD/CAM 시스템에서 타원체면(ellipsoid)의 방정식으로 옳은 것은?

① $\dfrac{x}{a}+\dfrac{y}{b}+\dfrac{z}{c}=r$　　　　❷ $\dfrac{x^2}{a^2}+\dfrac{y^2}{b^2}+\dfrac{z^2}{c^2}=1$

③ $x^2+y^2+z^2=r^2$　　　　④ $x^2+y^2+z^2=a^2+b^2+c^2$

Q4) CAD 시스템에서 자유 곡면을 정의할 때 분할된 단위 곡면 구간 영역은?

❶ patch　　② curve　　③ element　　④ primitive

Q5) 곡면 모델(surface model)의 특징으로 틀린 것은?

① 은선 제거가 가능하다.
② CAM 가공을 위한 모델로 사용이 가능하다.
❸ 생성된 모델의 체적을 계산하기가 용이하다.
④ 3차원 유한 요소를 사용하기에 부적절한 모델이다.

Q6) 다음 중 서피스 모델링(surface modeling)에 관한 설명으로 틀린 것은?

① NC data를 생성할 수 있다.
② 명암(shade) 알고리즘을 제공할 수 있다.
③ 은선 제거가 가능하고, 면의 구분이 가능하다.
❹ 물체 내부 데이터를 가지고 있어 유한 요소법(FEM)의 적용이 용이하다.

Q7) 서피스 모델의 특징으로 가장 거리가 먼 것은?

    ① 은선 제거가 가능하다.

    ② NC 가공 정보를 얻을 수 있다.

    ③ 2개 면의 교선을 구할 수 있다.

    ❹ 체적, 관성 모멘트 등 물리적 성질을 계산하기가 용이하다.

Q8) 곡면 모델링(surface modeling)에 관한 설명으로 틀린 것은?

    ❶ 체적 등 물리적 성질의 계산이 간단하다.   ② 면과 면의 교선을 구할 수 있다.

    ③ NC 데이터를 얻을 수 있다.   ④ 은선 제거가 가능하다.

Q9) 곡면 모델(surface model)의 일반적 특징으로 옳은 것은?

    ① 곡면의 면적 계산이 불가능하다.

    ② 와이어 프레임보다 데이터양이 적다.

    ❸ NC 공구 경로 계산에 필요한 정보를 얻을 수 있다.

    ④ 부피 및 관성 모멘트와 같은 물리적 성질을 계산하기 쉽다.

Q10) CAD 시스템을 이용하여 부드러운 곡면을 만드는 방법으로 다음 중 가장 적절하지 않은 것은?

    ① 두 개의 떨어진 곡선을 여러 개의 직선으로 연결하여 곡면을 만든다.

    ② 여러 개의 단면 곡선을 입력한 후 그 곡선들을 보간하여 곡면을 만든다.

    ③ 임의의 원과 그 원의 중심이 지나야 할 곡선을 이용하여 파이프 모양을 만든다.

    ❹ 곡면 위의 많은 점의 좌표를 측정한 후 이 점들을 모두 지나는 곡면을 만든다.

Q11) 가공면을 자동적으로 인식 처리하며 NC 데이터 작성이 용이한 모델은?

    ① 실물 모델   ❷ 곡면 모델   ③ 유한 요소 모델   ④ 와이어 프레임 모델

Q12) 다음 중 CNC 공작 기계의 가공에 필요한 NC 코드의 생성에 가장 적절한 모델은?

    ① 커브(curve) 모델   ❷ 곡면(surface) 모델

    ③ 유한 요소(FEM) 모델   ④ 와이어 프레임(wireframe) 모델

Q13) 서피스 모델링에서 곡면을 절단하였을 때 나타나는 요소는?

    ① 곡면(surface)   ② 점(point)   ❸ 곡선(curve)   ④ 평면(plane)

Q14) 곡면 형상을 구성하는 가장 작은 단위의 형상 요소를 패치(patch)라고 한다. 이러한 패치의
    종류에 해당되지 않는 것은?

    ① Coon's patch   ❷ sketch patch   ③ ruled patch   ④ sweep patch

Q15) 네 개의 경계 곡선을 선형 보간하여 곡면을 표현하는 것은?

    ❶ Coons 곡면   ② Ruled 곡면   ③ B-Spline 곡면   ④ Bezier 곡면

Q16) 곡면을 변형시키지 않고 펼쳐서 평면으로 만들 수 있는 것을 전개 가능 곡면(developable surface)이라 하는데, 다음 중 전개 가능 곡면이 아닌 것은?
① 압연(ruled) 곡면 ② 원통(cylinder) 곡면 ❸ 쿤스(Coons) 곡면 ④ 선형(bilinear) 곡면

Q17) 곡면 패치의 4개의 경계 곡선을 선형 보간하여 생성되는 곡면은?
① Ferguson 곡면 ❷ Coon's 곡면 ③ Bezier 곡면 ④ Polygonal 곡면

Q18) 4개의 모서리 점과 4개의 경계 곡선을 부드럽게 연결한 곡면으로, 곡면의 표현이 간결하여 예전에는 널리 사용하였으나 곡면 내부의 볼록한 정도를 직접 조절하기가 어려워 정밀한 곡면 표현에는 적합하지 않은 것은?
① 베지어 곡면 ② 스플라인 곡면 ❸ 쿤스 곡면 ④ B-spline 곡면

Q19) 다음 중 곡면에 관한 일반적인 설명으로 틀린 것은?
① 베지어(Bezier) 곡면의 차수는 조정점의 개수에 의해 좌우된다.
② 곡면식들은 필요해 의해 그 미분 값들을 자주 계산할 필요가 있다.
❸ 쿤스 패치(Coons patch)는 패치를 구성하는 2개의 구석 점들을 선형 보간하여 전체 곡면식을 얻는다.
④ 최근의 솔리드 모델링 시스템은 사용되는 모든 곡면을 하나의 NURB 곡면식 형태로 저장하기도 한다.

Q20) 베지어(Bezier) 곡면의 특징으로 틀린 것은?
① 곡면의 코너와 코너 조정점이 일치한다.
② 곡면은 조정점의 일반적인 형상을 따른다.
③ 곡면의 차수는 조정점의 개수에 의해 정해진다.
❹ 곡면은 조정점들의 블록포(Convex hull) 외부에서 생성된다.

Q21) 곡면 모델링 방법에 따른 곡면 분류로 틀린 것은?
① 회전(revolve) 곡면 ❷ 토폴로지(topolory) 곡면 ③ 블렌딩(blending) 곡면 ④ 스윕(sweep) 곡면

Q22) 다음 중 미리 정해진 연속된 단면을 덮는 표면 곡면을 생성시켜 닫힌 부피 영역 혹은 솔리드 모델을 만드는 모델링 방법은?
① 스위핑(sweeping) ❷ 스키닝(skinning) ③ 트위킹(tweaking) ④ 리프팅(lifting)

Q23) 두 곡면을 적당히 가중 평균하여 곡면을 얻는 것으로 두 곡면의 연결 관계를 매끄럽게 이어주는 모델링 기법은?
① Sweep ❷ Blending ③ Skinning ④ Re-meshing

Q24) 모델링과 연관된 용어에 관한 설명 중 잘못된 것은?

① 스위핑(Sweeping) : 하나의 2차원 단면 형상을 입력하고 이를 안내 곡선을 따라 이동시켜 입체를 생성

② 스키닝(Skinning) : 여러 개의 단면 형상을 입력하고 이를 덮어 싸는 입체를 생성

③ 리프팅(Lifting) : 주어진 물체의 특정면의 전부 또는 일부를 원하는 방향으로 움직여서 물체가 그 방향으로 늘어난 효과를 갖도록 하는 것

❹ 블렌딩(Blending) : 주어진 형상을 국부적으로 변화시키는 방법으로 접하는 곡면을 예리한 모서리로 저리하는 방법

Q25) CAD 시스템에서 사용되는 곡면 모델링에 대한 설명으로 틀린 것은?

① 스윕(Sweep) 곡면 : 안내 곡선을 따라 이동 곡선이 이동하면서 생성되는 곡면

② 그리드(Grid) 곡면 : 측정기 등에서 얻은 점을 근사적으로 연결하는 곡면

③ 블랜딩(Blending) 곡면 : 두 곡면이 만나는 부분을 부드럽게 만들 때 생성하는 곡면

❹ 회전(Revolve) 곡면 : 하나의 곡선을 축을 따라 평행 이동시켜 모델링한 곡면

Q26) CAD/CAM 시스템에서 컵이나 병 등의 형상을 만들 때 회전 곡면(revolution surtace)을 이용한다. 다음 중 revolution 작업 시 필요한 자료가 아닌 것은?

① 회전 각도   ② 회전 중심축   ③ 회전 단면선   ❹ 오프셋(offset) 양

Q27) 다음 중 곡면 모델링에서 두 개 이상의 곡선에서 안내 곡선(기준 곡선)을 따라 이동 곡선(단면 곡선)이 이동 규칙에 의해 이동되면서 생성되는 곡면은?

❶ sweep   ② revolve   ③ patch   ④ blending

Q28) 형상 모델링과 가장 관계가 깊은 것은?

❶ 스위핑(sweeping)   ② 만남 조건(mating condition)

③ 제품 구조(product structure)   ④ 인스턴스 정보(instancing information)

Q29) 형상 모델링에서 스윕(sweep) 곡면의 설명으로 옳은 것은?

① 많은 점 데이터로부터 생성되는 곡면

❷ 안내 곡선을 따라 단면 곡선이 일정 규칙에 따라 이동되면서 생성되는 곡면

③ 만들어진 곡면을 불러들여 기존 모델의 평면을 변경하여 생성되는 곡면

④ 두 곡면이 만나는 부분을 부드럽게 하기 위하여 생성하는 곡면

Q30) 2차원 단면 형상을 임의의 경로를 따라 이동하면서 3차원 솔리드를 생성하는 솔리드 모델링 기법은?

① 블렌딩(blending)   ② 트리밍(trimming)   ③ 클리핑(clipping)   ❹ 스위핑(sweeping)

Q31) CAD 시스템에서 곡면을 생성하는 방법이 아닌 것은?

❶ shell ② lofting ③ sweeping ④ Bezier patch

Q32) 곡면의 입력 데이터 자체가 오차를 갖고 있는 경우에 만들어진 곡면은 심한 굴곡을 갖게 되는데 이때 곡면의 곡률을 조정하여 원활한 곡면을 얻도록 재계산하는 기능은?

① Blending ❷ Smoothing ③ Filleting ④ Meshing

Q33) 곡면의 용도에 따른 분류에서 일반 가전제품의 외형이나 용기류 등의 플라스틱 제품에서 널리 발견되는 곡면으로서 곡면의 미적 특성을 규정하는 곡선을 투영도상에 표시하는 곡면은?

① 유체역학적 곡면 ❷ 심미적 곡면 ③ 공학적 곡면 ④ 재료역학적 곡면

REST AREA

AC 타입 5축 가공기로 제작한 임펠러

4.3 솔리드(Solid)

: 솔리드 모델링은 3차원 형상에 대한 면의 정보, 면 간의 연결관계, 면의 내부와 외부 방향 등에 대한 정보로 구성된다.

표면만이 아닌 부피로 표현되며, 질량, 무게 중심 등 물리적 특성을 표현하므로 공학적으로 많이 사용된다. 와이어 프레임 모델과 서피스 모델에 비해 용량이 커지므로 고성능 컴퓨터가 필요하다.

솔리드 모델 입체의 경계면을 평면에 근사시킨 디면체로 취급하여 처리하는, 점(Vertex), 선(Edge), 면(Face)의 관계식(오일러 지수)을 만족해야 한다.

$$오일러\ 지수 = 점(V) - 선(E) + 면(F) = 2$$

Q1) 아래와 같은 사면체의 오일러 지수를 평가하시오.

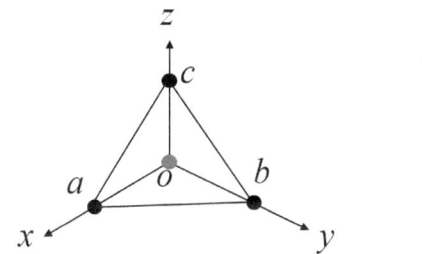

A1) 오일러 지수 = 점(V) - 선(E) + 면(F)
    4 - 6 + 4 = 2

◉ 솔리드 모델의 특징

- 은선 제거가 가능하다.
- 불 연산(Boolean operation)을 통해 복잡한 형상의 표현이 가능하나 데이터양이 많아진다.
- 수치 제어(NC) 가공 정보를 얻을 수 있다.
- 단면도와 투상도 작성이 용이하다.
- 체적이 있기 때문에 질량, 무게 중심 등 물리적 성질의 계산이 가능하다.
- 체적이 있기 때문에 메시 분할이 쉬워 유한 요소법(FEM : Finite Element Method)의 적용이 가능하다.
- 조립 모델링이 간편하고 이동, 회전, 축척 변환이 쉬우며 부품 간 간섭 체크가 용이하다.

4.3.1 솔리드 기본 도형

: 솔리드 기본 도형(Primitives)은 육면체, 원기둥, 구, 원추, 타원, Torus 등이 있다.

육면체	원기둥	구	원추

4.3.2 CSG 방식과 B-REP 방식

CSG(Constructive Solid Geometry)	B-REP(Boundary Representation)
• 기본 도형의 불연산(Boolean operation)을 통해 합, 차, 적 연산을 사용한 솔리드 모델링 • 중량 계산 가능 • 표면적 계산 곤란, 전개도 곤란 • 데이터 단순(하므로 적은 기억 용량 사용) • 화면 표시에서는 불연산에 의해 계산 시간이 더 길어짐 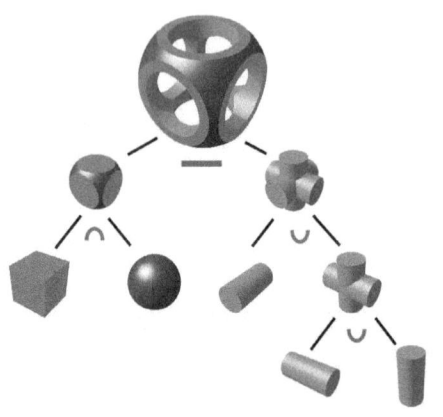	• 점, 선, 면 등 경계(Boundary) 요소 사이의 위상 (Topology) 기하학적 결합관계로 표현, 즉 곡면 영역 간의 결합을 이용한 솔리드 모델링 • 오일러의 공식 : 점-선+면=2 (V-E+F=2) • 중량 계산 곤란 • 표면적 계산 용이, 전개도 용이 • 경계 요소를 저장해야 하므로 데이터가 복잡하고 많은 메모리 필요 • 미리 정의한 곡면을 사용하므로 화면 표시를 위한 계산 시간이 짧음 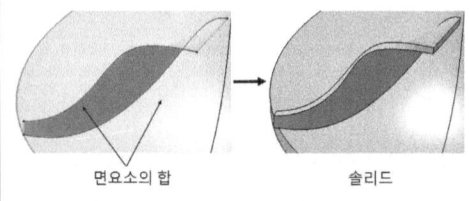 면요소의 합　　　　　솔리드

4.3.3 파라메트릭, 특징형상, 조립체 모델링

(1) 파라메트릭 모델링(Parametric modeling)

: 특정 값이나 변수로 표현된 매개변수식(Parametric equation)을 사용하여 형상을 정의해 놓고 특정 값이나 변수 및 수식을 변경하면 자동으로 형상이 수정되는 모델링 방식으로 모델링한 객체를 더블클릭하여 입력값을 수정하면 자동으로 수정한 값으로 모델링이 변경된다.

(2) 특징 형상 모델링(Feature based modeling)

: 자주 설계되는 구멍, 포켓, 슬롯, 필렛, 모따기, 키홈 등 특징 형상을 라이브러리에 미리 저장하고, 필요할 때 호출하여 사용하는 방식으로 모델링 시간의 단축이 가능하다.

(3) 조립체 모델링(Assembly modeling)

: 부품 모델링(Part modeling)을 조립하는 모델링으로 각 부품 간 만남 조건(Mating condition)은 일치(coincidence), 직교(perpendicular), 평행(parallel) 등이다. 주로 점과 점, 면과 면간의 일치 조건을 사용한다. 아래 그림은 CATIA에서 바이스의 조립체 모델링을 수행할 때 사용하는 만남 조건 아이콘을 보여 준다.

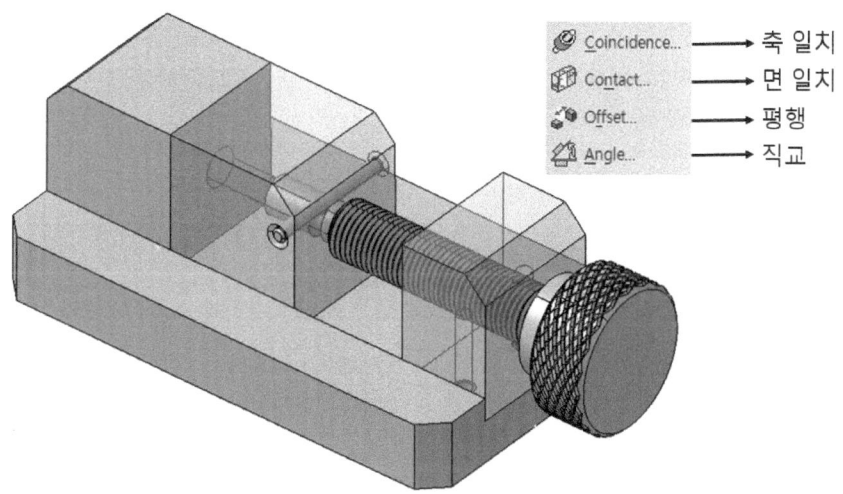

[그림 4.11] 바이스의 조립체 모델링 만남 조건

4.3.4 솔리드의 분해 모델(V, O, C)

(1) Voxel

: 볼륨 픽셀(Volume Pixel)을 의미한다. 즉 2차원 픽셀
(Pixel)의 개념을 3차원 공간으로 확장한 그래픽 정보로
서 3차원 모델링의 분해 모델로 사용된다.
이 정보를 사용하면 여러 각도에서 2D 화면을 만들 수
있기 때문에 X-선, 음극선, MRI 등에 사용할 수 있다.

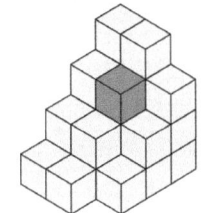

(2) Octree

: 옥트리는 각 내부 노드에 8개의 하부
요소가 있는 트리 데이터 구조이다.
3차원 공간을 8개의 하부 요소로 세
분화하여 분할하는 데 사용된다.
이 단어는 oct("8"을 의미하는 그리스
어원) + tree(나무)에서 파생되었다.

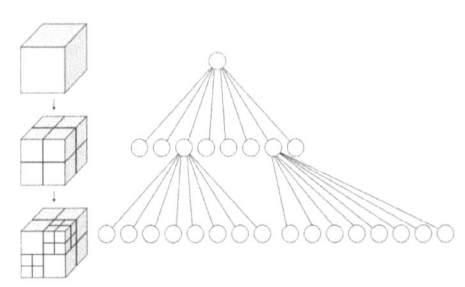

(3) Cell decomposition(셀 분해)

: 3차원 모델링 구조에서는 복잡한 입체를
간단한 기본 입체로 분할할 수 있다.
셀 분해는 연결성(조각 수) 및 속(구멍 수)
과 같은 솔리드의 특정 위상(topology) 특
성을 쉽게 계산해 준다.
유한 요소 해석법(FEM: Finite Element
Method)에서는 통상적으로 사면체 메시의
셀 단위로 분해하여 구조해석을 수행한다.

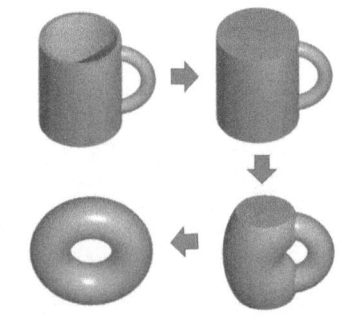

[구멍 수가 1개인 컵과 구멍 수가 1개인
도넛 형상의 위상 특성은 동일함]

Q1) 물리적 성질(체적, 관성, 무게, 모멘트 등) 제공이 가능한 방법은?

    ① 와이어 프레임 모델링(wireframe modeling)   ② 시뮬레이션 모델링(simulation modeling)

    ③ 곡면 모델링(surface modeling)   ❹ 솔리드 모델링(solid modeling)

Q2) 솔리드 모델(Solid model)에 대한 설명으로 틀린 것은?

    ① 데이터의 처리가 많아진다.

    ❷ 물리적 성질 등의 계산이 불가능하다.

    ③ 이동·회전 등을 통하여 정확한 형상 파악을 할 수 있다.

    ④ Boolean 연산(합, 차, 적)을 통하여 복잡한 형상 표현도 가능하다.

Q3) 유한 요소법 (FEM)의 적용을 위한 3차원 요소 분할을 위해 가장 적당한 모델링 방법은?

    ① 곡면 모델링(Surface modeling)   ❷ 솔리드 모델링(solid modeling)

    ③ 시뮬레이션 모델링(simulation modeling)   ④ 와이어 프레임 모델링(wireframe modeling)

Q4) 모델 중에서 실루엣(silhouette)이 정확하게 표현될 수 있는 모델들로 짝지어진 것은?

    ❶ Surface Model, Solid Model   ② Solid Model, Wire frame Model

    ③ Wireframe Model, Surface Model   ④ Wireframe Model, plane Draft Model

Q5) 구멍이 없는 간단한 다면체의 경계를 표현하는 오일러 공식은? (단, V는 꼭짓점의 수, E는 모서리의 수, F는 면의 수를 의미한다.)

    ① $V - E - F = 2$ ② $V + E - F = 2$

    ❸ $V - E + F = 2$ ④ $V + E + F = 2$

Q6) 솔리드 모델이 갖고 있는 기하학적 요소 중 서피스 모델이 갖지 못하는 것은?

    ① 꼭짓점   ② 모서리   ③ 표면   ❹ 부피

Q7) 모델링 시스템 중 체적 계산을 완벽하게 할 수 있는 모델링 시스템은?

    ① 와이어 프레임 모델링   ② 서피스 모델링

    ❸ 솔리드 모델링   ④ 조립체 모델링

Q8) 주어진 조건으로 동일하게 3차원 솔리드 모델링을 수행했을 때, 다음 중 부피가 가장 큰 것은?

    ① 지름이 10mm인 구   ❷ 한 변의 길이가 10mm인 정육면체

    ③ 지름이 10mm이고, 높이가 10mm인 원뿔   ④ 지름이 10mm이고, 높이가 10mm인 원기둥

Q9) 3차원적인 물체의 형상 모델링 기법 중 아래 보기의 내용에 해당하는 모델링 기법은?

❶ 솔리드(solid) 모델링

② 서피스(surface) 모델링

③ 셸 메시(shell mesh) 모델링

④ 와이어 프레임(wireframe) 모델링

- 간섭 체크가 용이하다.
- 은선 제거가 가능하다.
- 체적 등 물리적 성질 등의 계산이 가능하다.

Q10) 3차원 형상 모델 중 CSG(Constructive Solid Geometry) 방식에 관한 설명으로 옳은 것은?

① 중량 계산이 곤란하다.

② 데이터의 작성이 곤란하다.

③ 3차원 형상 작성 후 평면투상도 작성이 효과적이다.

❹ 불리언 연산자를 사용하여 명확한 모델 생성이 용이하다.

Q11) 솔리드 모델링에서 CSG(Constructive Solid Geometry) 표현 방식에 대한 설명으로 옳은 것은?

① 데이터 구조가 복잡하다. ② 데이터 관리가 곤란하다.

③ 데이터 수정이 곤란하다. ❹ 체적 및 면적 계산에 처리 시간이 오래 걸린다.

Q12) 간단한 형태의 솔리드를 이용하여 불리언 연산(Boolean operation)으로 새로운 솔리드를 생성시키는 모델링 방법은?

① Surface Modeling 방법 ❷ CSG 방법 ③ 오일러 방법 ④ sweep 방법

Q13) 3차원 형상 표현 방법 중 CSG(Constructive Solid Geometry)에 대한 설명으로 옳은 것은?

❶ 프리미티브(primitive)와 불리언 연산자에 의한 표현 ② 곡면에 의한 표현

③ 스윕(sweep)에 의한 표현 ④ 경계 표현

Q14) 3차원 솔리드 모델링을 구성하는 요소 중에서 프리미티브(primitive)라고 볼 수 없는 것은?

① cone ② box ③ sphere ❹ point

Q15) 3차원 솔리드 모델링에서 일반적으로 사용되는 프리미티브(primitive)로 틀린 것은?

❶ 면(plane) ② 구(sphere) ③ 원뿔(cone) ④ 원기둥(cylinder)

Q16) 3차원 솔리드 모델링 과정에서 사용되는 primitive 요소가 아닌 것은?

① 구 ② 원뿔 ❸ 삼각면 ④ 육면체

Q17) 3차원 솔리드 모델링을 구성하는 요소 중에서 프리미티브(primitive)라고 볼 수 없는 것은?

① 원기둥(cylinder) ❷ edge(엣지) ③ 원뿔(cone) ④ 구(sphere)

Q18) 3차원 솔리드 모델링 과정에서 사용되는 primitive 요소가 아닌 것은?
　　① 구　　② 원뿔　　❸ 삼각면　　④ 육면체

Q19) CSG(constructive solid geometry) 모델링에 사용되는 프리미티브(primitive)로 적합하지 않은 것은?
　　① 구　　❷ 직선　　③ 원통　　④ 사각블럭

Q20) 3차원 솔리드 모델링 형상 표현 방법 중 CSG(Constructive Solid Geometry)에 해당되는 사항은?
　　① 경계면에 의한 표현　　　　② 로프트(loft)에 의한 표현
　　③ 스위프(sweep)에 의한 표현　　❹ 프리미티브(primitive)에 의한 표현

Q21) 솔리드 모델링 시스템 중 CSG 트리 구조의 장점으로 틀린 것은?
　　① 파라메트릭 모델링을 쉽게 구현할 수 있다.
　　② CSG 트리에 저장된 솔리드는 항상 구현이 가능한 유효한 입체이다.
　　③ 자료 구조가 간단하고 데이터의 양이 적어 데이터의 관리가 용이하다.
　　❹ CSG 트리 표현으로부터 물체의 경계면, 경계 모서리, 그리고 이들 간의 연결 관계 등을 유도해 내는데 계산이 적어 시간이 적게 걸린다.

Q22) 솔리드 모델링 기법에 의한 물체의 표현 방식 중 CSG(Constructive Solid Geometry) 방식이 B-rep(Boundary Representation) 방식에 비해 우수한 점으로 틀린 것은?
　　① 기억 용량이 적다.　　　　② 데이터 구조가 간단하다.
　　❸ 3면도나 투시도의 작성이 용이하다.　④ 기본 도형을 직접 입력하므로 데이터의 작성 방법이 쉽다.

Q23) 다음 중 B-Rep 모델의 기본 요소가 아닌 것은?
　　① 면(face)　　② 모서리(edge)　　③ 꼭짓점(vertex)　　❹ 좌표(coordinates)

Q24) 솔리드 모델링 기법에서 B-Rep 방식을 사용하는 경우 물체를 형성하는 데 사용되는 기본 요소로써 서로 연관성을 갖지 않는 것은?
　　① 정점(vertex)　　② 모서리(edge)　　❸ 공간(space)　　④ 면(face)

Q25) 솔리드 표현 방식 중 B-rep 방식의 기본 데이터 구조로 틀린 것은?
　　① 정점　　② 면　　③ 모서리　　❹ 직육면체

Q26) 솔리드 모델링의 오일러 작업에 관한 설명 중 틀린 것은?
　　① 오일러 관계식을 만족한다.
　　② 오일러 작업 후에는 항상 합당한 형상으로의 변화를 보장한다.
　　❸ 토폴로지 요소들은 서로 독립적으로 만들고 없앨 수 있다.
　　④ 토폴로지 요소에는 꼭짓점, 모서리, 면, 루프, 셀이 있다.

Q27) B-Rep 자료 구조에서 경계를 구성하는 기본 요소가 아닌 것은?

① 면(face) ② 꼭짓점(vertex) ③ 모서리(edge) ❹ 옥트리(octree)

Q28) 형상을 구성하고 있는 면과 면 사이의 위상기하학적인 결합 관계를 정의함으로써 3차원 물체를 표현하는 방식은?

① CSG 방식 ❷ B-Rep 방식 ③ Hybrid 방식 ④ Wire frame 방식

Q29) 솔리드 모델링의 B-rep 표현 중 루프(loop)라는 용어에 관한 설명으로 옳은 것은?

① 하나의 모서리를 두 개의 다른 방향의 모서리로 쪼개어 놓은 것
❷ 모든 면에 대하여 이들을 내부와 외부로 경계 짓는 모서리들이 연결된 닫힌 회로(closed circuit)
③ 면과 면이 연결되어 공간상에서 하나의 닫힌 면의 고리를 이룬 것
④ 면과 면이 연결되어 공간상에서 하나의 닫힌 입체를 이룬 것

Q30) 솔리드 모델링에 관련된 설명으로 틀린 것은?

① CSG(Constructive Solid Geometry)는 프리미티브(primitive)들을 불리언 작업을 하여 원하는 형상을 모델링한다.
② 솔리드를 구성하는 면(face), 모서리(edge), 꼭짓점(vertex)들의 이웃 관계 정보를 위상 관계(topology)라 한다.
❸ B-Rep(Boundary Representation)으로 표현되면 현실 세계에서 반드시 존재하는 모델이다.
④ Half-edge 자료 구조는 솔리드를 표현하는 데이터 구조의 일종이다.

Q31) 다음 중 솔리드 모델 생성에 사용되는 표현 방식에 포함되지 않는 것은?

① CSG 방식 ② B-rep 방식 ③ Building Block 방식 ❹ Interpolation 방식

Q32) 솔리드 모델링에 관한 설명으로 틀린 것은?

❶ 솔리드 모델링은 형상을 절단하여 단면도로 작성하기는 어렵지만 물리적 성질의 계산이 가능하다.
② CSG(Constructive Solid Geometry)는 단순한 형상의 조합으로 생성하는 데 불리언 연산자를 사용한다.
③ B-rep(boundary representation)은 형상을 구성하고 있는 정점, 면, 모서리의 관계에 따라 표현하는 방법
④ 솔리드 모델링은 셀 혹은 기본 곡면 등의 입체 요소 조합으로 쉽게 표현할 수 있다.

Q33) 특정 값이나 변수로 표현된 수식을 입력하여 형상을 생성하는 방식으로 이후 매개변수나 수식을 변경하면 자동으로 형상이 수정되는 형상 모델링 방법은?

① Surface 모델링　　　　　　　　❷ Parametric 모델링

③ 와이어 프레임 모델링　　　　　　④ Feature-Based 모델링

Q34) CAD 모델의 차수들 간에 관계식을 설정하여 매개변수를 통해 모델의 수정을 용이하게 하는 모델링 방식은?

① 특정형상 모델링　　❷ 파라메트릭 모델링　　③ 조립체 모델링　　④ 복합 모델링

Q35) CAD 모델의 차수들 간에 관계식을 설정하여 매개변수를 통해 모델의 수정을 용이하게 하는 모델링 방식은?

① Feature-based modeling　　　　❷ Parametric modeling

③ Assembly modeling　　　　　　④ Hybrid modeling

Q36) 구속 조건 기반 모델링으로 형상을 정의할 때 매개변수로 정의하고, 설계 의도에 따라 조정하면서 형상을 만드는 모델링은?

① 와이어 프레임 모델링　　❷ 파라메트릭 모델링　　③ 서피스 모델링　　④ 시스템 모델링

Q37) 형상 구속 조건과 치수 조건을 이용하여 형태를 모델링하고, 형상 구속 조건, 치수 값, 치수 관계식을 사용하여 효율적으로 형상을 수정하는 모델링 방법은?

① 비다양체(nonmanifold) 모델링　　　② 파트(part) 모델링

❸ 파라메트릭(parametric) 모델링　　　④ 옵셋(offset) 모델링

Q38) 다음 중 가공 특징 형상(feature)이 아닌 것은?

① 모따기(chamfer)　　② 구멍(hole)　　③ 슬롯(slot)　　❹ 보스(boss)

Q39) 솔리드 모델링 시스템에서 모따기, 구멍, 필렛, 슬롯 작업 등을 이용해 형상을 수정하는 것은?

① 불리안 작업　　② 기본 입체(primitive) 모델링　　③ 스위핑 작업　　❹ 특징 형상 모델링

Q40) 설계자에게 친숙한 형태의 모양을 미리 정의한 후에 이를 이용하여 보다 복잡한 형상을 모델링하는 방법은?

① 조립체 모델링　　② 서피스 모델링　　❸ 특징 형상 모델링　　④ 파라메트릭 모델링

Q41) 특징 형상 모델링(feature-based modeling)에 대한 설명이 아닌 것은?

① 특징 형상 모델링은 설계자에게 친숙한 형상 단위로 물체를 모델링할 수 있게 해준다.

② 전형적인 특징 형상으로는 모따기, 구멍, 필렛, 슬롯, 포켓 등이 있다.

③ 특징 형상은 각 특징들이 가공 단위가 될 수 있기 때문에 공정 계획으로 사용될 수 있다.

❹ 특징 형상 모델링의 방법에는 리볼빙, 스위핑 등이 있다.

Q42) 특징 현상 모델링을 수행하는 경우, 대부분의 솔리드 모델링 시스템에서 제공하는 전형적인 특징 현상이 아닌 것은?

① 구멍(hole)　　② 필릿(fillet)　　❸ 리프팅(lifting)　　④ 모따기(chamfer)

Q43) 3D 솔리드 모델링 시스템에서 특징 형상 기반 모델링 적용 시 대부분의 시스템에서 지원되는 전형적인 특징 형상으로 볼 수 없는 것은?

❶ 널링(Knurling)　　② 포켓(Pocket)　　③ 필렛(Fillet)　　④ 모따기(Chamfer)

Q44) 솔리드 모델링 기법의 일종인 특징형상 모델링 기법의 성격에 대한 설명으로 틀린 것은?

① 모델링 입력을 설계자 또는 제작자에게 익숙한 형상 단위로 수행하는 것이다.
② 전형적인 특징 형상은 모따기(chamfer), 구멍(hole), 슬롯(slot), 포켓(pocket) 등과 같은 것이다.
③ 모델링된 입체를 제작하는 단계의 공정 계획에서 매우 유용하게 사용될 수 있다.
❹ 사용 분야와 사용자에 관계없이 특징 형상의 종류가 항상 일정하다는 것이 장점이다.

Q45) 자주 설계되는 홀(hole), 키 슬롯(key slot), 포켓(pocket) 등을 라이브러리(library)에 미리 갖추어 놓고, 필요시 이들을 단품 설계에 사용하는 모델링 방식은 무엇인가? ★

① parametric modeling　　　　❷ Feature-based modeling
③ Surface modeling　　　　④ Boolean operation

Q46) 특징 형상 모델링을 수행하는 경우, 대부분의 솔리드 모델링 시스템에서 제공하는 전형적인 특징 형상이 아닌 것은?

① 구멍(hole)　　② 필릿(fillet)　　❸ 리프팅(lifting)　　④ 모따기(chamfer)

Q47) 조립체 모델링에서 사용되는 만남 조건(mating condition)이 아닌 것은?

❶ 공간(space)　　② 일치(coincident)　　③ 직교(perpendicular)　　④ 평행(parallel)

Q48) 조립체(assembly) 모델링과 관련이 없는 기능은?

① 부품 간의 만남 조건(mating condition) 부여 기능
② 조립 전개도(exploded view) 생성 기능
③ 부품 간의 구속 조건 생성 기능
❹ 리프팅(lifting) 기능

Q49) 조립체 모델링에서 조립체를 구성하는 인스턴스(instance)에 필요한 정보는?

① 형상 모델링 정보　　　　❷ 부품 형상 및 조립 정보
③ 형상을 나타내는 기하 정보　　④ 형상을 구속하는 치수 정보

Q50) 3차원 형상 모델을 분해 모델로 저장하는 방법 중 틀린 것은?

    ❶ facet 모델   ② 복셀(vocel) 모델

    ③ 옥트리(octree) 표현   ④ 세포분해(cell decomposition) 모델

Q51) 3차원 모델링 표현 방법 중 3차원 공간을 작은 단위 입체로 분할하고 물체가 이 단위 입체를 점유하는 여부에 따라 대응하는 memory bit를 0 또는 1로 표현하는 방법은?

    ① 경계 표현   ② 메시 표현   ❸ 복셀 표현   ④ CSG 표현

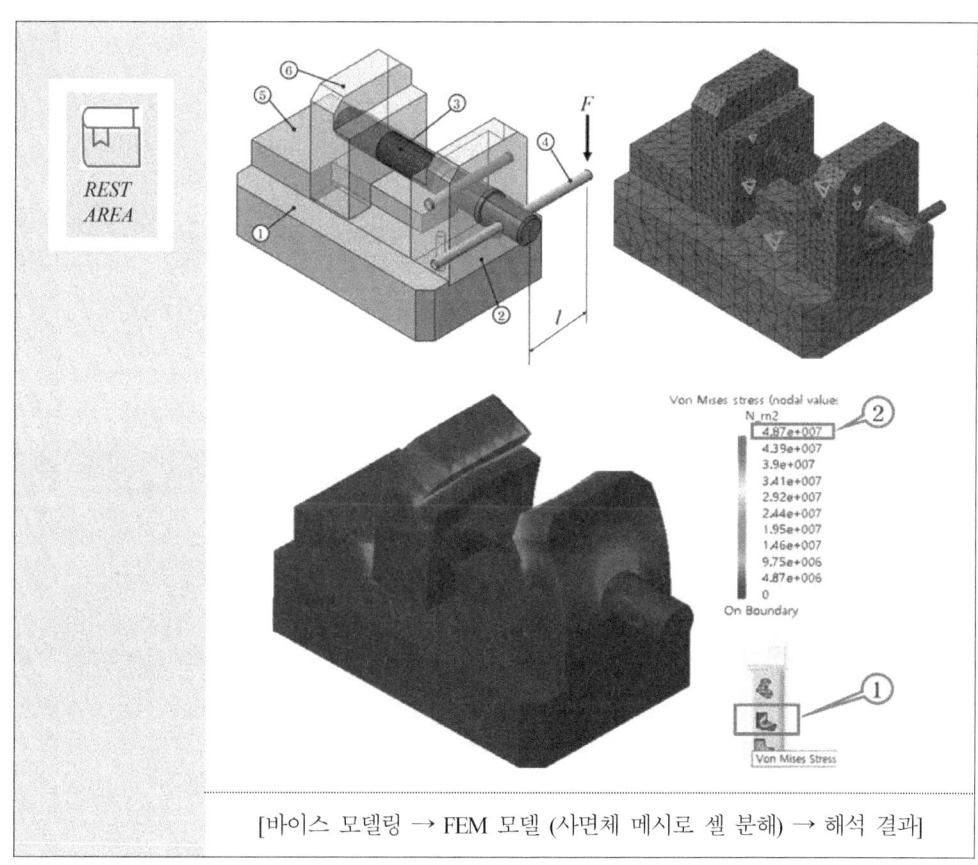

[바이스 모델링 → FEM 모델 (사면체 메시로 셀 분해) → 해석 결과]

CHAPTER 05

CAM(컴퓨터 응용 가공)

5.1 CAM 프로세스와 가공 경로 계획

: 본 절에서는 CAM 작업 절차에 관한 CAM 프로세스와 가공 경로 계획에 대해 살펴본다.

5.1.1 CAM 프로세스

: CAM 프로세스는 모델링 → 공정 계획 → 가공 경로 계획 → 파트 프로그램(Part program, CL) → 후처리(Post processing) → NC → 공구 경로 검증(모의 가공) → 절삭 가공 → 측정, 검사 순으로 진행된다.

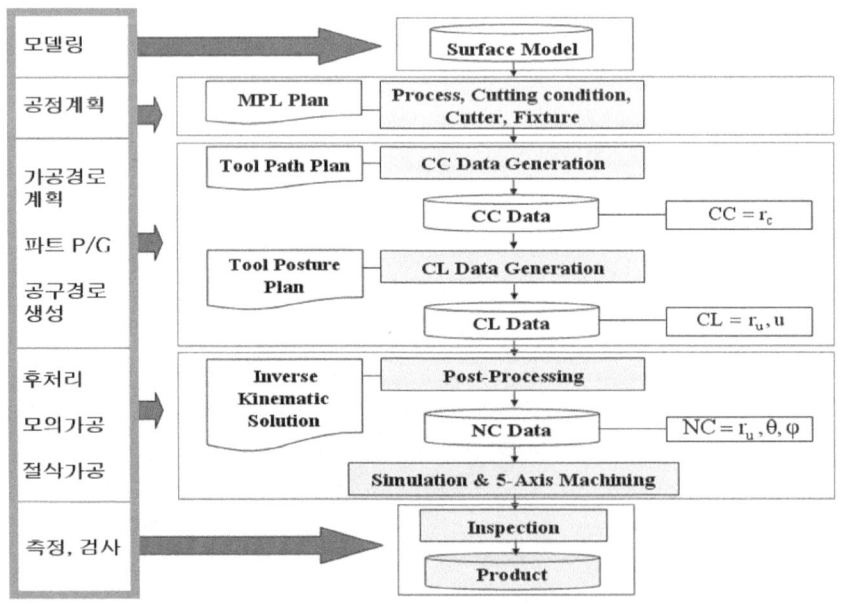

[그림 5.1.1] CAM 프로세스

1) 공정 계획

: 황삭(황잔삭) → 중삭 → 정삭 → 잔삭 등의 공정 순서를 계획하고 각 공정별로 사용 기계, 사용 공구, 치공구, 공작물 세팅 방법, 절삭 조건 등을 계획하는 것으로 공정 설계라고도 한다.

(1) 공정 순서 계획

: 황삭(황잔삭) → 중삭 → 정삭 → 잔삭 등의 공정 순서를 계획하는 단계이다. 황삭은 중삭과 정삭을 위하여 많은 양의 소재를 제거하는 가공으로, 대체로 동일 z-level의 등고선 가공을 수행하므로 2.5축 가공이 대부분이고 원호 보간이 가능하다. 가공품의 내·외부를 구분하여 Outer part, Pocket part로 나누어 계획한다. 외부로 개방된 Outer part의 경우 공구 진입, 진출이 자유로워 진입 시 절삭 부하가 적지만 내부로 폐쇄된 Pocket part는 공구 진입 시 경사(lamp) 가공을 계획해야 하며, 경사 방향으로 진입 시 헬리컬 모션 등 진입 방법과 절삭 부히 감소 등을 고려해야 한다.

또한, 평 엔드밀에 의한 황삭 잔여분을 처리하기 위하여 라운드 엔드밀(코너 레디우스 엔드밀, 필렛 엔드밀)이나 볼엔드밀을 사용한 황잔삭 공정도 고려해야 한다.

절삭 부하를 최소화하기 위한 중삭 공정은 정삭과 동일한 공구로 가공 여유를 일정량 확보한 상태로 수행하며, 곡면 가공의 경우 일반적으로 0.2mm 이상 여유를 두고 가공한다. 가공 변형이 큰 재질의 경우 더 많은 여유량을 확보한다.

정삭은 절삭 부하가 미소한 상태로 마무리 다듬질 가공을 수행하며, cusp양을 가공 정밀도 이내로 하기 위해 경로 간격을 작게 하는 만큼 적절한 이송 속도를 적용하여 가공 시간 단축을 고려해야 한다.

마지막으로 정삭 공구가 진입하지 못하는 코너나 필렛부에 대하여 작은 직경의 공구로 잔삭(펜슬 가공)을 수행한다.

(2) 공작 기계 계획

: 가공품의 형상 및 재질을 고려하여 공작 기계의 자유도와 강성, 스트로크를 계획하고 선정하는 단계이다. 3축 기계로 접근하지 못하는 형상이 있는 경우 자유도가 큰 5축 기계를 선정하며 5축 기계가 없는 경우, 공작물의 치구 세팅 Stage를 늘려 공정을 세분화한다. NC 공작 기계는 베이스, 칼럼, 테이블, 스핀들, 공구 매거진, ATC, APC 등으로 구성된 본체와, 제어 장치 및 서보 기구 등으로 구성된다.

① NC 공작 기계의 제어 장치

: NC 공작 기계의 머리라 할 수 있는 제어 장치를 기계 제어 장치 (MCU : Machine Control Unit) 또는 CNC 컨트롤러라고 하며, 기계 제어 장치는 제어 루프 장치 (CLU : Control Loop Unit)와 데이터 처리 장치(DPU : Data Processing Unit)로 나뉜다.

② 서보 기구

: 서보 기구는 제어 장치에서 내린 지령에 따라 공작 기계의 테이블을 움직이는 손의 역할을 담당한다. 서보 기구는 이송계의 속도와 위치를 동시에 제어할 수 있어야 하며 수치 제어 회로 제어 방식에 따라 아래의 4가지 방식이 사용된다.

ⓐ 개방회로(Open loop) : 펄스 전동기로 구동하며 입력된 펄스 수만큼 움직이고, 검출기나 피드백 회로가 없으므로 구조가 간단하다.

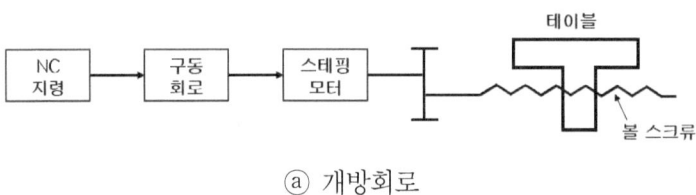

ⓐ 개방회로

ⓑ 반폐쇄회로(Semi closed loop) : 위치와 속도 검출을 서보모터 축이나 볼 스크류의 회전 각도로 검출하여 피드백하는 방식으로 고정밀도의 볼 스크류와 백래시 보정에 따라 정밀도가 높은 편이다.

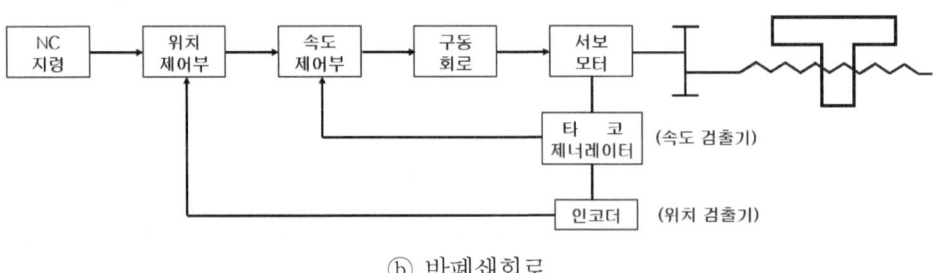

ⓑ 반폐쇄회로

ⓒ 폐쇄회로(Closed loop) : 테이블에 스케일을 부착해 위치를 검출하고 피드백하는 방식으로 정밀도가 높다.

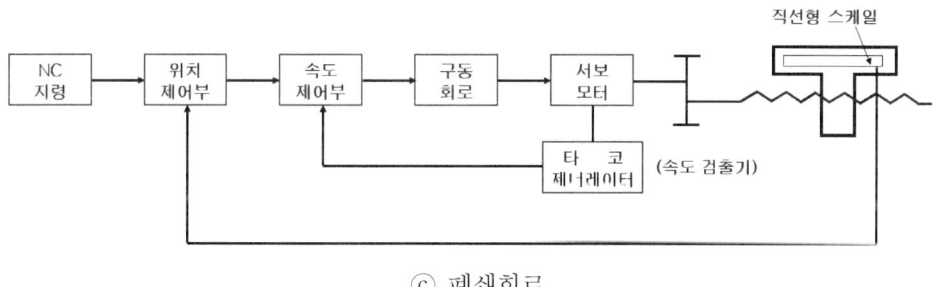

ⓒ 폐쇄회로

ⓓ 복합회로(Hybrid loop) : 반폐쇄회로와 폐쇄회로를 복합하여 제어한다. 서보모터 축에서 위치와 속도를 검출하고 테이블에서도 스케일로 위치를 검출하여 오차를 보정하므로 정밀도가 매우 높다.

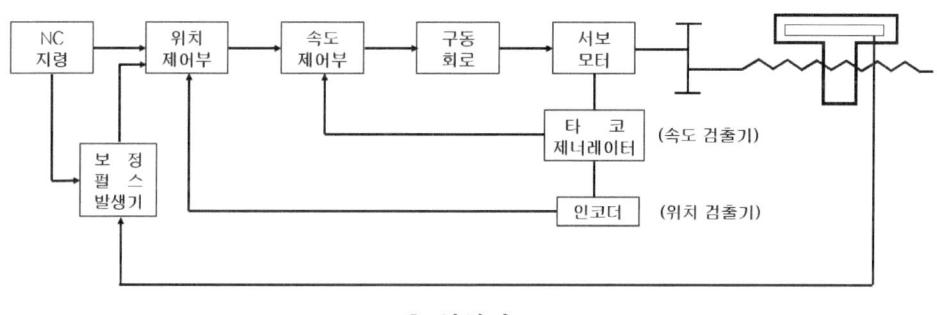

ⓓ 복합회로

③ 펄스 속도

● BLU : 하나의 전기 펄스에 의해 테이블이 이송하는 최소 단위 길이를 기본 이송 단위 BLU(Basic Length Unit)라고 한다. 대부분 공작 기계에서 1 BLU = 0.001mm이다.

● 각 이송축 서보모터에 지령하는 펄스 수, Pulse수 = $\dfrac{l}{BLU}$

● 각 이송축 서보모터에 지령하는 펄스 속도, Pulse수/s = $\dfrac{l/s}{BLU}$

여기서, l : 이송 거리,   BLU : Basic Length Unit, l/s : 이송 속도

(3) 공구, 치공구, 공작물 세팅 계획

: 자유 곡면의 황삭에서는 포켓부 진입 시 부하에 의한 치핑을 방지하기 위해 라운드 엔드밀을 사용하고 중삭과 정삭은 볼엔드밀을 사용한다. 코너부나 필렛부 잔삭을 위해 작은 직경의 볼엔드밀을 사용하는데 공구 직경과 길이 비인 세장비 (l/d)가 5를 넘지 않도록 한다. 불가피한 경우 테이퍼 볼엔드밀이나 테이퍼 생크가 부착된 슬림척을 이용한다.

치공구와 공작물 세팅 계획은 가공품의 형상, 재질, 가공성, 가공 수량 등을 종합적으로 고려하여 계획한다.

(4) 절삭 조건 계획

: 공정 계획에서 가공 순서, 기계, 공구, 치공구, 공작물 세팅과 함께 적절한 절삭 조건을 선정하는 것은 경제 절삭 및 생산성과 직결되므로 매우 중요하다.

① 회전수 선정

: 아래의 식 (1)과 같이 소재마다 추천 절삭 속도 v가 결정되면 공구 직경 D에 따라 회전수 N은 항상 변하는 값이므로 결국 소재에 따른 절삭 속도 v를 기억하는 것이 좋다.

[표 5.1]과 같이 일반적으로 경강, 금형강, SUS와 같이 질기고 경한 소재의 절삭 속도는 50(m/min), 연강, 주철 등은 70(m/min), Al, Cu 등 연질의 비철금속은 100(m/min) 정도로 하고, 장비의 강성이나 치공구, 공구 마모 상태, 공구 돌출량 (세장비), 실제 가공에서의 부하 정도 등을 종합적으로 고려하여 Spindle speed override를 수정한 후 피드백 받아 양산에 적용한다.

$$N = \frac{1000 \times v}{\pi \times D} = \frac{1000 \times 100}{\pi \times 6} = 5307.8 \approx 5300 \tag{1}$$

$$F = f_z \times Z \times N = f_r \times N = 0.2 \times 2 \times 5300 = 2123.1 \approx 2120 \tag{2}$$

여기서 N: 회전수(RPM), v: 절삭 속도(m/min), D: 공구 직경(mm), F: 이송 속도 (mm/min), f_z: 날당 이송량(mm/tooth), Z: 날 수(개), f_r: 회전당 이송량(mm/rev)

② 이송 속도 선정

: 식 (2)와 같이 이송 속도 F, 회전수 N 및 날 수 Z에 따라 결정되므로, 날당 이
송 f_z를 기억하는 것이 유리하며 [표 5.1]과 같이 일반적으로 경강, 금형강, SUS
등은 0.05(mm/tooth), 연강, 주철 등은 0.1(mm/tooth), Al, Cu 등 비철금속은
0.2(mm/tooth)로 주고 가공 상황에 따라 Feedrate override 량을 조절하면서 피드백
받아 양산에 적용한다.

[표 5.1] 일반적인 절삭 속도 및 날당 이송량 테이블

소재	절삭 속도, v(m/min)	날당 이송량, f_r(mm/tooth)
경강, 금형강, SUS	50	0.05
연강, 주철	70	0.1
Al, Cu 등 비철금속	100	0.2

2) 가공 경로 계획

: 공정 계획에 준하여 공구 경로(Tool path)를 생성하기 위한 기본 계획으로서 (1)
가공 경로 종류, (2) 가공 경로 방향, (3) 영역 가공 지정, (4) 공구 간섭 검토 등
을 계획한다.

3) Part program

: 수치 제어(CNC) 공작 기계의 작업 명령 언어로 G code, M code 등으로 구성되
며, 수동 NC 프로그래밍으로 작성하거나 자동 CAM 프로그래밍으로 작성한다.
자동 CAM 프로그래밍에서 공구 경로(Tool path)는 공구와 공작물의 접촉점 좌
표인 CC(Cutter Contact) 데이터와 공구 중심점 좌표인 CL(Cutter location) 데이터
를 포함하며 이송 방향 오차와 커습 높이 등을 고려한다.

4) Post processing (후처리)

: 생성한 CL 데이터를 NC 공작기계의 컨트롤러(화낙, 지멘스, 하이덴하인 등)에
맞게 NC 데이터로 변환하는 작업이다.

5) 공구 경로 검증

: 생성한 NC 데이터의 충돌, 간섭, 과절삭, 미절삭 등의 여부를 절삭 가공 이전에 시뮬레이션하는 작업으로 모의 가공이라 한다. 상용 S/W로는 큐빅테크사의 V-CNC(GV-CNC), CGTech사의 Vericut 등이 있다.

6) 절삭 가공 및 측정검사

: 모의 가공을 통하여 검증한 공구 경로를 사용하여 CNC 절삭 가공을 수행하고 측정검사로 가공 정밀도와 품질을 검증한다.

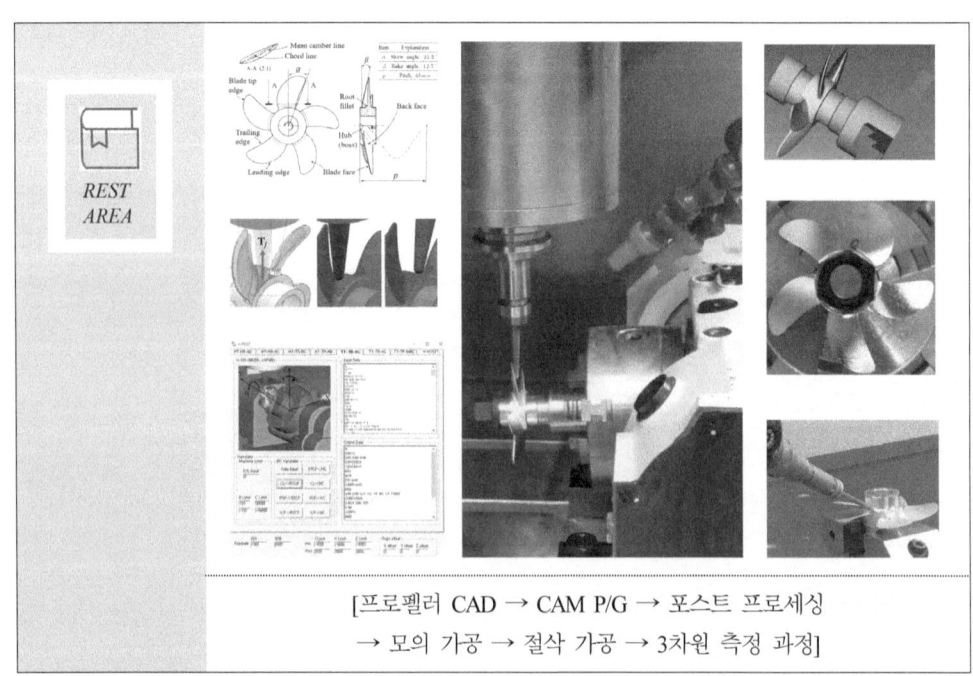

[프로펠러 CAD → CAM P/G → 포스트 프로세싱
→ 모의 가공 → 절삭 가공 → 3차원 측정 과정]

5.1.2 가공 경로 계획

: 공정 계획에 준하여 공구 경로(Tool path)를 생성하기 위한 기본 계획으로서 1) 가공 경로 방식, 2) 가공 경로 방향, 3) 영역 지정 가공 방법 등을 계획한다.

1) 가공 경로 방식

(1) 매개변수 방식(Parametric 방식)

: [그림 5.1.2]의 유체역학적 곡면과 같이 네 개의 모서리 경계를 가진 파라메트릭 곡면에 적합한 방식이다. 반면 역설계 능에 의해 삼각형 패치 형태도 성의되는 곡면에는 적합하지 않다. 유체의 흐름을 고려하여 공구 경로가 생성되는 장점이 있지만, [그림 5.1.2]의 (a)와 같이 폭이 좁은 곳에 과도하게 촘촘한 공구 경로 간격을 만들기도 한다. 따라서 그림과 같이 폭이 넓은 곳의 경로 간격 l_1이 좁은 곳의 경로 간격 l_2보다 크다. ($l_1 > l_2$)

(2) 직교 좌표 방식(Cartesian 방식)

: 직교 좌표 방식의 가공은 위상학적으로 불규칙한 곡면에 사용된다. 직교 좌표계의 임의 벡터 방향으로 이송 방향(Feed direction)을 정하여 공구 경로를 생성하며, 평면도(Top view)로 볼 때 일정한 경로 간격을 가지도록 가공한다. 따라서 [그림 5.1.2] (b)와 같이 폭이 넓은 곳의 경로 간격 l_1과 좁은 곳의 경로 간격 l_2는 같다. ($l_1 = l_2$), 직교 좌표 방식은 유체 흐름을 고려하지 못하므로 유체역학적 곡면에는 적합하지 않다.

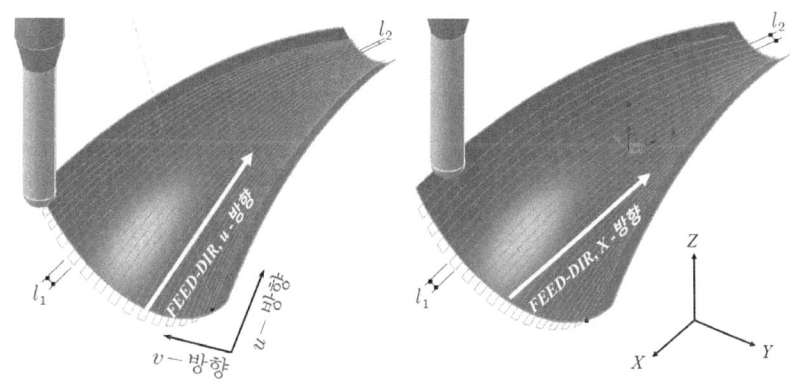

(a) 매개변수 방식 공구 경로　　　　(b) 직교 좌표 방식 공구 경로

[그림 5.1.2] 가공 경로 방식

(3) 원통 좌표 방식(Cylindrical 방식)

: 4축이나 5축 가공에서 원통 좌표계의 회전 각도 제어를 통하여 공구 경로를 생
성하는 방식으로 매개변수 방식의 5축 가공에 비해 공구 경로의 길이와 가공 시
간이 줄어드는 반면 가공 품질이 저하된다. 특히 아래 [그림 5.1.3]과 같은 유체
역학적 곡면의 경우 매개변수 방식 공구 경로가 적합하다.

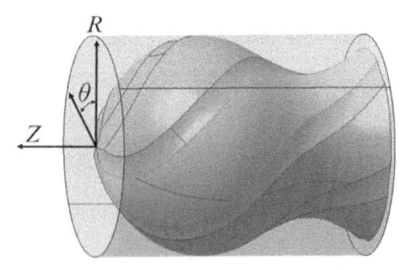 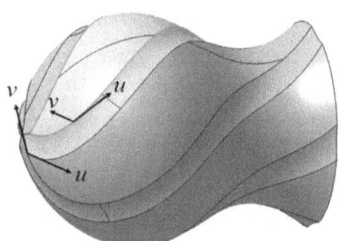

(a) 원통 좌표 방식 공구 경로 (b) 매개변수 방식 공구 경로

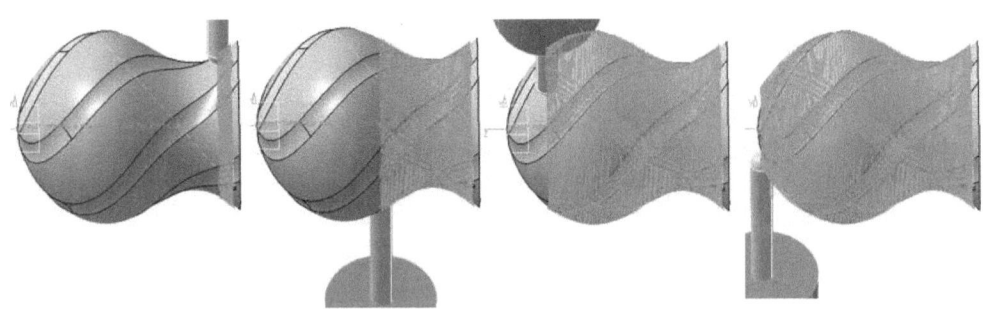

(c) 원통 좌표 방식 공구 경로 검증

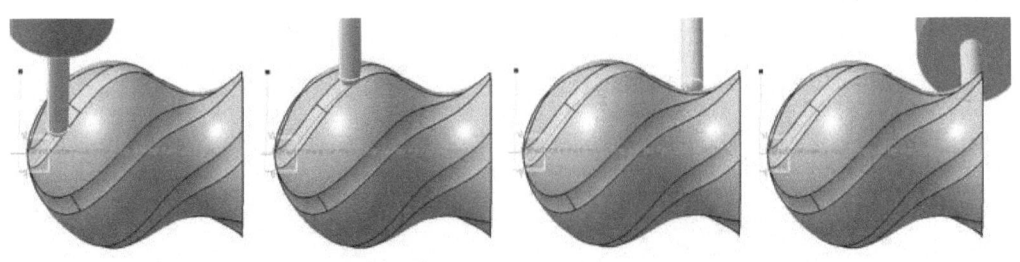

(d) 매개변수 방식 공구 경로 검증

[그림 5.1.3] 유체역학 곡면의 원통 좌표 방식과 매개변수 방식 5축 가공

2) 가공 경로 방향

: 가공 경로 방향은 상향 절삭(Up-milling)과 하향 절삭(Down-milling), 상방향(Upward-milling)과 하방향 절삭(Downward-milling) 및 One-way 방식과 Zigzag 방식 등으로 분류할 수 있다. 양호한 표면 조도와 미절삭을 유도할 수 있는 하향 절삭(Down-milling)과 상방향 절삭(Upward-milling) 및 One-way 방식이 공구 경로 방향의 관점에서 유리하나, 불가피한 경우 다른 방향으로 가공할 때는 각 경로 방향의 특성을 파악하고 접근해야 한다.

(1) 상향 절삭(Up-milling)과 하향 절삭(Down-milling)

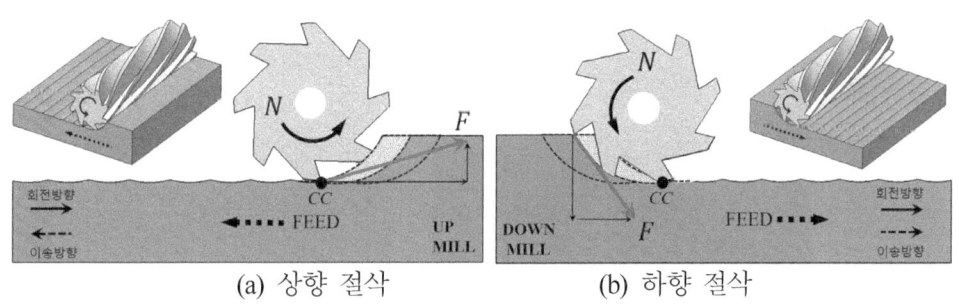

(a) 상향 절삭   (b) 하향 절삭

[그림 5.1.4] 수평 밀링의 상향 절삭과 하향 절삭

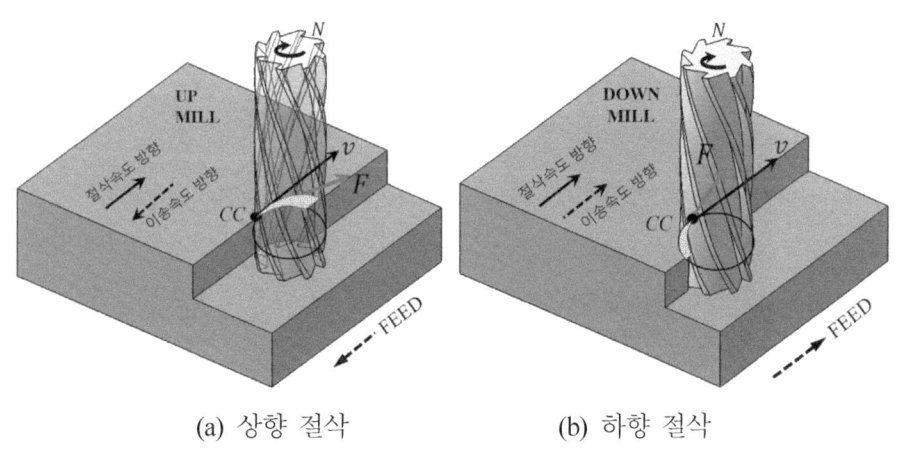

(a) 상향 절삭   (b) 하향 절삭

[그림 5.1.5] 수직 밀링의 상향 절삭과 하향 절삭

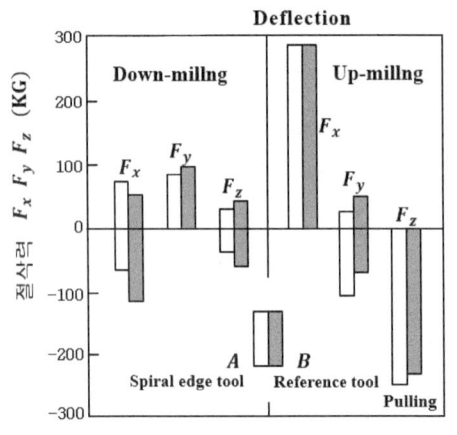
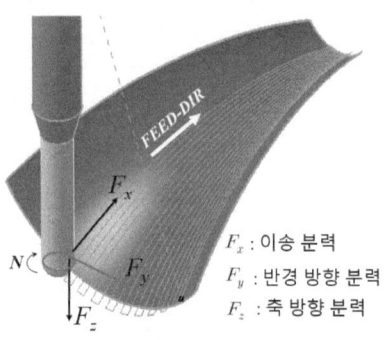

[그림 5.1.6] 볼 엔드밀 가공 시 절삭력 비교

① 상향 절삭(Up-milling)

: [그림 5.1.4]는 평면 밀링커터(Plane milling cutter)를 사용한 수평 밀링에서 상향 절삭과 하향 절삭 시 작용하는 힘과 칩 두께를 보여 준다. 상향 절삭은 [그림 5.1.4]의 (a)와 같이 공구의 회전 방향과 테이블 이송 방향이 반대이고, 절삭력(F)이 상향으로 작용하므로 공작물 고정(holding)에 주의해야 한다. 평면 밀링커터를 수직으로 세우면 [그림 5.1.5]와 같이 평 엔드밀(Flat endmill)을 이용한 수직 밀링이 되며 절삭 메커니즘은 유사하다. 다만 수평 밀링과 달리 수직 밀링에서는 절삭력이 공작물과 테이블 상, 하로 작용하지 않고 전, 후, 좌, 우 방향으로 작용한다.

선삭과 같은 2축 가공에서는 공작물의 회전 시 바이트 인선과 접촉할 때의 접선 방향을 주분력, 절입 깊이 방향을 배분력, 이송 방향을 이송분력(횡분력)으로 정의하지만 밀링과 같은 3축 가공에서는 날당 이송이 시작되고 종료되는 동안 주분력의 방향이 계속 변하므로, 이송 방향 분력, 공구 반경 방향 분력, 공구 축방향 분력으로 나눌 수 있다.

[그림 5.1.6]은 볼 엔드밀 가공 시에 발생하는 절삭 분력을 보여 준다. F_z는 축방향 분력으로, 상향 절삭이 하향 절삭보다 공구를 잡아당기는 Pulling force가 크므로 공구 고정(holding)에 주의해야 한다. 이송 분력인 F_x 또한 하향 절삭보다 크므로 공구의 휨(deflection)을 고려해야 한다.

이와 같이 밀링커터나 볼 엔드밀 가공에서 상향 절삭은 소재와 공구의 고정을 고려해야 하고, 소재를 들어 올리거나 공구를 잡아당기려고 하는 힘 때문에 진동이 발생하므로 다듬질 면이 나쁘고 과절삭 경향이 있다. 그러나 공구 회전(절삭력 방향)과 테이블 이송(이송력 방향)이 서로 반대 방향이므로 이송나사와 암나사 사이의 유격(flank)을 밀어붙여 백래시가 제거된다.

[그림 5.1.4] (a)에서 상향 절삭은 공구 접촉점(CC point)에서 칩 두께가 최소이다가 날당 이송이 완료될 때 최대가 된다. 초기 절입이 적기 때문에 공작물 표면에 부착된 가공 경화물층, 산화물층이나 불순물층 등 공작물의 표면 특성이 공구 수명에 큰 영향을 주지 않는다. 그러나 초기에 최소 칩 두께로 절입이 이루어지면서 미끄럼이 발생하므로 절삭 날을 마모시키고, 마찰열을 발생하여 절삭 동력을 낭비하게 된다. 일반적으로 절입이나 이송이 작은 경우 미끄럼이 잘 일어나며, 미끄럼 양은 날 끝이나 기계의 강성에 좌우된다.

칩 배출의 측면에서는 가공할 면에 칩이 쌓이므로 가공할 면의 형태 파악이 어렵다.

② 하향 절삭(Down-milling)

: 하향 절삭은 [그림 5.1.4]의 (b)와 같이 공구의 회전 방향과 테이블 이송 방향이 같고, 절삭력(F)이 하향으로 작용하므로 공작물 고정(holding)에 유리하다. 그러나 테이블 방향으로 절삭력이 작용하므로 기계 강성이 충분해야 한다.

[그림 5.1.6]의 볼 엔드밀 가공 시에 발생하는 절삭 분력은 상향 절삭에 비해 양호하고 대체로 다듬질 면이 좋으며 미절삭 경향이 있다. 그러나 공구 회전(절삭력 방향)과 테이블 이송(이송력 방향)이 같은 방향이므로 이송나사와 암나사 사이의 유격(flank)이 그대로 유지된 상태로 절삭이 진행되므로 백래시 제거 장치가 필요하다. CNC 밀링에서는 볼스크류를 사용하므로 백래시 제거 장치가 필요 없다.

[그림 5.1.4]의 (b)에서 하향 절삭은 날당 이송이 시작될 때 칩 두께가 최대이다가 공구 접촉점(CC point)에서 최소가 된다. 초기 절입량이 크기 때문에 공작물 표면의 경화층과 충돌하면서 파손의 위험이 있으므로 산화층이 있는 주물이나 열처리된 금속은 피해야 한다. 초기 절입이 크지만 미끄럼이 없기 때문에 마찰 저항이 적고 상향 절삭에 비해서 공구 수명이 긴 편이다.

칩 배출의 측면에서는 가공한 면에 칩이 쌓이므로 가공할 면의 형태 파악이 용이하다.

③ CAM 프로그램에서 상향 절삭과 하향 절삭의 적용

ⓐ 공구 회전 방향과 테이블 이송 방향 ([그림 5.1.7] (a) 참조)
- 상향 절삭 : 아래의 ① → ②로 가공할 때와 같이 공구 접촉점, CC에서 공구의 접선 벡터 t_{cc} 방향과 테이블 이송 방향 Tfd_{cc}이 반대이다. 과절삭 경향.
- 하향 절삭 : 아래의 ③ → ④로 가공할 때와 같이 공구 접촉점, CC에서 공구의 접선 벡터 t_{cc} 방향과 테이블 이송 방향 Tfd_{cc}이 동일하다. 미절삭 경향.

ⓑ 이송 방향에서 공구와 절삭 선 ([그림 5.1.7] (b) 참조)
- 상향 절삭 : 아래의 ① → ②로 가공할 때와 같이 공구의 이송 방향(*FEED-DIR*)에서 바라볼 때 공구가 절삭 선의 우측에 있으면 상향 절삭이다.
- 하향 절삭 : 아래의 ③ → ④로 가공할 때와 같이 공구의 이송 방향(*FEED-DIR*)에서 바라볼 때 공구가 절삭 선의 좌측에 있으면 하향 절삭이다.

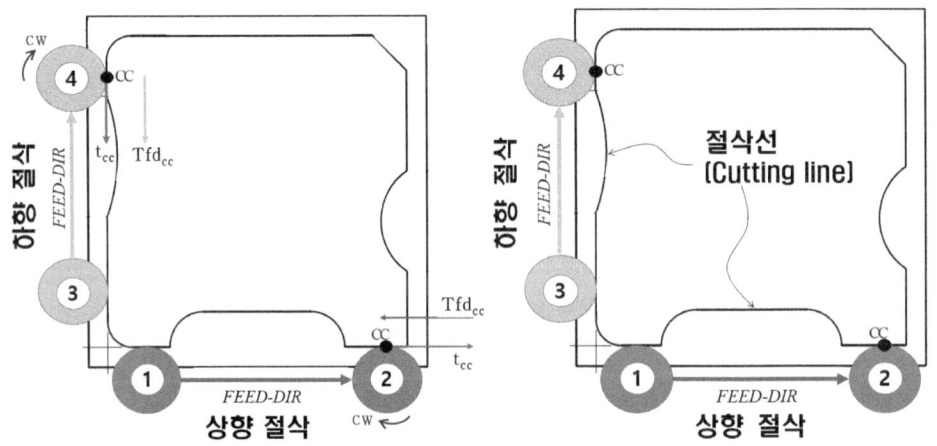

(a) 공구 회전 방향과 테이블 이송 방향   (b) 이송 방향에서 공구와 절삭 선

[그림 5.1.7] CAM 프로그램에서 상향 절삭과 하향 절삭의 적용

CC : Cutter Contact Point,   CW : 공구(Tool) 회전 방향(CW)
t_{cc} : 공구 접촉점 CC에서의 접선 벡터(tangent vector)
Tfd_{cc} : 공구 접촉점 CC에서의 테이블 이송 방향(Table feed direction)

ⓒ 하향 절삭을 위한 가공 경로 방향

: [그림 5.1.8]과 같이 경사면이나 곡면을 가공할 때 상 방향 절삭 혹은 동일
z-level의 등고선 가공을 할 수 있다. 임의의 가공 경로 방향을 계획할 때 아래
와 같이 하향 절삭이 되도록 고려하는 것이 바람직하다.

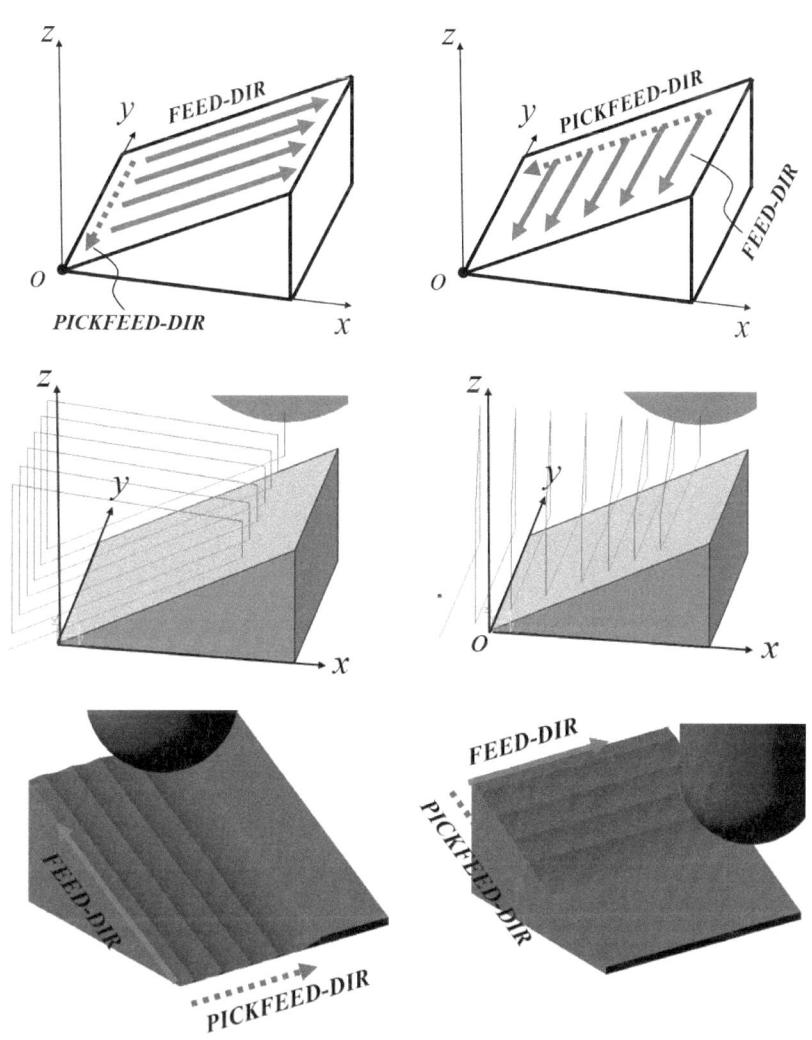

[그림 5.1.8] 하향 절삭을 위한 가공 경로 방향

(2) 상 방향 절삭(Upward-milling)과 하 방향 절삭(Downward-milling)

① 상 방향 절삭

: 공구가 아래에서 위로 이동하면서 절삭한다. [그림 5.1.9]의 (a)와 같이 공구 휨 (deflection)에 의해 미절삭(ϵ_0)이 발생한다. 또한, [그림 5.1.10]의 (a)와 같이 공구 중심부(Dead point)가 가공에 관여할 확률이 적고 공구 접촉점(CC)이 중심에서 멀어지므로 절삭 속도도 상승하여 효율적이다.

② 하 방향 절삭

: [그림 5.1.9]]의 (b)와 같이 공구 휨(deflection)에 의해 과절삭(ϵ_1)이 발생한다. 또한, [그림 5.1.10]의 (b)와 같이 공구 중심부(Dead point)가 가공에 관여할 확률이 크고 공구 접촉점(CC)이 중심에 가깝기 때문에 절삭 속도도 저하되어 비효율적이다. 공구 중심부(Dead point)가 절삭에 관여하므로 칩 배출도 어려워 공구 파손의 원인이 된다. 불가피한 하 방향 절삭 경로 생성 시 이러한 점에 유의하여 가공한다.

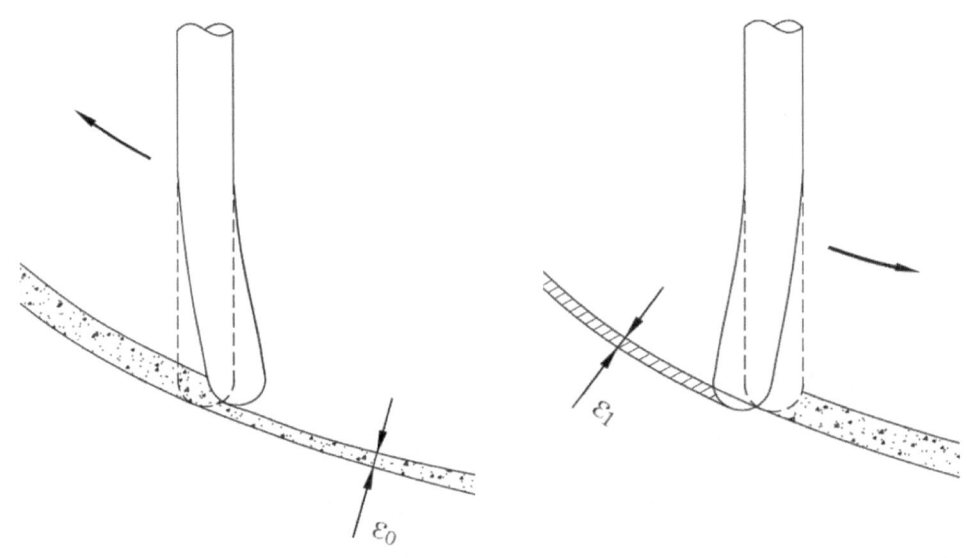

(a) 상 방향 절삭   (b) 하 방향 절삭

[그림 5.1.9] 공구 휨에 의한 가공면의 영향

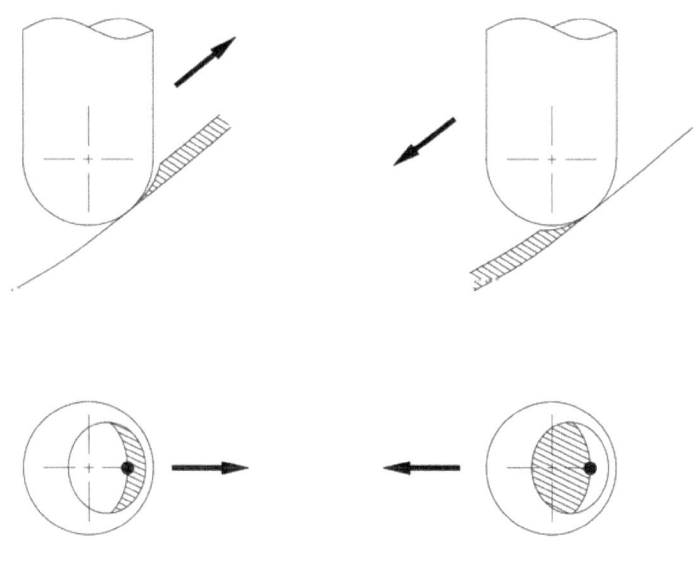

(a) 상 방향 절삭   (b) 하 방향 절삭

[그림 5.1.10] 공구 이동 방향에 따른 절삭 부위 분포

(3) One-way 방식과 Zigzag 방식

① One-way 방식
: 한 방향 가공으로, 가공 시간은 증가하나 양호한 표면 품질을 가진다.

② Zigzag 방식
: 양방향 가공으로, 가공 시간은 감소하나 상향 절삭(Up-milling)과 하향 절삭 (Down-milling)이 반복되어 표면 품질이 저하된다. CAM 작업에서는 불필요한 공구 진입 진출이 제거되어 프로그램이 용이하다.

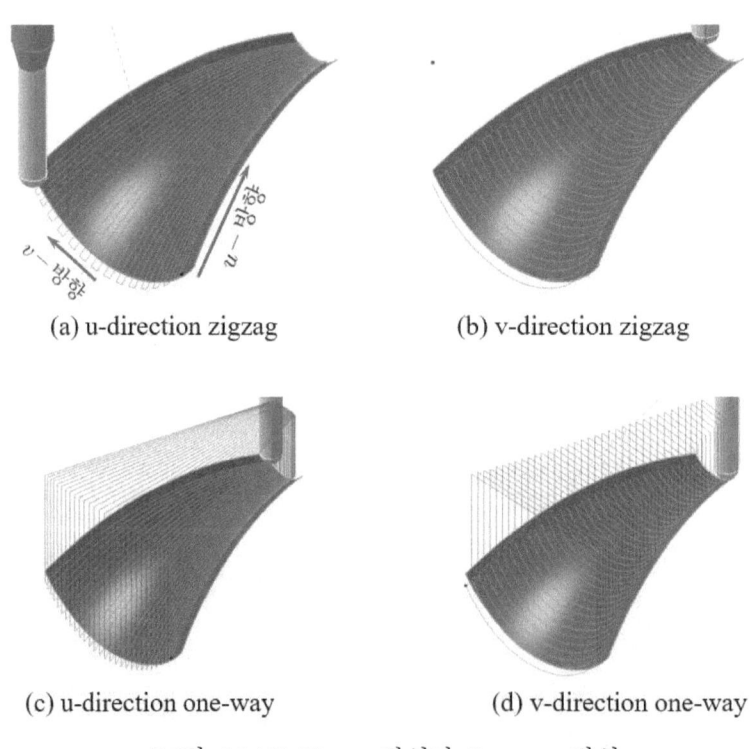

(a) u-direction zigzag   (b) v-direction zigzag

(c) u-direction one-way   (d) v-direction one-way

[그림 5.1.11] Zigzag 방식과 One-way 방식

3) 영역 지정 가공법

 : 금형의 성형부 등은 정의된 곡면의 일부만을 가공할 때가 많다. 곡면의 일부만을 가공하는 영역 지정 가공법의 종류는 아래와 같다.

① Area 지정 가공

 : 영역(area)으로 정의된 폐곡선 내부를 일정 오프셋(offset) 양을 주어 가공히는 방식으로 [그림 5.1.12]의 (a)와 같다.

② Island 지정 가공

 : 영역(area)으로 정의된 폐곡선 외부를 일정 오프셋(offset) 양을 주어 가공하는 방식으로 [그림 5.1.12]의 (b)와 같다.

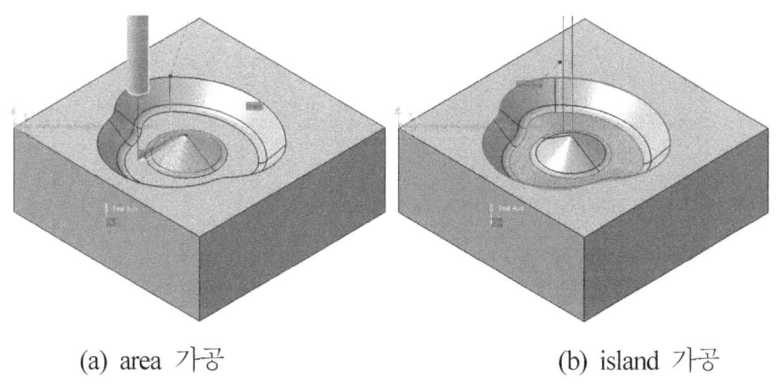

(a) area 가공   (b) island 가공

[그림 5.1.12] 영역 지정 가공법 (area, island)

③ Trimming 지정 가공

: 매개변수 곡면(Parametric surface)의 매개변수 범위를 제한하여 가공하는 방식으로 CAM S/W에서는 경계 곡선으로부터 떨어진 거리를 지정할 수도 있다. [그림 5.1.13] (b)는 v 방향의 좌측 경계로부터 $-20mm$ 이전까지를 Trim 영역으로 지정하여 가공한 사례이다.

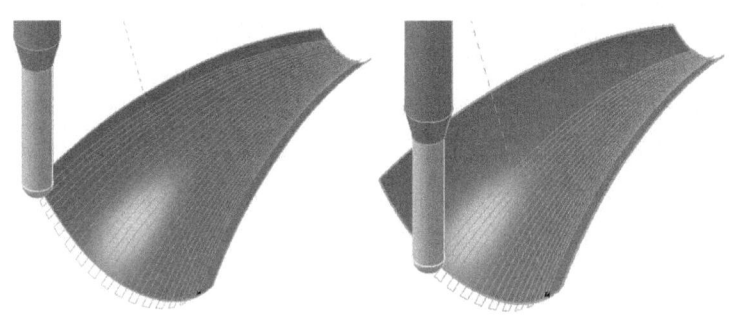

(a) 전체 곡면 가공　　　　　　　　(b) 트림 곡면 가공

[그림 5.1.13] 영역 지정 가공법 (trim)

④ 잔삭 영역(rework area) 지정 가공

: 정삭 공구가 공구 크기나 간섭 등의 문제로 진입하지 못하는 필렛 부 등의 영역을 지정하여 잔삭 공구로 가공하는 것으로 잔삭 영역 형상을 사전에 정의한 뒤 그 형상에 대한 영역 지정 가공을 수행한다. 아래 그림은 CATIA CAM에서 잔삭 공구 경로를 생성한 장면이다.

[그림 5.1.14] 영역 지정 가공법(rework area)

Q1) 다음 중 일반적인 NC 데이터의 생성 과정으로 옳은 것은?

① 가 → 나 → 다 → 라 → 마

❷ 가 → 마 → 나 → 다 → 라

③ 가 → 다 → 나 → 라 → 마

④ 가 → 나 → 마 → 다 → 라

가) 형상 모델링
나) CL 데이터 생성
다) 공구경로 검증
라) 포스트 프로세싱
마) 가공조건 정의

Q2) 일반적인 CAD/CAM 작업의 순서로 옳은 것은?

① (ㄱ) → (ㄴ) → (ㄷ) → (ㄹ) → (ㅁ)

② (ㄹ) → (ㄱ) → (ㄷ) → (ㄱ) → (ㅁ)

③ (ㄱ) → (ㄹ) → (ㅁ) → (ㄴ) → (ㄷ)

❹ (ㄹ) → (ㄱ) → (ㄴ) → (ㅁ) → (ㄷ)

(ㄱ) 가공공정 정의
(ㄴ) CL 데이터 생성
(ㄷ) NC 데이터를 이용한 가공
(ㄹ) 형상 모델링
(ㅁ) 포스트 프로세싱

Q3) CAD/CAM 작업의 일반적인 작업 순서로 옳은 것은?

① part program → post processor → NC code → CL data

❷ part program → CL data → post processor → NC code

③ part program → post processor → CL data → NC code

④ part program → NC code → CL data → post processor

Q4) 다음 중 자유 곡면의 CNC 가공을 위하여 고려하여야 할 사항과 가장 거리가 먼 것은?
① 공구 간섭 방지   ② 절삭 조건 지정   ❸ 자재 수급 계획   ④ 가공 경로 계획

Q5) NC 프로그래밍 전에 부품 도면을 바탕으로 세우는 가공 계획과 거리가 먼 것은?
❶ 위치 검출 방법의 선정   ② 가공 순서 및 공구의 선정
③ 사용해야 할 NC 공작 기계의 선정   ④ 가공물의 고정 방법 및 치공구의 선정

Q6) CNC 기계 가공에서 가공 계획에 해당되지 않는 것은?
① 도면 파악   ❷ 좌표계 설정   ③ 공작 기계 선정   ④ 가공 순서 결정

Q7) 다음 중 가공 경로를 계획할 때 고려해야 할 사항으로 가장 거리가 먼 것은?
    ❶ 공구의 제작사   ② 곡면 정의 방식
    ③ NC 기계의 자유도   ④ 수치적 계산의 난이도

Q8) NC 기계를 이용한 금형 가공에 있어서 초기 단계에 많은 절삭 영역을 빠른 시간 내에 가공하는 공정 단계는?
    ① 잔삭   ❷ 황삭   ③ 정삭   ④ 중삭

Q9) 폐곡선의 내부를 사이드 스텝 및 다운 스텝을 이용 하여 반복 가공하는 방법은?
    ① 윤곽 가공   ② 잔삭 가공   ③ 펜슬 가공   ❹ 포켓 가공

Q10) 3차원 곡면 가공에서 먼저 큰 직경의 엔드밀로 가공한 후 모서리 부분만을 가공하는 방법은?
    ① 면삭 가공   ② 정삭 가공   ❸ 펜슬 가공   ④ 포켓 가공

Q11) 다음 중 CNC 공작 기계의 가공에 필요한 NC 코드의 생성에 가장 적절한 모델은?
    ① 커브(curve) 모델   ❷ 곡면(surface) 모델
    ③ 유한요소(FEM) 모델   ④ 와이어 프레임(wireframe) 모델

Q12) CNC 공작 기계에 대한 설명 중 틀린 것은?
    ① CNC 컨트롤러는 기계를 제어하기 위한 특수 목적의 컴퓨터로 볼 수 있다.
    ② 1세대 NC 공작 기계는 NC 프로그램을 저장할 메모리가 없다.
    ③ CNC 공작 기계의 두뇌라고 할 수 있는 기계 제어 장치(MCU)는 데이터 처리 장치(DPU)와 제어루프 장치(CLU)로 구성된다.
    ❹ CNC 공작 기계의 데이터 처리 장치는 축의 위치, 속도 등을 제어한다.

Q13) NC 공작 기계의 기계 제어 장치 중 공작 기계의 작동을 제어하는 제어루프 장치의 구성 요소로 볼 수 없는 것은?
    ① 보간회로   ② 보조 기능 제어 장치
    ③ 감속과 역회전 처리 회로   ❹ 데이터 프로세싱 장치

Q14) NC 공작 기계 하드웨어의 구성 요소를 볼 수 없는 것은?
    ❶ 파트 프로그램(part program)   ② 제어 루프 장치(Control Loop Unit:CLU)
    ③ 기계 제어 장치(Machine Control Unit; MCU)   ④ 데이터 처리 장치(Data Processing Unit; DPU)

Q15) DNC 운전 시 데이터 전송 속도를 나타내는 것은?
    ❶ BPS   ② CPS   ③ IPS   ④ MIPS

Q16) 어떤 NC 공작 기계의 MCU가 Z축을 이동 시키기 위하여 5초에 10,000펄스의 전기 신호를 발생시켰다. 이 공작 기계의 BLU가 0.005mm/Pulse이면 이때 이동한 거리는 몇 mm인가?

① 20　　❷ 50　　③ 100　　④ 250

A16) 각 이송축 서보모터에 지령하는 펄스 수, Pulse 수 = $\dfrac{l}{BLU}$

Pulse 수 = 1000 Pulse/5s, BLU가 0.005mm/Pulse,

$l = Pulse수 \times BLU = 10000 \times 0.005 = 50$

Q17) 현재 공구 위치(0,0)에서 다음 위치(40,30)mm까지 공구를 10mm/s의 속도로 이송하기 위해 X축 모터에 보내야 할 펄스 속도는? (단, BLU = 0.001이다.)

① 3000개/sec　　② 4000개/sec　　③ 6000개/sec　　❹ 8000개/sec

A17) 각 이송축 서보모터에 지령하는 펄스 속도, Pulse 수/s = $\dfrac{l/s}{BLU}$

이동 거리 $l = \sqrt{40^2 + 30^2} = 50mm$,

이송 속도 $F = 10mm/s$, 이동시간 $T - \dfrac{l}{F} = \dfrac{50mm}{10mm/s} = 5s$

펄스 속도, Pulse 수/s = $\dfrac{l/s}{BLU} = \dfrac{40/5}{0.001} = 8000개/s$

Q18) BLU가 0.001mm인 공작 기계에서 현재 점 (1, 2)cm에서 다음 점 (4, 6)cm까지 공구를 1cm/s의 속도로 이송하기 위한 출력은?

① x축 모터는 1초당 3000펄스, y축 모터는 1초당 4,000펄스

② x축 모터는 1초당 4000펄스, y축 모터는 1초당 6,000펄스

❸ x축 모터는 1초당 6000펄스, y축 모터는 1초당 8,000펄스

④ x축 모터는 1초당 30000펄스, y축 모터는 1초당 40,000펄스

A18) 이동 거리 $l = \sqrt{(4-1)^2 + (6-2)^2} = 5cm$,

이송 속도 $F = 1cm/s$, 이동 시간 $T = \dfrac{l}{F} = \dfrac{5cm}{1cm/s} = 5s$

x축 모터, 펄스 속도, Pulse 수/s = $\dfrac{l/s}{BLU} = \dfrac{30mm/5s}{0.001mm} = 6,000개/s$

y축 모터, 펄스 속도, Pulse 수/s = $\dfrac{l/s}{BLU} = \dfrac{40/5}{0.001} = 8,000개/s$

Q19) 절삭 작업 시 사용하는 공구의 파손 강도가 높은 것부터 순서대로 나열되어 있는 것은?

① 초경 → 고속도강 → 다이아몬드 → 세라믹

② 초경 → 고속도강 → 세라믹 → 다이아몬드

③ 고속도강 → 초경 → 세라믹 → 다이아몬드

❹ 고속도강 → 초경 → 다이아몬드 → 세라믹

Q20) 다음 중 머시닝센터에서 3차원 곡면을 정삭 가공하고자 할 때 가장 많이 사용되는 공구는?

    ❶ 볼 엔드밀(ball endmill)   ② 플랫 엔드밀(flat endmill)

    ③ 페이스 커터(face cutter)   ④ 필렛 엔드밀(fillet endmill)

Q21) 절삭 속도와 공구 수명의 관계식이 다음과 같이 주어지는 경우 n = 0.25일 때 절삭 속도를 2배로 높이면 공구 수명은 몇 배가 되는가? (단, V: 절삭 속도(m/min), T: 공구 수명(min), n, C: 상수)

$$VT^n = C$$

    ① 4   ② 1/4   ③ 16   ❹ 1/16

A21) $VT^n = C$, $T^n = \dfrac{C}{V}$, $T = \sqrt[n]{\dfrac{C}{V}} = \sqrt[0.25]{\dfrac{C}{V}}$,

    $C = 1$, $V = 1$이라 가정하면, $T^n = \sqrt[0.25]{\dfrac{1}{1}} = 1$,

    $C = 1$, $V = 2$이라 가정하면, $T^n = \sqrt[0.25]{\dfrac{1}{2}} = 0.0625 = \dfrac{1}{16}$

Q22) 밀링 작업 중 face-milling 가공에서 절삭 속도가 60m/min, 공구의 직경이 100mm일 때 공구의 회전수는 약 얼마인가?

    ① 171rpm   ❷ 191rpm   ③ 211rpm   ④ 231rpm

A22) $N = \dfrac{1000v}{\pi D} = \dfrac{1000 \times 60}{100\pi} = 191rpm$

Q23) 다음 중 3차원 자유 곡면을 가공하기에 가장 적합한 공구는?

    ① 더브테일 커터   ❷ 볼 엔드밀   ③ 플랫 엔드밀   ④ 필렛 엔드밀

Q24) 곡면을 평면으로 절단한 곡선을 따라 공구 경로를 산출하는 방법으로 수치적인 계산이 많이 요구되는 가공 방법은?

    ① Check 가공   ❷ Cartesian 가공   ③ 나선형 가공   ④ 등매개변수 가공

Q25) 다음은 가공 경로 계획에서 parametric 방식과 Cartesian 방식을 비교하여 설명한 것이다. Cartesian 방식에 대한 설명으로 적절한 것은?

    ① 규칙적인 사각형 곡면을 가공하는 경우에 적합하다.

    ❷ 수치적 계산이 더 복잡하다.

    ③ 곡면이 삼각형 패치로 정의된 경우에는 부적합하다.

    ④ 피삭재 형상에 따라 적합하지 못한 경우가 있다.

Q26) CAM에서 일반적으로 지원하는 곡면 가공 방식이 아닌 것은?

① 나선형 가공 　　　❷ 프레스 가공

③ Island/Area 가공 　　④ 등매개변수(iso-parametric) 가공

Q27) NC 공구 경로 생성 시 곡면상에서 하나의 곡면 매개변수(parameter)가 일정한 값들을 갖는 위치를 따라가는 곡선을 지그재그 형태로 공구를 앞뒤로 이동시켜 가공하는 방법은?

① Area 절삭 　　❷ 레이스(Lace) 절삭 　　③ 등고선 절삭 　　④ 평행 경로 절삭

Q28) NC 가공 경로 계획에서 CL-Cartesian 방식에 대한 설명으로 틀린 것은? ★

　❶ 곡면의 매개변수가 일정한 값들의 위치를 따라가면서 경로를 생성한다.

② CC-Cartesian 방식에 비하여 수치적 계산이 복잡하다.

③ 곡면 가공시 $2\frac{1}{2}$ 축 NC 기계에서도 사용 가능한 공구 경로를 생성할 수 있다.

④ CL점이 이루는 곡면을 평면으로 절단하여 공구 경로를 생성한다.

Q29) NC 가공 영역을 지정하는 방식 중 폐곡선 영역 외부를 일정 오프셋 양을 주어 가공하는 방식은?

① Area 지정 　　❷ Island 지정 　　③ Trimming 지정 　　④ Blending 지정

Q30) 자유 곡면의 NC 가공을 계획하는 과정에서 가공 영역을 지정하는 방식 중 지정된 폐곡선 영역의 외부를 일정 오프셋(offset) 양을 주어 가공하는 지정 방식은?

① trimming 지정 　　② blending 지정 　　❸ island 지정 　　④ area 지정

Q31) CAM을 이용한 금형 제품의 성형부 가공에서 곡면의 일부분을 NC 가공하고자 할 때 사용되는 방법은?

① filed 　　❷ island 　　③ offset 　　④ rounding

5.2 수동 NC 프로그래밍

: 수동 NC 프로그래밍은 파트 프로그램을 프로그래머가 수동(manual)으로 작성하
는 것으로 주요 NC-CODE는 아래와 같다.

✿ M-CODE 등 준비 기능 이외 기능

구분	코드	의미
프로그램 정지, 종료 보조 기능	M00	프로그램 정지 : M00을 만나면 정지, 자동 개시(CS) 버튼을 누르면 다음 블록부터 다시 실행)
	M01	선택적 정지(OPTIONAL STOP) : OPTIONAL STOP 스위치 ON일 때 M01을 만나면 정지 OFF는 M01 무시
	M02	프로그램 종료
	M30	프로그램 종료 및 선두(첫 블럭)로 커서 복귀
주축 보조 기능	M03	주축 정회전
	M04	주축 역회전
	M05	주축 정지
	M19	주축 정위치 정지 : "G91 G28 Z0 M19;"에서와 같이 공구 교환 시 주축이 정위치로 회전 후 정지함으로써 공구 교환이 가능하게 함.
	M29	RIGID TAP 기능 (G84 앞 블록에 M29를 추가하면 태핑 척 없이 태핑이 가능한 RIGID TAP 실행)
절삭유 보조 기능	M08	절삭유 공급
	M09	절삭유 정지
보조(부) 프로그램 호출	M98	보조프로그램 호출 : M98 P0001; 을 실행하면 CNC메모리의 O0001 프로그램 호출 : M198 P0001; 을 실행하면 USB나 플래시메모리에서 직접 호출
	M99	보조프로그램 종료 및 주프로그램으로 복귀 : O0001 프로그램의 종료 블록에 사용하면 보조프로그램이 종료되고 주프로그램으로 복귀됨
공구선단점 제어 기능	M128	하이덴하인 콘트롤러 사용 시 공구선단점 제어 ON
	M129	하이덴하인 콘트롤러 사용 시 공구선단점 제어 OFF
회전축 클램프 기능	M11	C축 언클램프
	M21	B축 언클램프(M79)
주축 기능	S	SPINDLE 회전수 지정 S700 M03은 700RPM으로 정회전
이송 기능	F	테이블 및 공구의 이송속도 지정 G01 X10. F500은 500mm/min의 이송속도로 X10.mm까지 이송하라는 의미
전개 번호	N	프로그램의 각 블록 앞에 지정 N1 G01 X10. Y10.
프로그램 번호	O	프로그램의 번호(이름)를 지정 : O0001

(회전축 클램프 기능 란에 M10 : B,C축 클램프 병기)

✿ G-CODE : 준비 기능

		CNC TURNING			MCT
위치 결정, 가공 방법	G00	급속 이송(위치 결정) : G00 X0. Z10. (절대지령) : G00 U0. W10. (증분지령)		G00	급속 이송 (위치 결정) : G00 G90 X10. Y0. (절대지령) : G00 G91 X10. Y10. (증분지령)
	G01	직선 보간 : G01 X0. Z0. F100		G01	직선 보간 : G01 X10. Y0. F100
	G02	원호 보간(CW) : G02 X0. Z10. R10.(I0. K10.)		G02	원호 보간(CW) : G02 X20. Y0. R5.(I5. J0) F100
	G03	원호 보간(CCW) : G03 X0. Z0. R10.(I0. K-10.)		G03	원호 보간(CCW) : G03 X10. Y0. R5.(I-10. J0) F100
	G04	휴지 시간(DWELL), : G04 X4. / G04 U4. / G04 P4000		G04	휴지 시간(DWELL), : G04 X4. / G04 U4. / G04 P4000
원점 설정	G28	기계 원점으로 복귀: G28 U0 W0		G28	기계 원점으로 복귀: G28 G91 X0 Y0 Z0
	G30	제2원점(공구 교환 위치 등)으로 복귀 : G30 U0 W0		G30	제2원점(공구 교환 위치 등)으로 복귀 : G30 G91 Z0 (M19)
	G50	공작물 좌표계 : G50 X0 Z0 : G50 X300. Z450. 최고 회전수 지정 : G50 S2000	cf, G17 : XY G18 : ZX cf, G20 : Inch G21 : mm G23 : 스트로크한계 OFF	G54 G59	공작물 좌표계(공작물 원점의 기계 좌표를 CTR에 입력): G54 G00 X0 Y0 Z100.
				G92	절대 좌표계(기계 원점에서 공작물 원점까지의 좌표를 NC 프로그램에 입력) : G92 X300. Y250. Z450
주축 속도, 회전수 이송 속도, 이송량 등	G96	주속(절삭 속도) 일정 제어 (m/min) : G96 S150 M03		G94	분당 이송속도 F(mm/min)	cf, G68.2 : 좌표 회전(경사면지령) G69: 좌표 회전(경사면지령) 취소
	G97	회전수 일정 제어 (rpm) : G97 S1000 M03		G95	회전당 이송량 fr(mm/rev)	
	G98	분당 이송 속도, F(mm/min) : G98 G01 X10. F500		G98	드릴, 탭 사이클의 초기점 복귀
	G99	회전당 이송량, fr(mm/rev) : G99 G01 Z10. F0.5		G99	드릴, 탭 사이클의 R점 복귀
자동 CYCLE	G71	내·외경 황삭 사이클 : G71 U2. R2. G71 P10 Q100 U0.4 W0.2 F0.2		G81	드릴 스폿(SPOT) 드릴 사이클 : G81 G98 Z-25. F50 (초기점 복귀) : G81 G99 Z-25. R3. F50 (R점 복귀)
	G70	내·외경 정삭 사이클 : G70 P10 Q100	cf, G94 : 단면 사이클	G83	저속 팩(PECK) 드릴 사이클 (G73은 고속 팩 드릴) : G83 G98 Z-25. R3. Q3. F50 (초기점 복귀)
	G92	나사 사이클 (G32, G76) : G92 X10. Z-25. F1.5		G84	탭 사이클 : G84 G99 Z-25. R3. F150 (R점 복귀)
공구 직경 보정	G40	공구경 보정 취소		G40	공구경 보정 취소
	G41	공구경 보정 (좌측)		G41	공구경 보정 (좌측)
	G42	공구경 보정 (우측)		G42	공구경 보정 (우측)
공구 길이 보정	T101	공구 길이 보정 G01 X50. Z0 T0101(=T101)		G43	공구 길이 보정 : G43 G01 Z10. H01
				G43.4	공구 선단점 제어 (RTCP, 5축 공구길이 보정) G43.4 G01 Z10. H01
	T100	공구 길이 보정 취소 G01 X50. Z0 T0100		G49	공구 길이 보정 취소 :G49 G01 Z100.

5.2.1 CNC 터닝

(1) 수동 NC 프로그래밍 예제 도면

수동 프로그래밍 예제 도면	NC 프로그래밍	60분	2 시간
	CNC 가공	60분	

1. 요구 사항

가. 지급된 도면과 같이 NC 프로그램을 작성하고, 저장 매체에 저장 후 제출

나. 기계 가공할 때는 공구 세팅 및 좌표계 설정을 제외하고는 자동 운전으로 조작함

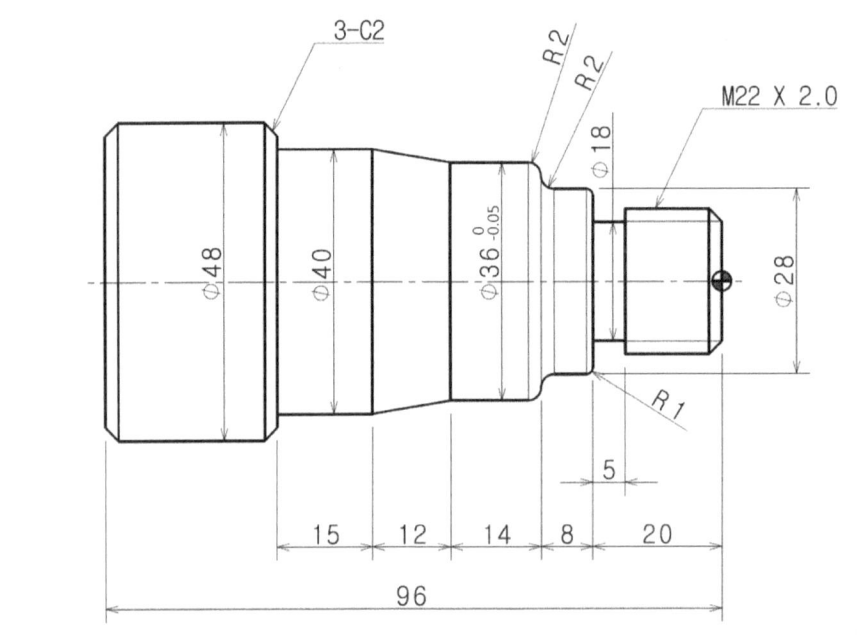

No.	공정	공구	공구 번호	보정 번호	회전수 N (RPM)	이송속도 F (mm/rev)
1	외경황삭	CNMG(80°), R0.8	T0100	T0101	G96 S180	F0.2
2	외경정삭	DNMG(55°), R0.4	T0300	T0303		F0.1
3	홈가공	폭4mm	T0500	T0505	G97 S500	F0.1
4	외경나사	Pitch, 2mm	T0700	T0707		F2.0
5	좌측 면취	면취 바이트(90°)	T0900	좌측 면취에 사용		

(2) 수동 NC 프로그래밍

① 자동 면취, 코너 R 기능

: [그림 5.2.1]은 예제 도면의 NC P/G을 작성하기 위한 공구 경로 궤적(Tool path)을 보여 주는 것으로 외경 황삭 사이클(G71)과 외경 정삭 사이클(G70)의 시작 블럭인 N1(①) 동작과 마지막 블럭인 N2(⑦) 동작을 보여 준다.

[그림 5.2.2]는 자동 면취, 코너 R 기능을 사용하는 P/G의 종점 위치를 도시한 것으로 원호 보간이 필요 없고 위치 계산 시간이 절감되므로 짧은 시간 내에 NC P/G을 작성해야 하는 국가기술자격 실기 시험 등에 매우 효과적이다.

[그림 5.2.3]은 자동 면취, 코너 R 기능을 사용할 때 필요한 챔퍼 값(C)과 반경 값(R)의 부호를 결정하는 방법을 도시한 것으로 Center to End 방향 벡터의 규칙만 숙지하면 쉽게 결정할 수 있다.

면취나 원호의 "Center 좌표"는 면취나 원호 가공하고자 하는 NC 데이터 지령 좌푯값의 다른 축 값으로 한다. → "End 좌표"는 면취나 원호의 종점 좌표를 선택한다.→ "Center to End"의 방향 벡터가 "+"인지 "−"인지를 결정한다.

예를 들어 [그림 5.2.3] ②의 경우 NC 데이터 지령 좌푯값인 X축 값이 22일 때, 다른 축 값인 Z0를 "Center 좌표"로 한다. → 면취 종점인 ②의 좌표 Z-2를 "End 좌표"로 한다. → Center to End의 방향 벡터는 "$Z0 - Z2$"로서 "−"가 되므로 G1 X22. C-2.과 같이 프로그램한다.

② 좌측 면취 가공

: 국가기술자격 시험에서 좌측 면취(⑧)는 핸들(수동), 반자동, 자동 모드 다 가능하므로 불필요한 프로그램 작성 및 공구 길이 세팅 시간의 절약을 위해 면취 바이트(T09, ⑨)나 나사 바이트를 사용하여, 핸들 모드로 가공하는 것이 유리하다.

나사 바이트를 사용할 경우 챔퍼 양이 작을 수 있으나 참고 치수이므로 챔퍼 유무만 체크하고 치수검사는 하지 않는다. 좌측면에 홈 가공이 추가되면 홈 바이트를 이용한 핸들 모드 가공으로 프로그램 시간과 공구 길이 세팅 시간을 절약하는 것이 유리하다.

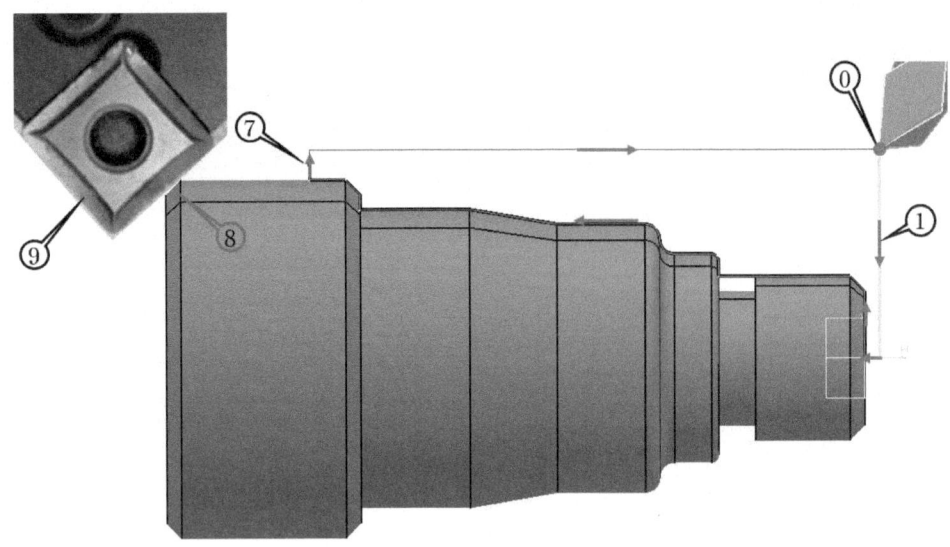

[그림 5.2.1] 외경 황삭, 정삭 사이클 경로

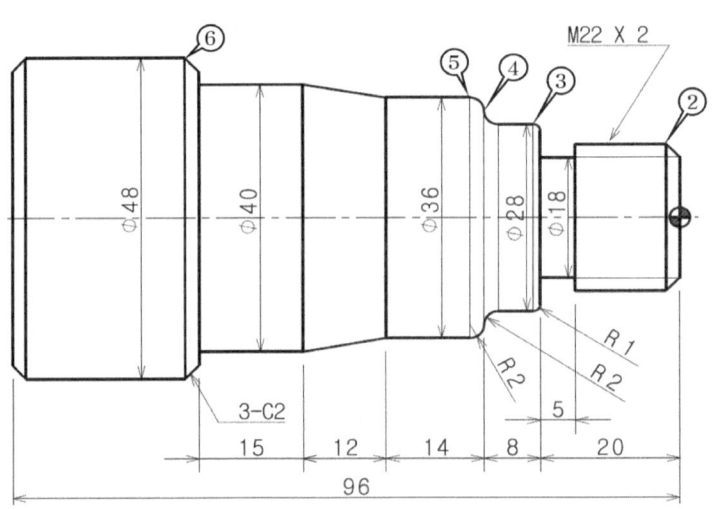

[그림 5.2.2] 자동 면취, 코너 R 기능 P/G 종점 위치

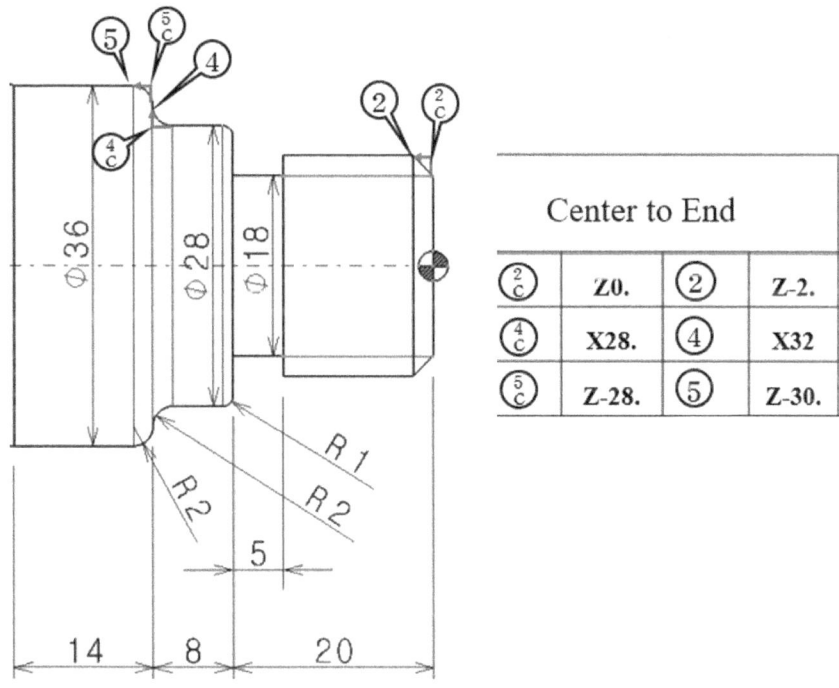

Center to End				자동면취, 코너R값
⑤C	Z0.	②	Z-2.	C-2.
④C	X28.	④	X32	R2.
⑤C	Z-28.	⑤	Z-30.	R-2.

[그림 5.2.3] 자동 면취, 코너 R 기능 C, R 값

③ 공구 인선 반경 보정

: [그림 5.2.4]와 같이 테이퍼 부의 가공 시 ①에서 ②로 공구가 이동할 때 공구 인선 반경(R)에 의한 오차(ⓔ)가 발생하는데 이를 보정해 주기 위하여 공구 인선 반경 보정(G42) 기능을 사용한다.

그러나 국가기술자격 실기시험에서는 인선 반경 보정의 영향을 받는 테이퍼 부나 원호 부에 대한 채점 요소가 없고, 수험 장소의 기계에 따라 인선 반경 보정(G42) 삽입 위치가 상이하여 에러가 발생할 수 있으므로 보정 기능을 사용하지 않는 것이 유리하다.

인선 반경 보정은 수평 방향(Z축) 가공이나 반경 방향(X축) 가공 시에는 영향이 없고 단지 테이퍼부 나 원호 부 가공에서 필요한 기능이다. 따라서 실무에서는 사용하고 자격시험에서는 사용하지 않는 것이 유리하다.

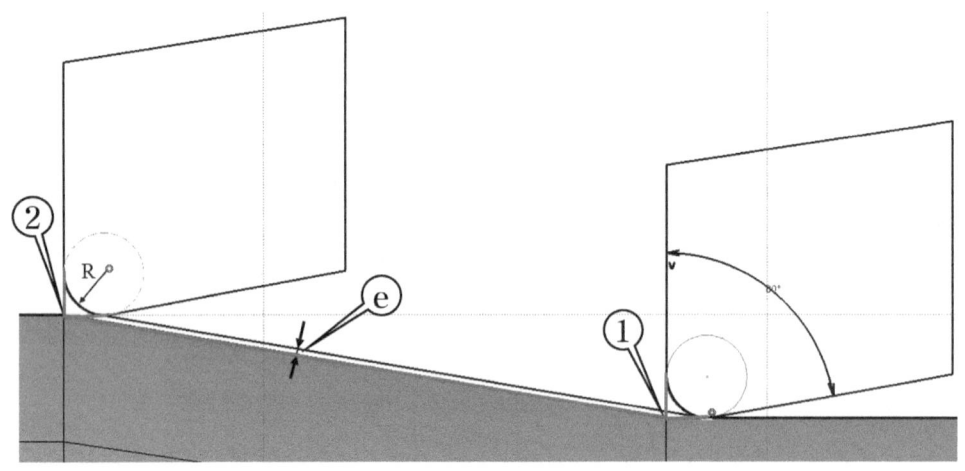

[그림 5.2.4] 공구 인선 반경 보정(G42)의 필요성

(3) 수동 NC 프로그램 코드

일반 P/G	자동 면취, 코너R P/G	해석
%	%	DNC 시 P/G 보호 기능
O2110	O2111	프로그램명
G30 U0 W0		공구 교환 위치(제2원점)로 이동
T100		1번(외경황삭바이트) 공구 교환
G50 S1800	공구마다 동일한 반복 패턴이므로 이 부분을 복사 붙여넣기 한 후 공구번호 (T100)와 보정번호(T100), 회전수 (G96 S180) 수정	공작물 좌표계 설정, 최고 회전수 지정
G96 S180 M03		회전수 지정(속도 일정) 및 정회전
G0 X150. Z150. T101		공구길이 보정, 안전 위치로 이동
X52.		안전을 위하여 스텝을 나누어 싱글 블럭 ON 상태로 시작 위치 (◎)로 이동, 절삭유 ON
Z50.		
Z10.		
Z2. M8		
G71 U2. R2. F0.2		외경 황삭 사이클(G71) 1회 절입 및 후퇴량 2mm, 잔량 0.2mm
G71 P1 Q2 U0.2 W0.4		
N1 G1 X-1.6	N1 G1 X-1.6	외경 사이클 시작 블럭(①), 황삭 바이트 인선반경 0.8의 직경치
(G42) G01 Z0	(G42) G01 Z0	인선R 보정하면서 Z0으로 이동 기능사, 기능장 시험에서는 G42 를 사용하지 않음
X22.	X22. C-2.	②로 자동 면취 가공
X22. W-2.	W-20.	증분지령
Z-18.	X28. R-1.	③위치로 자동 코너R 가공
X26.	W-8. R2.	④위치로 자동 코너R 가공
G3 X28. W-1. R1.	X36. R-2.	⑤위치로 자동 코너R 가공
G1 Z-26.	W-14.	
G2 U4. W-2. R2.	X40. W-12.	
G3 U4. W-2. R2.	W-15.	
G1 Z-42.	X48. C-2.	⑥위치로 자동 면취 가공
X40. W-12.	W-5.	증분지령으로 5mm 연장 가공
W-15.	N2 X52.	외경 사이클 마지막 블럭(⑦) 동작
X44.		
X48. W-2.		
W-5.		
N2 X52.		
G0 X150. Z150. M9		안전 위치로 후퇴, 절삭유 OFF
T100	공구 보정 취소 (일부 장비의 경우 윗 블럭에 함께 넣으면 에러 발생)	
T300		3번(외경 정삭 바이트) 공구 교환
G50 S1800		삭제해도 됨
G96 S180 M03		회전수 지정(속도 일정) 및 정회전

일반 P/G		해석
G00 X150. Z150. T303		공구길이 보정, 안전 위치로 이동
G00 X52.		안전을 위하여 스텝을 나누어 싱글 블럭 ON 상태로 시작 위치(◎)로 이동, 절삭유 ON
Z50.		
Z10.		
Z2. M8		
G70 P1 Q2 F0.1		외경 황삭 사이클(G70)
G00 X150. Z150. M9		안전 위치로 후퇴, 절삭유OFF
T300		공구길이 보정 취소
T500		5번(홈바이트) 공구교환
G97 S500 M03		회전수 지정(회전수 일정) 및 정회전
G0 X150. Z150. T505		공구길이 보정, 안전 위치로 이동
X52.		안전을 위하여 스텝을 나누어 싱글 블럭 ON 상태로 시작 위치(◎)로 이동, 절삭유 ON
Z50.		
Z10.		
Z2. M8		
G1 X32. Z-20. F2.		홈가공 시작 위치로 진입
X18. F0.1		홈가공
G1 X32. F2.		홈가공 시작 위치로 후퇴
Z-19. F2.	홈바이트 폭(4mm) 고려	홈가공 시작 위치(Z-19)로 이동
X18. F0.1		홈가공
G1 X32. F2.		홈가공 시작 위치로 후퇴
G0 X150. Z150. M9		안전 위치로 후퇴, 절삭유 OFF
T500		공구길이 보정 취소
T700		7번(피치2.0 나사바이트) 공구 교환
G97 S500 M03		회전수 지정(회전수 일정) 및 정회전
G0 X150. Z150. T707		공구길이 보정, 안전 위치로 이동
X52.		안전을 위하여 스텝을 나누어 싱글 블럭 ON 상태로 시작 위치(◎)로 이동, 절삭유 ON
Z50.		
Z10.		
Z2. M8		
G1 X22. Z2. F2.		나사 가공 시작 위치로 진입
G76 P011060 Q30 R20	피치2.0 나사가공 사이클, 빨간색 부분(나사종점)만 수정	
G76 X19.62 Z-17. P1190 Q350 F2.		피치2=절입깊이 1.19, 피치1.5=0.89
G0 X150. Z150. M9	안전 위치로 후퇴	22-1.19*2=X19.62
T700		공구길이보 정 취소
G30 U0 W0		공구 교환 위치(제2원점)로 이동
M02		프로그램 종료
%		DNC시 P/G 보호 기능

5.2.2 CNC 밀링

(1) 수동 NC 프로그래밍 예제 도면

수동 프로그래밍 예제 도면	NC 프로그래밍	1시간	2시간
	MCT 가공	1시간	

1. 요구 사항
  가. 지급된 도면의 매뉴얼 NC 프로그램을 작성하고 MCT에서 자동 운전 가공한다.

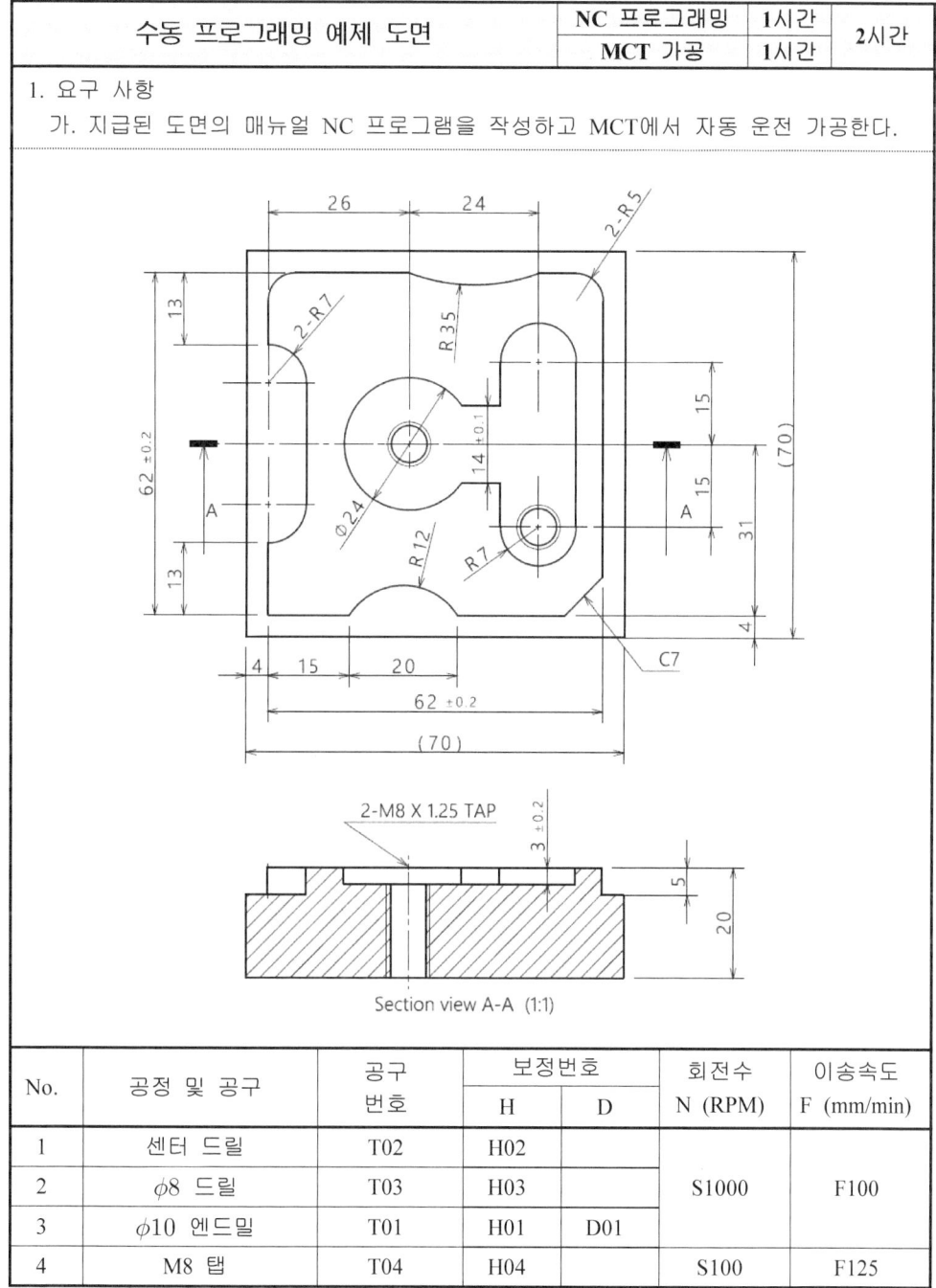

Section view A-A (1:1)

No.	공정 및 공구	공구 번호	보정번호		회전수 N (RPM)	이송속도 F (mm/min)
			H	D		
1	센터 드릴	T02	H02			
2	$\phi 8$ 드릴	T03	H03		S1000	F100
3	$\phi 10$ 엔드밀	T01	H01	D01		
4	M8 탭	T04	H04		S100	F125

(2) 수동 NC 프로그래밍

① 좌표 계산 및 소수점 입력

: [그림 5.2.5]는 계산기를 이용한 좌표 기록 사례로, 수많은 수험생이 좌표 착오로 탈락하는 현실을 고려한다면 실기시험 도면을 받고 나서 최초로 해야 할 작업이자 가장 중요한 일이라 하겠다. 자신의 암산을 믿지 말고 정확한 계산기를 믿고 프로그램 작성 이전에 각 위치에서의 좌표를 사전에 계산하고 기록해야 할 것이다.

또한, 수험생의 가장 흔한 실수 중 하나가 좌표 뒤에 소수점을 입력하지 않는 경우이다. 예를 들어 G1 X62. Y66.;으로 입력할 블록을 실수로 G1 X62 Y66.; 으로 입력했다면 컨트롤러는 G1 X(62/1000) Y66.;으로 인식하여 결국 G1 X0.062 Y66.;의 위치로 이동하게 된다. 따라서 V-CNC 검증 시 오류가 생겼다면 가장 먼저 체크해야 할 것이 바로 좌표 기록값의 오류 여부이고, 두 번째 체크포인트는 소수점의 올바른 입력이라 하겠다.

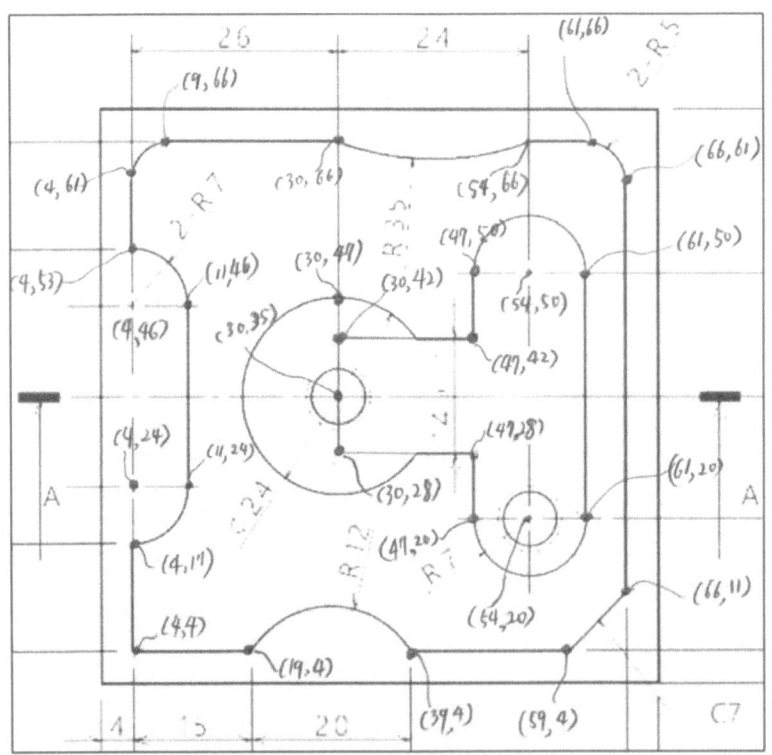

[그림 5.2.5] 계산기를 이용한 좌표 기록 사례

② 엔드밀 가공 (윤곽 황삭)

: [그림 5.2.6]의 빨간색 화살표는 윤곽 황삭 경로 궤적(Tool path)을 보여 준다.
윤곽 황삭 가공은 공구경 보정을 사용하지 않고 공구 중심점의 이동 경로를
정의하는 것으로, 정삭 시 가공 부하를 줄여 주거나 사각 윤곽의 잔삭을 사전
에 제거하기 위한 목적으로 수행한다. 따라서 그림과 같이 정삭 여유량 1mm를
고려하여 공구 반경 5mm+1mm=6mm를 종점 좌표에서 더하거나 빼주면서 경로
상의 좌표를 구하면 된다.
황삭 경로 중 공구 중심 이상 진입하는 경우(④, ⑤)만 안쪽으로 진입하고 나
머지는 사각 윤곽의 잔삭 개념으로 가공하여 그림의 흰색 화살표 바깥쪽이 제
거되도록 한다. ⑪~⑭의 포켓 황삭 경로는 포켓 가공에서 다시 언급한다.

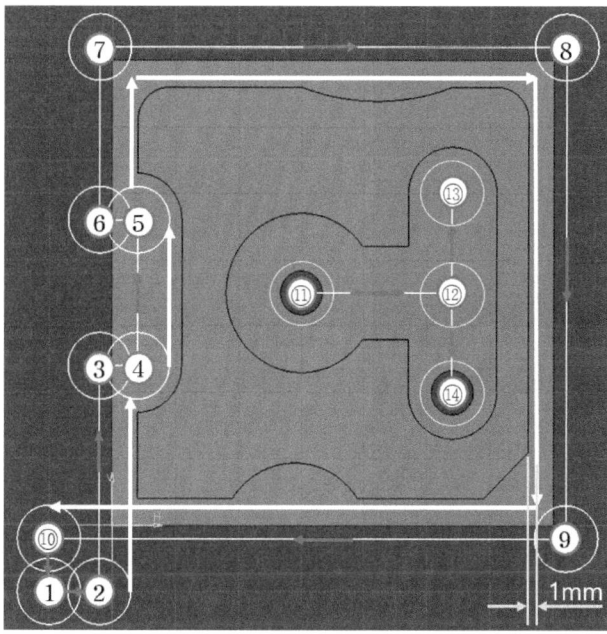

엔드밀가공 (윤곽 황삭)	
Z-5. F100	①로 진입
X-2.	②로 이동
Y24.	③으로 이동
X4.	④로 이동
Y46.	⑤로 이동
X-2.	⑥으로 이동
Y72.	⑦로 이동
X72.	⑧로 이동
Y-2.	⑨로 이동
X-10.	⑩으로 이동
Y-10.	①로 복귀

[그림 5.2.6] 윤곽 황삭 경로

③ 엔드밀 가공 (윤곽 정삭)

: [그림 5.2.7]의 빨간 1점 쇄선(이하 중심선)과 빨간 화살표는 윤곽 정삭 경로의
공구 중심 궤적을 보여 주는 것으로 공구 반경(R)만큼 오프셋을 한 흰색 화살
표까지 정삭이 이루어질 것이다.

그런데 공구 중심점 경로로 정삭 프로그램을 작성하려면 [그림 5.2.7]의 중심선 궤적상의 모든 좌표를 재차 구해야 한다. ①번 위치에서 시작하여 ⓒ 위치를 정의한 후 중심선을 따라가면서 제품 윤곽선에서 공구 반경만큼 오프셋된 위치를 일일이 구해야 하는 것이다. 만약 공구 반경 값만큼 오프셋된 좌표를 일일이 구하지 않고 제품 윤곽상의 좌표만 정의하여도 반경 값만큼 자동으로 오프셋(보정)되어 이동한다면 프로그램 작성이 매우 간편할 것이다.

즉 ①번 위치에서 시작하여 공구 중심점인 ⓒ가 아니라 도면상의 연관 좌표인 ②번을 지정하고 이어서 도면상의 좌표점들인 ③, ④, ⑤, ⑥ ~ ⑦번 점들을 경유하여 최종적으로 ①번 위치를 정의해 준다면 매뉴얼 프로그램 작성이 매우 편리할 것이다.

이와 같이 반경 값만큼 자동으로 오프셋(보정)하기 위한 명령으로 공구(반)경 보정(G41, G42) 기능을 사용한다. 공구경 보정 기능은 프로그램의 편리성 외에도 치수공차나 공구 마모량을 고려하여 오프셋 양을 임의로 수정함으로써 품질 향상과 공구 수명 연장을 꾀할 수 있다.

일반적으로 과절삭이 아닌 미절삭 경향이 있는 하향 절삭을 위하여 공구의 이동경로 방향 좌측에 공구 보정값만큼 오프셋 하는 좌측 보정(G41)을 주로 사용한다.

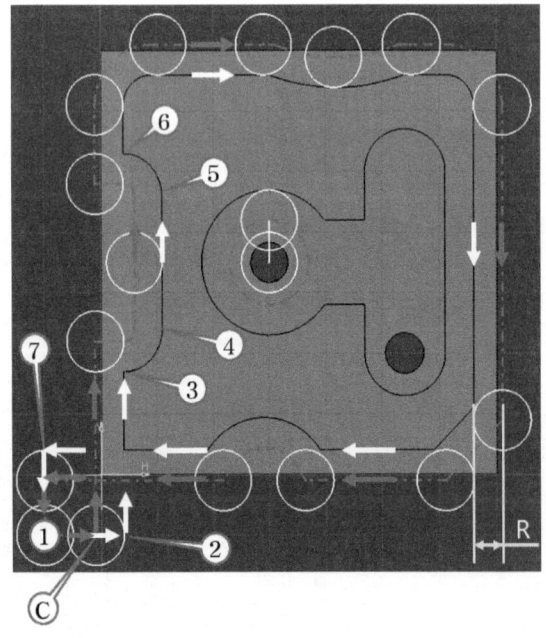

엔드밀가공 (윤곽 정삭)	
G41 X4. D1	②로 좌측보정하며 이동
Y17.	③으로 직선보간 이동
G3 X11. Y24. R7.	④로 원호보간 이동
G1 Y46.	⑤로 직선보간 이동
G3 X4. Y53. R7.	⑥으로 원호보간 이동
G1 Y61.	
G2 X9. Y66. R5.	
G1 X30.	
G3 X54. R35.	
G1 X61.	
G2 X66. Y61. R5	
G1 Y11.	
X59. Y4.	
X39.	
G3 X19. R12.	
G1 X-10.	⑦로 직선보간이동
G40 Y-10.	①로 복귀하며 보정취소

[그림 5.2.7] 윤곽 정삭 경로

④ 엔드밀 가공 (포켓 가공)

: [그림 5.2.8]은 포켓 가공 경로를 보여 주는 것이다. 먼저 드릴 가공 위치인 ①로 진입한 후 공구경 좌측 보정을 하면서 ②번 좌표를 지정하면 컨트롤러는 지정한 오프셋 양만큼 자동으로 오프셋되어 ⓒ 위치로 공구 중심을 이동할 것이다.

이후부터 황삭은 실제 공구 중심 좌표, 정삭은 도면상의 좌표를 지정해 준다고 생각하면서 프로그램을 작성하는 것이 용이하다.

②번 좌표로 이동한 공구는 360도 원호 보간 명령으로 원호를 가공하고 다시 ①번 위치로 공구경 보정을 취소하면서 복귀한다. 이와 같이 경보정을 주면서 이동한 초기점인 ①번 위치로 복귀하면서 보정 취소를 해야 에러를 줄일 수 있다.

다음, 공구경 보정 없이 황삭 개념으로 ③ → ④ → ⑤로 이동한 후 이동경로 의 직각 방향인 ⑥번으로 이동하면서 공구경 보정을 한다. 이후부터는 도면상 의 좌표인 ⑦~⑬까지 이동하고, 다시 ⑥번으로 이동한 후 경보정을 준 초기점 ⑤번 좌표로 이동하면서 경보정을 취소한다.

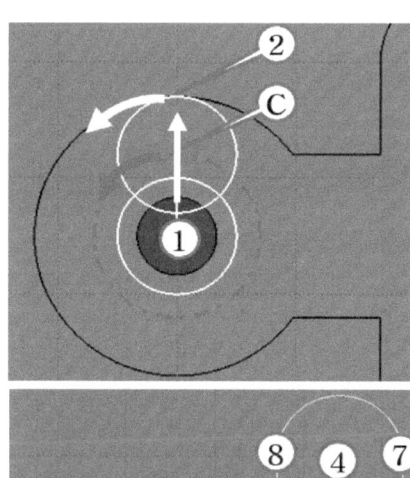
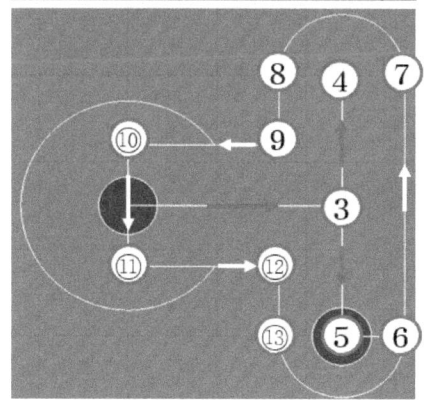

엔드밀가공 (포켓가공)	
Z-3. F50 M8	①로 진입
G41 Y47. F100	②로 좌측보정하며 이동
G3 J-12.	360도 원호보간
G40 G1 Y35.	①로 보정취소하며 복귀
X54.	③으로 이동
Y50.	④로 이동
Y20.	⑤로 이동
G41 X61.	⑥으로 보정하며 이동
Y50.	⑦로 이동
G3 X47. R7.	⑧로 원호보간 이동
G1 Y42.	⑨로 이동
X30.	⑩으로 이동
Y28.	⑪로 이동
X47.	⑫로 이동
Y20.	⑬으로 이동
G3 X61. R7.	⑥으로 원호보간 이동
G40 G1 X54.	⑤로 보정취소하며 복귀

[그림 5.2.8] 포켓 가공

수많은 수험자나 학생들이 공구경 보정 에러 때문에 아쉽게 실기시험에서 탈락하고 있다. 공구경 보정에서는 아래의 세 가지 개념만 정확하게 이해하면 에러 없이 수동 프로그램을 작성할 수 있다.

1. Z 방향으로 진입한 후 바로 보정을 주는 경우([그림 5.2.8]의 ①번에서 ②번으로 이동하는 경우)는 X, Y 평면의 어느 방향으로 가면서 경보정을 하여도 무관하다. 그러나 이미 Z 방향으로 진입하여 이동하는 경로상에서 경보정을 주어야 할 때는 반드시 진행 경로의 직각 방향으로 이동하면서 보정을 주며([그림 5.2.8]의 ⑤번에서 ⑥번으로 이동하는 경우), 직각으로 이동할 수 없다면 예각을 피하고 둔각을 택한다.
2. 특수한 경우가 아니라면 경보정을 주기 시작한 초기점으로 복귀하면서 경보정을 취소한다. ([그림 5.2.7], [그림 5.2.8] 모두 해당)
3. 공구경 보정은 반경 반향 보정이므로 경보정을 수행하고 있는 평면을 벗어나면서(예를 들어 Z 방향으로 이동하면서, 혹은 이동한 이후에) 경보정을 취소하지 않고, 반드시 Z 위치가 고정된 임의 X, Y 평면상에서 보정을 주고 그 평면에서 보정을 취소한다.

⑤ 피타고라스 정리를 이용한 프로그램

: [그림 5.2.9]는 피타고라스 정리를 이용하여 좌표를 구하고, 포켓 프로그램을 단순화시킨 것으로, 360도 원을 따로 가공하기 위하여 공구경 보정을 넣었다 뺐다 재차 넣어야 하는 불편이 해소되고 NC 데이터가 간결해지는 장점이 있다.
특히 최근 출제된 몇몇 실기 시험에서는 연관 치수가 부족하여 반드시 피타고라스 정리를 사용해야 하는 경우가 발생하였다.
[그림 5.2.9] ⑧번과 ⑨번의 X좌표는 식 (1)과 같은 피타고라스 정리를 이용하여 간단히 구할 수 있다.
빨간색 동그라미 및 화살표로 표시된 ◎ → ① → ② → ③의 궤적은 포켓 황삭을 위한 공구 중심점 경로이고 파란색 동그라미 및 화살표로 표시된 ④ ~ ⑪ → ④의 궤적은 포켓 정삭을 위한 공구경 보정 지령 좌표 경로이다.

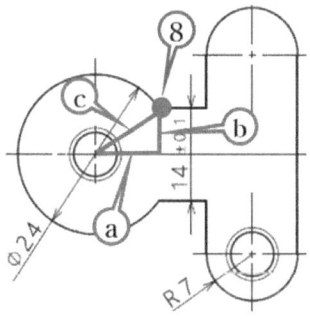

엔드밀 포켓가공 - 피타고라스정리사용	
X30. Y35. Z5. **Z-3. F50** M8	포켓초기위치(◎)로 이동 및 Z방향 진입
X54. **F100**	①로 직선보간 이동
Y50.	②로 이동
Y20.	③으로 이동
G41 X61.	좌측보정하면서 ④로 이동
Y50.	⑤로 이동
G3 X47. R7.	⑥으로 원호보간
G1 Y42.	⑦로 이동
X39.747	⑧로 이동(피타고라스값)
G3 Y28. **R-12.**	⑨로 이동(180도 이상)
G1 X47.	⑩으로 이동
Y20.	⑪로 이동
G3 X61. R7.	④로 원호보간
G40 G1 X54.	보정취소하면서 ③으로 이동

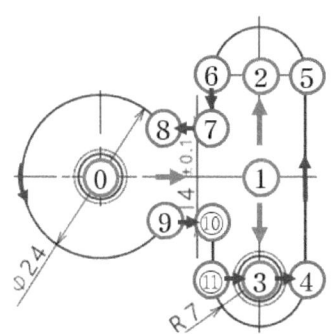

$$a = \sqrt{(c^2 - b^2)} = \sqrt{(12^2 - 7^2)} = 9.747 \tag{1}$$

$$X_{\circledcirc} = 30, \quad \therefore X_{\circledR} = 30 + 9.747 = 39.747$$

[그림 5.2.9] 피타고라스 정리를 이용한 포켓 가공

(3) 수동 NC 프로그램 코드

P/G	해석	
%	DNC시 PG 보호 기능	
O3110	프로그램명	
센터드릴가공		
G40 G49 G80	경 보정, 길이 보정, 사이클 취소	공구마다 동일한 반복 패턴이므로 이 부분을 복사 붙여넣기 한 후 공구번호 (T02)와 보정번호 (H02), 회전수 (S1000) 및 좌표 수정
(G30 G91 Z0 M19)	구식 장비인 경우 삽입	
T02 M06	센터드릴 공구 교환	
S1000 M03	회전수 지정 및 정회전	
G54 G90 G01 X30. Y35. F1000	공작물 좌표계 및 공구길이 보정하면서 센터 가공 안전 위치로 이동	
G43 Z150. H02		
Z10. M08	초기점으로 이동	
G98 G81 Z-3. R3. F100	스폿드릴 사이클	
X54. Y20.	두 번째 점 사이클	
G00 Z150. M09	안전 위치로 이동	
드릴가공		
G40 G49 G80		
T03 M06		
S1000 M03		
G54 G90 G01 X30. Y35. F1000	공작물 좌표계 및 공구길이 보정하면서 드릴 가공 안전 위치로 이동	
G43 Z150. H03		
Z10. M08		
G98 G83 Z-24. Q3. R3. F100	팩드릴 사이클	
X54. Y20.		
G00 Z150. M09		
엔드밀 가공 (윤곽 황삭)		
G40 G49 G80		황삭경로는 여유량 1mm를 고려하여 공구 반경 5mm+1mm=6mm를 종점 좌표에서 더하거나 빼주면서 구하면 됨. 윤곽 경로 중 공구 중심 이상 진입하는 경우(④, ⑤)에만 안쪽으로 진입함. 포켓 가공 시 드릴 가공 위치로 진입함.
T01 M06		
S1000 M03		
G54 G90 G01 X-10. Y-10. F1000	공작물 좌표계 및 공구길이 보정하면서 엔드밀 가공 안전 위치로 이동	
G43 Z150. H01		
Z10. M08		
Z-5. F100	①로 진입, 절입량(Z-5.) 주의	
X-2.	②로 이동	
Y24.	③으로 이동	
X4.	④로 이동	
Y46.	⑤로 이동	
X-2.	⑥으로 이동	
Y72.	⑦로 이동	
X72.	⑧로 이동	
Y-2.	⑨로 이동	
X-10.	⑩으로 이동	
Y-10.	①로 복귀	

P/G	해석
엔드밀 가공 (윤곽 정삭)	
G41 X4. D1	
Y17.	
G3 X11. Y24. R7.	
G1 Y46.	
G3 X4. Y53. R7.	
G1 Y61.	
G2 X9. Y66. R5.	
G1 X30.	* 빨간색으로 표시된 핵심 체크
G3 X54. R35.	포인트를 확실하게 체크하는 것이
G1 X61.	실수 없는 합격의 비밀이다.
G2 X66. Y61. R5.	
G1 Y11.	
X59. Y4.	
X39.	
G3 X19. R12.	
G1 X-10.	
G40 Y-10.	
Z10. F1000 M9	진출 피드(F1000) 주의

P/G		해석
엔드밀 가공 (포켓 가공)	피타고라스정리 사용	
X30. Y35.	X30. Y35.	포켓 초기점으로 이동
Z5.	Z5.	
Z-3. F50 M8	Z-3. F50 M8	절입량(Z-3.), 피드(F50) 주의
G41 Y47. F100	X54. F100	포켓 가공 피드(F100) 주의
G3 J-12.	Y50.	
G40 G1 Y35.	Y20.	
X54.	G41 X61.	탭 가공
Y50.	Y50.	G40 G49 G80
Y20.	G3 X47. R7.	T04 M06
G41 X61.	G1 Y42.	S100 M03
Y50.	X39.747 (피타고라스값)	G54 G90 G01 X30. Y35. F1000
G3 X47. R7.	G3 Y28. R-12.	G43 Z150. H04
G1 Y42.	G1 X47.	Z10. M08
X30.	Y20.	G98 G84 Z-24. F125
Y28.	G3 X61. R7.	X54. Y20.
X47.	G40 G1 X54.	G00 Z150. M09
Y20.	G00 Z150. M09	프로그램 종료
G3 X61. R7.		G40 G49 G80
G40 G1 X54.		M30
G00 Z150. M09		%

cf. 국가기술자격 시험 체크포인트 **SUMMARY**

: 아래의 체크포인트를 반드시 지켜서 실수 없이 합격하고 실무에서도 오류를 방지한다.

1. 좌표 계산 및 소수점 입력 : 자신의 암산 실력을 믿지 말고 계산기를 사용하여 주어진 도면에 정확한 좌푯값을 기록하고 코딩 시 좌푯값의 소수점을 확인한다.	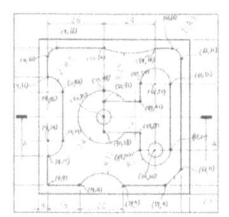
2. 공구경 보정 주의	1. 이동하는 경로상에서 경 보정을 주어야 할 때는 반드시 진행 경로의 직각 방향으로 이동하면서 보정을 주고, 직각으로 이동할 수 없다면 예각을 피하고 둔각을 택한다. (G41, D01, G40 체크) 2. 특수한 경우가 아니라면 경 보정을 주기 시작한 초기점으로 복귀하면서 경 보정을 취소한다. 3. 공구경 보정은 반경 반향 보정이므로 반드시 Z 위치가 고정된 임의 X, Y 평면상에서 보정을 주고 그 평면에서 보정을 취소한다.

3. 촉각, 시각, 청각 활용(3각법)

: ①~⑤까지 순서대로 하나씩 마우스로 클릭하고(촉각), 눈으로 보고(시각), 말로 하면서(T1①, H1②, 1000③, 1000④, 100⑤) 귀로 듣는(청각) 습관을 가진다면 실수 없이 가공할 수 있을 것이다. 즉 컨디션에 따라 오류를 범할 수 있는 사고 체계를 촉각, 시각, 청각 체크 시스템을 작동하여 교정한다. 포켓 가공과 같이 드릴 포인트로 진입하고 이어서 내면 윤곽 가공을 할 때는 피드 값을 체크(⑥)한다.

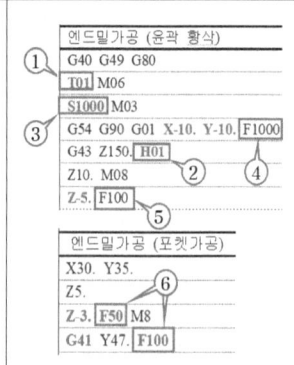

4. 모의 가공	V-CNC 등 검증 프로그램을 활용하여 좌푯값이 정확한지 검증한다.
5. 공작물 좌표계, 공구 길이 보정 세팅	먼저 컨트롤러의 경 보정값 (D01 → 4.98)부터 체크하고 공작물 좌표계 및 길이 보정을 세팅한다.
6. 세팅 검증	반자동으로 공작물 좌표계 및 공구길이 보정 세팅 검증
7. 자동운전	가공 시작점까지 이동하는 동안에는 Single block으로 놓고 이동 중에 FEED HOLD를 눌러서 잔여 이동 거리 확인

5.3 자동 CAM 프로그래밍

: 공정 계획과 가공 경로 계획에 준하여 공구 경로(Tool path)를 생성하는 것으로
① 곡면의 법선 벡터, ② 공구 위치 데이터, ③ 커습 높이와 경로 간격, ④ 후처
리 ⑤ 공구 간섭 및 충돌 검토 등을 수행한다.

5.3.1 곡면의 법선 벡터

: 곡면의 방정식, $r(u,v)$로 구성된 곡면상의 임의 점에서 법선 벡터, $\mathbf{N}$은 u 방향
접선 벡터, r_u와 v 방향 접선 벡터, r_v가 이루는 접평면에 수직이다. 따라서 곡
면의 법선 벡터, $\mathbf{N}$ 과 단위 법선 벡터, $\mathbf{n}$은 아래 식과 같다.

$$N = r_u \times r_v = \frac{\partial r(u,v)}{\partial u} \times \frac{\partial r(u,v)}{\partial v}$$

$$n = (r_u \times r_v)/|r_u \times r_v|$$

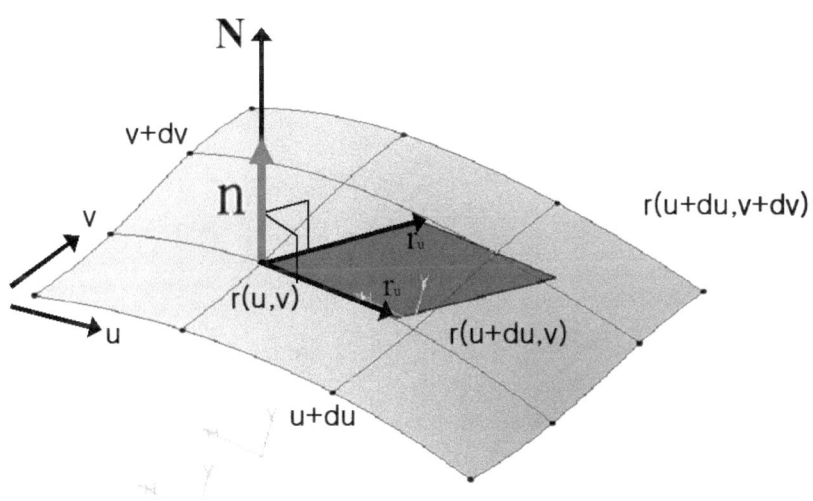

[그림 5.3.1] 곡면의 법선 벡터

Q1) P 점에서의 단위 벡터, a와 b를 구하고 두 벡터가 이루는 접평면에 수직인 법선 벡터, n 을 구하시오. [CATIA 검증]

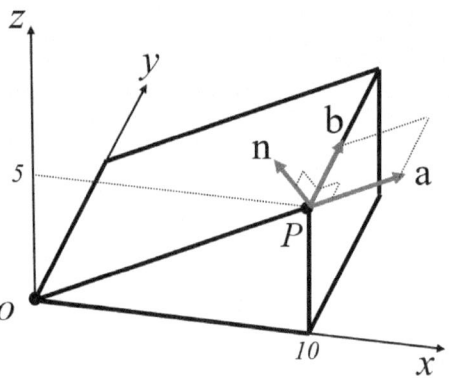

A1) $\vec{P} = (10, 0, 5)$,
$|\vec{P}| = \sqrt{(10^2 + 5^2)} = 11.18$

$a = \dfrac{\vec{P}}{|\vec{P}|} = \dfrac{10i + 5k}{11.18}$

$= 0.894i + 0.447k$

$b = (0, 1, 0)$

$a \times b = \begin{vmatrix} i & j & k \\ 0.894 & 0 & 0.447 \\ 0 & 1 & 0 \end{vmatrix}$

$= 0.894k - 0.447i$
$= -0.447i + 0.894k$

단위 벡터끼리의 외적이므로 결과도 단위 벡터임, 우측에 검증.

$|a \times b| = \sqrt{[(-0.447)^2 + 0.894^2]} = 1$

$n = (a \times b)/|a \times b|$

$= \dfrac{-0.447i + 0.894k}{1} = -0.447i + 0.894k$

5.3.2 공구 위치 데이터 (CL 데이터)

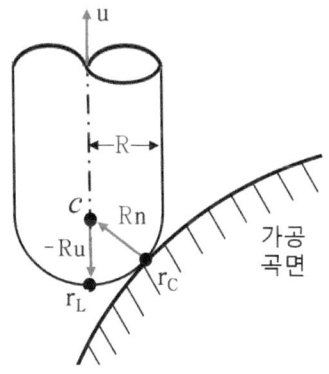

- 볼 엔드밀 가공에서 CL 데이터,

$$r_L = r_C + R(n-u)$$

r_L : 공구 중심점 벡터, CL 데이터
r_C : 공구와 공작물의 접촉점 벡터, CC 데이터
R : 공구 반경
n : 단위 법선 벡터
u : 공구축 벡터
a: 라운드, $a = (n-u)$

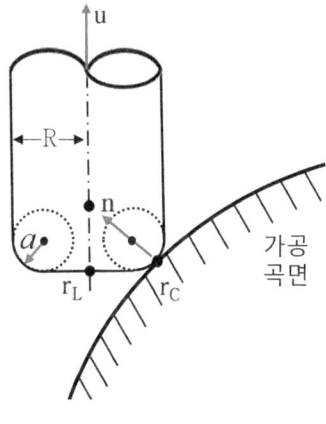

- 라운드 엔드밀 가공에서 CL 데이터,

$$r_L = r_C + a(n-u) + (R-a)\frac{(n-au)}{\sqrt{1-a^2}}$$

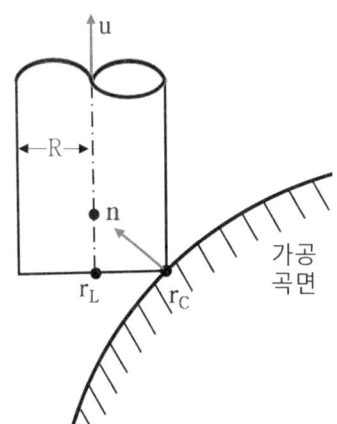

- 평 엔드밀 가공에서 CL 데이터,

$$r_L = r_C + R\frac{(n-au)}{\sqrt{1-a^2}}$$

Q2) 그림의 볼엔드밀에서 CL-데이터, $r_c = (10, \ 0, \ 10)$ 이고, 공구의 지름은 10, 공구의 회전축 방향의 단위 벡터 u 는(0, 0, 1), 접촉점에서의 곡면의 단위법선 벡터 n은$(-1/\sqrt{2}, 0, 1/\sqrt{2})$이다. 이 때 CL-데이터는?

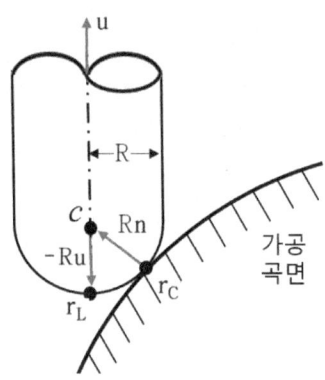

A2) $R = 5mm$

$\quad$ $\mathbf{u} = (0, 0, 1)$

$\quad$ $\mathbf{n} = (-1/\sqrt{2}, 0, 1/\sqrt{2})$

$\quad\quad = (-0.707, 0, 0.707)$

$\quad$ $\mathbf{r}_c = (10, 0, 10)$

$\quad$ $\mathbf{r}_L = ?$

$\mathbf{r}_L = \mathbf{r}_c + R(\mathbf{n} - \mathbf{u})$

$$\begin{bmatrix} 10 \\ 0 \\ 10 \end{bmatrix} + 5 \begin{bmatrix} -0.707 \\ 0 \\ 0.707 \end{bmatrix} = \begin{bmatrix} 6.465 \\ 0 \\ 13.535 \end{bmatrix}$$

$\therefore CL - 데이터 = (6.465, 0, 13.535)$

Q3) 위 Q1) 문제에서 P점에서의 법선 벡터 n을 구하였다. P점을 공구 접촉점(CC-데이터)으로 할 때 CL-데이터를 구하시오. 단, 사용공구는 ϕ10 볼엔드밀이고 3축 머시닝센터에서 가공한다. [CATIA 검증]

A3) $R = 5mm$

$\quad$ $\mathbf{u} = (0, 0, 1)$

$\quad$ $\mathbf{n} = -0.447i + 0.894k$

$\quad$ $\mathbf{r}_c = (10, 0, 5)$

$\quad$ $\mathbf{r}_L = \mathbf{r}_c + R(\mathbf{n} - \mathbf{u})$

$$= \begin{bmatrix} 10 \\ 0 \\ 5 \end{bmatrix} + 5 \begin{bmatrix} -0.447 - 0 \\ 0 \\ 0.894 - 1 \end{bmatrix}$$

$$= \begin{bmatrix} 10 \\ 0 \\ 5 \end{bmatrix} + 5 \begin{bmatrix} -0.447 \\ 0 \\ -0.106 \end{bmatrix} = \begin{bmatrix} 7.765 \\ 0 \\ 4.470 \end{bmatrix}$$

$\therefore CL - 데이터 = (7.765, 0, 4.470)$

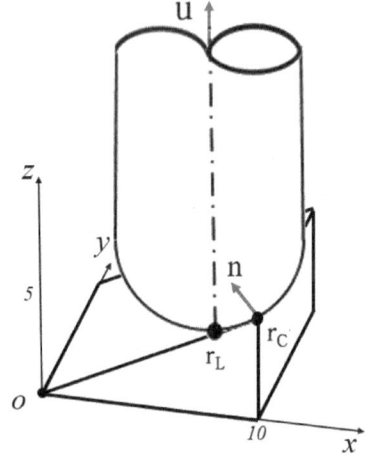

5.3.3 이송 방향 오차와 커습 높이

(1) 이송 방향 오차

: [그림 5.3.2]은 볼 엔드밀에 의한 곡면 가공으로, 이송 방향(Feed direction)의 오차를 보여 준다. 곡면 가공은 동일 z-level인 평면에서는 원호 보간(G02, G03)을 사용한 직교 좌표 방식(Cartesian 방식)으로 가공할 수 있으나 대부분의 경우 곡선을 직선으로 잘게 나누어 직선 보간(G01)을 적용한다. 이때 발생하는 오차를 이송 방향 오차라 하고 CATIA 등 CAM S/W에서는 Machining tolerance라 한다.
아래 그림에서 내부 허용 오차 δ_1은 과절삭이 되므로 피해야 하며 불가피한 경우 적시된 허용 오차 범위 이내로 해야 한다. 외부 허용 오차 δ_0는 미절삭이 되므로 적당한 값이 되도록 오차를 주어야 한다. 너무 많이 남으면 다듬질(사상) 작업 시간이 길어지고 너무 적게 남기려고 하면 공구 경로가 길어져 가공 시간이 증가한다. 일반적으로 볼 엔드밀에 의한 정삭 가공에서 이송 방향 오차는 0.01mm 이내로 한다.

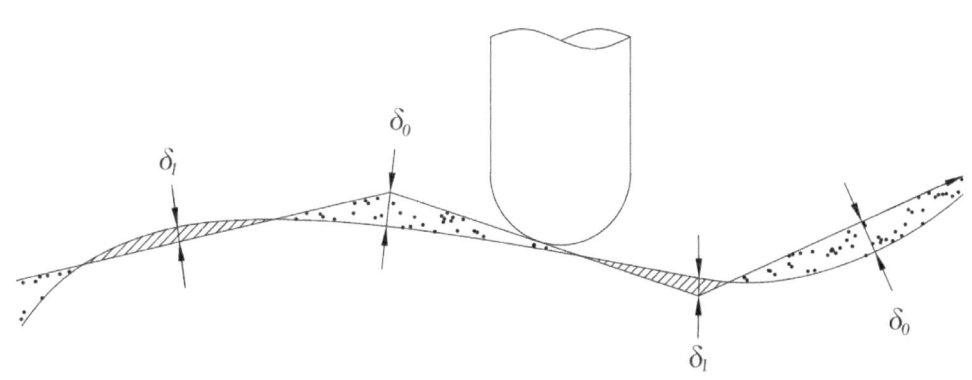

[그림 5.3.2] 직선 보간 허용 오차

(2) 커습 높이

: 볼 엔드밀에 의한 곡면 가공 시 피크피드(Pick feed) 방향의 공구 경로 간격 l에 의해 생기는 가공 잔량 h를 커습(Cusp)이라 하고 그 높이인 Cusp height(=Scallop height)는 표면 조도값이 된다. Cusp height를 직선의 방정식과 원의 방정식의 연립방정식을 이용하여 유도한다.

Q1) 볼 엔드밀에 의한 곡면 가공 시 피크피드(Pick feed) 방향의 공구경로 간격 l에 의해 생기는 가공 잔량인 커습(Cusp) 높이 h를 구하시오. 단 공구 반경, r은 $3mm$이고 경로 간격 l은 $0.5mm$이다.

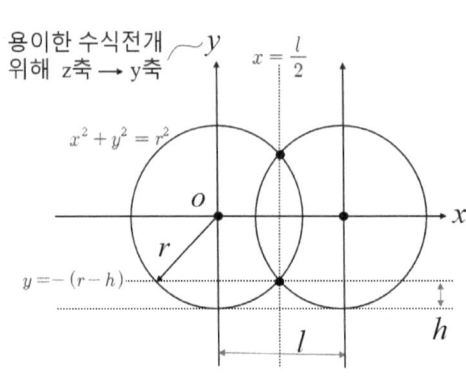

A1) $x = \dfrac{l}{2}$

$x^2 + y^2 = r^2$

$y^2 = r^2 - x^2$

$y = \pm \sqrt{r^2 - x^2}$

$y = \pm \sqrt{r^2 - (\dfrac{l}{2})^2}$

$\therefore$ 커습높이, $h = r - \sqrt{r^2 - (\dfrac{l}{2})^2}$

$= 3 - \sqrt{3^2 - (\dfrac{0.5}{2})^2} = 0.01mm$

Q2) 볼 엔드밀에 의한 곡면 가공 시 커습(Cusp) 높이 h가 $0.01mm$일 때 피크피드(Pick feed) 방향의 공구 경로 간격 l을 구하시오. 단 공구 반경, r은 $3mm$이다.

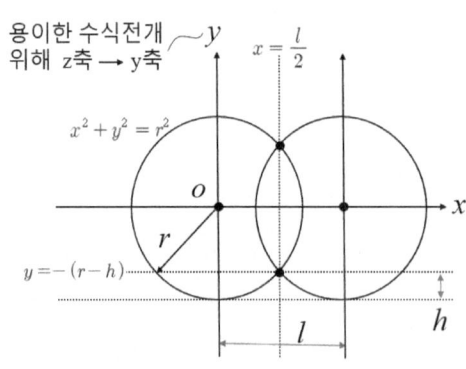

A2) $y = -|r - h|$,

$x^2 + y^2 = r^2, \ x^2 = r^2 - y^2$

$x = \pm \sqrt{r^2 - y^2} = \pm \sqrt{r^2 - (-|r-h|)^2}$

$= \pm \sqrt{r^2 - (r^2 - 2rh + h^2)}$

$= \pm \sqrt{2rh - h^2} = \pm \sqrt{h(2r - h)}$

$\therefore$ 경로간격, $l = 2\sqrt{h(2r - h)}$

$= 2\sqrt{0.01(2 \times 3 - 0.01)}$

$= 0.490mm$

5.3.4 포스트 프로세싱(Post processing)

(1) 포스트 프로세싱의 정의

: 포스트 프로세싱은 CL 데이터를 기계의 NC 컨트롤러가 인식할 수 있는 NC 데이터로 변환하는 후처리 작업이다. 즉 공구의 위치 벡터와 자세 벡터로 이루어진 CL(Cutter Location) 데이터를 위치 데이터(X, Y, Z)와 회전 각도(A, C 등)로 구성된 NC 데이터로 변환하는 작업이다.

아래 그림은 TT-TR(테이블 틸팅-테이블 로테이션) 타입 5축 가공기를 보여 주는 것으로, (a)는 X축을 중심으로 회전하는 A축과 Z축을 중심으로 회전하는 C축으로 이루어진 AC 타입 5축 가공기이고, (b)는 Y축을 중심으로 회전하는 B축과 Z축을 중심으로 회전하는 C축으로 이루어진 BC 타입 5축 가공기이다.

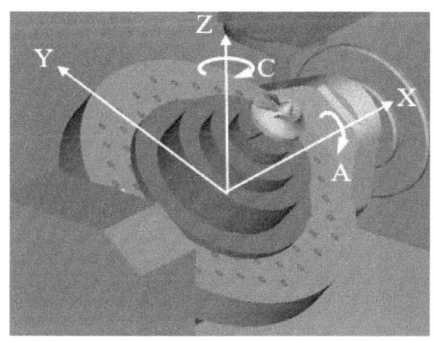

(a) TT-TR-AC(Mytrunnion-5, Kitamura)

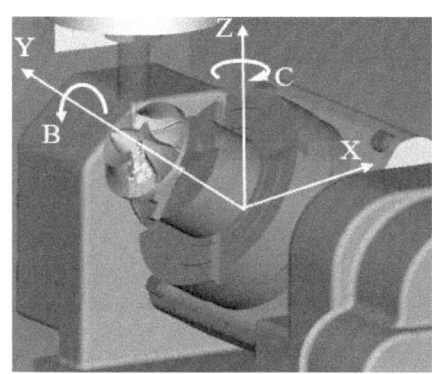

(b) TT-TR-BC(LCV550, SMEC)

[그림 5.3.3] TT-TR 타입 5축 가공기

일반적으로 직선 이송축이 직교하는 5축 가공기의 틸트각과 로테이트각은 다음의 식 (1) 및 식 (2)와 같이 역기구해로부터 구할 수 있다.

$$K_{ij} : \theta_i = -\tan^{-1}\left(\frac{\sqrt{u_i^2 + u_k^2}}{u_j}\right) \tag{1}$$

$$K_{ij} : \theta_j = -\cos^{-1}\left(\frac{u_k}{\sqrt{u_i^2 + u_k^2}}\right) \tag{2}$$

여기서 K_{ij}의 하첨자 i, j, k는 각각 회전 중심축 X, Y, Z를 의미하며, K_{ij}는 AB 타입을, K_{ik}는 AC 타입을, K_{jk}는 BC 타입의 메커니즘을 나타낸다. 또한, θ_i는 유한 회전각인 틸트각, θ_j는 무한 회전각인 로테이트각을 나타내며, u_i, u_j, u_k는 CL 데이터 공구축 벡터의 각축 성분이다.

틸트각과 로테이트각이 구해지면 아래의 식 (3)을 이용하여 CL 데이터의 위치 벡터를 NC 데이터의 위치 벡터로 변환할 수 있으며, 결과적으로 최종 NC 데이터는 식 (4)와 같이 구할 수 있다.

$$K_{ij} : P_{NC} = P_{CL}\ T_1 \ \ \text{in HT-HR} \tag{3}$$
$$K_{ij} : P_{NC} = P_{CL}\ T_2\ T_1 \ \ \text{in HT-TR}$$
$$K_{ij} : P_{NC} = P_{CL}\ T_2\ T_3 \ \ \text{in TT-TR}$$

여기서 $T_1 = T\,(t_i, t_j, t_k)$, $T_2 = R_j(-\theta_j)$, $T_3 = R_i(-\theta_i)$, P_{NC}은 NC 데이터의 위치 벡터이고 P_{CL}는 CL 데이터의 위치 벡터이다.

$$NC = P_{NC},\ \theta_i,\ \theta_j \tag{4}$$

(2) 포스트 프로세서의 구현

: 전술한 알고리즘을 바탕으로 Visual Basic 6.0을 이용하여 연구 및 학술용으로 포스트 프로세서 프로그램인 H-POST(High Efficient Post-Processor)를 구현하였다. H-POST는 이전에 개발한 E-POST(Easy Post-Processor)의 특이점과 특수각 및 위상반전 시의 문제점을 개선하였고, NX, 하이퍼밀(ISO CL 제공시) 등 타 S/W와의 호환성을 강화하였으며 비주얼 스튜디오에서 연동하여 구동될 수 있도록 하였고, 처리 속도가 개선되는 등 다양한 측면에서 효율성을 강화한 프로그램이다. Visual Basic 6.0은 Windows XP까지만 지원되므로 Windows 7부터는 Visual Studio.net을 설치한 후, 기 개발된 H-POST 실행파일의 패키지 프로그램을 셋업하여 활용한다. 만약 Visual Basic 6.0을 보유하고 있는 사용자라면 Windows 7 이상에서는 Windows XP(서비스팩 3)와의 호환 모드로 Visual Basic 6.0을 재설치하여 사용하며 이 경우에도 마찬가지로 기 개발된 H-POST 실행파일의 패키지 프로그램을 셋업하여 활용한다. 가급적이면 Visual Studio.net을 셋업하여 실행하길 권장한다.

✿ Visual Studio.net 셋업 (Explorer에서 안 될 경우 Chrome 사용)
● 아래 사이트로 들어가서 마이크로소프트(①)에서 무료 사용(②)을 제공하는 Visual Studio Community(③)를 다운(④)받는다.   https://visualstudio.microsoft.com/ko/

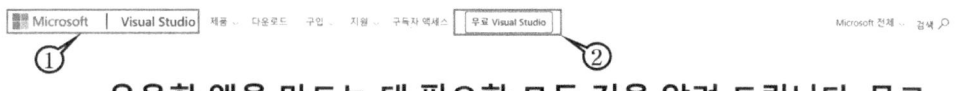

유용한 앱을 만드는 데 필요한 모든 것을 알려 드립니다. 무료입니다.

● 설치 중 아래와 같은 화면이 실행되면 Visual Studio.net 데스크톱 개발(①)을 체크
하고 Install(②)한다. 셋업 후 "나중에 로그인" 선택하고 "Visual Studio 시작(S)'
클릭 후 새 프로젝트 만들기(N)까지 클릭하고 다음(N), 만들기(C)까지 수행 후 완
료한다.

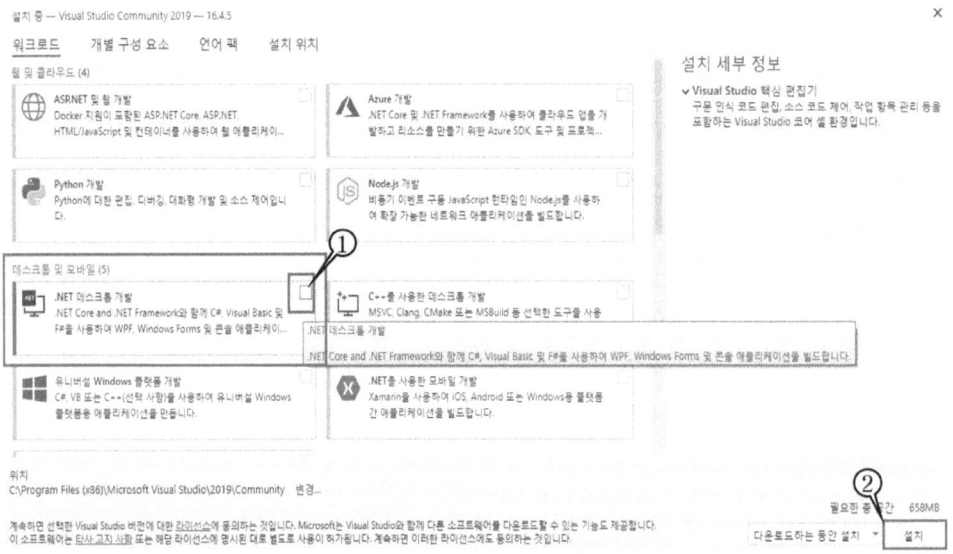

✿ Visual Basic 6.0 셋업 [Windows XP(서비스팩 3)와의 호환 모드로 재설치]
● Visual Basic 6.0을 보유하고 있는 사용자는 아래의 순서로 Visual Basic 6.0을
재 설치한다. 일반 사용자의 경우 이 부분은 건너뛰고 [✿ H-POST S/W 셋업]으
로 넘어간다.

● 별도로 저장한 VB6 폴더의 SETUPWIZ.INI 파일(①)을 메모장에서 열고 VmPath의
우측 텍스트(②)를 삭제 후 저장한다.

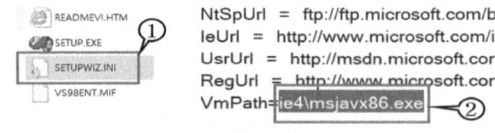

● SETUP.EXE를 우클릭하여 속성→호환성→호환 모드를 Windows XP(서비스팩 3)
(①)로 설정하고 관리자 권한으로 이 프로그램 실행(②)을 체크한 후 관리자 권한
으로 SETUP.EXE를 실행한다. 셋업이 시작되면 ③과 같이 사용자 정의를 체크한

다.

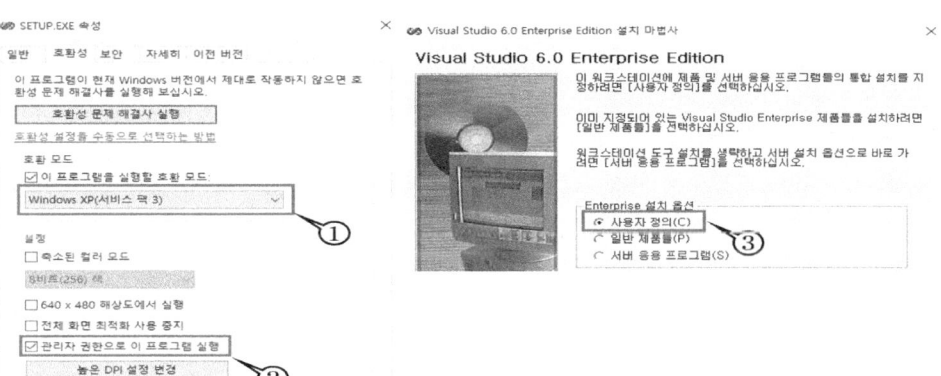

● 설치 구성 요소 화면에서는 데이터 엑세스(①)를 체크 해제하고 Enterprise 도구들(②)을 클릭한 다음, 옵션 변경 탭(③)을 클릭 후 Visual Studio Analyzer (④)을 체크 해제한다.

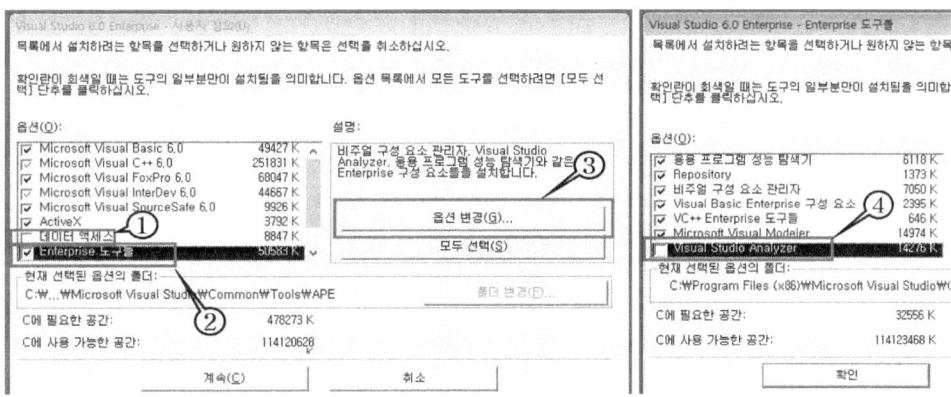

☼ H-POST S/W 셋업

● 광문각 자료실의 [CATIA CAM 5축 가공기술 (황종대 지음, 2020) 관련자료]에서 [CATIA-CAM-TECH] 압축파일을 다운받은 후 D:\에 압축을 푼다.

D>CATIA-CAM-TECH>H-POST 폴더를 C:\에 저장 후 C>H-POST>Package 폴더를 열어 setup.exe(①)를 실행하며, 실행 과정에서 단추(②)를 클릭한다.

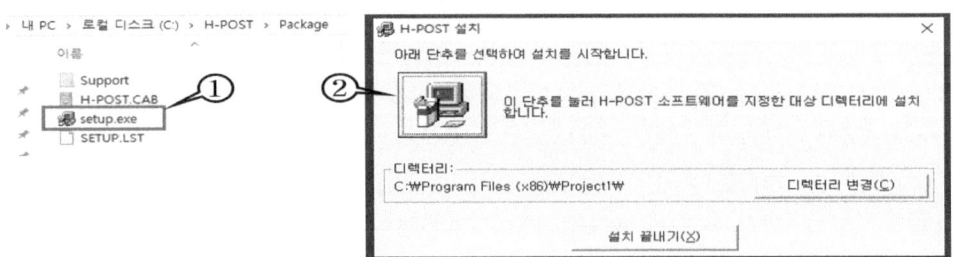

● 윈도우-시작에서 Windows 7은 (①)을, Windows10은 (②)를 클릭하여 H-POST를 실행한 후 프로그램 상단의 8개 탭(③)을 하나씩 클릭해 본다. 닫기(④)를 클릭한 후 이후부터는 C:\H-POST\(⑤)의 H-POST.exe(⑥)을 직접 클릭하여 실행한다.

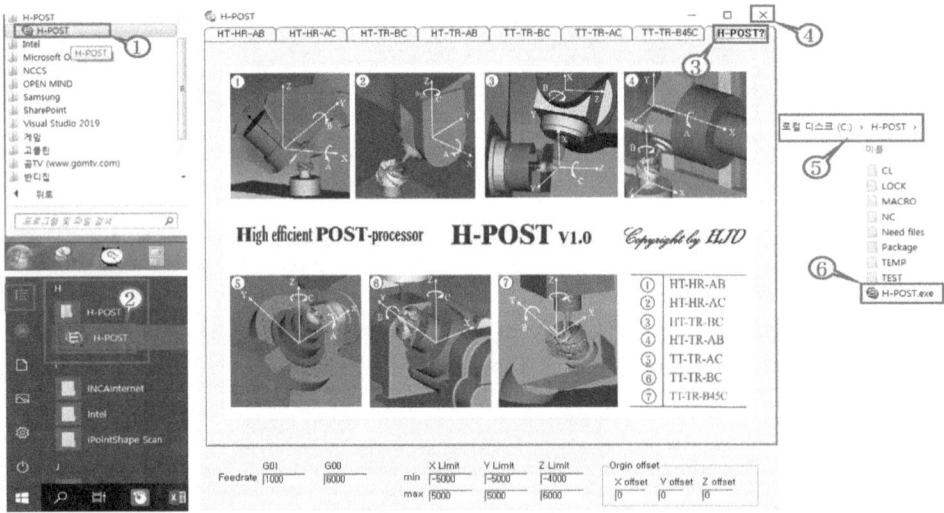

✿ H-POST 사용법

● H-POST의 HT-TR-BC 타입 탭(①)을 클릭하여 Data Input 버튼(②)을 클릭한 후 C>H-POST>TEST 폴더의 CL데이터인 VERTICAL_MC.aptsource 파일(③)을 클릭하면 화면 우측 상단의 Input Data 박스(④)에 로드된다. → CL->RTCP 버튼(⑤)을 클릭한 후 원하는 파일명을 입력하거나 기존에 출력한 HT-TR-BC.NC(⑥) 파일을 클릭하여 덮어쓰기 하면 Output Data 박스(⑦)에 변환된 NC 데이터가 출력되고 파일로도 저장된다. → ⑧, ⑨, ⑩, ⑪과 같이 수직형 머신(VERTICAL_MC)의 다른 메커니즘 타입 탭에서도 동일한 테스트를 수행한다. → 수평형 머신(HORIZONTAL_MC)인 ⑫, ⑬에 대해서는 CL 데이터 로드 시 HORIZONTAL_MC.aptsource(⑭)를 클릭하여 실행한다.

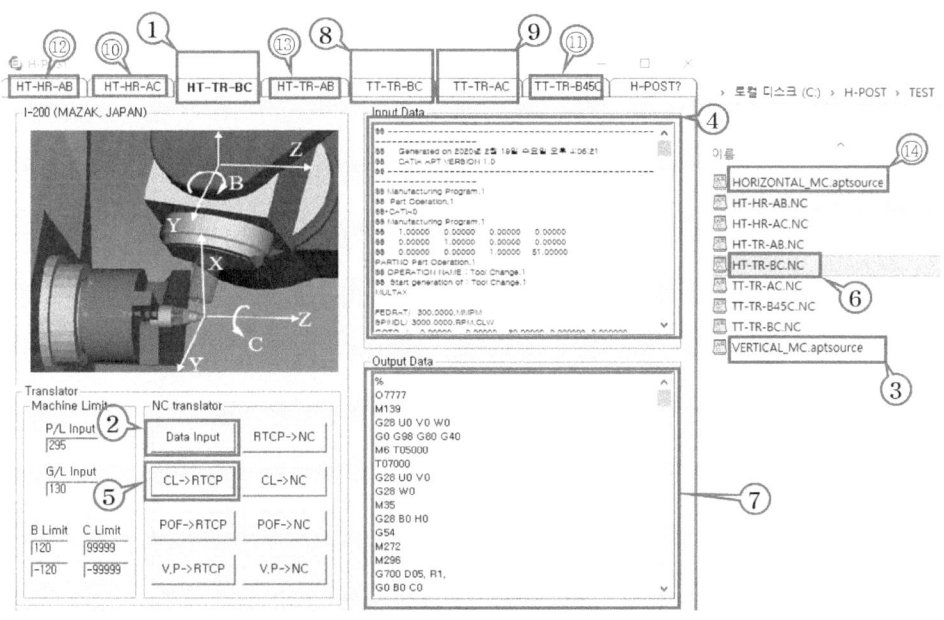

[그림 5.3.4] H-POST의 사용법

● 현재 국내 업체나 교육기관에 가장 널리 보급된 5축 가공기 종류를 대상으로 본 교재에서 다루는 메커니즘 ①, ⑧, ⑨의 CL-RTCP(⑤) 명령(Command)은 공구 선단점 제어(RTCP, G43.4)가 가능한 FANUC 컨트롤러가 부착된 5축 가공기에서 가공하여 검증한 것이므로 유사 5축 가공기를 사용하고 있다면 적용상에 큰 무리가 없을 것으로 예상된다.

● 그러나 각 업체나 각급 교육기관에서 사용하는 5축 가공기의 문두, 문미 혹은
특이 코드 등에 대해서는 정확하게 이해하고, 제공하는 포스트 프로세서의 표준
출력 포맷을 수정하여 사용해야 할 것이다.

장비 메이커마다 회전 이송축의 부호가 상반되기도 하고 공구 선단점이 완벽하
게 제어되지 않을 수도 있기 때문에 본 교재에서 검증 가공을 수행하지 않은 여
타의 메커니즘에 대해서는 충분한 검증 후 활용하기 바란다.

지멘스 컨트롤러를 사용한다면 P/G 문두와 문미의 %를 삭제하고 문두에 G291
코드를 삽입한다. 하이덴하인 컨트롤러를 사용한다면 NC 데이터 파일의 확장자
를 *.i로 수정하여 활용한다.

상업용이 아닌 교육 · 연구용으로 개발하였으므로 5축 가공 학습이나 연구용으로
만 사용하시길 바란다.

REST
AREA

[5축 가공기로 제작한 스크류]

cf. NX CL 데이터를 적용한 포스트 프로세싱

- NX10을 이용하여 CL 데이터를 출력한 후 H-POST에서 NC 데이터로 포스트 프로세싱하기 위하여 아래와 같이 작업한다.

  먼저 NX10의 제조(①) 워크벤치에서 가변 윤곽(②)의 경우 동작 출력 유형을 선(③)으로 하고, 더보기(④)의 드롭다운 버튼(역삼각형)을 클릭하여 CLSF 출력(⑤)을 클릭하며 ⑥과 같이 CLSF IDEAS MILL을 선택하고 ⑦과 같이 미터법/파트로 하고 확인을 클릭한다.

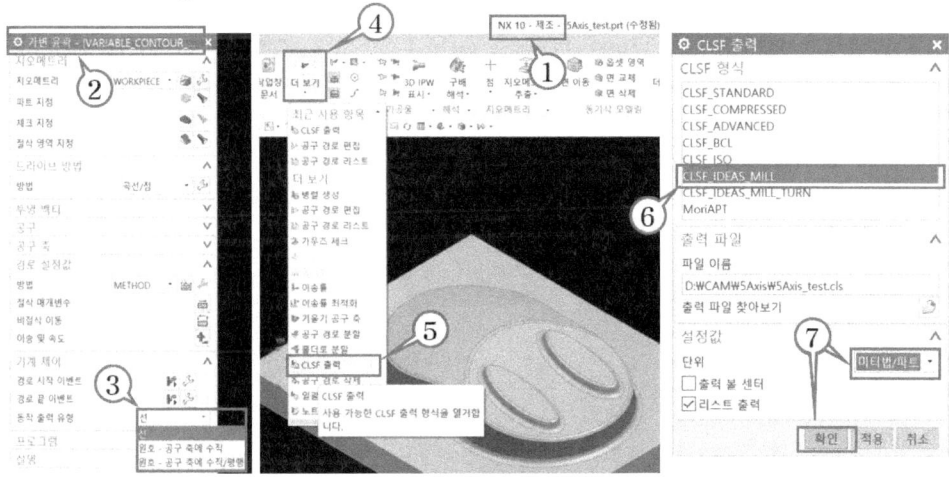

- H-POST의 HT-TR-BC 타입 탭(①)을 클릭하여 Data Input 버튼(②)을 클릭한 후 C:\H-POST\TEST\NX 폴더의 CL 데이터인 NX.CL 파일(③)을 클릭하면 화면 우측 상단의 Input Data 박스(④)에 로드된다. → CL->RTCP 버튼(⑤)을 클릭한 후 원하는 파일명을 입력하거나 기존에 출력한 NX.NC(⑥) 파일을 클릭하여 덮어쓰기 하면 Output Data 박스(⑦)에 변환된 NC 데이터가 출력되고 파일로도 저장된다. → ⑧, ⑨, ⑩, ⑪과 같이 수직형 머신(VERTICAL_MC)의 다른 메커니즘 타입 탭에서도 동일한 테스트를 수행한다.

- CATIA와 NX는 CAD/CAM, 구동 시뮬레이션, 구조 해석 등 다양한 모듈을 제공하는 범용 S/W로서 TOTAL SOLUTION이라고도 한다. 이러한 범용 S/W는 특정 모듈에 대한 폐쇄성이 작기 때문에 ISO 코드 기반의 CL 데이터를 쉽게 생성할 수 있고, 전술한 바와 같이 H-POST를 사용하여 NC 데이터로 변환할 수 있다.

반면, HYPER MILL이나 POWER MILL과 같이 CAM 전용으로 특화된 S/W 의 경우 공급사에서 USER의 5축 가공기 메커니즘과 컨트롤러에 맞게 직접 포스트 프로세서를 세팅해 주므로 사용자가 포스트 프로세서 문제로 고민하지 않아도 된다.

그러나 S/W 가격이 고가이고 각급 교육기관에 이러한 전용 CAM S/W가 없는 경우 CATIA와 NX를 이용하여 좀 더 쉽고 용이하게 5축 가공 기술을 학습할 수 있도록 H-POST의 많은 활용을 바란다. 특히 전국 대학에 잠들어 있는 수많은 5축 가공기를 깨우는 데 H-POST가 작으나마 이바지하길 희망한다.

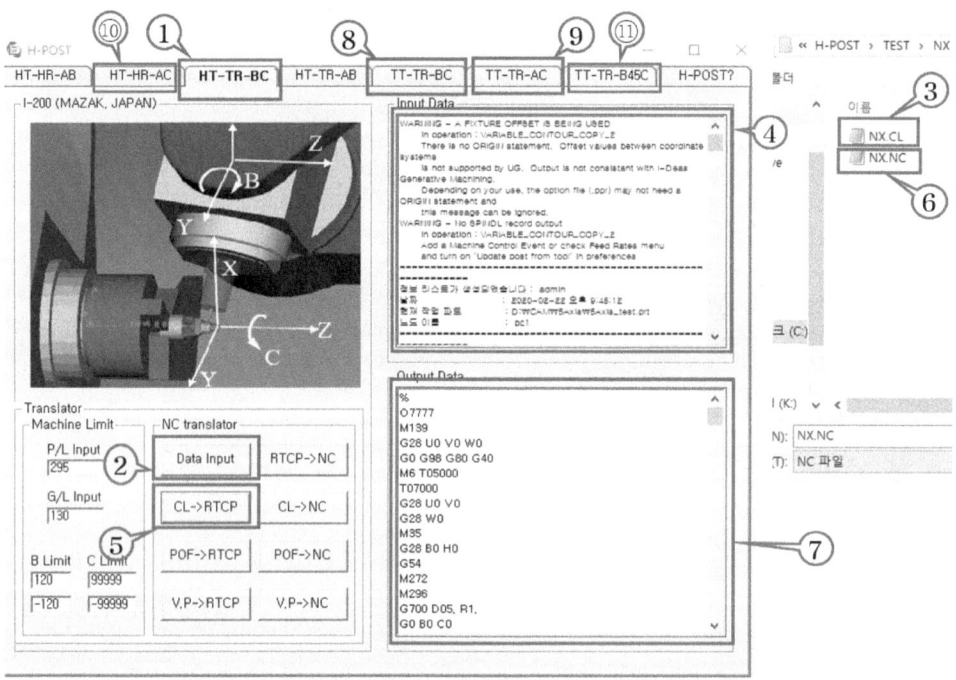

Q1) C>H-POST>TEST 폴더의 CL 데이터인 VERTICAL_MC.aptsource 파일을 열면 아래와 같다. 아래 CL 데이터의 빨간 박스 부분인 [GOTO / 30.615, 0 22.910, 0.3827, 0, 0.9239]인 행을 포스트 프로세싱하여 계산값과 H-POST에 적용한 값을 비교하시오.

```
CL NC aptsource - window 프로그램
파일(F) 편집(E) 서식(O) 보기(V) 도움말(H)

FEDRAT/ 300.0000,MMPM
SPINDL/ 3000.0000,RPM,CLW
GOTO  /   0.00000,   0.00000,  29.00000, 0.000000, 0.000000, 1.000000
GOTO  /   0.00000,   0.00000,  -1.00000, 0.000000, 0.000000, 1.000000
FEDRAT/ 1000.0000,MMPM
GOTO  /   0.00000,   0.00000,  29.00000, 0.000000, 0.000000, 1.000000
$$ End of generation of : Point to Point .17
$$ OPERATION NAME : Point to Point .18
$$ Start generation of : Point to Point .18
FEDRAT/ 300.0000,MMPM
SPINDL/ 3000.0000,RPM,CLW
GOTO  /  30.61467,   0.00000,  22.91036, 0.382683, 0.000000, 0.923880
GOTO  /  19.13417,   0.00000,  -4.80602, 0.382683, 0.000000, 0.923880
FEDRAT/ 1000.0000,MMPM
```

∴ 우측 계산 결과 공구 자세 벡터의 포스트 프로세싱에 의한 값은 A-22.5, C-90이다.

계산 결과를 비교하기 위하여 H-POST 프로그램을 실행한다. [그림 5.3.4] H-POST의 사용법을 참조하여 ⑨ TT-TR-AC 타입을 선택하고 실행한다. 실행 결과 아래의 [그림 5.3.5]와 같이 A축과 C축 계산값과 일치한 결과를 알 수 있다.

공구 선단점 제어(RTCP) 기능이 있는 경우 CL 데이터와 NC 데이터는 동일하게 처리되고 없는 경우 다른 값으로 출력된다.

A1) CL 데이터의 공구 자세 벡터는 (0.383, 0, 0.924)이다. 식(1)에 적용하면,

$$K_{ij} : \theta_i = -\tan^{-1}\left(\frac{\sqrt{u_i^2 + u_k^2}}{u_j} \right)$$

AC 타입 5축가공기이므로

$$K_{ik} : \theta_i = -\tan^{-1}\left(\frac{\sqrt{u_i^2 + u_j^2}}{u_k} \right)$$

$$A = -\tan^{-1}\left(\frac{\sqrt{u_i^2 + u_j^2}}{u_k} \right)$$

$$= -\tan^{-1}\left(\frac{\sqrt{(0.3827)^2 + (0)^2}}{0.9239} \right)$$

$$= -22.500$$

$$K_{ij} : \theta_j = -\cos^{-1}\left(\frac{u_k}{\sqrt{u_i^2 + u_k^2}} \right)$$

$$K_{ik} : \theta_k = -\cos^{-1}\left(\frac{u_j}{\sqrt{u_i^2 + u_j^2}} \right)$$

$$C = -\cos^{-1}\left(\frac{u_j}{\sqrt{u_i^2 + u_j^2}} \right)$$

$$= -\cos^{-1}\left(\frac{0}{\sqrt{(0.3827)^2 + 0^2}} \right)$$

$$= -90$$

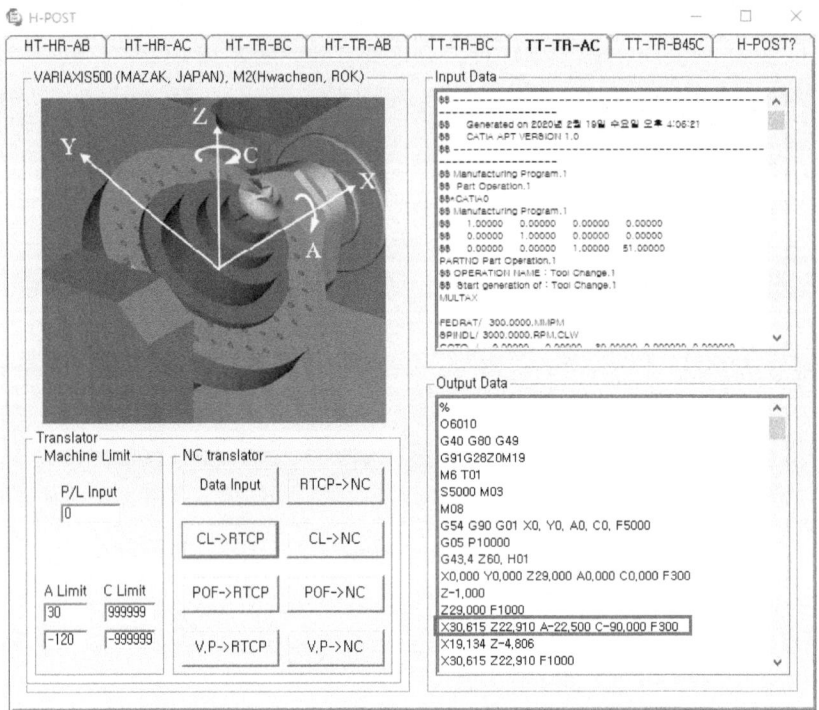

[그림 5.3.5] Q1) 예제의 H-POST 실행 결과

5.3.5 공구 간섭과 충돌 검토

: 공구 간섭(Overcut)을 방지하려면 공구의 반경이 곡면상의 최소 곡률 반경보다 작아야 한다.

과절삭(Gouging), 충돌(Collision) 및 간섭(Interference)의 개념은 [그림 5.3.6]과 같다. 즉 [그림 5.3.6]의 (a)와 같이 공구의 절삭날 곡률 반경보다 가공 곡면의 곡률 반경이 더 작은 경우 발생하는 국부적인 과절삭을 Local gouging이라 하고, 평 엔드밀이나 라운드 엔드밀의 밑날이 피드 방향으로 진행할 때 공구 밑날의 뒤쪽이 가공 곡면과 간섭하여 발생하는 과절삭을 Rear gouging이라 한다.

또한, [그림 5.3.6]의 (c)와 같이 공구의 생크, 홀더, 스핀들 등이 가공 곡면이나 치구와 부딪치는 현상을 Collision(충돌)이라 한다.

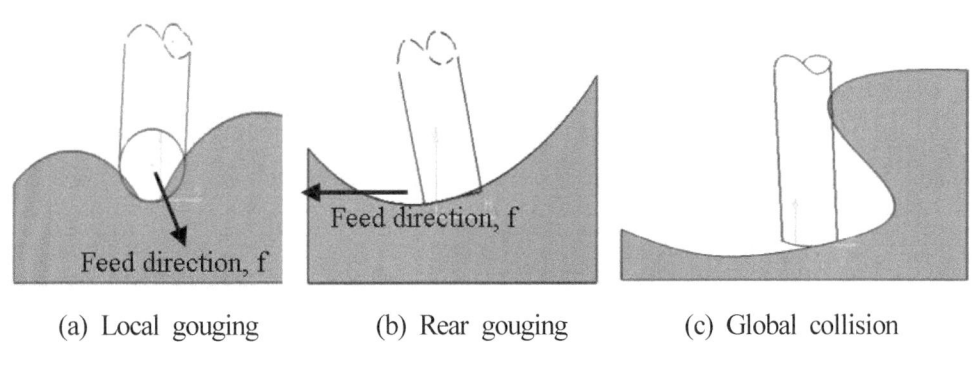

    (a) Local gouging   (b) Rear gouging   (c) Global collision

[그림 5.3.6] 공구 간섭과 충돌

Q1) 수치 제어에서 사용되는 파트 프로그램에 들어 있지 않은 정보는?

    ① 공구 교환   ② 절삭유 공급/중지

    ③ 절삭 공구의 동작 정보   ❹ 파트 프로그램에 사용된 곡선의 종류

Q2) 피트·프로그래밍에서 일반적으로 지원하는 공구 보정 기능으로 틀린 것은?

    ① 공구 반경 보정   ② 공구 길이 보정   ❸ 공구 속도 보정   ④ 공구 위치 보정

Q3) 그림의 볼 엔드밀에서 공구의 중심 c는(10, 10, 10)이고, 공구의 지름은 10, 공구의 회전축 방향의 단위 벡터 u는 (0, 0, 1), 접촉점에서의 곡면의 단위 법선 벡터 n은 $(-1/\sqrt{2},\ 0,\ 1/\sqrt{2})$이다. 이때 CL-데이터는?

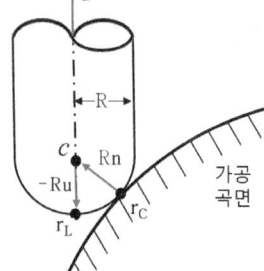

    ❶ $(10, 10, 5)$ ② $(10, 10, 15)$

    ③ $(\dfrac{10+5}{\sqrt{2}}, 10, \dfrac{10-5}{\sqrt{2}})$ ④ $(\dfrac{10-5}{\sqrt{2}}, 10, \dfrac{10+5}{\sqrt{2}})$

A3) $R = 5mm$

$u = (0, 0, 1)$

$n = (-1/\sqrt{2},\ 0,\ 1/\sqrt{2})$

$\quad = (-0.707, 0, 0.707)$

$r_L = ?$

공구 중심점 c에서 CL-데이터 r_L 까지는 z축 방향으로 공구 반경인 -5 이동하면 되므로 $c = (10, 10, 5)$ 이다.

공식을 사용하여 구하면 우측과 같다.

$c - r_c = R\,n,\quad r_c = c - R\,n$

$$r_c = \begin{bmatrix} r_{cx} \\ r_{cy} \\ r_{cz} \end{bmatrix} = \begin{bmatrix} c_x \\ c_y \\ c_z \end{bmatrix} - R \begin{bmatrix} n_x \\ n_y \\ n_z \end{bmatrix}$$

$$= \begin{bmatrix} 10 \\ 10 \\ 10 \end{bmatrix} - 5 \begin{bmatrix} \dfrac{-1}{\sqrt{2}} \\ 0 \\ \dfrac{1}{\sqrt{2}} \end{bmatrix} = \begin{bmatrix} 10 \\ 10 \\ 10 \end{bmatrix} + \begin{bmatrix} \dfrac{5}{\sqrt{2}} \\ 0 \\ \dfrac{-5}{\sqrt{2}} \end{bmatrix} = \begin{bmatrix} 13.54 \\ 10 \\ 6.46 \end{bmatrix}$$

$r_L = r_C + R(n - u)$

$$\begin{bmatrix} 13.54 \\ 10 \\ 6.46 \end{bmatrix} + 5 \begin{bmatrix} -0.707 - 0 \\ 0 - 0 \\ 0.707 - 1 \end{bmatrix} = \begin{bmatrix} 10 \\ 10 \\ 5 \end{bmatrix}$$

Q4) CNC 가공의 곡면상에서 오프셋된 공구의 위치를 의미하는 것은? ★

    ① CC 포인트   ❷ CL 데이터   ③ CM 포인트   ④ 공구 경로 검증

Q5) CAD/CAM 시스템에서 공구 중심의 좌푯값이나 공구 축의 벡터를 계산한 데이터는?

❶ CL 데이터   ② 모델링 데이터   ③ 파트 프로그램   ④ 포스트 프로세서

Q6) 볼 엔드밀을 사용하여 3축 NC 기계를 위한 CL(Cutter Location) 데이터를 구하고자 할 때 필요한 데이터가 아닌 것은? ★

① 공구(엔드밀)의 반경   ② 곡면의 해당 점에서의 위치벡터

❸ 공구의 물성치   ④ 곡면의 해당 점에서의 단위법선벡터

Q7) 볼 엔드밀을 사용하여 3축 NC 기계의 CL 데이터를 구하고자 할 때 필요하지 않은 것은?

① 볼 엔드밀의 반경   ② 곡면의 해당 점에서의 위치 벡터

❸ 볼 엔드밀의 물성치   ④ 곡면의 해당 점에서의 단위 법선 벡터

Q8) 볼 엔드밀로 곡면을 가공할 때 가공 경로 사이에 남는 공구의 흔적은?

① undercut   ② overcut   ③ chatter   **❹** cusp

Q9) CAM 작업 시 NC 가공 변수인 허용 가공 오차와 관련된 설정 항목으로 틀린 것은?

❶ 공구 진행 속도(feed rate)   ② 스텝 길이(step length)

③ 커습의 높이(cusp height)   ④ 계산 오차(calculation tolerance)

Q10) 커습(Cusp)은 공구 경로 간격에 의해 생성되는 것으로 표면 거칠기에 영향을 미친다. 공구 경로 간격에 따른 커습 관계식은? (단, L = 경로 간격, h = cusp의 높이, R = 공구 반경이다.)

① $L = 2\sqrt{h(2R+h)}$ **❷** $L = 2\sqrt{h(2R-h)}$

③ $L = 2\sqrt{h(2h-R)}$ ④ $L = 2\sqrt{h(2h+R)}$

Q11) 지름이 20mm인 볼엔드밀로 평면을 가공할 때 경로 간격이 12mm인 경우 커습(cusp)의 높이는 몇 mm인가? ★

① 1.8   **❷** 2.0   ③ 2.2   ④ 2.4

A11) $\therefore$ 커습 높이, $h = r - \sqrt{r^2 - (\frac{l}{2})^2}$

$$= 10 - \sqrt{10^2 - (\frac{12}{2})^2} = 2mm$$

Q12) 반경이 $R = \sqrt{5}\,cm$인 볼 엔드밀로 평면을 가공하려고 한다. 경로 간 간격이 2cm일 때 커습 (cusp) 높이는 몇 cm인가?

    ① $\sqrt{5}-1$ ❷ $\sqrt{5}-2$ ③ 1   ④ 2

A12) $\therefore$ 커습 높이, $h = r - \sqrt{r^2 - (\dfrac{l}{2})^2}$

$$= \sqrt{5} - \sqrt{\sqrt{5}^2 - (\frac{2}{2})^2} = \sqrt{5} - \sqrt{5-1} = \sqrt{5} - 2$$

Q13) CAM 시스템으로 만들어진 공구의 위치 정보를 바탕으로 CNC 공작 기계의 제어 코드를 산출하는 프로그램은?

    ① 산술 계산기   ❷ 포스트 프로세서   ③ 번역기   ④ 테이프 판독기

Q14) CL Data를 이용하여 CNC 공작 기계의 제어부에 맞게 NC Data를 생성하는 과정을 무엇이라 하는가?

    ❶ 후처리   ② 공구 경로 검증   ③ CL Data 생성   ④ 데이터베이스(Database)

Q15) CL DATA를 이용하여 CNC 공작 기계의 제어부에 맞게 NC DATA를 생성하는 과정을 무엇이라 하는가?

    ❶ 후처리(post processing)   ② 공구 경로 검증   ③ CL 데이터 생성   ④ 데이터베이스

Q16) CAM 시스템을 이용하여 NC 데이터 생성 시 계산된 공구 경로를 각 기계 컨트롤러에 맞게 NC 데이터를 만들어 주는 작업은?

    ① CNC   ② DNC   ❸ post processing   ④ part program

Q17) 곡면 가공 시의 공구 간섭(overcut)에 대한 설명으로 틀린 것은?

    ① 곡면에 대한 CL 데이터가 꼬이게 되면 overcut이 발생한다.

    ❷ 오목한 곡면 부위를 길이가 짧은 엔드밀로 가공하면 overcut이 발생한다.

    ③ overcut을 방지하려면 공구의 반경이 곡면상의 최소 곡률 반경보다 작아야 한다.

    ④ 예각으로 연결되어 있는 두 곡면의 바깥쪽의 둔각 부분을 가로질러 공구 경로가 생성된 경우에 overcut이 발생한다.

Q18) 자유 곡면의 NC 밀링 가공을 위한 경로 산출에 대한 설명으로 틀린 것은?

    ① 공구 흔적(cusp)을 줄이기 위해서는 경로 간 간격을 줄이거나 공구 반경을 크게 한다.

    ❷ 공구 간섭은 공구 지름 크기에 무관하다.

    ③ 원호 보간을 이용하면 NC 프로그램 길이를 크게 줄일 수 있다.

    ④ 경로 산출을 위해 곡면 오프셋(offset) 계산이 이용되기도 한다.

Q19) NC 공구 경로 생성 시 계산된 공구 경로를 따라 공구가 움직일 때 곡면의 곡률 반경이 공구의 반경보다 작은 오목한 부분에서 과절삭(overcut)이 발생하는 현상은?

① Contacting   ② Clamping   ③ Collision   ❹ Gouging

Q20) 공구 경로 시뮬레이션을 통한 검증 내용으로 보기 어려운 것은?

① 공구가 공작물의 필요한 부분까지 제거하진 않는가

❷ 가공 중 공구 수명에 도달하여 파손의 가능성이 있는가

③ 공구가 클램프나 고정구와 충돌하진 않는가

④ 공구 경로들은 효율적인가

Q21) NC 공구 경로 시뮬레이션 및 검증 방법 가운데 공작물을 사각기둥의 집합으로 표현하고 공구가 사각기둥을 깎아나갈 때 그 높이를 갱신하여 가공되는 공작물의 디스플레이를 효과적으로 할 수 있도록 한 방법은?

❶ 3D histogram   ② Point-vector   ③ Voxel   ④ CSG

Q22) 다음 중 일반적인 공구 경로 시뮬레이션을 통해 파트 프로그래머가 직접 시각적으로 확인하기 어려운 것은?

① 공구가 공작물의 필요한 부분까지 제거하는지의 여부

② 공구가 어떤 클램프(clamp)나 고정구(fixture)와 충돌하는지의 여부

③ 공구가 포켓(pocket)의 바닥이나 측면, 리브(lib)를 관통하여 지나가는지의 여부

❹ 공구에 어떤 힘이 가해지며, 공구 경로가 공구 수명에 효율적인지의 여부

5.4 다축 가공

◉ 이송축 수에 따른 다축 가공 개념

: 아래의 [그림 5.4.1]에서 공구가 장착된 스핀들의 회전, S(Spindle rotation)는 이송 축에 포함되지 않으며, 스핀들 회전을 제외한 직선 이송축 및 회전 이송축의 개 수 N에 따라 N축 가공이라 정의한다. [그림 5.4.1]은 직선 이송축 3개(X축, Y축, Z축)와 회전 이송축 2개(A축, C축)로 구성된 5축 가공기의 예시를 보여주는 것으 로, 가공 시 5개의 이송축이 전부 이송한다면 5축 가공이 되고 X축과 A축 2개의 축만 이송한다면 2축 가공이 된다.

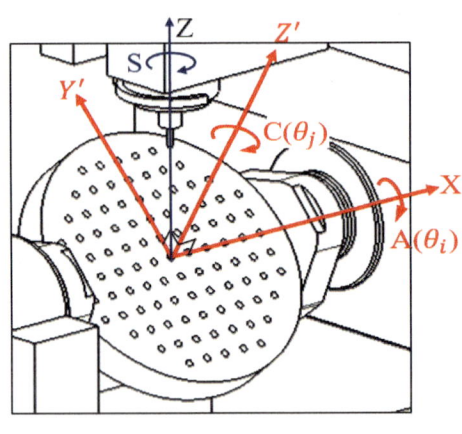

[그림 5.4.1] 다축 가공의 개념도

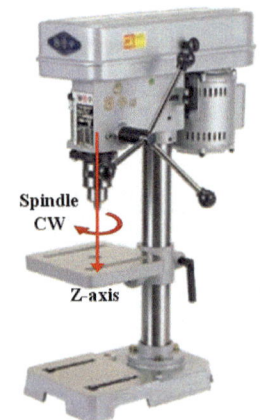

[그림 5.4.2] 1축 가공기(드릴링 머신)

5.4.1 1축 가공기

: [그림 5.4.2]와 같이 직선 이송축이 Z축으로만 구성된 드릴링, 태핑, 보링, 방전가 공기와 같은 가공기를 1축 가공기라 한다. CNC 가공에서 1축 가공은 드릴, 탭, 사이클 등으로 사용된다.

5.4.2 2축 가공기

: [그림 5.4.3]과 같이 직선 이송축이 X축과 Z축으로 구성된 CNC 선반과 같은 가
공기를 2축 가공기라 하며, [그림 5.4.4]와 같이 직선 이송축이 X축과 Y축으로 구
성된 CNC 와이어 방전 가공기 또한 2축 가공기에 포함된다. 단 상하 위치 이송
으로 데이퍼 방전 가공이 가능한 CNC 와이어 방전 가공기는 4축 가공기가 된다.

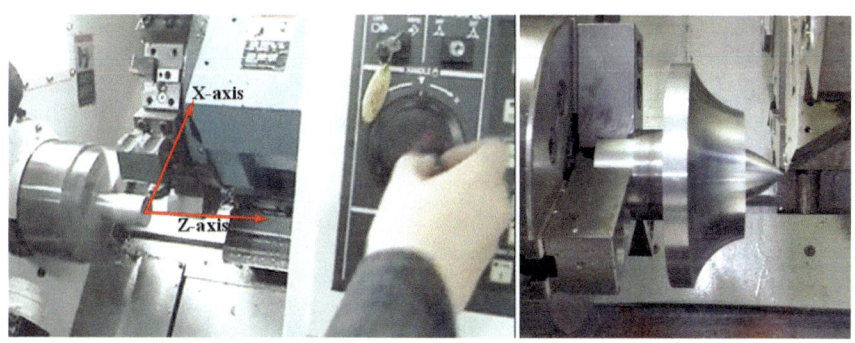

[그림 5.4.3] 2축 가공기(CNC 선반)

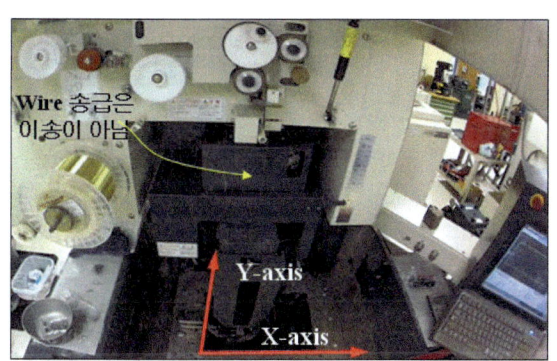
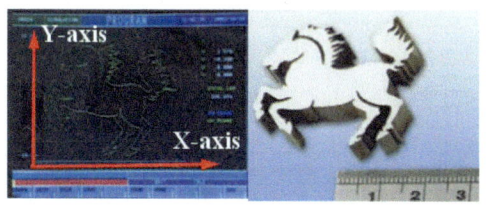

[그림 5.4.4] 2축 가공기(CNC WIRE 방전 가공기)

5.4.3 3축 가공기

: [그림 5.4.5]와 같이 직선 이송축이 X축, Y축 및 Z축으로 구성된 머시닝센터와
같은 가공기를 3축 가공기라 한다.

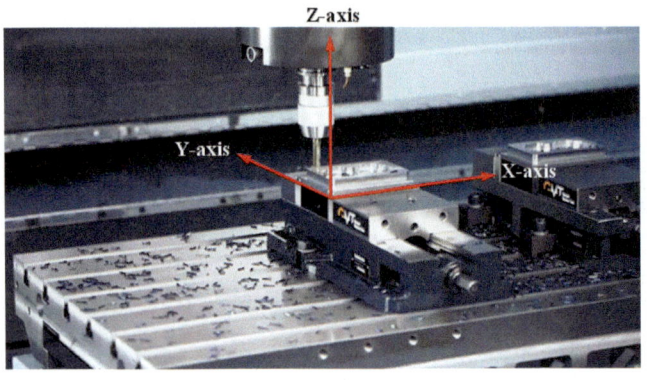

[그림 5.4.5] 3축 가공기(머시닝센터)

[그림 5.4.6]과 같이 3축 가공기를 이용한 가공 중에 Z축의 역할이 절입 깊이 방향의
위치 결정으로만 고정 제어되고(0.5축) 나머지 2개의 축(X, Y)이 동시 제어되면서 이송
하여 가공하는 윤곽 가공 및 포켓 가공을 2.5축 가공이라 하며 평면 밀링이 이루어진다.

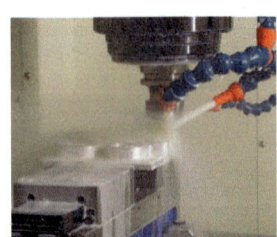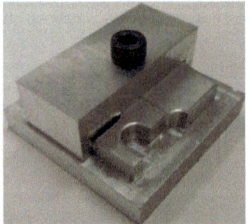

[그림 5.4.6] 머시닝센터를 이용한 2.5축 가공

[그림 5.4.7]과 같이 3축 가공기를 이용한 가공 중에 3개의 직선 이송축이 동시 제
어되는 경우 3축 가공이라 하며 주로 볼 엔드밀에 의한 곡면 가공이 이루어진다.

[그림 5.4.7] 머시닝센터를 이용한 3축 가공

5.4.4 4축 가공기

: 아래의 [그림 5.4.8]과 같이 직선 이송축 X, Y, Z와 함께 하나의 회전 이송축 A
로 구성된 로터리(인덱스) 머시닝센터를 4축 가공기라 하며, 일반적으로 3축 머
시닝센터에 로터리 테이블을 장착하여 사용한다. 여기서 X축을 중심으로 하여
회전 이송하는 축을 A축이라 한다. 마찬가지로 Y축을 중심으로 회전 이송하는
축을 B축이라 하고, Z축을 중심으로 회전 이송하는 축을 C축이라 한다.
[그림 5.4.9]는 4축 가공기를 이용한 가공 예시를 보여 주는 것으로 주로 원통캠,
캠샤프트, 압축기용 스크류 등과 같이 헬릭스(Helix) 형상 가공이 이루어진다.

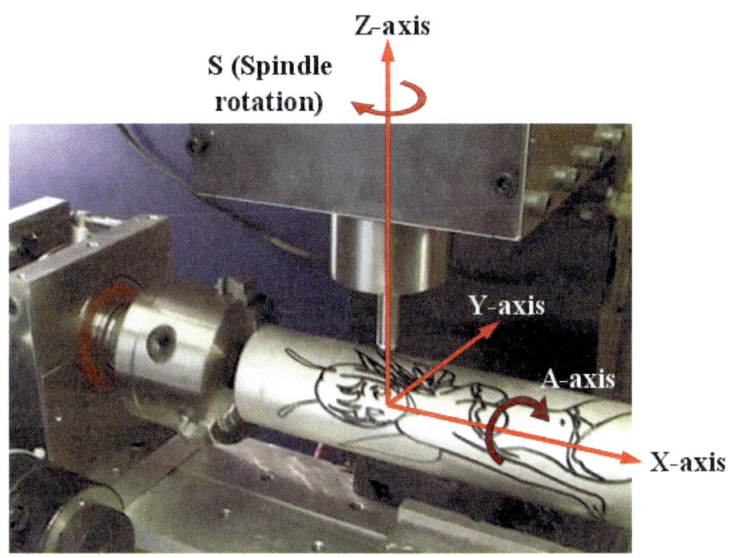

[그림 5.4.8] 4축 가공기

[그림 5.4.9] 4축 가공기를 이용한 가공(원통캠, 캠샤프트, 압축기용 스크류)

5.4.5 5축 가공기

(1) 5축 가공기의 구조 및 가공 분야

: [그림 5.4.10]은 5축 가공기의 대표적인 구조를 보여 주는 것으로서 (a)는 TT-TR (테이블 틸팅 - 테이블 로테이션) 타입을, (b)는 HT-TR(헤드 틸팅 - 테이블 로테이션) 타입을, (c)는 HT-HR(헤드 틸팅 - 헤드 로테이션) 타입을 나타낸다.

5축 가공기는 접근성이 우수하고 치공구 사용을 절감하며 우수한 표면 품질과 공구 수명 연장 등 다양한 장점을 가지므로 아래의 [그림 5.4.11]과 같이 터보 기계류 부품, 자동차, 항공, 금형, 의료기기 등 다양한 가공 분야에 적용되고 있다.

Z
Y
C
X
A
B
X
Z
C
Y
Z
C
Y
A
X

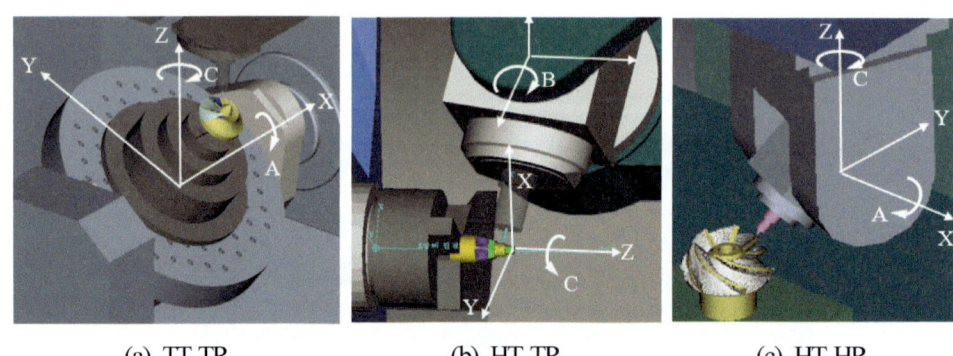

(a) TT-TR (b) HT-TR (c) HT-HR

[그림 5.4.10] 5축 가공기의 구조

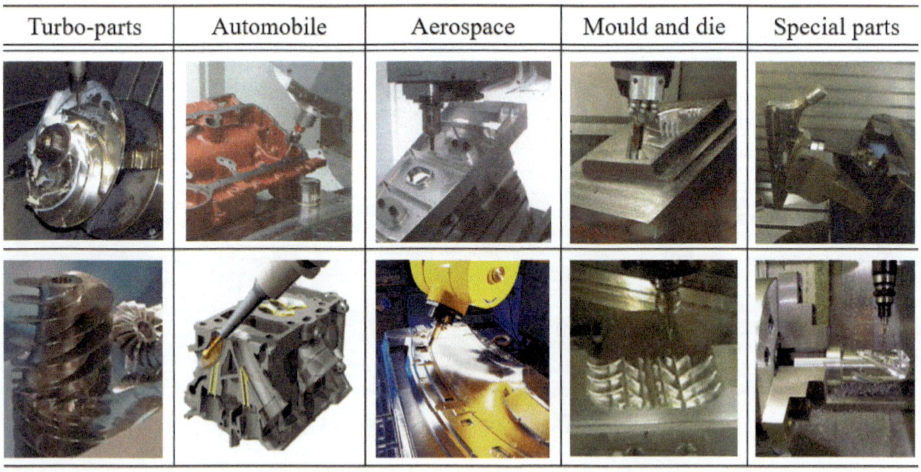

Turbo-parts
Automobile
Aerospace
Mould and die
Special parts

[그림 5.4.11] 5축 가공기를 이용한 가공 분야

(2) 5축 가공의 장점

: 5축 가공은 회전 이송축 2개가 추가됨으로써 자유도가 증가하여 복잡한 형상 부품 가공 시 접근성이 좋아지고 특수공구 및 치공구의 사용을 줄일 수 있으며 볼 엔드밀이 아닌 평 엔드밀의 옆날을 활용하여 Cusp을 줄일 수 있으며, 절삭 속도를 높일 수 있는 등 다양한 장점을 가진다.

① 유연한 접근성(Flexible accessibility)

: [그림 5.4.12]의 좌측 상단과 같이 3축 가공에서는 공구축 벡터가 언제나 Z축 방향(0,0,1)이므로 미절삭부가 발생하지만 그림의 좌측 하단과 같이 5축 가공에서는 자유로운 공구축 벡터를 활용하여 복잡한 형상의 부품을 가공할 수 있다. 이와 같이 유연한 접근성을 활용한 5축 동시 제어 가공품의 대표적인 아이템으로 임펠러, 프로펠러, 로우터, 스크류 등과 같은 터보 기계류 부품이 있다.

3-Axis

5-Axis

[그림 5.4.12] 유연한 접근성을 이용한 임펠러의 5축 동시 제어 가공

② 총형공구 및 치구 사용 감소(Form tool and fixture reduction)

: [그림 5.4.13]의 (a)와 같은 경사면 가공 시 좌측의 3축 가공에서는 특수한 총형공구를 사용해야 하지만 우측의 5축 가공에서는 회전 이송을 통하여 일반 평 엔드밀의 옆날(Flank)로도 가공할 수 있다. 또한, [그림 5.4.13]의 (b)와 같이 3축 가공에서는 치구를 따로 제작하여 가공하지만 5축 가공에서는 회전 이송축을 제어하여 치구 사용 없이 가공할 수 있다. 이러한 회전 이송 제어를 통한 5축 가공은 아래 그림과 같이 자동차 엔진 블록이나 다양한 경사면 작업에 활용된다.

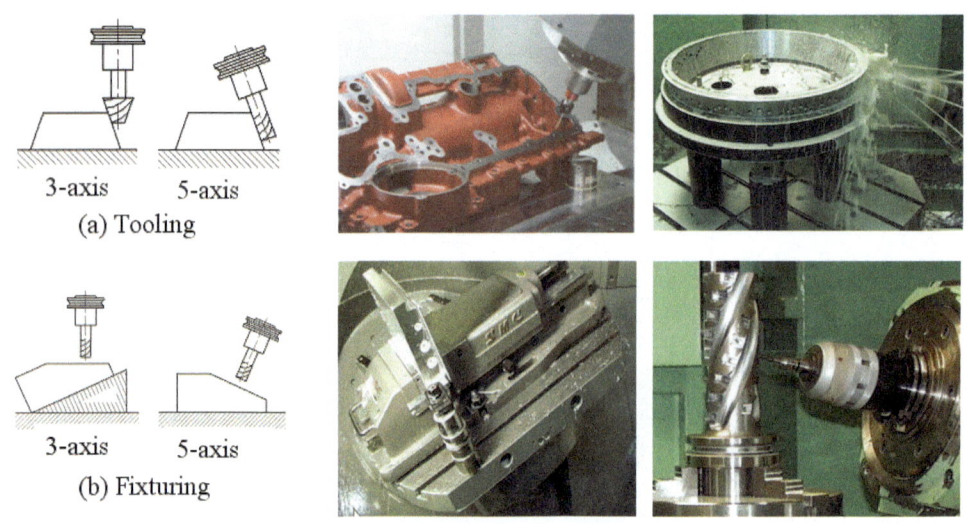

[그림 5.4.13] 5축 고정 제어 가공을 이용한 공구 및 치구 사용 감소 사례

③ 공구 옆날 가공(Flank edge cutting)

: 아래 그림과 같은 경사면 가공 시 좌측의 3축 가공에서는 볼 엔드밀을 이용하여 다중 공구 경로(Multi-tool path)를 생성해야 하지만, 우측의 5축 가공에서는 일반 평 엔드밀의 옆날을 활용하여 경사면 가공이 가능하다. 볼 엔드밀을 이용한 3축 가공은 다중 공구 경로 생성에 따른 가공 시간 증가 및 Cusp 잔류 등 다양한 문제가 발생하나 평 엔드밀의 옆날을 활용한 5축 가공은 가공 시간의 감소와 함께 Cusp 제거를 통해 가공 품질을 향상하는 등 장점이 있다.

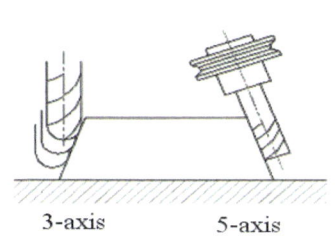

[그림 5.4.14] 공구 옆날 가공을 이용한 항공기 부품 가공

④ 공구 길이 감소(Cutter length reduction)

: 아래의 [그림 5.4.15]와 같은 금형 가공 시 좌측의 3축 가공에서는 공구 돌출 길
이가 길어지지만 우측의 5축 가공에서는 회전 이송축 제어를 통하여 돌출 길이
가 감소된다. 깊은 홈을 가진 Cavity 금형 가공 시 돌출 길이가 길면 떨림
(Chattering)에 의한 수명 감소, 가공면 표면 조도 저하 등의 문제가 발생하고 공
구 파손을 방지하기 위하여 저속 가공을 하여야 하나 5축 가공에서는 짧은 돌출
길이(세장비 감소)를 통한 강성 증가로 고속 가공이 가능하고 공구 떨림이 감소
하며 가공면 표면 조도가 양호하게 되어 Cavity 금형뿐만 아니라 타이어 금형
과 같은 금형산업에 적극적으로 활용되고 있다.

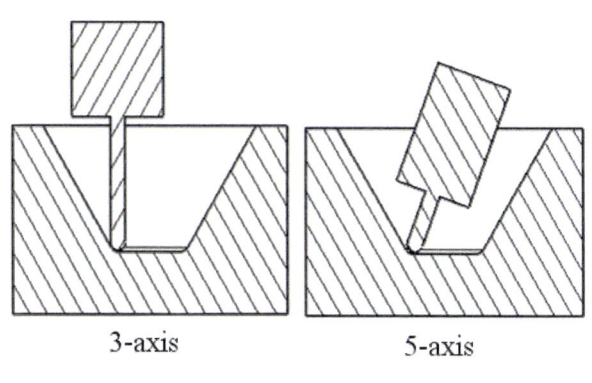

[그림 5.4.15] 공구 길이 감소를 통한 고강성 가공(금형 가공 사례)

⑤ 절삭 속도 증가(Increasing cutting speed)

: 아래와 같이 동일한 회전수의 경우 3축 가공에 비하여 5축 가공의 가공 접촉점에서의 회전 반경이 크므로 절삭 속도 V가 3축 가공보다 크게 되므로 표면 품질 향상 및 고속 가공 적용에 용이하다. 뿐만 아니라 3축 가공의 경우 접촉점에서의 회전 반경 $R_{①}$은 0에 가까우므로 절삭 속도 또한 0에 가깝게 되어 버핑(Buffing) 현상이 발생하는데 회전 이송축 제어를 통하여 이러한 문제를 해소할 수 있다.

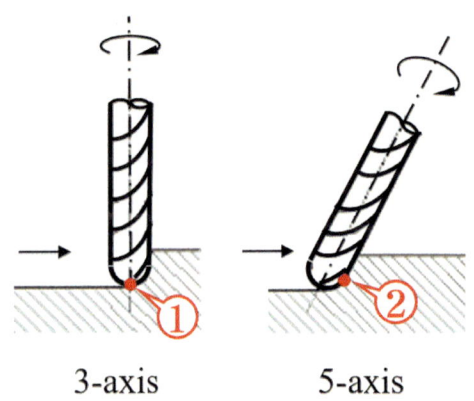

$$V = \frac{\pi \times 2R \times N}{1000}$$

$$R_{①} < R_{②}$$

R : Radius of CC(Cutter Contact point)

N : Revolution per minute (rpm)

[그림 5.4.16] 절삭 속도 증가를 통한 효율적인 가공

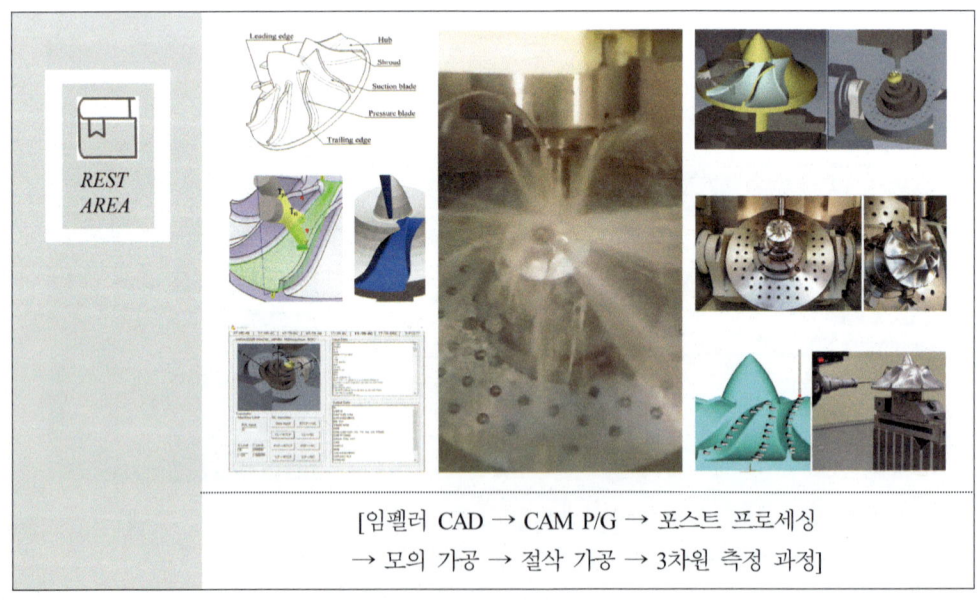

[임펠러 CAD → CAM P/G → 포스트 프로세싱
→ 모의 가공 → 절삭 가공 → 3차원 측정 과정]

(2) 복합 5축 가공기

: 복합 5축 가공기는 [그림 5.4.17]와 같이 하나의 장비에서 터닝, 드릴링, 밀링, 5축 밀링 등을 제품 탈착 없이 1회 셋업으로 완가공할 수 있기 때문에 가공 시간 절감, 치수 정밀도 및 표면 품질 상승 효과가 있다.

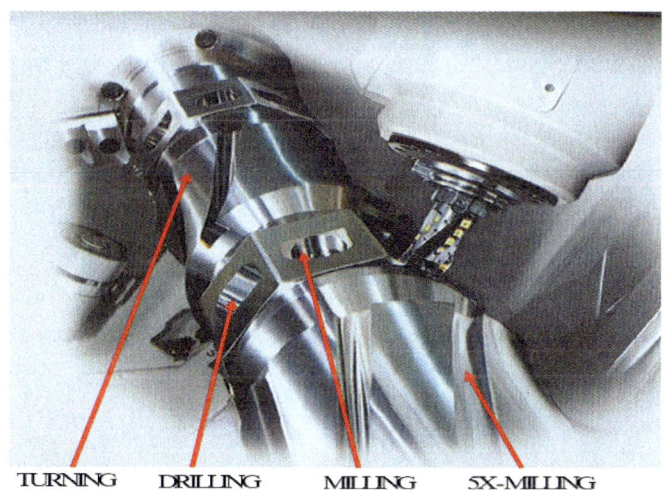

[그림 5.4.17] 복합 5축 가공기(I-200, MAZAK)의 개념

[그림 5.4.18]은 복합 5축 가공기의 장점을 도시한 것으로 일반적인 절삭 공정에 비해 장비, 인력, 셋업, 작업 공간의 측면에서 생산성과 효율성을 극대화한 개념을 나타낸다. 4차 산업혁명 시대, 스마트팩토리에서 무엇보다 중시하는 효율적인 생산의 대표적인 가공 기술이라 할 수 있다.

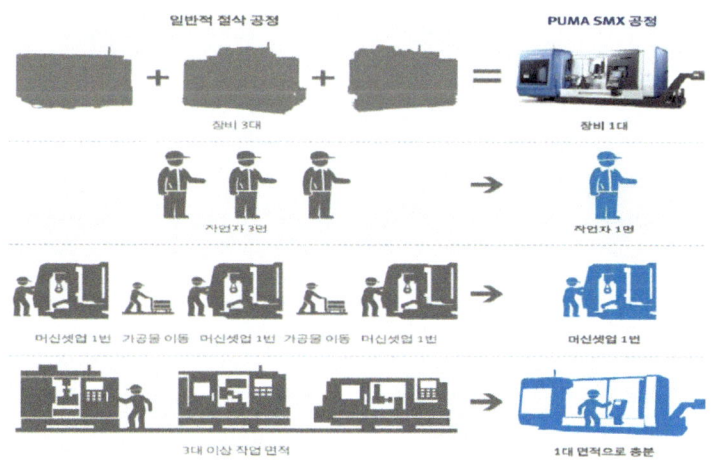

[그림 5.4.18] 복합 5축 가공기(PUMA, 두산공작기계)의 장점

Q1) NC 시스템을 동작 제어 측면에서 보면 3가지로 구분할 수 있다. 여기에 포함되지 않는 것은?

    ① 2차원 윤곽 제어(2D contouring)　　　　② 3차원 곡면 제어(3D sculpturing)

    ❸ 4차원 볼륨 제어(4D volume control)　　④ 2차원 위치 제어(point-to-point control)

Q2) 아래 그림에 나타난 작업에 해당하는 절삭 공정은?

    ❶ 2차원 윤곽 제어(2D contouring)

    ② 3차원 곡면 제어(3D sculpturing)

    ③ 4차원 동작 제어(4D motion control)

    ④ 2차원 위치 제어(point-to-point control)

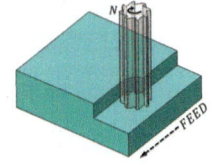

Q3) 머시닝센터에서 3D 자유 곡면을 가공하기 위해 동시에 제어되어야 하는 최소한의 축의 개수는? ★

    ① 2축　　❷ 3축　　③ 4축　　④ 5축

Q4) Wire-EDM과 같이 상하 2축씩을 가지고 있어서 임의의 테이퍼 형상을 가공할 수 있는 것은?

    ① 2축 가공　　② 3축 가공　　❸ 4축 가공　　④ 5축 가공

Q5) 일반적으로 3축 가공과 비교한 5축 가공의 특징으로 틀린 것은?

    ① 공구 접근성이 뛰어나다.

    ❷ 파트 프로그램 작성이 수월하다.

    ③ 커습(cusp) 양을 최소화함으로써 가공 품질이 우수하다.

    ④ 볼엔드밀 사용 시 절삭성이 좋은 공구 자세를 취할 수 있다.

Q6) NC 가공에서 3축 가공에 비해 5축 가공만의 장점으로 보기 어려운 것은?

    ❶ 곡면의 등고선을 따른 밀링 작업이 가능하다.

    ② 3축으로는 접근이 불가능한 곡면도 가공할 수 있다.

    ③ 평 엔드밀 사용 시 공구의 자세를 잘 조정함으로써 cusp 양을 최소화할 수 있다.

    ④ 공구 원통면을 이용한 윤곽 가공이 가능하여 단 한 번의 공구 경로로 cusp 없이 가공이 완료될 수도 있다.

Q7) 임펠러(impeller)와 같이 언더컷(undercut)의 형상을 가진 부품의 가공 시 적합한 가공 기계는?

    ① 1축 가공기　　② 2축 가공기　　③ 3축 가공기　　❹ 5축 가공기

Q8) 터빈 블레이드나 선박의 스크루(screw), 항공기 부품 등을 가공할 때 사용하는 가장 적합한 가공 방식은?

    ① 2.5축 가공　　② 3축 가공　　③ 4축 가공　　❹ 5축 가공

III

CAD/CAM 검증

학습 목표

　본 편에서는 1편과 2편에서 다룬 주요 학습 내용에 대한 검증(Verification) 학습을 수행한다. 주요 이론 및 계산 결과의 검증은 다양한 방법을 사용할 수 있지만, CAD/CAM 학습을 하는 우리에게는 3D CAD 프로그램을 사용하여 검증하는 것이 가장 효과적일 것이다. 따라서 CATIA 프로그램을 이용하여 공학 기초 이론과 CAD/CAM 이론을 검증한다. 1장에서는 CATIA 환경 설정을 통해서 편하고 효율적으로 프로그램을 운용할 수 있도록 한다.

　2장에서는 CAD/CAM 이론에 대한 검증을 다룬다. 피타고라스 정리, 삼각함수, 벡터, 좌표 변환, CAD, CAM에 이르기 까지 중요한 핵심 이론에 대한 검증을 수행하면서 이론에 대한 이해도가 깊어지고 학습 성취도를 높여 나가며, CAD/CAM 기술에 대한 도전 의식이 깊어지길 기대한다.

CHAPTER 01

CATIA 환경 설정

1.1 기본 작업 환경 설정

1) CATIA의 화면 구성

- CATIA의 화면은 크게 메인 메뉴(Main Menu)(①), 3D 작업창(Window)(②) 및 아이콘(③)으로 구성되며 Compass(이하 컴퍼스)(④)를 참조하여 작업 평면(⑤)을 정의하고 해당 작업 평면의 스케치 작업 공간(Workbench)에서 아이콘(③)이나 단축키, 단축명령(⑥) 등을 이용하여 스케치를 수행한 뒤 다시 3D 작업창에서 3D 관련 명령을 이용하여 ⑦과 같이 모델링하게 되며 모델링 결과는 ⑧과 같은 트리(Specification Tree)에 일목요연하게 도시된다. 따라서 추후 파라메트릭 모델링을 위한 모델 수정 시 해당 모델링 요소(Element)를 더블클릭하거나 트리에서 직접 더블클릭하여 수정한다.

- 본 서에서는 일반적으로 자주 사용하는 단축키나 단축명령을 사전에 정의하고 작업 환경을 좀 더 사용자 친화적이고 효과적이며 편리하게 설정함으로써 모델링 작업의 효율성을 향상하고자 한다.

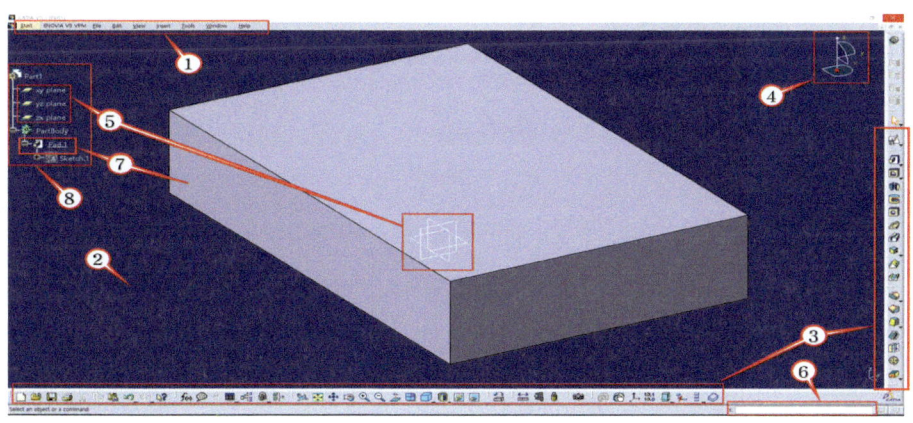

2) 사용 언어 설정

● 메인 메뉴의 도구(①)을 클릭한 뒤 ② → ④의 순서로 환경 언어를 영어로 선택하고 CATIA를 종료 후 다시 OPEN 한다.

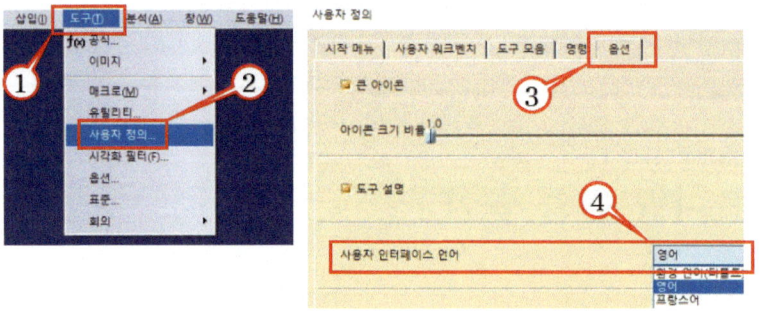

3) 시작 환경 설정

● 처음 OPEN 후 트리에 Product1(①)으로 되어 있으며 이는 ② → ④와 같이 조립품(Assembly Design) 모델링을 기본값(Default)으로 한 경우의 시작 환경이다. 그러나 단품(Part Design)만 모델링할 경우도 있고, 조립품(Assembly Design)을 모델링할 경우도 있으며 사용자의 작업 환경에 따라 시작 환경은 상이하다. 따라서 최초 OPEN 시 CATIA의 작업창이나 트리는 어떠한 워크벤치도 선택되지 않은 상태가 최적의 시작 환경이라 할 수 있다.

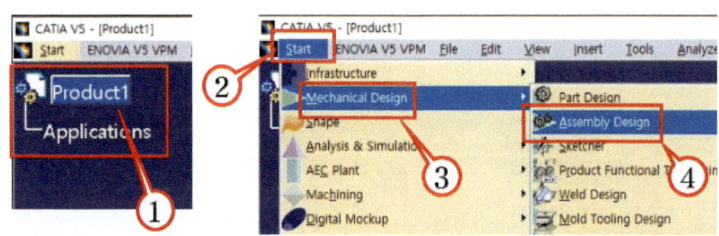

● OPEN된 CATIA를 종료 후 CATIA 아이콘을 우클릭하여 속성(①)으로 들어간 뒤 대상(②)에서 ③과 같이 "-env -object none -direnv"를 추가 입력하며, 확인 클릭 후 관리자 권한 메시지가 나오면 계속을 선택한다. CATIA를 OPEN하여 시작 환경이 빈 우주 공간인지 확인한다.

- 메인 메뉴 File(①)의 New(②)를 클릭한 뒤 키보드에서 "p"를 클릭하면 자동으로 Part(③) 디자인 워크벤치가 선택되고 ④와 같이 "Enable hybrid design"이 체크되어 있으므로 엔터(enter) 키를 누른다. 여기서 "Enable hybrid design"은 솔리드 모델링을 수행하는 Part Design과 서피스 모델링을 수행하는 GSD(Generative Shape Design)를 함께 혼용해서 사용하겠다는 의미이다.

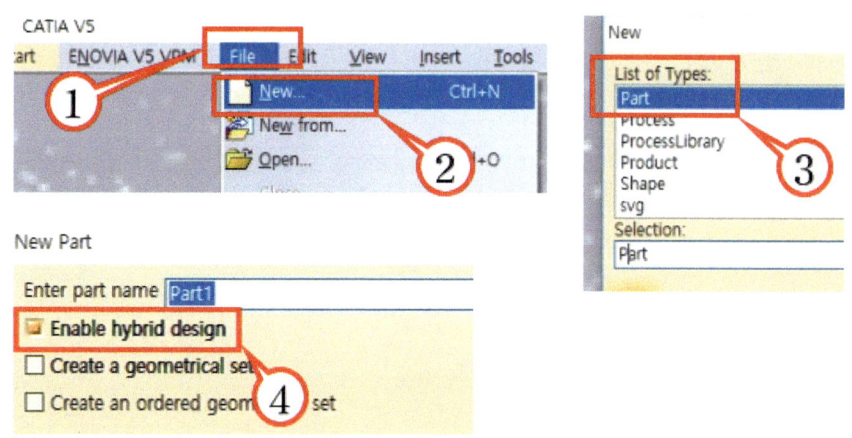

4) 화면 해상도 설정

- 메인 메뉴의 Tools(①)와 Options(②)을 선택한 뒤 ③ → ⑧의 순서로 3D Accuracy와 2D Accuracy를 최대로 높이고 작업창 배경 화면 컬러를 설정한다. ⑧은 체크 해제를 권장한다.

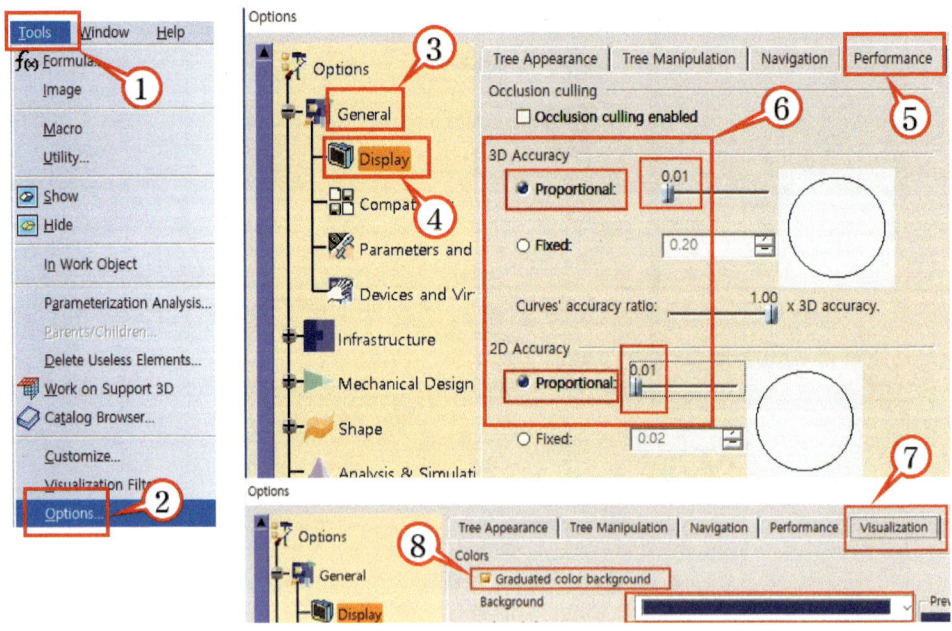

5) CAM 환경 설정

● 메인 메뉴의 Tools → Options에서 Machining(①)을 선택한 뒤 General(②)에서
③을 체크한다. Output(④)의 Post Processor는 IMS(⑥)를 체크하며 그 아래
Extension(확장자)은 nc(⑦)로 설정한다.

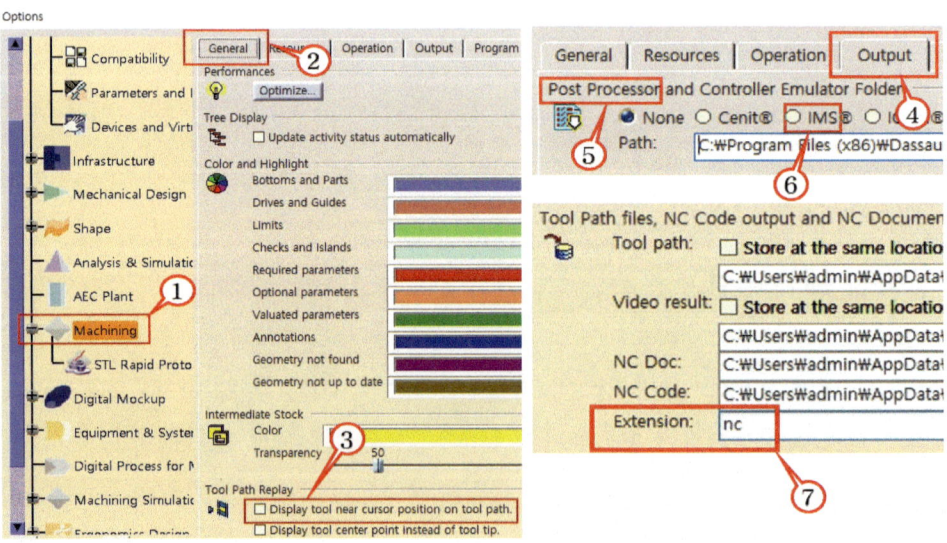

6) 3각 투상 좌표계 설정

● KS 규격과 동일한 3각 투상으로 우수 좌표계 및 컴퍼스를 설정하기 위해 메인
메뉴 View(①) → Navigation Mode(②)의 Multi-View Customization(③)에서 ④ →
⑦ 과 같이 설정한 뒤 작업창 하단의 Isometric View(⑧)를 클릭함으로써 컴퍼스
의 x 방향이 ⑨와 같이 우측(우수 좌표계)으로 향함을 확인한다.

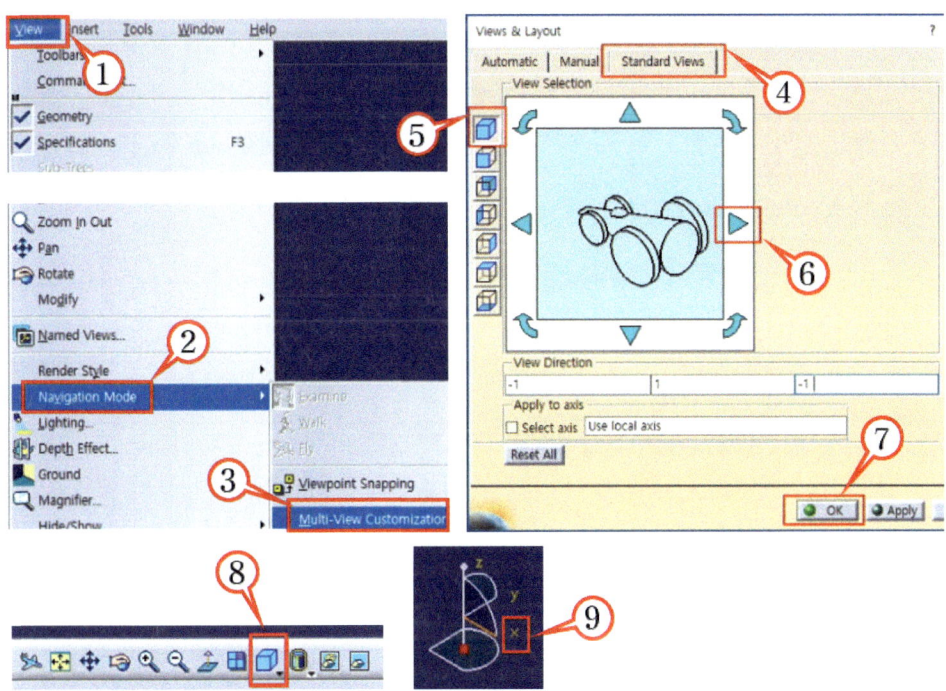

7) 아이콘 위치 초기화 설정

● 작업 중 아이콘을 찾기 어려운 경우 메인 메뉴의 Tools → Customize에서 아래의
① → ②와 같이 설정한다.

8) 시작 메뉴 즐겨찾기 설정

● 주로 사용하는 워크벤치를 즐겨찾기에 추가하면 작업 전환이 용이하므로 메인 메뉴의 Tools → Customize에서 아래의 ① → ④와 같이 설정함으로써 ⑤와 같이 표시한다.

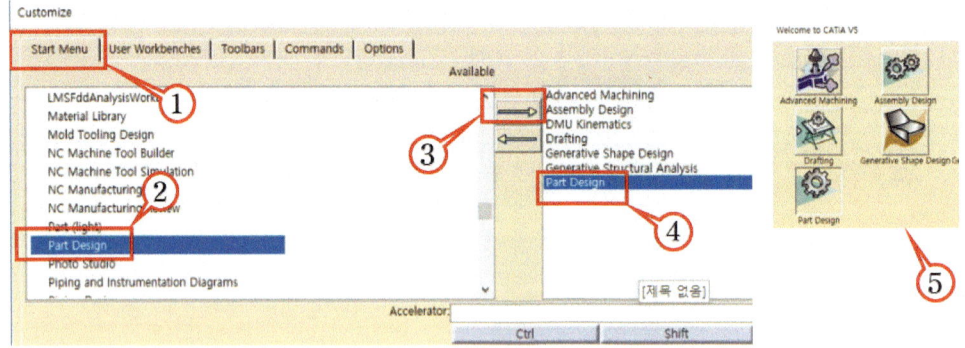

9) 작업창 평면(좌표계) 크기 설정

● 작업창 평면(좌표계)은 빈번히 요구 평면으로 스케치하기 위해 선택하므로 메인 메뉴 → Tools → Options에서 아래의 ① → ④와 같이 크기를 20 이상으로 한다.

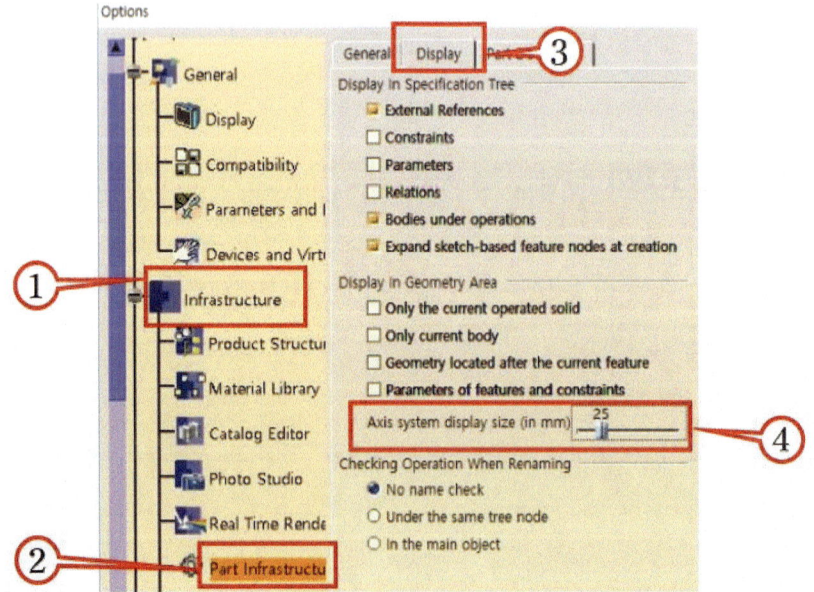

1.2 단축키와 단축명령 설정

1	ctrl + 1	positioned sketch	2D 스케치 작업창으로 들어가기
2	ctrl + 2	exit workbench	3D 모델링 작업창으로 나가기
3	ctrl + q	constraint	치수구속(dimensional constraint)
4	ctrl + w	constraint...	형상구속(geometrical constraint)
5	ctrl + r	construction/standard element	점선 처리(element는 존재함)
6	ctrl + e	trim(delete+extend)	End element 자르기+연장
7	ctrl + d	quick trim(delete)	Mid element 자르기
8	ctrl + b	mirror	대칭
9	space	offset	오프셋

☼ 주요 단축명령 리스트

사전 작업	option ⇒ general ⇒ search ⇒ power input ⇒ c:as command 대·소문자 구분하므로 소문자로 단축명령 사용				
2D(Sketch, Drafting 공용)			**3D(Part design, GSD 공용)**		
1	p	profile	1	p	pad
2	r	rectangle	2	po	pocket
3	cr	centered rectangle			
4	c	circle	3	s	shaft
5	a	arc	4	g	groove
6	t	three point arc	5	r	rib
7	l	line	6	sl	slot
8	f	corner(=fillet)	7	m	multi-section solid
			8	f	edge fillet(3번째 icon)
			9	d	draft angle(2번째 icon)
			10	sp	split(3번째 icon)
			11	sw	sweep
			12	off	offset(2번째 icon)

☼ **CATSettings** ⇒ 폴더 위치	Windows 바탕화면 우클릭 → 개인설정 → 테마 → 바탕화면 아이콘 설정 → 문서 체크 → 바탕화면의 어드민폴더 → 메인메뉴의 보기 → 숨긴 항목 체크 → AppData → Roaming → DassaultSystemes → CATSettings

1) 단축키 설정

● 아래는 주로 사용하는 단축키 리스트로서 오른손이 마우스를 사용하여 모델링의 해당 요소를 선택하는 동안 작업 명령 수행을 위해 아이콘을 클릭하지 않고 왼손만으로 명령을 수행하기 위한 것이며, 이외에도 사용자의 환경에 따라 사용 빈도가 높은 아이콘은 단축키로 설정할 수 있다. 다만 왼손만으로 수행할 수 있는 단축키의 수는 유한하므로 선택에 신중을 기해야 할 것이다. 특히 각급 교육기관이나 팀 단위로 작업을 수행하는 기업에서는 단축키를 공용으로 지정하여 사용하는 것이 효율적이다.

✿ 주요 단축키 리스트

순번	단축키	명령어	아이콘	기능 설명
1	ctrl + 1	positioned sketch		2D 스케치 작업창으로 들어가기
2	ctrl + 2	exit workbench		3D 모델링 작업창으로 나가기
3	ctrl + q	constraint		치수구속 (dimensional constraint)
4	ctrl + w	constraint...		형상구속 (geometrical constraint)
5	ctrl + r	construction/standard element		점선 처리 (element는 존재함)
6	ctrl + e	trim(delete+extend)		End element 자르기+연장
7	ctrl + d	quick trim(delete)		Mid element 자르기
8	ctrl + b	mirror		대칭
9	space	offset		오프셋

● 메인 메뉴 → Tools → Customize에서 Commands(①)를 클릭한 후 좌측 카테고리 최하단의 All Commands(②)를 클릭한다. Positioned Sketch 아이콘(③)을 더블클릭한 뒤 Show Properties(④)를 클릭하고 Accelerator(⑤) 우측 텍스트 상자에 ⑥을 클릭한 뒤 "+1"을 키보드에서 추가 기입한다. 이후부터 스케치로 들어가기 위해 Positioned Sketch 아이콘을 클릭하지 않고 왼손으로 키보드에서 "ctrl + 1"을 누른다. ● 3D 워크벤치에서 사용하는 "ctrl + 1"을 제외한 나머지 단축키는 2D 스케치 워크벤치에서 사용하므로 트리의 xy plane(⑧)을 클릭한 뒤 "ctrl + 1"을 누르고 엔터키를 누른다. (이후부터는 이 과정을 편의상 "ctrl + 1 → 엔터" 등으로 표현한다.)

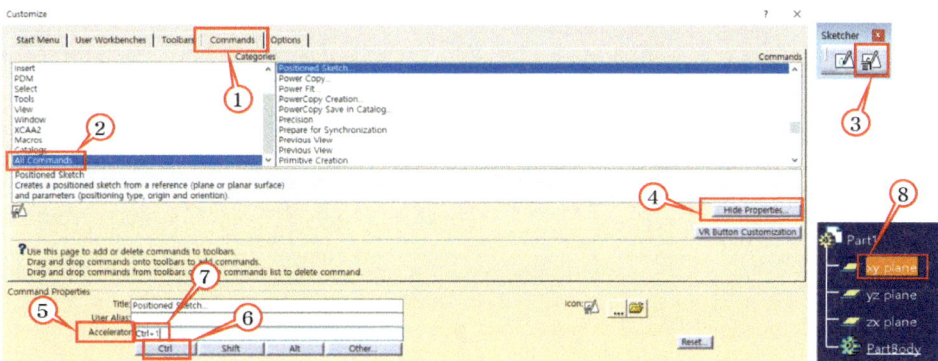

● 2D 스케치 워크벤치에서는 주로 사용하는 Sketch tools 툴바의 ① 부분을 클릭하여 메인 메뉴 아래(②)로 드래그 → 이동한다.

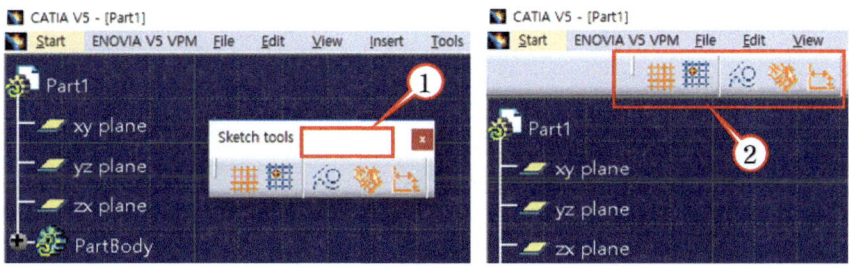

● Positioned Sketch 아이콘을 "ctrl + 1"로 단축키를 설정한 것과 동일한 방법으로 2D 스케치 작업창에서 Exit Workbench 아이콘(①)을 더블클릭하면 Customize 다이얼로그 박스에 해당 아이콘(②)이 나타나며 Accelerator 우측 텍스트 상자(③)에 "ctrl + 2"를 입력한다.

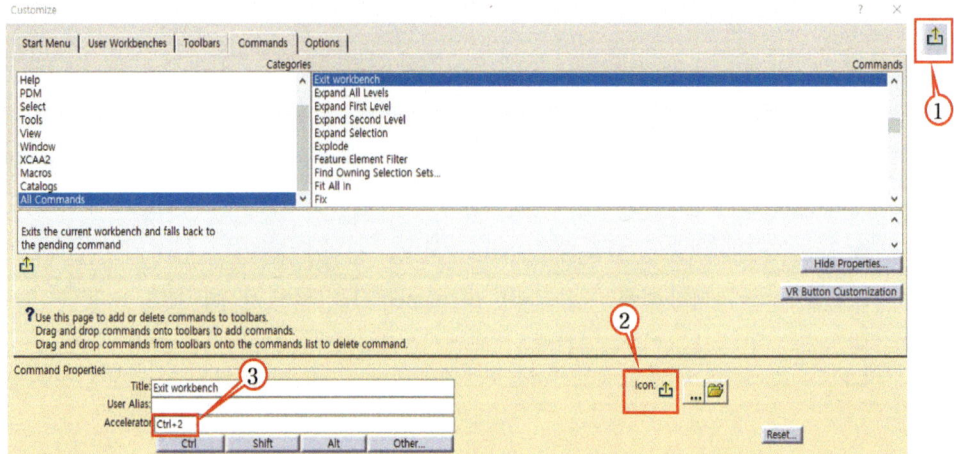

- 나머지 모든 단축키도 이와 동일한 방법으로 해당 아이콘을 작업창에서 찾아 더블클릭하여 수행할 수 있다. 예외적으로 작업창에서 아이콘을 더블클릭할 수 없는 것이 메인 메뉴 아래로 이동시킨 Sketch Tools 툴바의 "Construction/Standard Element(①)"이다. 따라서 Customize 다이얼로그 박스의 Commands 탭에서 ②와 같이 해당 명령을 찾고 클릭하면 ③과 같이 아이콘이 표시되고 ④와 같이 "ctrl + r"로 단축키를 설정한다.

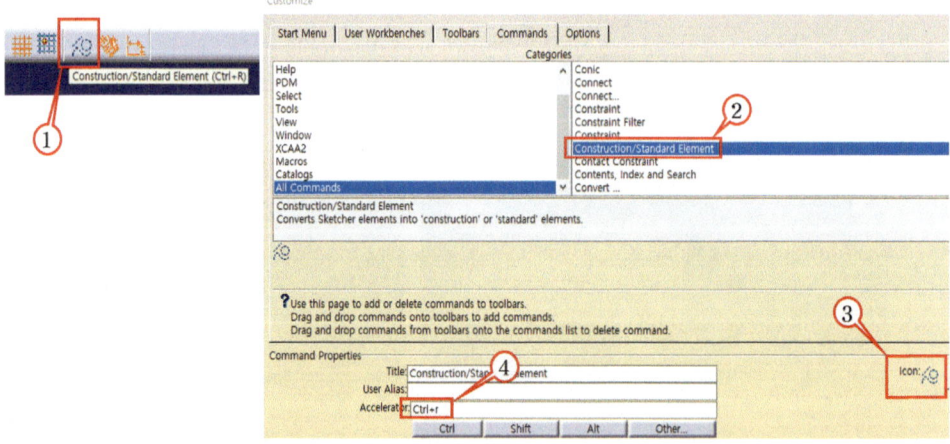

- Offset 아이콘의 단축키를 "space bar"로 설정할 때는 Accelerator 우측 텍스트 상자에 "space"까지만 입력하고 실제 사용할 때는 키보드의 space bar를 누른다.

2) 단축명령 설정(2D)

● 단축명령은 단축키와 달리 왼손만을 사용하는 것이 아니라 아이콘 이름의 약자를 키보드에서 입력하는 것으로 아이콘을 클릭하기 위해 눈으로 찾고 다시 클릭하는 2번의 동작을 단축명령 입력 한 번의 동작으로 대체함으로써 작업 효율을 높이는 방법이다. 2D 단축명령은 스케치 워크벤치뿐만 아니라 드래프팅 워크벤치에서도 유효하다.

⚙ 2D 단축명령 리스트(Sketch, Drafting 공용)			
순번	단축명령	명령어	아이콘
1	p	profile	
2	r	rectangle	
3	cr	centered rectangle	
4	c	circle	
5	a	arc	
6	t	three point arc	
7	l	line	
8	f	corner(=fillet)	

● 단축명령을 설정하는 방법 또한 단축키와 유사하나 단축명령을 사용하기 위한 사전작업이 필요하다. 메인 메뉴 → Tools → Options에서 ① → ④의 순서로 단축명령 사용을 유효하게 설정하고 단축명령 실행 시에는 소문자로 한다.

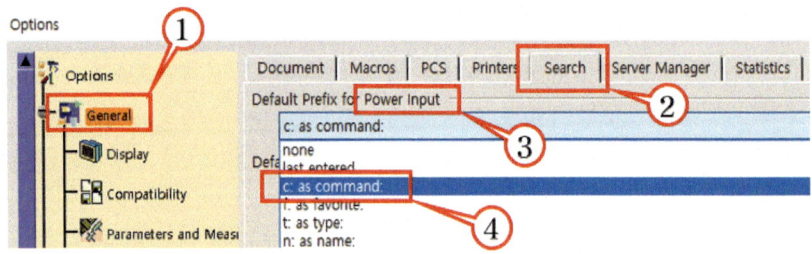

● 메인 메뉴 → Tools → Customize에서 Commands(①)를 클릭한 뒤 좌측 카테고리 최하단의 All Commands(②)를 클릭한다. 2D 스케치 작업창의 Profile 아이콘(③)을 더블클릭한 뒤 Show Properties(④)를 클릭하면 해당 아이콘(⑤)이 표시되고 User Alias 우측 텍스트 상자에 ⑥과 같이 "p"라고 입력한다. 2D 스케치 워크벤치나 드래프팅 워크벤치에서 "p"라고 입력하면 ⑦과 같이 우측 하단의 Command 창에 자동으로 입력됨을 알 수 있고 해당 명령을 수행할 수 있다. (Command 창을 클릭하지 않고 바로 단축명령을 입력한다.)

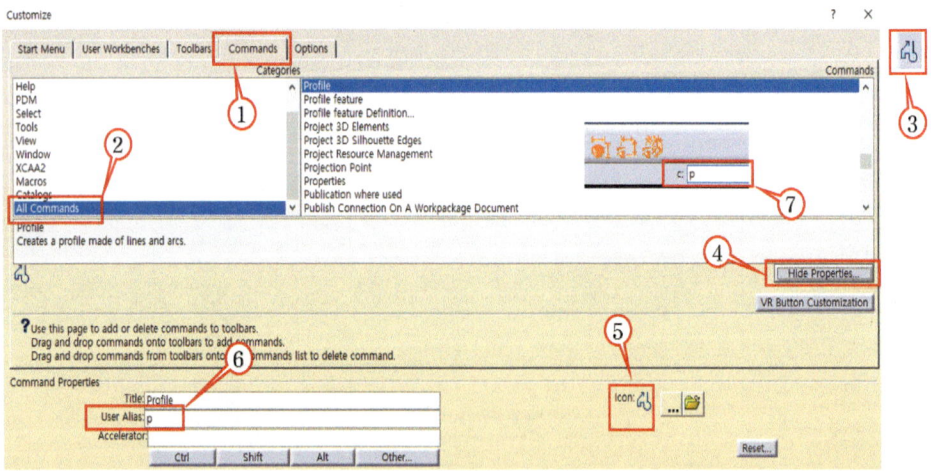

3) 단축명령 설정(3D)

● 솔리드 모델링을 수행하는 Part Design이나 서피스 모델링을 수행하는 GSD(Generative Shape Design) 등 3D 워크벤치에서의 작업 명령 아이콘들을 단축명령으로 설정할 수 있으며 아래와 같이 주요 사용 아이콘을 단축명령으로 정의한다.

순번	단축명령	명령어	아이콘	위치
\#\# 3D 단축명령 리스트(Part Design, GSD 공용)				
1	p	pad		
2	po	pocket		
3	s	shaft		
4	g	groove		
5	r	rib		Part Design
6	sl	slot		
7	m	multi-section solid		
8	f	edge fillet (3번째 icon)		
9	d	draft angle (2번째 icon)		
10	sp	split (3번째 icon)		
11	sw	sweep		Generative Shape Design
12	off	offset (2번째 icon)		

● 3D 워크벤치 중 Part Design과 GSD의 유사 명령이 있기 때문에 위 3D 단축명령 리스트의 8, 9, 10, 12와 같은 아이콘은 실제 사용 아이콘과 비교하여 설정하며 CATIA 버전에 따라 몇 번째 아이콘인지는 다를 수 있으므로 해당 아이콘 형상이 정확하게 선택될 때 단축명령으로 선정한다.

● 예를 들어 아래와 같이 리스트 8번의 Edge Fillet을 단축명령으로 선정할 때 작업 창에서 해당 아이콘을 정확하게 더블클릭하여도 아래의 ①이나 ②와 같이 다른 아이콘이 선택되는 경우가 있기 때문에 ③과 같이 세 번째 명령을 선택한 뒤 ④ 와 같이 단축명령으로 설정한다.

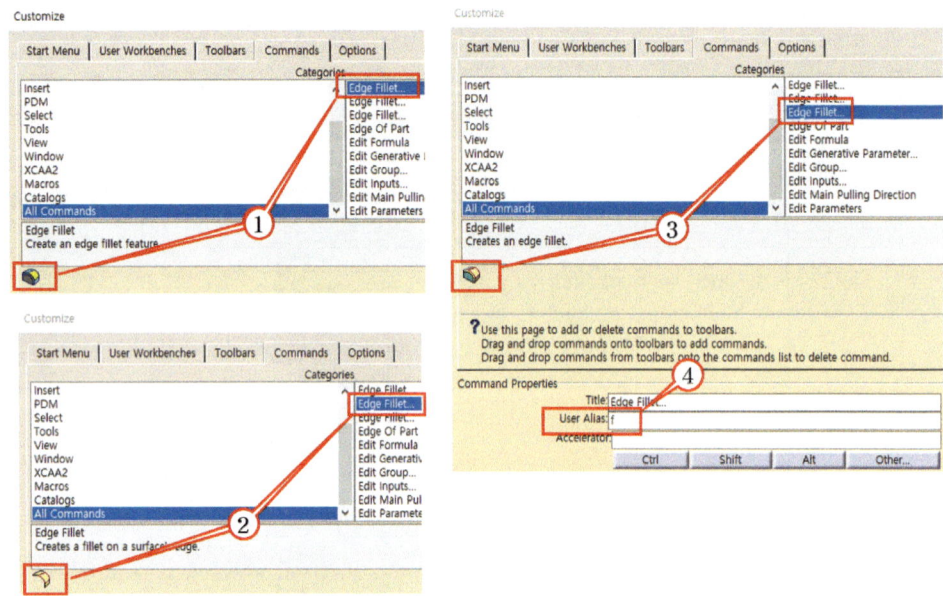

4) CATSettings 설정

● 1장에서 수행한 기본 작업 환경이나 단축키, 단축명령 등의 CATIA 작업 환경 Setting은 CATSettings 폴더에 모두 저장된다. 만약 다른 PC에 위 내용이 저장된 CATSettings 폴더를 복사하고자 하면 아래와 같은 순서로 폴더 검색을 하여 복사한 뒤 다른 PC에서 동일한 위치의 CATSettings 폴더를 덮어쓰기 한다.

● CATSettings 폴더 위치 : Windows 바탕화면 우클릭 → 개인 설정 → 테마 → 바탕화면 아이콘 설정 → 문서 체크 → 바탕화면의 어드민폴더 → 메인 메뉴의 보기 → 숨긴 항목 체크 → AppData → Roaming → DassaultSystemes → CATSettings

5) 마우스 사용법

- 메인 메뉴 File(①) → New(②) → p(③) (p라고 치면 자동으로 ③과 같이 Part가 선택됨) → 엔터 → ④번 체크하고 엔터 혹은 OK(⑤) → 화면 중앙 하단의 Isometric View(⑥) 클릭 → 트리의 xy plane(⑦) 클릭 → ctrl+1 → 2D 스케치 작업창으로 들어간다. → cr → 엔터 → 좌표계 원점에 Centered Rectangle의 중점을 클릭하고 대략적인 사각형 형상을 만든다. → 사각형 아래 직선(⑧) 클릭 → ctrl+q → 치수를 직선 아래쪽 임의 위치 클릭하여 고정 → 치수를 다시 더블클릭 → 100(⑨) → 엔터 → ctrl+2 하여 3D 작업창으로 나간다. → p → 엔터 → 100 → 엔터 하거나 텍스트 박스를 드래그하여 100(⑩) → 엔터하여 Pad를 생성한다.
- 마우스 가운데 버튼을 클릭하고 마우스를 움직여 본다. → 화면 이동이 이루어짐을 알 수 있다. (AutoCAD의 pan 기능에 해당함) → 마우스 가운데 버튼을 클릭하고 왼쪽 버튼도 함께 클릭한 상태로 마우스를 움직여 본다. → 회전이 이루어짐을 알 수 있다. 마우스 가운데 버튼을 클릭하고 왼쪽 버튼도 함께 클릭한 상태에서 다시 왼쪽 버튼을 뗀 상태로 마우스를 움직여 본다. → Zoom In, Zoom Out이 이루어짐을 알 수 있다. → 화면의 회전 방향을 원래 상태로 복귀하기 위해 화면 중앙 하단의 Isometric View(⑥) 클릭 → 화면의 크기를 초기화하기 위해 화면 중앙 하단의 Fit All In(⑪)을 클릭한다.

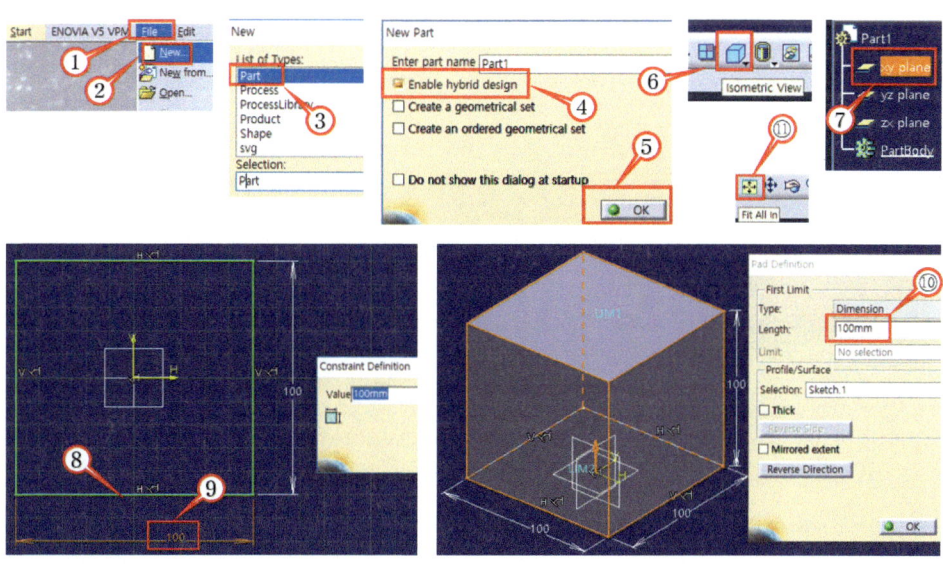

CHAPTER

02

CATIA를 활용한 CAD/CAM 검증

2.1 피타고라스 정리 검증

1) [2.2 데카르트 직교 좌표계, Q3]

Q3) (5, 2)에서(3, -2)로 이동 시 거리는? [CATIA 검증]

A3) $l = \sqrt{(x_2 - x_1)^2 + (y_2 - y_1)^2} = \sqrt{(3-5)^2 + (-2-2)^2}$

$= \sqrt{(-2)^2 + (-4)^2} = \sqrt{4+16} = \sqrt{20} = 4.472$

검증) CATIA를 OPEN한 뒤 ①과 같이 Part Design 워크벤치를 연다. → ②와 같이 Isometric view 를 클릭하여 화면을 우수 좌표계로 한다. → ③과 같이 Point 아이콘을 클릭하여 ④와 같이 입력하고 다시 Point 아이콘을 클릭하여 ⑤와 같이 입력한다.

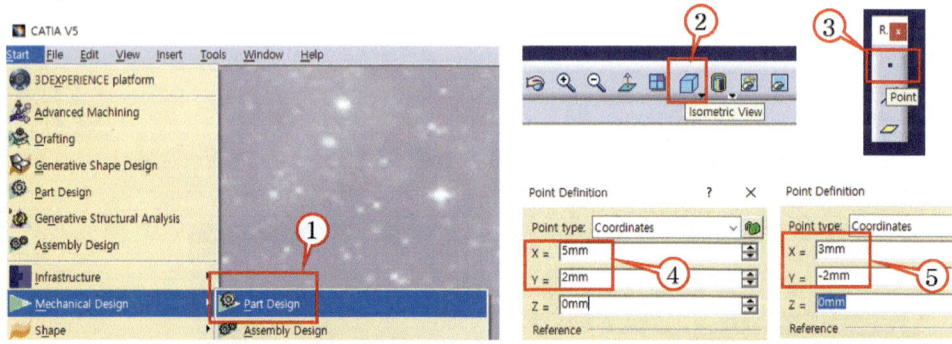

①과 같이 Line 아이콘을 클릭하여 ②와 같이 Point-Point 타입인지 확인한 뒤 ③과 같이 Point. 1을 클릭하고 ④와 같이 Point 2를 클릭한다. → ⑤의 Measure Item을 클릭한 뒤 ⑥번 직선을 클릭하면 ⑦과 같이 직선의 길이 4.472가 검증된다.

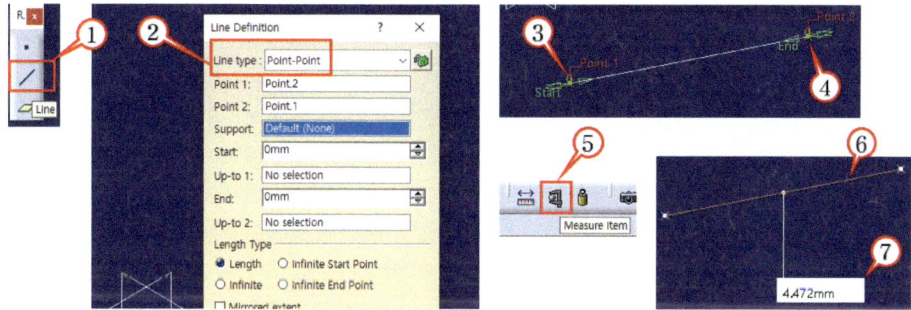

2) [2.2 데카르트 직교 좌표계, Q7]

Q7) $(2, 1, 1) \rightarrow (4, 2, -1)$ 일 때 이동 거리는? [CATIA 검증]

A7) $\quad l = \sqrt{(x_2 - x_1) + (y_2 - y_1) + (z_2 - z_1)}$

$\quad\quad = \sqrt{(4-2)^2 + (2-1)^2 + (-1-1)^2}$

$\quad\quad = \sqrt{2^2 + 1^2 + (-2)^2}$

$\quad\quad = 3$

검증) 이전 예제와 동일한 방법으로 ①과 같이 Point를 클릭하고 ② 및 ③과 같이 좌푯값을 입력한다.

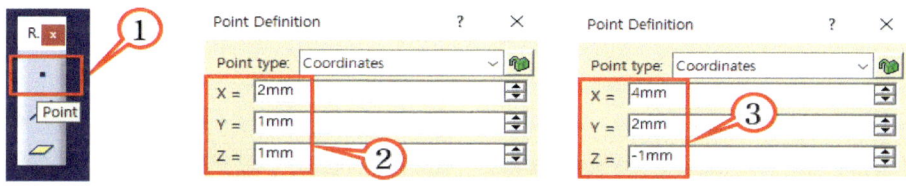

①과 같이 Line 아이콘을 클릭하고 ② 및 ③과 같이 생성한 Point들을 클릭한다. → ④와 같이 Measure Item을 클릭한 뒤 생성한 Line을 클릭하면 ⑤와 같이 직선의 길이 3이 검증된다.

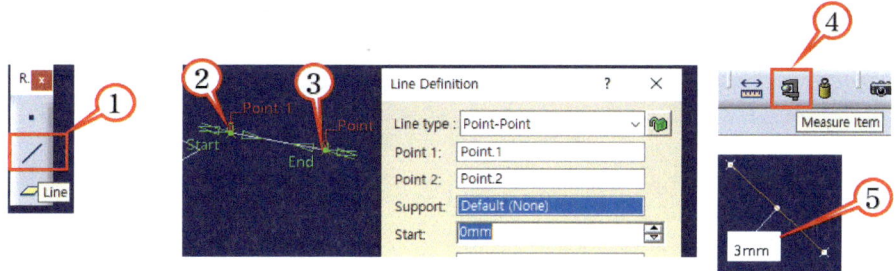

2.2 삼각함수 검증

1) [3.1 삼각함수 정의와 특수각, Q3]

Q3) 블록 간 높이 차 h가 50mm, 사인바의 길이 l이 200mm일 때 사이각 θ는? [CATIA 검증]

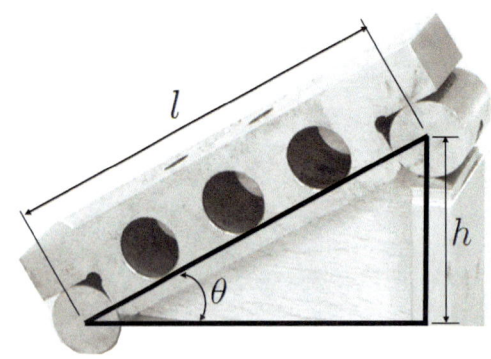

A3) $\sin\theta = \dfrac{h}{l}$,

$\theta = \sin^{-1}\left(\dfrac{50}{200}\right) = 14.47\,°$

검증) Part design 워크벤치에서 ①과 같이 트리의 xy plane을 클릭한 뒤 ctrl+1하여 스케치로 들어간다. → p 엔터하여 profile 명령을 수행한다. → ②와 같이 대략의 직각삼각형 형태로 스케치한다. → ③과 같이 삼각형의 높이에 해당하는 직선을 클릭한 뒤 ctrl+q하여 치수를 생성한다. → ④와 같이 치수를 더블클릭하여 ⑤와 같이 50을 입력한다. → 마찬가지 방법으로 빗변을 200으로 만든다. → ⑦과 같이 Measure Between 아이콘을 클릭하여 ⑧과 같이 빗변과 밑변을 클릭한다. → ⑨와 같이 각도 값을 검증한다.

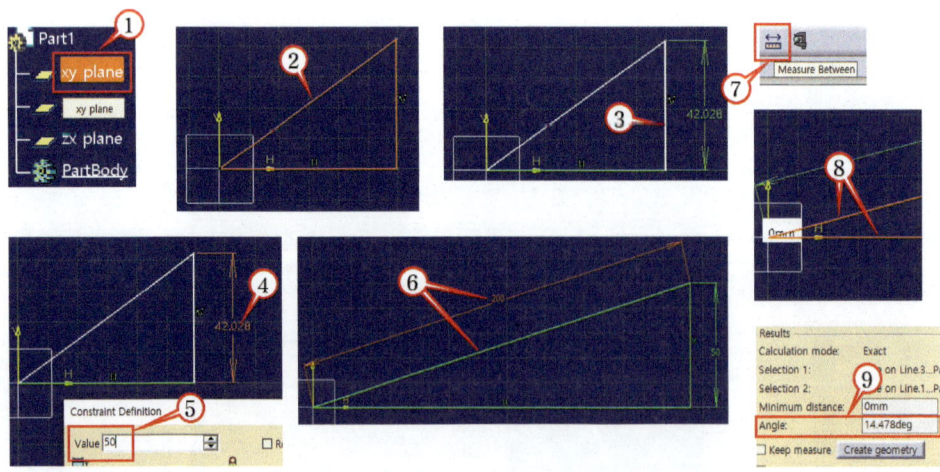

2) [3.2 사인 법칙과 코사인 법칙, Q4]

Q4) 그림과 같이 80m 떨어진 두 지점 A, B에서 하늘에 떠 있는 연을 올려다본 각도는 각각 45°, 30°이었다. 이 연까지의 높이를 구하라. [CATIA 검증]

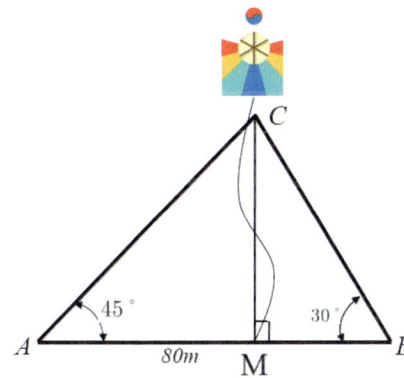

A4) $l = 80m$

$\angle C - 180 - 45 - 30 = 105°$

$\dfrac{a}{\sin A} = \dfrac{c}{\sin C}$,

$\dfrac{a}{\sin 45°} = \dfrac{80}{\sin 105°}$,

$a = \dfrac{\sin 45° \times 80}{\sin 105°} = 58.56m$

$\triangle B, C, M$에서 $\sin 30° = \dfrac{l}{a}$

$l = \sin 30° \times 58.56 = 29.28m$

검증) Part design 워크벤치에서 ①과 같이 트리의 xy plane을 클릭한 뒤 ctrl+1 하여 스케치로 들어간다. → p 엔터하여 profile 명령을 수행한다. → ②와 같이 예제와 유사하게 대략의 삼각형 형태로 스케치한다. → ctrl을 누른 상태로 ③의 두 직선을 클릭하여 선택하고 ctrl+q 하여 45를 입력한다. → 동일한 방법으로 우측의 30도(⑤)를 입력한다. → ⑥과 같이 Measure Between 아이콘을 클릭하여 ⑦과 같이 밑변과 위쪽 꼭짓점을 클릭한다. → ⑧과 같이 길이 값을 검증한다.

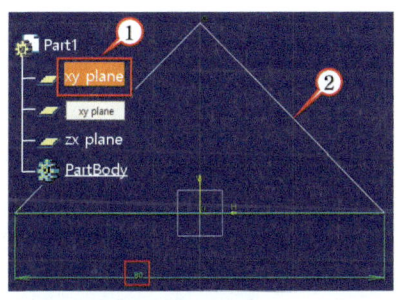
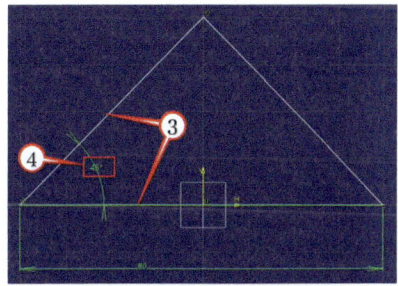
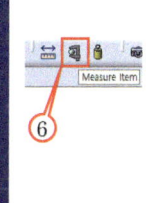
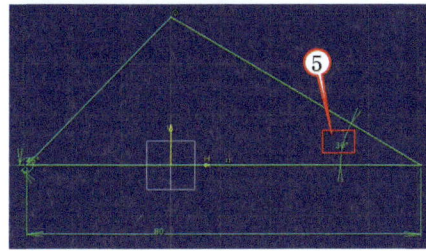
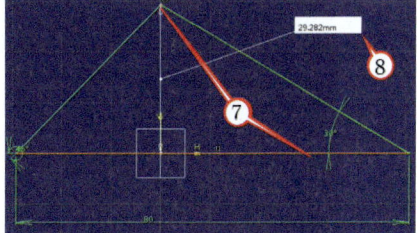

3) [3.2 사인 법칙과 코사인 법칙, Q5]

Q5) △ABC에서 두 변의 길이가 40, 100, 사잇각이 60°일 때 나머지 한 변의 길이는?
   [CATIA 검증]

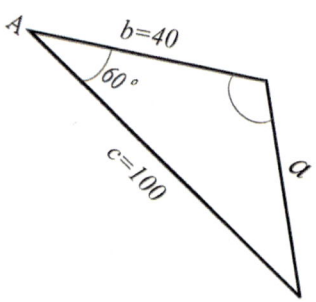

A5) 사잇각이 한 개만 주어지고 마주 보는 변의 길이가 없으면 사인 법칙을 적용할 수 없으므로 코사인 제2법칙을 적용하여 구한다.

$$a^2 = b^2 + c^2 - 2bc \times \cos A$$

$$a = \sqrt{40^2 + 100^2 - 2 \times 40 \times 100 \times \cos 60°}$$

$$= 87.17$$

검증) Part design 워크벤치에서 ①과 같이 트리의 xy plane을 클릭한 뒤 ctrl+1 하여 스케치로 들어간다. → p 엔터하여 profile 명령을 수행한다. → ②와 같이 예제와 유사하게 대략의 삼각형 형태로 스케치한다. → ctrl을 누른 상태로 ③의 두 직선을 클릭하여 선택하고 ctrl+q 하여 60을 입력한다. → ctrl+q를 수행하여 ④와 같이 삼각형의 변의 길이를 입력한다. → ⑤와 같이 Measure Item을 클릭한 뒤 a 변에 해당하는 Line을 클릭하면 ⑥과 같이 직선의 길이가 검증된다.

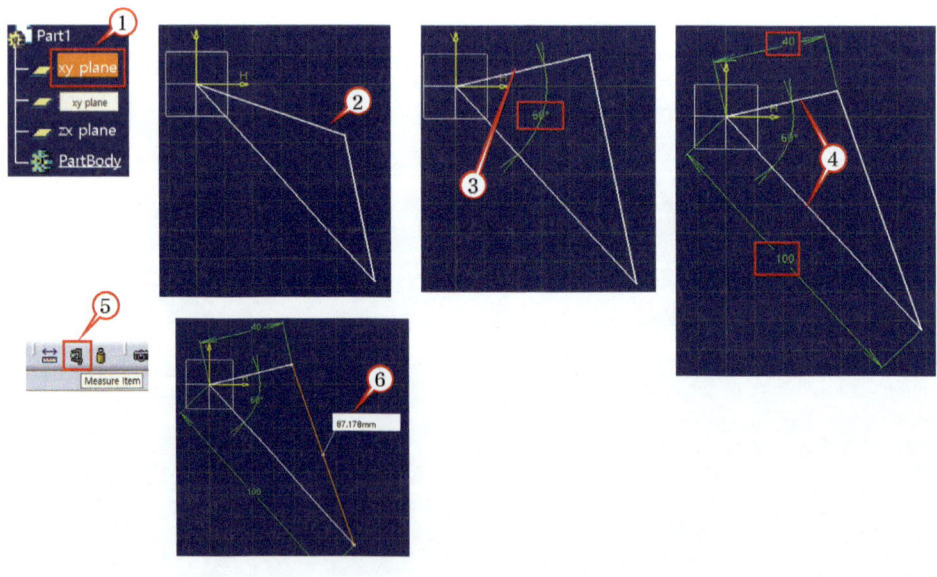

4) [3.3 일반각과 호도법, Q7]

Q7) 환봉을 버니어캘리퍼스로 측정해 보니 직경이 $100mm$이다. 시초선 $\overline{OX}$에서 반시계 방향으로 $45°$ 회전한 원호의 길이는 얼마인가? [CATIA 검증]

A7) $l = \pi \times D = \pi \times 100 \approx 314mm$

$$\therefore \ l' = \pi D \times \frac{\theta}{360°} = 314.16 \times \frac{45°}{360°} = 39.27mm$$

검증) Part design 워크벤치에서 ①과 같이 트리의 xy plane을 클릭한 뒤 ctrl+1 하여 스케치로 들어간다. → c 엔터하여 ②와 같은 circle 명령을 수행하고 치수를 더블클릭하여 100으로 한다. → ③과 같이 l 엔터하여 line 명령을 수행한다. → ④와 같이 rotate 아이콘을 클릭하고 원점(⑤)을 클릭한 뒤 ⑥과 같이 45를 입력한다. → ctrl+d 하여 ⑦을 클릭함으로써 45도 이내의 원호로 트림한다.

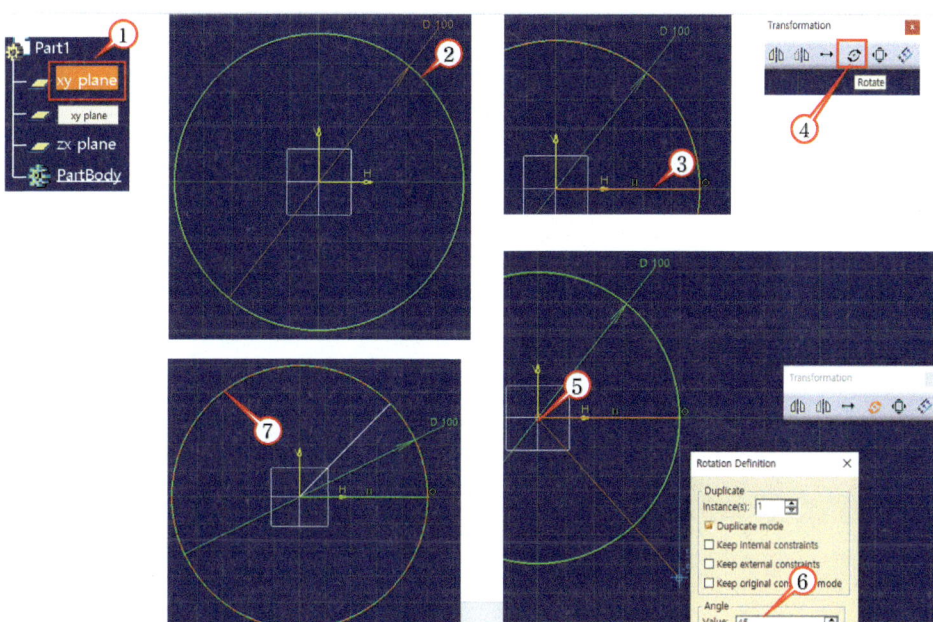

⑤와 같이 Measure Item을 클릭한 뒤 트림된 원호(⑨)를 클릭한다. → Customize(⑩)를 클릭하여 ⑪과 같이 원호의 길이(length)를 추가한다. → ⑫와 같이 원호 길이 값을 검증한다.

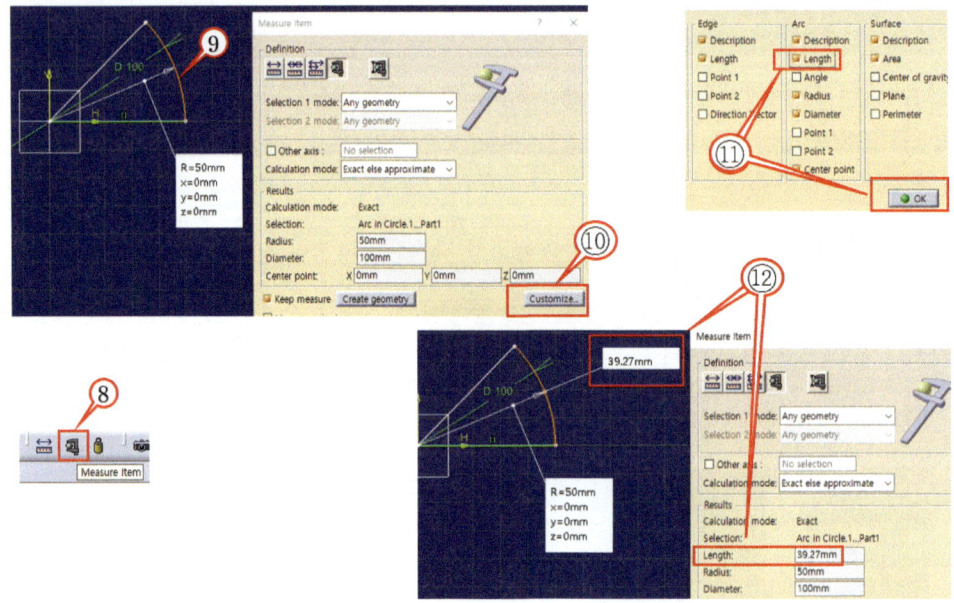

2.3 벡터 검증

1) [2.2.2 벡터의 합과 차, Q1]

Q1) $\vec{a}$ =(1, 2), $\vec{b}$ =(2, -1, -2)일 때 두 벡터의 합은? [CATIA 검증]

A1) $\vec{c} = \vec{a} + \vec{b}$
$= (1, 2, 0) + (2, -1, -2)$
$= (3, 1, -2)$

검증) Part design 워크벤치에서 ①과 같이 Point 아이콘을 클릭하고 ②와 같이 원점의 좌표인 (0, 0, 0)을 입력한다. → 다시 Point 아이콘을 클릭하여 ③과 같이 벡터, $\vec{a}$의 끝점인 (1, 2)를 입력한다. → line 아이콘(④)을 클릭하여 ⑤와 같이 원점에서 $\vec{a}$의 끝점인 (1, 2)를 연결한다. → 다시 Point 아이콘을 클릭하여 ⑥과 같이 벡터 $\vec{b}$의 끝점인 (2, -1, -2)를 입력한다. → 마찬가지로 line 명령을 수행하여 ⑦과 같이 원점에서 벡터 $\vec{b}$의 끝점인 (2 -1, -2)를 연결한다. → ⑧, ⑨의 순서로 GSD(Generative Shap Desing) 워크벤치로 이동한다.

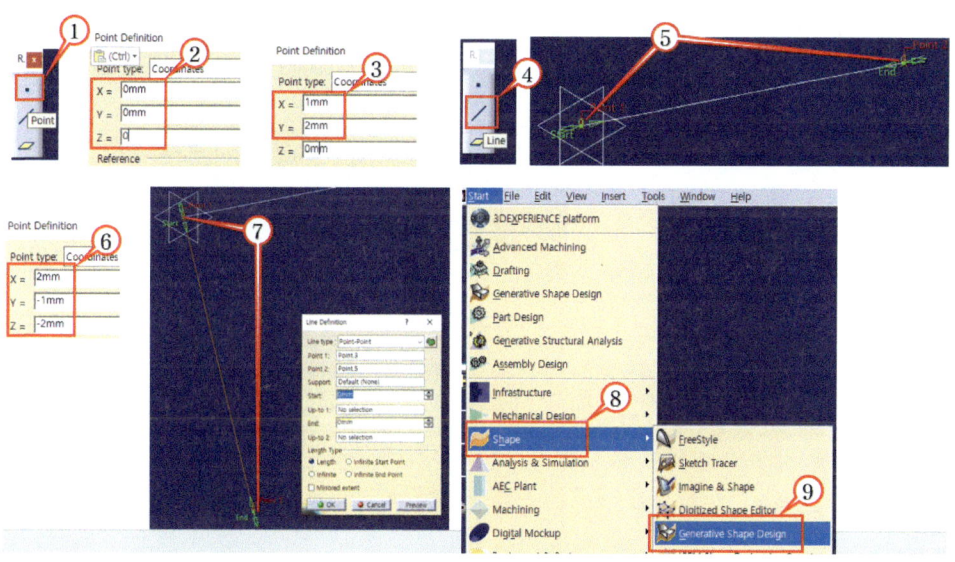

GSD에서 ①과 같이 Translate(이동) 아이콘을 클릭한다. → 생성한 $\vec{b}$ 벡터를 클릭한다. → ②와 같이 Point to point 타입인지 확인한 뒤 ③과 같이 원점과 벡터, $\vec{a}$의 끝점을 클릭한다. ④와 같이 l 엔터하여 원점과 이동한 $\vec{b}$ 벡터의 끝점을 연결한다. → 벡터 $\vec{b}$는 이동했으므로 원래의 벡터 $\vec{b}$는 ⑤와 같이 마우스 우클릭하여 Hide 한다. → Measure Item(6)을 클릭하고 이동한 벡터의 끝점을 선택하여 값을 검증한다.

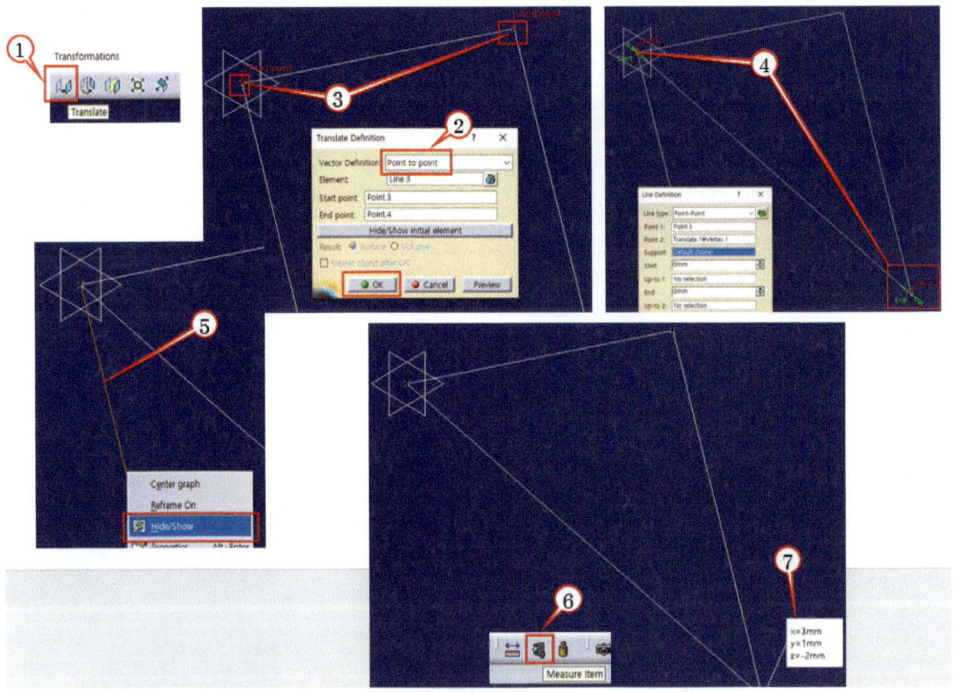

2) [2.2.3 벡터의 내적, Q4]

Q3) $\vec{a} = (2, 0)$, $\vec{b} = (1, 2)$일 때 내적은?

A3) $\vec{a} \cdot \vec{b} = |a||b|\cos\theta = a_x b_x + a_y b_y + a_z b_z$

$\quad\quad = 2 \times 1 + 0 \times 2 = 2$

Q4) 위 문제에서 두 벡터의 사잇각은? [CATIA 검증]

A4) $\vec{a} \cdot \vec{b} = |a||b|\cos\theta = 2$

$\quad |\vec{a}| = \sqrt{2^2 + 0^2} = \sqrt{4} = 2, \quad |\vec{b}| = \sqrt{1^2 + 2^2} = \sqrt{5}$

$\quad \theta = \cos^{-1}\left(\dfrac{\vec{a} \cdot \vec{b}}{|\vec{a}|\,|\vec{b}|}\right) = \cos^{-1}\left(\dfrac{2}{2 \times \sqrt{5}}\right) = 63.43\,^\circ$

검증) Part design 워크벤치에서 ①과 같이 트리의 xy plane을 클릭한 뒤 ctrl+1 하여 스케치로 들어간다. → *l* 엔터하여 원점에서 수평선 우측으로 대략적인 line을 생성한다. → line의 끝점(②)을 더블클릭하여 ③과 같이 $\vec{a} = (2, 0)$을 입력한다. → $\vec{b} = (1, 2)$도 동일한 방법으로 ④, ⑤와 같이 생성한다. → ctrl을 누른 상태로, 두 벡터를 나타내는 line ⑥과 ⑦을 선택하여 ctrl+q 하면 ⑧과 같이 사잇각이 검증된다.

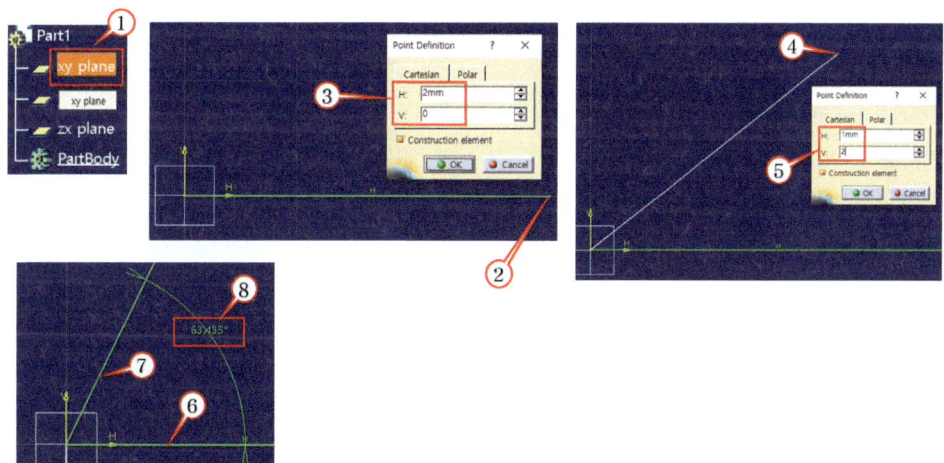

3) [2.2.3 벡터의 내적, Q6]

Q5) $\vec{a} = (1, 2, 0)$, $\vec{b} = (2, 1, 3)$일 때 내적은?

A5) $\vec{a} \cdot \vec{b} = |a||b|\cos\theta = a_x b_x + a_y b_y + a_z b_z$

$$= 1 \times 2 + 2 \times 1 + 0 \times 3 = 4$$

Q6) 위 문제에서 두 벡터의 사잇각은? [CATIA 검증]

A6) $\vec{a} \cdot \vec{b} = |a||b|\cos\theta = 4$

$$|\vec{a}| = \sqrt{1^2 + 2^2} = \sqrt{5}, \quad |\vec{b}| = \sqrt{2^2 + 1^2 + 3^2} = \sqrt{14}$$

$$\theta = \cos^{-1}\left(\frac{4}{\sqrt{5} \times \sqrt{14}}\right) = 61.44\,°$$

검증) Part design 워크벤치에서 ①과 같이 Point 아이콘을 클릭하고 ②와 같이 원점의 좌표인 (0, 0, 0)을 입력한다. → 다시 Point 아이콘을 클릭하여 ③과 같이 벡터, $\vec{a}$의 끝점인 (1, 2)를 입력한다. → line 아이콘(④)을 클릭하여 ⑤와 같이 원점에서 $\vec{a}$의 끝점인 (1, 2)를 연결한다. → 다시 Point 아이콘을 클릭하여 ⑥과 같이 벡터 $\vec{b}$의 끝점인 (2, 1, 3)를 입력한다. → 마찬가지로 line 명령을 수행하여 ⑦과 같이 원점에서 벡터 $\vec{b}$의 끝점인 (2, 1, 3)를 연결한다. → Measure Between(⑧)을 클릭하고 Customize(⑨)를 클릭한 뒤 ⑩과 같이 Angle 옵션 버튼을 체크한다. → ⑪과 같이 두 벡터의 사잇각을 검증한다.

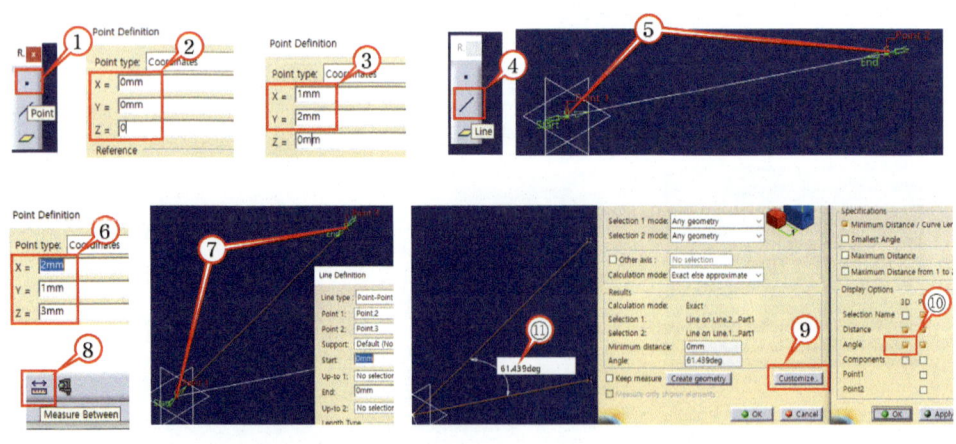

4) [2.2.4 벡터의 외적, Q6]

Q4) $\overrightarrow{OA}$, $\overrightarrow{OB}$ 의 외적을 구하시오 [단, O =(-1, 0, 2), A =(2, 3, 1), B =(4, 2, 5)]

A4) $\overrightarrow{OA} = 2 - (-1)i + (3-0)j + (1-2)k = 3i + 3j - k = (3, 3, -1)$

$\overrightarrow{OB} = 4 - (-1)i + (2-0)j + (5-2)k = 5i + 2j + 3k = (5, 2, 3)$

$$\overrightarrow{OA} \times \overrightarrow{OB} = \begin{vmatrix} i & j & k \\ 3 & 3 & -1 \\ 5 & 2 & 3 \end{vmatrix} - 5j + 6k + 9i - (-2i + 9j + 15k)$$
$$= 11i - 14j - 9k$$

Q6) 위 문제에서 법선 벡터 $\overrightarrow{n}$을 구하시오. [CATIA 검증]

A6) $\overrightarrow{n} = \dfrac{\overrightarrow{OA} \times \overrightarrow{OB}}{|\overrightarrow{OA} \times \overrightarrow{OB}|}$, $|\overrightarrow{OA} \times \overrightarrow{OB}| = \sqrt{11^2 + (-14)^2 + (-9)^2} = 19.95$

$$= \dfrac{11i - 14j - 9k}{19.95} = 0.55i - 0.7j - 0.45k$$

검증) Part design 워크벤치에서 ①과 같이 Point 아이콘을 클릭하고 ②와 같이 O점의 좌표인 (-1, 0, 2)를 입력한다. → 다시 Point 아이콘을 클릭하여 ③과 같이 A점의 좌표인 (2, 3, 1)을 입력한다. → line 아이콘(④)를 클릭하여 ⑤와 같이 O점에서 A점을 연결한다. → 다시 Point 아이콘을 클릭하여 ⑥과 같이 B점의 좌표인 (4, 2, 5)를 입력한다. → 마찬가지로 line 명령을 수행하여 ⑦과 같이 O점에서 B점을 연결한다. → Plane 아이콘(⑧)를 클릭하여 ⑨와 같이 생성된 두 벡터 라인을 클릭하면 ⑩과 같은 Plane이 생성된다.

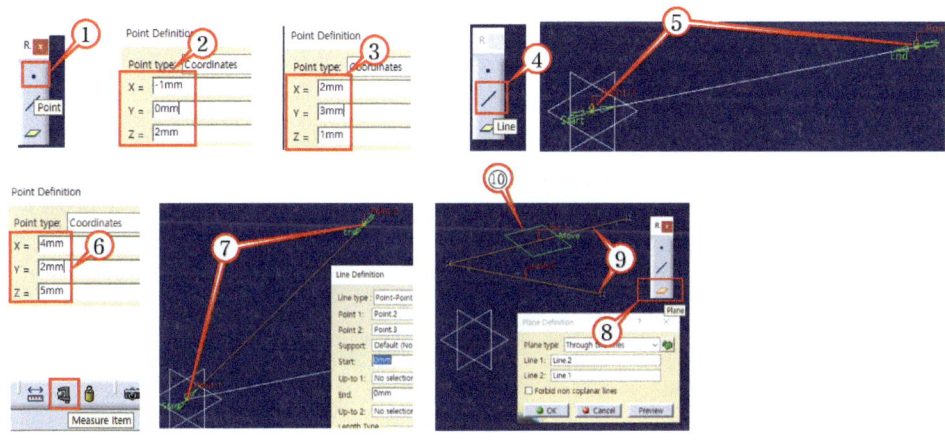

두 벡터 $\overrightarrow{OA}$, $\overrightarrow{OB}$ 를 오른손으로 감는 순서에 따라 법선 벡터의 방향이 바뀌므로 ①과 같이 $\overrightarrow{OA}$벡터를 우클릭 alt+enter 하여 색상을 변경한다. → line 아이콘(②)을 클릭하여 생성된 Plane (③)을 클릭하고 O점(④)을 클릭한 뒤 ⑤와 같이 단위 벡터의 크기인 -1mm를 입력한다. (오른손 법칙에 따라) → 다시 한번 line 아이콘(②)을 클릭하여 ⑥과 같이 생성된 법선 벡터 line의 시작 점을 O점으로 하고 끝점을 법선 벡터의 아래 끝점으로 하여 새로운 line을 생성한다. Measure Between(⑦)을 클릭하고 생성된 새로운 line을(⑥)을 선택하면 ⑧과 같이 법선 벡터 값이 출력되 어 계산값이 검증된다.

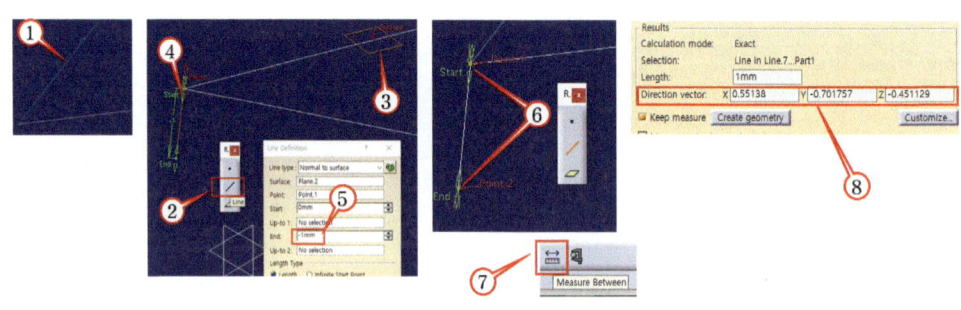

[프로펠러 5축 가공과 바디 쾌속 조형 및 부품 간 조립으로 완성한 드론자동차 모형]

2.4 좌표변환 검증

1) [3.2.1 이동 변환, Q5]

Q5) (-0.5, 0, -1)을 x 방향으로 -2, y 방향으로 0.5, z 방향으로 -1 이동 후의 좌표는? (-2.5, 0.5, -2)
   [CATIA 검증]

검증) ①, ②의 순서로 GSD(Generative Shape Design, 와이어 프레임과 서피스 모델링 전용 워크벤치)로 이동한다. → ③과 같이 Point 아이콘을 클릭하고 Point type을 Coordinate(④)로 한 뒤 ⑤와 같이 입력한다. → 생성한 점(⑥)을 클릭하고 ⑦과 같이 Translate 아이콘을 클릭한 뒤 ⑧과 같이 이동량을 입력한다. → Measure Item(⑨)을 클릭하고 이동한 점을 클릭하면 ⑩과 같이 변화 후의 좌표를 검증할 수 있다.

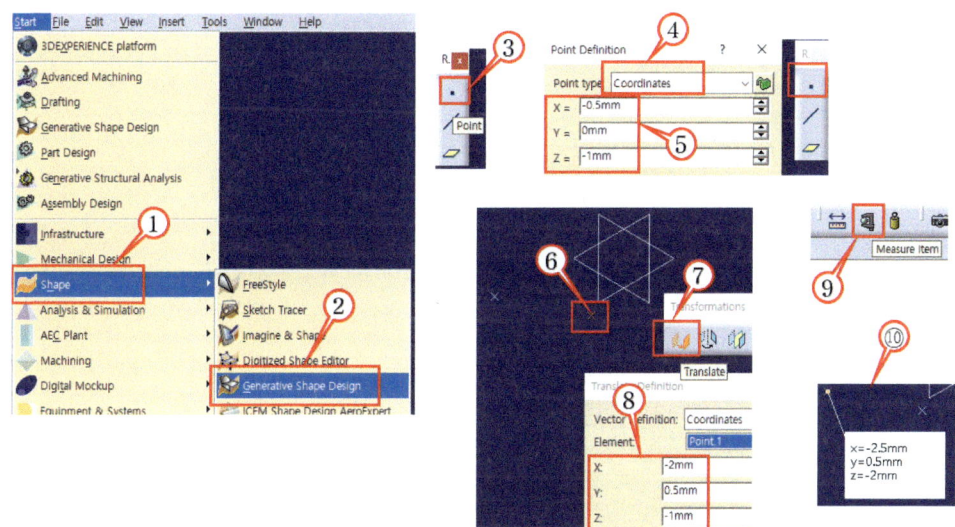

2) [3.2.2 축척 변환, Q6]

Q6) (3, 2)를 (2, 1)을 중심으로 하여 2배 확대 후의 좌표는? [CATIA 검증]

A6) ① 축척 중심점, $O'(2,1)$을 원점, O 로 이동

$$[x', y', 1] = [3, 2, 1] \begin{bmatrix} 1, & 0, & 0 \\ 0, & 1, & 0 \\ -2, & -1, & 1 \end{bmatrix} = [1, 1, 1]$$

② 원점에서 2배 확대

$$[1, 1, 1] \begin{bmatrix} 2 & 0 & 0 \\ 0 & 2 & 0 \\ 0 & 0 & 1 \end{bmatrix} = [2, 2, 1]$$

② 다시 축척 중심점으로 이동

$$[2, 2, 1] \begin{bmatrix} 1 & 0 & 0 \\ 0 & 1 & 0 \\ 2 & 1 & 1 \end{bmatrix} = [4, 3, 1]$$

$$\therefore (4, 3)$$

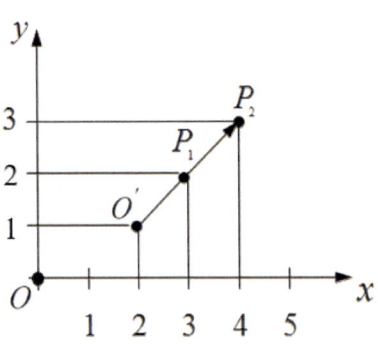

검증) GSD 워크벤치에서 Point 아이콘(①)을 클릭하여 ②와 같이 입력한다. → 동일한 방법으로 ③과 같이 입력한다. → (3, 2)점(④)을 클릭해 두고 Scaling(⑤) 아이콘을 클릭한 뒤 Reference(⑥)를 (2, 1)점으로 선택한다. → ⑦과 같이 Ratio를 2로 한다. → Measure Item(⑨) 을 클릭하고 Scaling된 점을 클릭하면 ⑩과 같이 변화 후의 좌표를 검증할 수 있다.

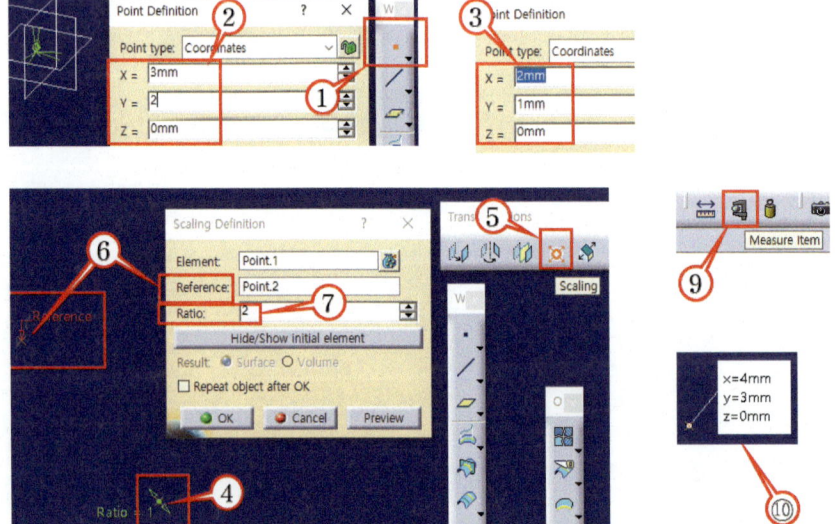

3) [3.2.4 회전 변환, Q1, Q2]

Q1) (2, 1)을 45°회전시킨 점은? [CATIA 검증]

A1) 다른 언급이 없다면 원점을 중심으로 반시계 방향으로 회전함.

$$[x', y', 1] = [2, 1, 1] \begin{bmatrix} \cos 45°, & \sin 45°, & 0 \\ -\sin 45°, & \cos 45°, & 0 \\ 0, & 0, & 1 \end{bmatrix}$$

$$\left[\sqrt{2} - \frac{\sqrt{2}}{2}, \ \sqrt{2} + \frac{\sqrt{2}}{2}, 1 \right] \therefore (\sqrt{2} - \frac{\sqrt{2}}{2}, \ \sqrt{2} + \frac{\sqrt{2}}{2})$$

$$(0.707, \ 2.12)$$

Q2) (2, 1)을 45°시계 방향으로 회전시킨 점은? [CATIA 검증]

A2)
$$[x', y', 1] = [2, 1, 1] \begin{bmatrix} \cos(-45°), & \sin(-45°), & 0 \\ -\sin(-45°), & \cos(-45°), & 0 \\ 0, & 0, & 1 \end{bmatrix}$$

$$[x', y', 1] = [2, 1, 1] \begin{bmatrix} \cos(45°), & -\sin(45°), & 0 \\ \sin(45°), & \cos(45°), & 0 \\ 0, & 0, & 1 \end{bmatrix}$$

$$\left[\sqrt{2} + \frac{\sqrt{2}}{2}, \ -\sqrt{2} + \frac{\sqrt{2}}{2}, 1 \right] \therefore (\sqrt{2} + \frac{\sqrt{2}}{2}, \ -\sqrt{2} + \frac{\sqrt{2}}{2})$$

$$(2.12, \ -0.707)$$

검증) GSD 워크벤치에서 Point 아이콘(①)을 클릭하여 ②와 같이 입력한다. → 생성한 점(③)을 클릭하고 Rotate 아이콘(④)을 클릭한다. → Axis(⑤)에서 우클릭하여 회전 중심축을 Z Axis(⑥)로 하고 Angle(⑦)에 45를 입력한다. → Measure Item(📐)을 클릭하여 ⑧과 같이 검증한다. → Angle(⑦)에 –45를 입력하고 Measure Item(📐)을 클릭하여 ⑨와 같이 검증한다.

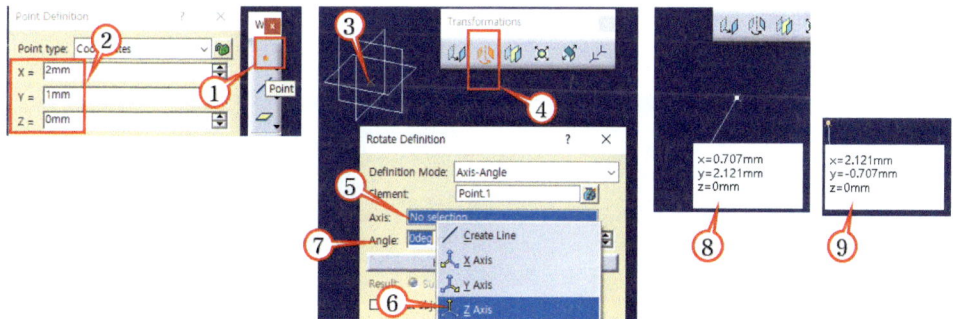

4) [3.2.4 회전 변환, Q5]

Q5) (2, 1)인 점을 (1, 1)인 점을 회전 중심으로 하여 45° 회전시킨 점은? [CATIA 검증]

A5) ① 회전 중심점 (1,1)을 원점으로 이동 변환

$$[x', y', 1] = [2, 1, 1] \begin{bmatrix} 1 & 0 & 0 \\ 0 & 1 & 0 \\ -1 & -1 & 1 \end{bmatrix} = [1, 0, 1]$$

② 원점에서 45° 회전

$$[1, 0, 1] \begin{bmatrix} \dfrac{\sqrt{2}}{2} & \dfrac{\sqrt{2}}{2} & 0 \\ -\dfrac{\sqrt{2}}{2} & \dfrac{\sqrt{2}}{2} & 0 \\ 0 & 0 & 1 \end{bmatrix} = \left[\dfrac{\sqrt{2}}{2}, \dfrac{\sqrt{2}}{2}, 1 \right]$$

③ 회전 중심점 (1,1) 위치로 다시 이동 변환

$$\left[\dfrac{\sqrt{2}}{2}, \dfrac{\sqrt{2}}{2}, 1 \right] \begin{bmatrix} 1 & 0 & 0 \\ 0 & 1 & 0 \\ 1 & 1 & 1 \end{bmatrix} = \left(\dfrac{\sqrt{2}}{2}+1, \dfrac{\sqrt{2}}{2}+1, 1 \right)$$

$$\therefore (1.707, 1.707)$$

검증) GSD 워크벤치에서 Point 아이콘(①)을 클릭하여 ②와 같이 (2, 1)과 (1, 1)을 순서대로 생성한다. → 생성한 회전 중심점 (1, 1)(③)을 클릭하고 line 아이콘(④)을 클릭한 뒤 ⑤와 같이 Point-Direction 타입으로 한 뒤 Direction(⑥)을 xy 평면(⑦)로 선택하고 2mm(⑧)를 준다. → 회전할 점(2, 1) (⑨)을 클릭하고 Rotate 아이콘(⑩)을 클릭한다. 회전 중심축인 Axis를 생성한 직선(⑪)으로 하고 45도 입력(⑫)한다. → Measure Item(▧)을 클릭하여 ⑬과 같이 검증한다.

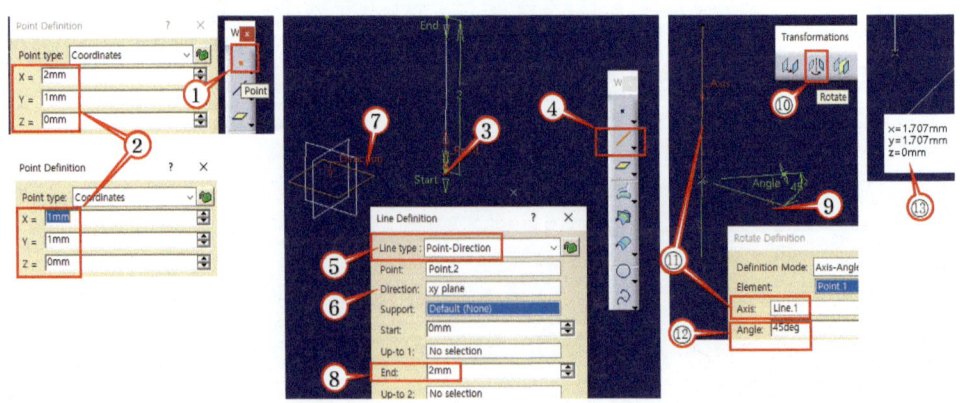

5) [3.2.4 회전 변환, Q7, Q8, Q9]

Q7) (2, 1, 3)을 Z축 중심으로 45°회전시킨 점은? [CATIA 검증]

A7) $[x,'y,'z,'1] = [2,1,3,1]\begin{bmatrix} \cos45, & \sin45, & 0, & 0 \\ -\sin45, & \cos45, & 0, & 0 \\ 0, & 0, & 1, & 0 \\ 0, & 0, & 0, & 1 \end{bmatrix} = [0.707, 2.12, 3, 1] \quad \therefore (0.707, \ 2.12, \ 3)$

Q8) (2, 1, 3)을 X축 중심으로 45°회전시킨 점은? [CATIA 검증]

A8) $[x,'y,'z,'1] = [2,1,3,1]\begin{bmatrix} 1, & 0, & 0, & 0 \\ 0, & \cos45, & \sin45, & 0 \\ 0, & -\sin45, & \cos45, & 0 \\ 0, & 0, & 0, & 1 \end{bmatrix} = [2, -1.414, 2.828, 1] \therefore (2, -1.414, 2.828)$

Q9) (2, 1, 3)을 Y축 중심으로 45°회전시킨 점은? [CATIA 검증]

A9) $[x',y',z',1] = [2,1,3,1]\begin{bmatrix} \cos45, & 0, & -\sin45, & 0 \\ 0, & 1, & 0, & 0 \\ \sin45, & 0, & \cos45, & 0 \\ 0, & 0, & 0, & 1 \end{bmatrix} = [3.54, 1, 0.707, 1] \quad \therefore (3.54, 1, 0.707)$

검증) GSD 워크벤치에서 Point 아이콘(①)을 클릭하여 ②와 같이 (2, 1, 3)인 점을 생성한다. → 생성한 점(③)을 클릭한 뒤 Rotate 아이콘(④)을 클릭하고 Angle(⑤)을 45로 준다. → Axis (⑥)에서 우클릭하여 Z Axis(⑦)로 한다. → Measure Item(🗡)을 클릭하여 ⑧과 같이 검증한다. → 동일한 방법으로 회전 중심축을 X Axis(⑨)로 하여 ⑩과 같이 검증한다. → 동일한 방법으로 회전 중심축을 Y Axis(⑪)로 하여 ⑫와 같이 검증한다.

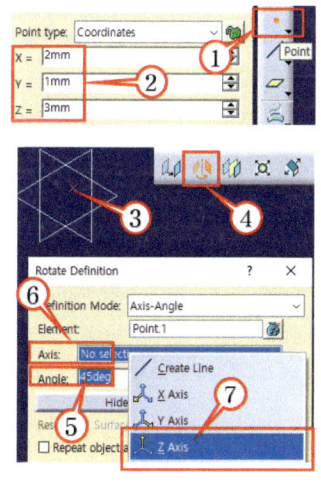
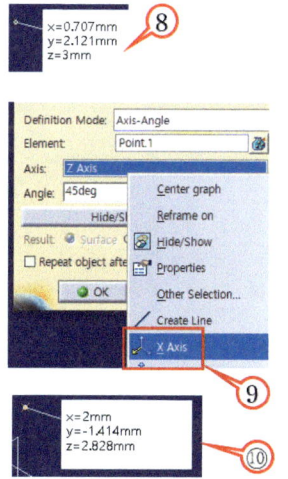
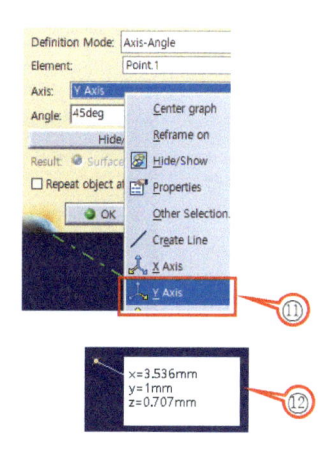

2.5 CAD 검증

1) [4.1.1 직선의 방정식, Q5]

Q5) $x_1 = 1$, $y_1 = 2$, $x_2 = 3$, $y_1 = 4$ 일 때 매개변수 방정식과 $t = 0$, 0.5, 1일 때의 좌표는?

[CATIA 검증]

A5) $\begin{cases} x(t) = 1 + (3-1)t = 1 + 2t \\ y(t) = 2 + (4-2)t = 2 + 2t \end{cases}$

$\begin{cases} x(0) = 1 + 2(0) = 1 \\ y(0) = 2 + 2(0) = 2 \end{cases}$

$\begin{cases} x(0.5) = 1 + 2(0.5) = 2 \\ y(0.5) = 2 + 2(0.5) = 3 \end{cases}$

$\begin{cases} x(1) = 1 + 2(1) = 3 \\ y(1) = 2 + 2(1) = 4 \end{cases}$

검증) GSD 워크벤치에서 Point 아이콘(①)을 클릭하여 ②와 같이(1, 2)과(3, 4)를 순서대로 생성한다. → line 아이콘(③)을 클릭하여(1, 2)로부터 (3, 4)로 연결한다. → 생성한 line(④)을 클릭하고 Point 아이콘(⑤)을 클릭한 뒤 Point type을 On curve(⑥)로 한다. → Distance to reference를 Ratio(⑦)로 바꾸고 Ratio 값에 0을 입력한다. → 동일한 방법으로 Ratio 값을 매개변수 값 0.5(⑨), 1(⑩)로 입력한다. → Measure Item(🔳)을 클릭하여 ⑪과 같이 검증한다.

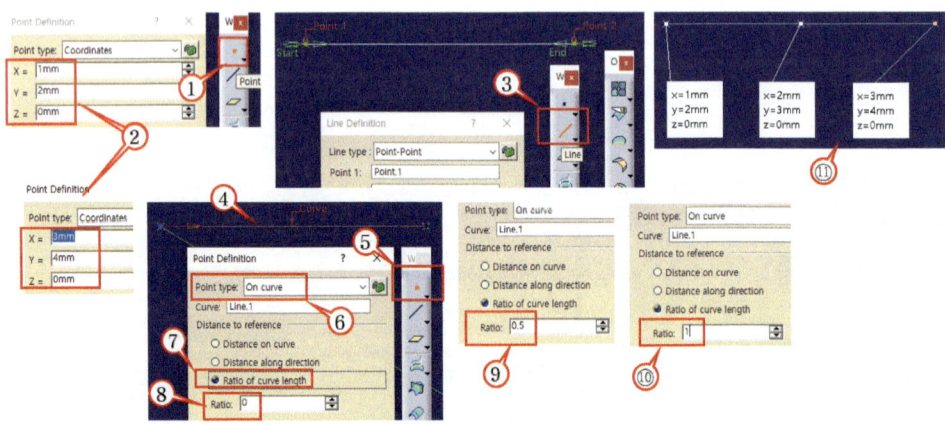

2) [4.1.1 직선의 방정식, Q6]

Q6) $x_1 = 1$, $y_1 = 2$, $\theta = 45°$일 때 매개변수 방정식과 $t = 0$, 1, 3일 때의 좌표는?

[CATIA 검증]

A6) $x(t) = x_1 + \cos\theta\, t$

$\quad = 1 + \cos 45\, t = 1 + \dfrac{1}{\sqrt{2}}\, t$

$y(t) = y_1 + \sin\theta\, t$

$\quad = 2 + \sin 45\, t = 2 + \dfrac{1}{\sqrt{2}}\, t$

$x(0) = 1 + \dfrac{1}{\sqrt{2}}(0) = 1$

$y(0) = 2 + \dfrac{1}{\sqrt{2}}(0) = 2$

$x(1) = 1 + \dfrac{1}{\sqrt{2}}(1) = 1.707$

$y(1) = 2 + \dfrac{1}{\sqrt{2}}(1) = 2.707$

$x(3) = 1 + \dfrac{1}{\sqrt{2}}(3) = 3.121$

$y(3) = 2 + \dfrac{1}{\sqrt{2}}(3) = 4.121$

(검증) GSD 워크벤치에서 xy 평면 스케치로 들어간다. → l 엔터하여 line을 그린다. → ctrl을 누르고 시작점(①)과 V축 (②)을 선택하여 ctrl+q 한다. → 숫자를 더블클릭하여 1로 한다. → ctrl을 누르고 시작점(③)과 H축(④)을 선택하여 ctrl+q 한다. → 숫자를 더블클릭하여 2로 한다. → ctrl을 누르고 line(⑤)과 H축(④)을 선택하여 ctrl+q 한다. → 숫자를 더블클릭하여 45로 한다. → line(⑤)을 클릭하고 ctrl+q 하여 5로 한다. → ctrl+2 하여 3D 창으로 나간다. → line(⑤)을 클릭하고 Point(⑥)를 클릭한 뒤 Point type을 On curve(⑦)로 하고 Distance on curve(⑧)를 체크한 뒤 Length에 0(⑨)을 넣는다. 동일한 방법으로 각각 매개변수 1(⑩)과 3(⑪)을 입력하여 점을 생성한다. → ⑫와 같이 Measure Item(🔲)을 클릭하여 생성한 점들의 좌표를 검증한다.

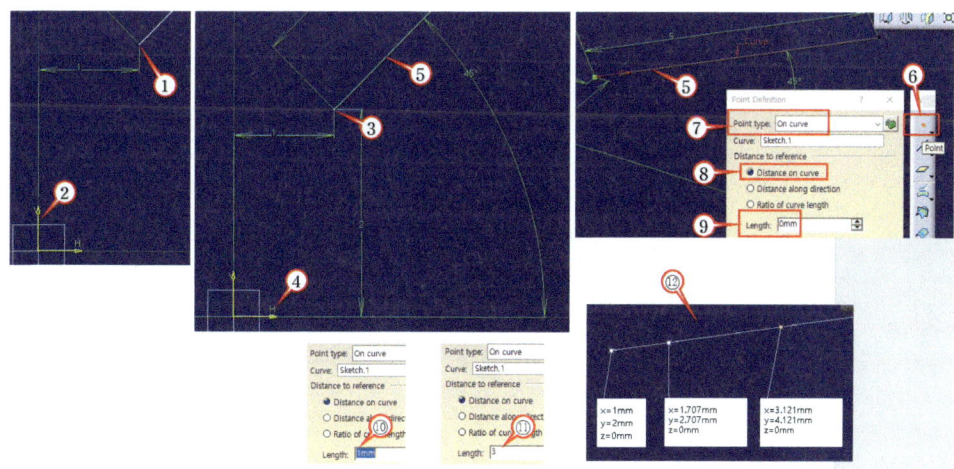

3) [4.1.2 원추 단면 곡선의 방정식, Q1]

Q1) 원의 중점이 원점에 있고 반지름이 10, $\theta = 45\,^\circ$ 일 때의 좌표를 구하시오. [CATIA 검증]

A1) $\begin{cases} x(\theta) = r \cdot \cos\theta \\ y(\theta) = r \cdot \sin\theta \end{cases} (0 \leq \theta \leq 360)$

$\begin{cases} x(\theta) = 10 \times \cos45 = 7.07 \\ y(\theta) = 10 \times \sin45 = 7.07 \end{cases}$

(검증) GSD 워크벤치에서 xy 평면 스케치로 들어간다. → c 엔터하여 circle을 그린다. → circle을 선택하고 ctrl+q 하여 숫자 더블클릭 → 20으로 한다. → l 엔터하여 원점을 시작점으로 하고 원상의 임의점에 line을 그린다. → line(②)과 H축(③)을 ctrl을 누른 상태로 같이 선택하고 ctrl+q 하여 45(④)를 입력한다. → Measure Item( )을 클릭하여 line의 끝 점(⑤) 좌표를 ⑥과 같이 검증한다.

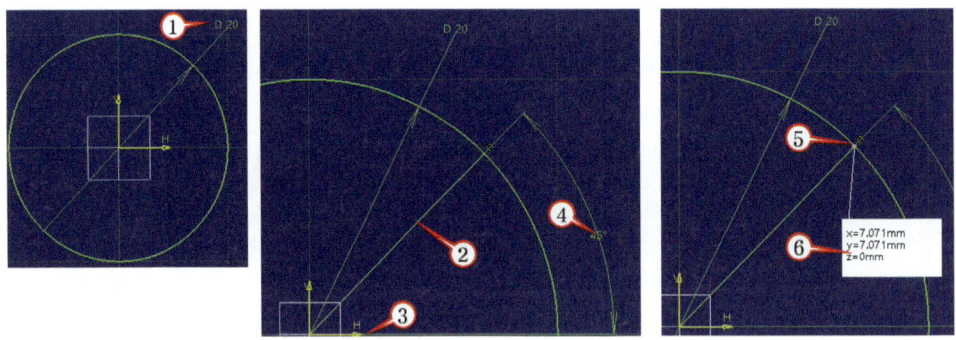

4) [4.1.3 자유 곡선의 방정식, Q1]

Q1) 조정점의 좌표가 V_0=(0, 0), V_1=(1, 2), V_2=(3, 1), V_3=(4, 0)일 때 Bezier 곡선에 의한 자유 곡선의 매개변수 방정식을 구하고, 매개변수 u = 0.1, 0.25, 0.5 0.75, 0.9일 때의 좌표를 구하여 조정점 다각형과 비교하시오. [CATIA 검증]

A1)

$$r(u) = \begin{bmatrix} 1 & u & u^2 & u^3 \end{bmatrix} \begin{bmatrix} 1 & 0 & 0 & 0 \\ -3 & 3 & 0 & 0 \\ 3 & -6 & 3 & 0 \\ -1 & 3 & -3 & 1 \end{bmatrix} \begin{bmatrix} V_o \\ V_1 \\ V_2 \\ V_3 \end{bmatrix}$$

$$r(u)_x = \begin{bmatrix} 1 & u & u^2 & u^3 \end{bmatrix} \begin{bmatrix} 1 & 0 & 0 & 0 \\ -3 & 3 & 0 & 0 \\ 3 & -6 & 3 & 0 \\ -1 & 3 & -3 & 1 \end{bmatrix} \begin{bmatrix} V_{ox} \\ V_{1x} \\ V_{2x} \\ V_{3x} \end{bmatrix}$$

$$= \begin{bmatrix} 1 & u & u^2 & u^3 \end{bmatrix} \begin{bmatrix} 1 & 0 & 0 & 0 \\ -3 & 3 & 0 & 0 \\ 3 & -6 & 3 & 0 \\ -1 & 3 & -3 & 1 \end{bmatrix} \begin{bmatrix} 0 \\ 1 \\ 3 \\ 4 \end{bmatrix}$$

$$= \begin{bmatrix} (1-3u+3u^2-u^3) & (3u-6u^2+3u^3) & (3u^2-3u^3) & (u^3) \end{bmatrix} \begin{bmatrix} 0 \\ 1 \\ 3 \\ 4 \end{bmatrix}$$

$$= (3u-6u^2+3u^3)+(9u^2-9u^3)+4u^3$$

$$= -2u^3+3u^2+3u$$

$$r(u)_y = \begin{bmatrix} 1 & u & u^2 & u^3 \end{bmatrix} \begin{bmatrix} 1 & 0 & 0 & 0 \\ -3 & 3 & 0 & 0 \\ 3 & -6 & 3 & 0 \\ -1 & 3 & -3 & 1 \end{bmatrix} \begin{bmatrix} V_{oy} \\ V_{1y} \\ V_{2y} \\ V_{3y} \end{bmatrix}$$

$$= \begin{bmatrix} 1 & u & u^2 & u^3 \end{bmatrix} \begin{bmatrix} 1 & 0 & 0 & 0 \\ -3 & 3 & 0 & 0 \\ 3 & -6 & 3 & 0 \\ -1 & 3 & -3 & 1 \end{bmatrix} \begin{bmatrix} 0 \\ 2 \\ 1 \\ 0 \end{bmatrix}$$

$$= \begin{bmatrix} (1-3u+3u^2-u^3) & (3u-6u^2+3u^3) & (3u^2-3u^3) & (u^3) \end{bmatrix} \begin{bmatrix} 0 \\ 2 \\ 1 \\ 0 \end{bmatrix}$$

$$= (6u-12u^2+6u^3)+(3u^2-3u^3)$$

$$= 3u^3-9u^2+6u$$

$$\therefore \quad r(u)_x = -2u^3+3u^2+3u, \qquad r(u)_y = 3u^3-9u^2+6u$$

$$\mathbf{r}(u)_x = -2u^3 + 3u^2 + 3u$$

$$\mathbf{r}(0)_x = 0$$

$$\mathbf{r}(0.1)_x = -2(0.1)^3 + 3(0.1)^2 + 3(0.1) = 0.328$$

$$\mathbf{r}(0.25)_x = -2(0.25)^3 + 3(0.25)^2 + 3(0.25) = 0.906$$

$$\mathbf{r}(0.5)_x = -2(0.5)^3 + 3(0.5)^2 + 3(0.5) = 2$$

$$\mathbf{r}(0.75)_x = -2(0.75)^3 + 3(0.75)^2 + 3(0.75) = 3.09$$

$$\mathbf{r}(0.9)_x = -2(0.9)^3 + 3(0.9)^2 + 3(0.9) = 3.672$$

$$\mathbf{r}(1)_x = 4$$

$$\mathbf{r}(u)_y = 3u^3 - 9u^2 + 6u$$

$$\mathbf{r}(0)_y = 0$$

$$\mathbf{r}(0.1)_y = 3(0.1)^3 - 9(0.1)^2 + 6(0.1) = 0.513$$

$$\mathbf{r}(0.25)_y = 3(0.25)^3 - 9(0.25)^2 + 6(0.25) = 0.984$$

$$\mathbf{r}(0.5)_y = 3(0.5)^3 - 9(0.5)^2 + 6(0.5) = 1.125$$

$$\mathbf{r}(0.75)_y = 3(0.75)^3 - 9(0.75)^2 + 6(0.75) = 0.7$$

$$\mathbf{r}(0.9)_y = 3(0.9)^3 - 9(0.9)^2 + 6(0.9) = 0.297$$

$$\mathbf{r}(1)_y = 0$$

$$\mathbf{r}(0) = (0, 0)$$

$$\mathbf{r}(0.1) = (0.328, 0.513)$$

$$\mathbf{r}(0.25) = (0.906, 0.984)$$

$$\mathbf{r}(0.5) = (2, 1.125)$$

$$\mathbf{r}(0.75) = (3.09, 0.7)$$

$$\mathbf{r}(9) = (3.672, 0.297)$$

$$\mathbf{r}(1) = (4, 0)$$

(검증) Part design 워크벤치 트리의 xy 평면을 선택하고 ctrl+1 엔터하여 스케치로 들어간다. → Point 아이콘(①)을 클릭하여 ②와 같이 대략의 지점에 클릭한 뒤 다시 더블클릭하여 ③과 같이 조정점의 좌표를 입력한다. → 조정점 $V_0 = (0, 0)$, $V_1 = (1, 2)$, $V_2 = (3, 1)$, $V_3 = (4, 0)$에 대하여 순서대로 정의한다. → p 엔터하여 ④와 같이 조정점들을 연결하는 profile(블록포 다각형)을 그린다. → 조정점을 정의한 방식과 마찬가지로 ⑤와 같이 대략의 지점에 클릭한 뒤 다시 더블클릭하여 ⑥, ⑦과 같이 곡선상의 점 좌표를 입력한다. → $r(0) = (0, 0)$, $r(0.1) = (0.328, 0.513)$, $r(0.25) = (0.906, 0.984)$, $r(0.5) = (2, 1.125)$, $r(0.75) = (3.09, 0.7)$, $r(9) = (3.672, 0.297)$, $r(1) = (4, 0)$에 대하여 순서대로 정의한다. → Spline 아이콘(⑧)을 클릭하여 정의한 곡선상의 점들을 연결하는 곡선(⑨)을 생성한다. → 주어진 조정점으로 이루어진 블록포 다각형의 내부에 Bezier 곡선이 피팅(fitting)되었음을 검증한다.

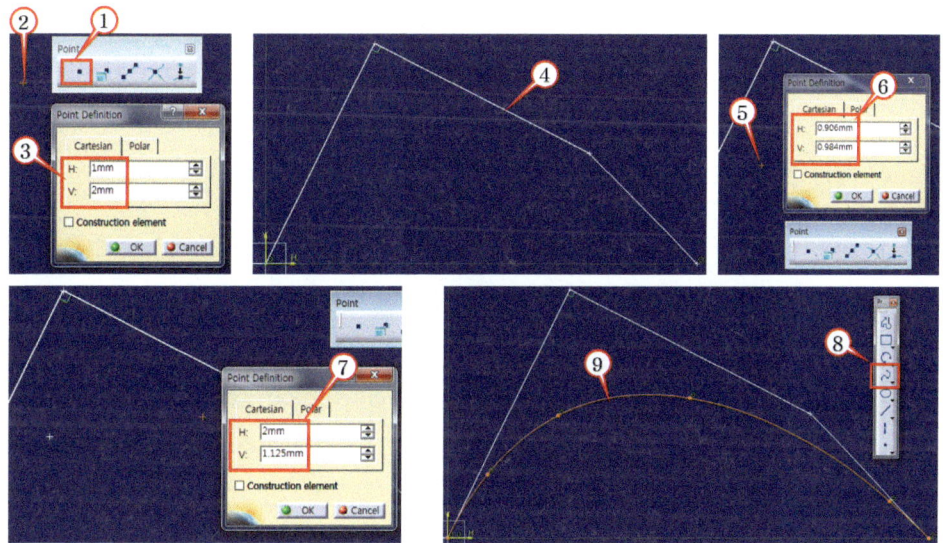

5) [4.2.1 기본 곡면, Q1]

Q1) 점, $r_0(1, 1, 1)$, $r_1(2, 0, 0)$, $r_2(0, 2, 0)$를 지나는 평면의 방정식과 법선 벡터를 구하라.

A1) 평면상의 두 벡터는 다음과 같다.

$n_1 = r_1 - r_0 = (1, -1, -1)$

$n_2 = r_2 - r_0 = (-1, 1, -1)$ 이므로

$r(u, v) = r_0 + u\,n_1 + v\,n_2$

$$= \begin{bmatrix} 1 \\ 1 \\ 1 \end{bmatrix} + u \begin{bmatrix} 1 \\ -1 \\ -1 \end{bmatrix} + v \begin{bmatrix} -1 \\ 1 \\ -1 \end{bmatrix}$$

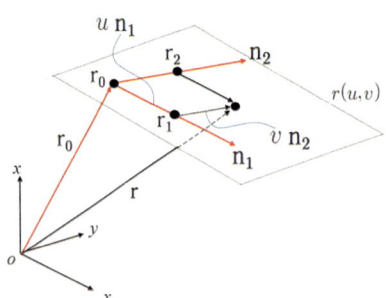

u, v 값을 각각 0.5로 하여 좌표를 계산해 보고 CAD S/W에서 검증하시오.

$r(0.5, 0.5) = r_0 + u\,n_1 + v\,n_2$

$$= \begin{bmatrix} 1 \\ 1 \\ 1 \end{bmatrix} + 0.5 \begin{bmatrix} 1 \\ -1 \\ -1 \end{bmatrix} + 0.5 \begin{bmatrix} -1 \\ 1 \\ -1 \end{bmatrix} = \begin{bmatrix} 1 \\ 1 \\ 0 \end{bmatrix}$$

검증) GSD 워크벤치에서 Point 아이콘(①)을 이용하여 주어진 세 점(②)을 생성한다. → line 아이콘을 이용해서 $n_1 = r_1 - r_0$인 직선과 $n_2 = r_2 - r_0$인 직선을 주어진 점을 클릭하여 생성한다. (④, ⑤) → Sweep 아이콘(⑥)을 이용해서 두 직선(④, ⑤)를 순서대로 클릭하여 평면(⑦)을 얻는다. → Point 아이콘(⑧)을 이용하여 방정식으로 계산한 $r(0.5, 0.5) = r_0 + u\,n_1 + v\,n_2 = (1, 1, 0)$을 ⑨와 같이 입력하여 평면상의 점인지 아닌지 판단한다. → 평면상의 점이므로 평면 방정식의 타당함이 검증되었다.

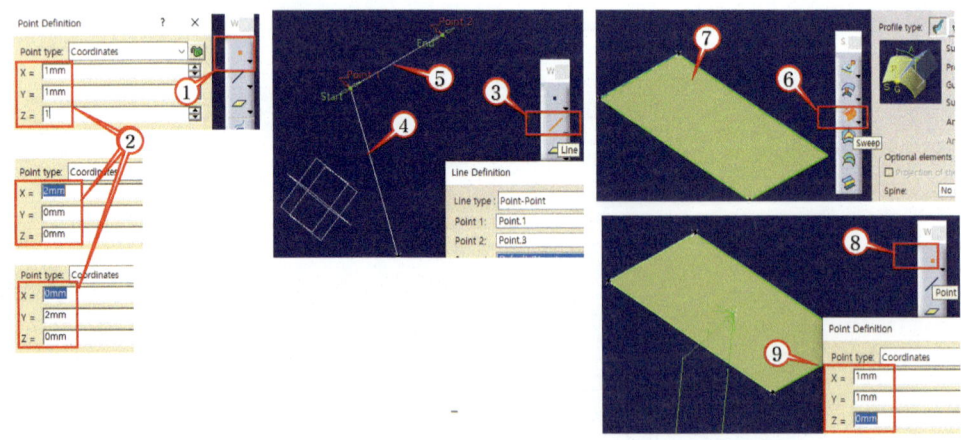

2.6 CAM 검증

1) [5.2.1 곡면의 법선 벡터 , Q1]

Q1) P 점에서의 단위 벡터 a와 b를 구하고 두 벡터가 이루는 접평면에 수직인 법선 벡터 n을 구하시오. [CATIA 검증]

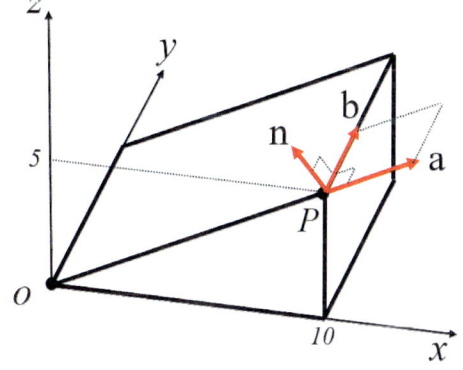

A1) $\vec{P} = (10, 0, 5)$,

$|\vec{P}| = \sqrt{(10^2 + 5^2)} = 11.18$

$a = \dfrac{\vec{P}}{|\vec{P}|} = \dfrac{10i + 5k}{11.18}$

$\quad = 0.894i + 0.447k$

$b = (0, 1, 0)$

$a \times b = \begin{vmatrix} i & j & k \\ 0.894 & 0 & 0.447 \\ 0 & 1 & 0 \end{vmatrix}$

$\quad = 0.894k - 0.447i$

$\quad = -0.447i + 0.894k$

단위 벡터끼리의 외적이므로 결과도 단위 벡터임. 우측에 검증.

$|a \times b| = \sqrt{[(-0.447)^2 + 0.894^2]} = 1$

$n = (a \times b)/|a \times b|$

$\quad = \dfrac{-0.447i + 0.894k}{1} = -0.447i + 0.894k$

검증) Part design 워크벤치에서 트리의 zx plane(①)을 선택하고 ctrl+1 하여 스케치로 들어간다. 이때 ②와 같이 Reverse H 해준다. → p 엔터하여 삼각형 profile을 그리고 ctrl+q 하여 밑변을 10(③), 높이를 5(④)로 한다. → ctrl+2 하여 3D 창으로 나간 후 p 엔터하여 Length를 -10(⑤)으로 한다. → Line 아이콘을 선택하여 ⑥번 모서리를 선택하고 ⑦번 엣지를 선택한 후 ⑧과 같이 1을 입력한다. → 동일한 방식으로 ⑥번 모서리를 선택하고 ⑨번 엣지를 선택한 후 ⑩과 같이 1을 입력한다. → 생성된 line은 a, b 벡터 line을 의미한다.

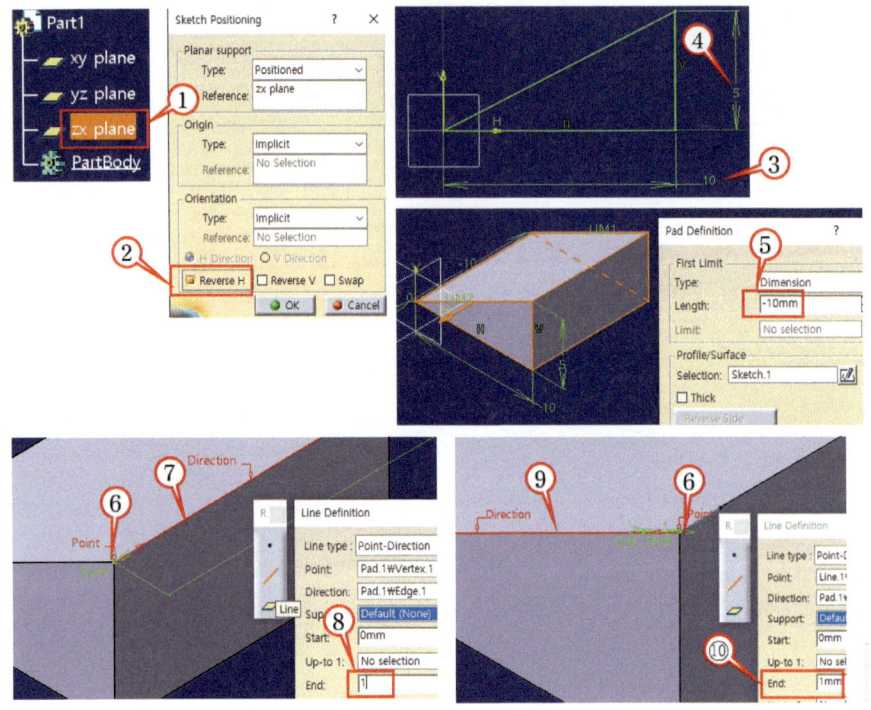

line 아이콘(①)을 선택하여 모서리 ②를 선택하고 ③번 평면을 클릭한 뒤 ④와 같이 Reverse Direction을 클릭함으로써 법선 벡터 line을 구한다. → Measure Item( )을 클릭하여 a, b, n을 구한 뒤 계산값과 비교한다. → 벡터의 방향이 다른 것은 CATIA S/W의 벡터 표현 방식이 line 생성 방식에 근거하기 때문이다. 즉 시작점과 끝점을 어디로 할지 정해 주지 않으면 부호가 반대로 생성될 수 있다.

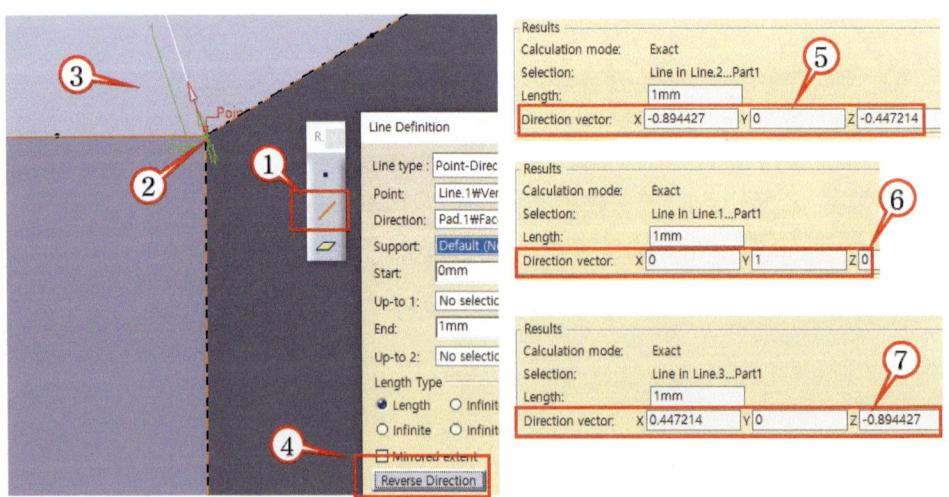

2) [5.2.2 공구 위치 데이터, Q3]

Q3) 위 Q1) 문제에서 P점에서의 법선 벡터 **n**을 구하
였다. P점을 공구 접촉점(CC-데이터)로 할 때 CL-
데이터를 구하시오. 단, 사용 공구는 $\phi 10$ 볼 엔드
밀이고 3축 머시닝센터에서 가공한다. [CATIA 검증]

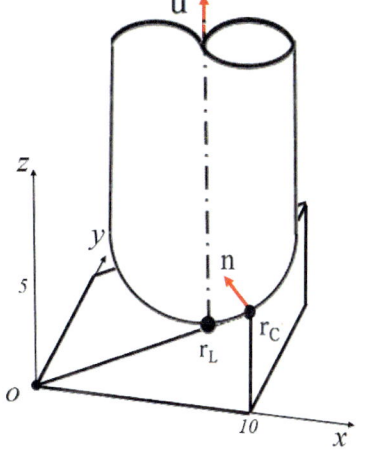

A3) $R = 5mm$

$$\mathbf{u} = (0, 0, 1)$$

$$\mathbf{n} = -0.447i + 0.894k$$

$$\mathbf{r}_c = (10, 0, 5)$$

$$\mathbf{r}_L = \mathbf{r}_C + R\,(\mathbf{n} - \mathbf{u})$$

$$= \begin{bmatrix} 10 \\ 0 \\ 5 \end{bmatrix} + 5 \begin{bmatrix} -0.447 - 0 \\ 0 \\ 0.894 - 1 \end{bmatrix}$$

$$= \begin{bmatrix} 10 \\ 0 \\ 5 \end{bmatrix} + 5 \begin{bmatrix} -0.447 \\ 0 \\ -0.106 \end{bmatrix} = \begin{bmatrix} 7.765 \\ 0 \\ 4.47 \end{bmatrix}$$

$\therefore CL - 데이터 = (7.765, 0, 4.47)$

검증) 메인 메뉴 Start의 Machining(①) → Advanced Machining(②)을 클릭하여 CAM 워크벤치로
들어간다. → 트리의 Manufacturing Program.1(③)을 클릭하고 Isoparametric Machining(④)을
클릭한다. → ⑤번 Sensitive 아이콘을 클릭하고 가공할 경사면(⑥)을 클릭한다. → 다이얼
로그 박스가 나타나지 않을 때 바탕화면을 더블클릭한다.

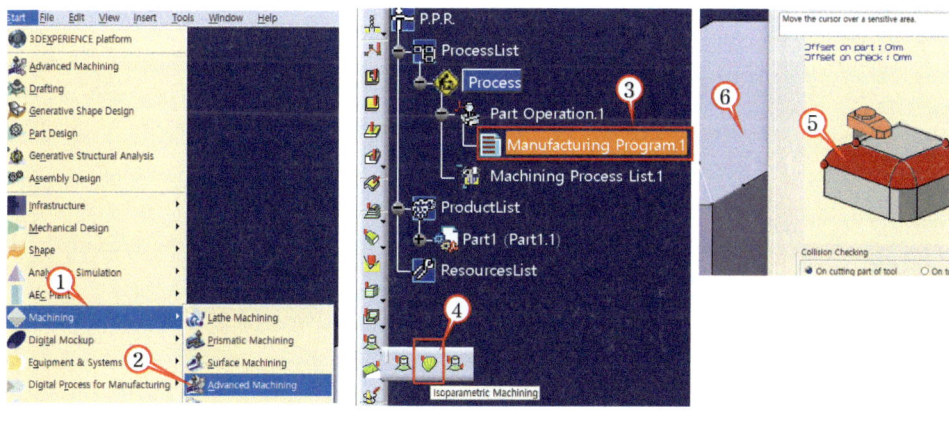

①번 동그라미 아이콘을 클릭하고 ②와 같이 경사면의 모서리를 순서대로 클릭한다. → 공구탭 (③)을 클릭하고 Ball end tool(④)을 체크한 뒤 ⑤와 같이 10파이 공구로 지정한다. → 공구탭 하단 우측의 Tool path replay 아이콘( )을 클릭하여 공구 경로를 생성한다. → 생성된 CL 데이터(⑥)번과 계산값을 비교 검증한다.

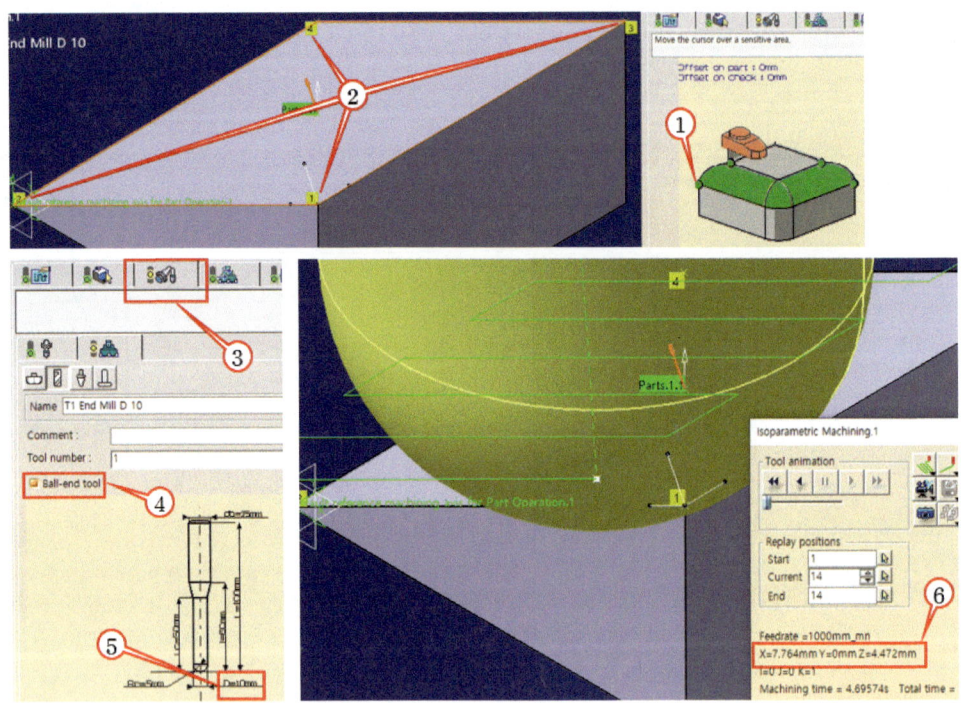

참고문헌

1. Choi, B. K., Surface Modeling for CAD/CAM, Elsivier

2. 최병규 외 4인, CAD/CAM 시스템과 CNC 절사가공, 사이텍미디어

3. 박상국, 김동직, CAD/CAM 개론, 한국산업인력공단

4. 김덕호, 공학기초, 한국폴리텍대학

5. 한규현, 이공기초수학, 한올출판사

6. 국가자격시험연구회, 컴퓨터응용가공 산업기사 문제해설, 일진사

7. 정영식, 컴퓨터응용가공 산업기사 필기, 세진북스

8. 정연택, 컴퓨터응용가공 산업기사 필기, 건기원

9. 황종대, CATIA CAM 5축가공기술, 광문각

10. 황종대, CATIA CAD CAM 기술, 광문각

11. 황종대, 실무중심 기계설계 기술, 광문각

12. Jung, H. C, Hwang, J. D., Kim, S. M. and Jung, Y. G., "The Postprocessor Technology for 5-axis Control Machining", J. of KSMPE, Vol. 10, No. 2, pp. 9-15, 2011.

13. Jung, H. C, Hwang, J. D., Park, K. B. and Jung, Y. G., "Development of practical postprocessor for 5-axis machine tool with non-orthogonal rotary axes", J. Cent. South. Technol., Vol. 18, pp. 159-164, 2011.

14. 특허 제 10-0676626호 "5축가공용 범용 이-포스트 시스템", 2007

15. 특허 제 10-1077448호 "일정 이송률을 제어한 5축가공기", 2011

16. 특허 제 10-1338656호 "공구의 제어장치 및 제어방법", 2013

17. 특허 제 10-1791073호 "앵글헤드 스핀들을 이용한 5축가공용 포스트프로세서", 2017

18. Hwang, J. D. and Yun, I. W., "5-axis Machining of Impeller using Geometric Shape Information and Vector Net", J. of KSMPE, Vol. 19, No. 3, pp. 9-15, 2020.

19. http://www.q-net.or.kr

20. https://en.wikipedia.org/wiki/

21. https://en.wikipedia.org/wiki/Sine_and_cosine

22. https://en.wikipedia.org/wiki/Sine_bar

23. https://en.wikipedia.org/wiki/Conic_section#/media/File:TypesOfConicSections.jpg

24. https://upload.wikimedia.org/wikipedia/commons/b/b3/Hyperbel-param-e.svg

25. https://www.urbanbrush.net/downloads/

26. https://en.wikipedia.org/wiki/End_mill

27. https://upload.wikimedia.org/wikipedia/commons/8/8b/Csg_tree.png

28. https://upload.wikimedia.org/wikipedia/commons/5/52/Example_of_coons_surface.svg

29. https://upload.wikimedia.org/wikipedia/commons/b/bf/B%C3%A9zier_surface_example.svg

30. https://en.wikipedia.org/wiki/File:Recursive_raytrace_of_a_sphere.png

31. https://en.wikipedia.org/wiki/3D_modeling#/media/File:Utah_teapot_simple_2.png

32. https://en.wikipedia.org/wiki/3D_computer_graphics#/media/File:Engine_movingparts.jpg

33. https://en.wikipedia.org/wiki/Illustration#/media/File:1942_Nash_Ambassador_X-ray.jpg

34. https://en.wikipedia.org/wiki/3D_computer_graphics#/media/File:Dunkerque_3d.jpeg

35. https://en.wikipedia.org/wiki/Gouraud_shading

36. https://en.wikipedia.org/wiki/Phong_shading

37. https://en.wikipedia.org/wiki/Ray_tracing_(graphics)

38. https://en.wikipedia.org/wiki/Vector_graphics

39. https://en.wikipedia.org/wiki/Virtual_reality

40. https://en.wikipedia.org/wiki/Morph_target_animation

41. https://en.wikipedia.org/wiki/Projection_mapping

42. https://en.wikipedia.org/wiki/3D_projection

43. https://en.wikipedia.org/wiki/Clipping_(computer_graphics)#Near_clipping

44. https://en.wikipedia.org/wiki/Personal_computer#/media/File:Personal_computer,_exploded_6.svg

45. https://en.wikipedia.org/wiki/Network_topology

46. https://en.wikipedia.org/wiki/Twisted_pair

47. https://en.wikipedia.org/wiki/Coaxial_cable

48. https://en.wikipedia.org/wiki/File:Optical_fiber_cable.jpg

49. https://en.wikipedia.org/wiki/RS-232#C

50. https://en.wikipedia.org/wiki/Freeform_surface_modelling

51. https://en.wikipedia.org/wiki/Centrifugal_pump

52. https://en.wikipedia.org/wiki/Mesh_generation

53. https://en.wikipedia.org/wiki/Ruled_surface

54. https://en.wikipedia.org/wiki/Surface_of_revolution

55. https://en.wikipedia.org/wiki/Centrifugal_compressor#Centrifugal_impeller

56. https://en.wikipedia.org/wiki/Aspheric_lens

57. https://en.wikipedia.org/wiki/Voxel

58. https://en.wikipedia.org/wiki/Octree

59. https://en.wikipedia.org/wiki/Solid_modeling#Cell_decomposition

60. https://en.wikipedia.org/wiki/Computer-aided_manufacturing

61. https://en.wikipedia.org/wiki/Computer_mouse

62. https://en.wikipedia.org/wiki/Trackball

63. https://en.wikipedia.org/wiki/Joystick

64. https://en.wikipedia.org/wiki/Control_knob

65. https://en.wikipedia.org/wiki/Wired_glove

66. https://en.wikipedia.org/wiki/Fourth_Industrial_Revolution#Smart_factory

67. https://en.wikipedia.org/wiki/Manufacturing

68. https://en.wikipedia.org/wiki/3D_printing

69. https://en.wikipedia.org/wiki/Unmanned_aerial_vehicle

70. https://en.wikipedia.org/wiki/Robot

71. https://en.wikipedia.org/wiki/Central_processing_unit

72. https://en.wikipedia.org/wiki/Random-access_memory

73. https://en.wikipedia.org/wiki/Computer_keyboard

74. https://en.wikipedia.org/wiki/OLED

75. https://en.wikipedia.org/wiki/Hard_disk_drive

76. https://en.wikipedia.org/wiki/USB

77. https://namu.wiki/w/통신망

* 주) 본 서에서 언급된 S/W의 저작권 및 판권 명시

　　1. CATIA : 다쏘시스템코리아(주)

　　2. H-POST : 저자

　　3. VISUAL BASIC : Microsoft

　　4. V-CNC : ㈜큐빅테크

　　5. VERICUT : CGTech Inc.

■ 저자

　　황종대 (한국폴리텍대학, 교수)

■ 감수자

　　이상태 (한국폴리텍대학, 교수)
　　조영태 (한국폴리텍대학, 교수)
　　추원철 (공학박사)

개정판

POWER UP　　[공학과 기술 시리즈 IV]

CAD/CAM 개론

| 2022년 3월 10일 | 1판 1쇄 | 발 행 |
| 2023년 2월 25일 | 2판 1쇄 | 발 행 |

지 은 이 : 황　　종　　대

펴 낸 이 : 박　　정　　태

펴 낸 곳 : **광　문　각**

10881
파주시 파주출판문화도시 광인사길 161
광문각 B/D 4층
등　　록 : 1991. 5. 31 제12 - 484호
전　화(代): 031-955-8787
팩　　스 : 031-955-3730
E - mail : kwangmk7@hanmail.net
홈페이지 : www.kwangmoonkag.co.kr

ISBN : 978-89-7093-098-5　　93550

값 : 28,000원

한국과학기술출판협회
Korean Science & Technology Publisher Association

※ 교재와 관련된 자료는 광문각 홈페이지(www.kwangmoonkag.co.kr)
　　자료실에서 다운로드 할 수 있습니다.